氢安全工程基础

[英] 弗拉基米尔 · 莫尔科夫（Vladimir Molkov）著
吕洪　周伟　张存满　李争　沈亚皓　梁阳　译

机 械 工 业 出 版 社

本书由英国阿尔斯特大学弗拉基米尔·莫尔科夫教授编写，展示了氢安全技术的最新进展，凝练了氢安全工程的核心内容，精选汇总了大量经典案例，图文并茂，可读性强。全书共12章，首先较为扼要地介绍了氢安全的重要作用、氢的性质与危险性、氢安全标准法规以及氢安全工程的框架，然后较为系统地讲解了氢安全领域中氢气未点燃的泄漏、氢气在有限空间中的扩散、氢气混合物的点燃、微焰、射流火焰、氢气的爆燃和爆轰、安全策略和缓解技术，其中氢安全的主要现象和危害行为是本书的重点。

本书的目的在于传播氢安全知识，供氢能相关领域的读者参考，如技术开发人员、安全工程师、政策制定者和投资者等，本书也可以用作普通高等院校氢能相关专业的教材。

北京市版权局著作权合同登记 图字：01-2020-5845。

图书在版编目（CIP）数据

氢安全工程基础/（英）弗拉基米尔·莫尔科夫（Vladimir Molkov）著；吕洪等译. —北京：机械工业出版社，2021.6

书名原文：Fundamentals of Hydrogen Safety Engineering（Ⅰ，Ⅱ）

ISBN 978-7-111-68030-7

Ⅰ.①氢… Ⅱ.①弗… ②吕… Ⅲ.①氢能－安全管理－高等学校－教材 Ⅳ.①TK911

中国版本图书馆CIP数据核字（2021）第068457号

机械工业出版社（北京市百万庄大街22号 邮政编码100037）
策划编辑：何士娟 责任编辑：何士娟 徐 霆
责任校对：潘 蕊 责任印制：常天培
北京宝隆世纪印刷有限公司印刷
2021年8月第1版第1次印刷
184mm×260mm·15.5印张·403千字
0001—2500册
标准书号：ISBN 978-7-111-68030-7
定价：159.00元

电话服务
客服电话：010-88361066
010-88379833
010-68326294

网络服务
机 工 官 网：www.cmpbook.com
机 工 官 博：weibo.com/cmp1952
金 书 网：www.golden-book.com
机工教育服务网：www.cmpedu.com

译者序

坚定地走绿色低碳循环发展道路，实现碳中和，是实现我国高质量发展和建设现代化强国的必然选择，是积极推动构建人类命运共同体的大国担当。我国的能源转型之路就是由高碳向低碳转型，低碳再向无碳转型，氢能将有助于我国实现碳达峰与碳中和目标。我国氢能与燃料电池汽车产业已经进入市场导入期，并呈现出快速发展的态势。截至2020年年底，我国燃料电池汽车累计销量为7279辆，我国投入运行的加氢站数量达到60座左右，优势地区示范运行车辆的类型和范围不断扩大，加氢基础设施网络初具雏形。根据中国汽车工程学会发布的《节能与新能源汽车技术路线图2.0》，2025年我国燃料电池汽车保有量将达10万辆，加氢站数量达1000座；2035年燃料电池汽车保有量达到100万辆，加氢站数量达5000座。然而在2019年，美国、韩国和挪威相继发生氢安全事故，引发了业界对氢能与燃料电池汽车产业健康发展的担忧和对氢能利用安全技术研究的重视与关注。氢安全贯穿氢气的生产、储运、加注、应用终端等环节，是氢能产业健康发展的首要保障。

氢气易燃易爆的特性决定了其具有危险品的属性，我们在氢能利用的过程中，对于氢安全问题，既不要“谈氢色变”，也不要以“氢气不存在安全问题”的观点误导公众。与其他技术一样，低估氢能与燃料电池产品的安全问题以及往后可能发生的事故，都将带来灾难性的后果，并会因此推迟商业化进程。如何科学正确地认识氢能利用中的安全问题，系统地了解氢气事故演变的机理，建立与氢燃料电池应用和氢基础设施相关的氢安全工程实施框架，是当前亟待解决的问题。

弗拉基米尔·莫尔科夫教授毕业于莫斯科物理技术学院，现任阿尔斯特大学（Ulster University）建筑环境学院氢气安全研究所所长，是国际著名的氢安全专家。他创立的氢安全工程与研究中心（HySAFER），是全球氢安全研究和教育的主要提供者之一。《氢安全工程基础》是目前该领域内权威的系统全面介绍氢安全知识的书籍。本书详细介绍了氢安全的重要作用、氢气的性质与危险性、氢安全标准法规以及氢安全工程的框架，系统地讲解了氢安全领域氢气的泄漏、扩散、点燃、微焰、射流火焰、爆燃和爆轰的理论知识，并结合相关案例、标准规范进行讲解，使人能够更加深刻地理解现行标准规范的理论基础和现实作用，为氢安全工程应用拓展了思路。本书对从事氢能与燃料电池专业领域研发的工作者来说是非常实用和方便的参考书；本书可以较好地传播氢安全知识，适合对氢能领域感兴趣的政策制定者和投资者阅读；本书也可以作为高校教材。

本书由同济大学汽车学院吕洪组织翻译，周伟、张存满、李争、沈亚皓和梁阳共同参与完成本书的翻译与校稿工作，全书由吕洪统稿、审阅和校对。此书翻译工作得到了中国汽车工程学会和英美资源贸易（中国）有限公司的大力支持，在此对他们表示衷心的感谢。

本书介绍的氢安全工程涉及物理、化学、机械、传热、流体力学、燃烧学等多学科，相关知识范围很广，由于我们能力有限，译本中难免出现不准确甚至错误的地方，欢迎广大读者朋友们随时提出宝贵的意见和建议，在此表示诚挚的谢意。

译　者

2020年12月于上海

目 录

第1章 氢安全的重要作用

氢经济的首要研究方向之一是氢安全问题，氢安全既是技术问题，也是心理和社会问题（US Department of Energy，2004）。本书提供了氢安全技术的最新进展，并向读者介绍氢安全工程的核心内容。氢安全工程的定义是应用科学和工程原理保护生命、财产和环境的安全，避免因氢气造成事故或伤害。将氢气作为能源载体可能会发生一些严重危险。保障氢安全的最好做法是教育和培训相关人员，并向公众普及相关知识。本书致力于传播氢安全知识、教育相关从业者，包括技术开发人员、安全工程师、顾问、用户、政策制定者和投资者等。本书可以用作高等教育氢安全领域的课程教材，例如已被用作阿尔斯特大学氢安全工程理科硕士课程教材。

1.1 氢气在能源领域的应用

化石燃料储备不足，化石燃料枯竭引发的地缘政治担忧、环境污染和气候变化问题以及确保能源独立供应的需求，使得氢气成为未来几十年内实现低碳经济发展所必需的能源载体。如今，第一批以氢气作燃料的汽车已经投入使用，全球各国纷纷开始建立并运营加氢站。2016年全球对燃料电池的需求将达到85亿美元（PennWell Corporation，2007）。那么氢技术和氢燃料电池产品的安全性究竟如何？本书将有助于理解氢安全工程的最新技术，并从本质上帮助这个快速崛起的市场变得更加安全。

1.2 公众对氢技术的认知

1937年“兴登堡号”空难事件使公众对氢技术的安全依然担忧。即便有种说法是，此次事故的发生是由于齐柏林飞艇“着陆”绳索在下降过程中与地面之间形成的电势差产生电流，点燃了由易燃材料制成的飞艇舱盖。随后造成氢气在空气中扩散燃烧，而且氢气燃烧并没有产生致人伤残的爆炸冲击波，但是大多人仍然认为这场灾难与氢气有关。图1-1是“兴登堡号”飞艇着火燃烧的照片，图片表明并没有产生“爆炸”（Environmental graffiti

图1-1 “兴登堡号”飞艇着火燃烧的照片，图片表明并没有产生“爆炸”

alpha，2010）。

与公众误解恰恰相反，事实上，氢气在“兴登堡号”空难中帮助拯救了62人的生命。美国国家航空航天局的研究表明（Bain and Van Vorst，1999），即使飞艇浮力由不可燃的氦气（而非可燃的氢气）提供，灾难依然会发生，而且，飞艇上可能没有一个人是死于氢气燃烧。35%的遇难者是因为跳出飞艇或碰到燃烧的柴油、顶篷和碎片（顶篷上涂有如今被称为火箭燃料的物质）而丧生。另外65%的人乘坐燃烧着的飞艇返回陆地而幸免于难，可见，氢气燃烧的火焰并未伤及他们。

1.3 氢安全的重要性

所有相关从业者都明白氢安全对于新兴的氢能与燃料电池相关的技术、系统和基础设施的重要作用。美国和欧洲对氢安全的投资约占氢能与燃料电池项目总资金的5%～10%，这足以体现氢安全的重要性。几十年前，由于在制造业发生氢气事故后，氢安全研究逐步开展，后来又得到了核电站和航空航天部门安全研究的支持。例如，对1979年美国三里岛核电站事故的一项研究（Henrie and Postma，1983）表明，体积比约占8%的氢气混合空气发生爆燃，幸运的是，爆燃压力增至190kPa左右，该压力远远低于由混凝土制成的大型核反应堆安全壳的最大承受压力。

最近发生的与氢气有关的灾难，即“挑战者号”航天飞机爆炸（1986）和福岛核电站事故（2011），表明我们需要深入地了解相关知识和工程技能，需要加大对相关行业氢安全处理的投入，包括人才和财力两方面的投入。

如今，与氢气打交道的不只限于训练有素的业内专业人士，氢气已经成为公众日常活动的一部分。这意味着需要在全社会建立新的安全文化，制定创新安全战略，并在工程解决方案方面取得突破性进展。对消费者而言，使用氢能的安全和风险水平必须与使用化石燃料的安全和风险水平相当或更胜一筹。因此，氢能与燃料电池产品的安全参数将直接决定其市场竞争力。

氢安全工程师、技术开发人员和基础设施设计人员，以及使用研究设施的科学家、维护车间和加氢站的技术人员、急救人员应接受专业培训，以便在开放和密闭空间下处理压力高达100MPa、温度低至-253℃（液态氢）的氢系统。应向监管机构和公职人员提供最新知识和指导，确保他们能够提供专业的支持，将氢能与燃料电池系统安全地引入公众的日常生活。工程师（包括在不同行业从事氢处理工作数十年的工程师）需要通过持续开发的专业发展课程定期接受再培训，以获得在公共领域使用氢气的最新知识和技能。事实上，新兴的氢气系统和基础设施将在不久的将来打造出全新的氢气使用环境，而行业经验或现有法规和操作规程相对滞后（Ricci et al.，2006）。

氢动力汽车是氢能与燃料电池技术的主要应用之一。从系统设计者到监管者再到用户，所有相关方都应能够从专业角度理解并说明氢燃料汽车的危险性及相关风险，充分了解可能产生的相关后果。Swain（2001）首次比较了氢气和汽油燃料泄漏及燃烧的“严重性”。图1-2显示了氢燃料汽车和燃油汽车起火后3s（左）和60s（右）时的火焰形态。

图1-2所示的氢燃料汽车的着火情况极为少见，例如，在泄压装置（Pressure Relief Device，PRD）发生错误自启动时会发生这种情况。事实上，泄压装置释放汽车携带的氢气大多源于外部火灾。与图1-2所示的情况相比，出现外部火灾会极大地增加危险性和相关风险。

图 1-2　氢气喷射火焰和汽油燃烧火焰：
汽车起火后 3s（左）**和 60s**（右）（Swain，2001）

图 1-3 和图 1-4 展示了日本氢气动力汽车起火的研究结果（Tamura et al.，2011）。氢燃料电池汽车（Hydrogen Fuel Cell Vehicle，HFCV）配备了排气管内径为 4.2mm 的热泄压装置（Thermal Pressure Relief Device，TPRD）。在图 1-3 所示的实验中，高压储氢瓶正好安装在拆除的汽油箱位置。由于空间有限，无法安装更大的储氢瓶，因此选择配备了压力 70MPa、容积 36L 的小储氢瓶。

研究火势由汽油车蔓延至氢燃料电池汽车的目的是解决不同类型的车辆在汽车碰撞或地震等自然灾害中起火的情况。实验表明，当氢燃料电池汽车的热泄压装置被汽油燃烧产生的火焰激活后，会形成直径超过 10m 的火球（图 1-3 右）。

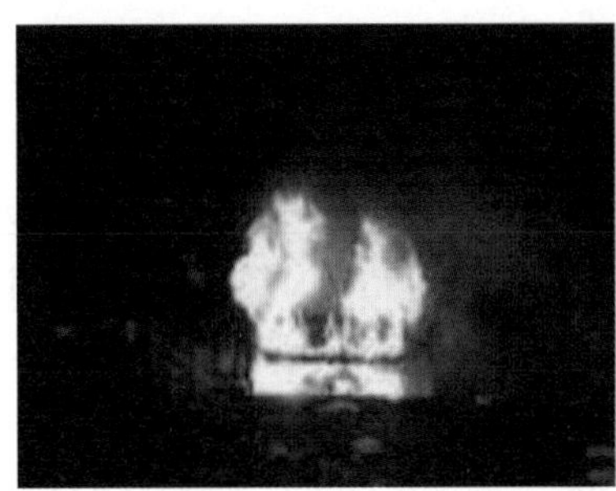
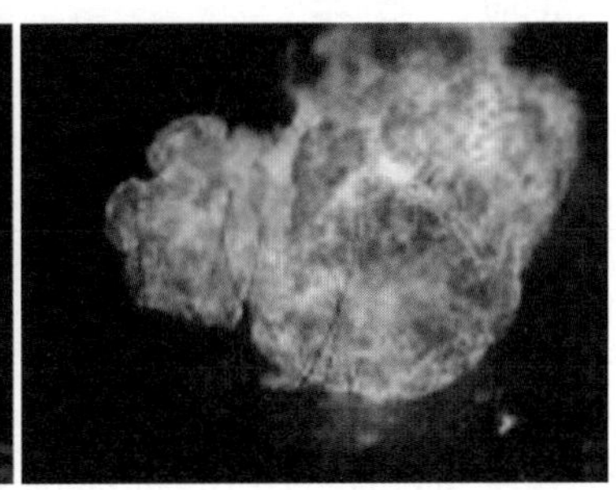

图 1-3　氢燃料电池汽车遇到汽油燃烧火焰的测试：热泄压装置启动前的汽油燃烧火焰（左）**和热泄压装置启动 1s 后**（右）（Tamura et al.，2011）

在 Tamura 等人（2011）进行的另一项实验中，两辆车的停放间距约为 0.85m，研究火势由氢燃料电池汽车向汽油车蔓延的情况。图 1-4 显示了氢燃料电池汽车的热泄压装置启动后两辆车的情况。通过以上实验可以得出结论：这类氢气泄放系统设计无法让车上的人员进行自我疏散或由急救人员实施保护措施，因此汽车制造商必须解决客户的此类安全问题。

图 1-4　启动热泄压装置的氢燃料电池汽车（左）**和汽油车**（右）（Tamura et al.，2011）

弗拉基米尔·莫尔科夫认为在测试条件下（Tamura et al.，2011），从氢燃料电池汽车蔓延到邻近汽油车的火焰源于氢燃料电池汽车内部和外部的着火配件，而非热泄压装置产生的氢气燃烧火焰（需要注意的是，Tamura 等人在研究中使用的是容积只有 36L、氢气释放时间较短的小储氢瓶，不是较大的储氢瓶，较大的储氢瓶能够支持行驶更远的里程）。根据测试结果，弗拉基米尔·莫尔科夫认为：如果汽车运输船或其他有类似近距离停放燃料电池汽车的情况，氢燃料电池汽车发生火灾后可能会激活其热泄压装置，产生氢燃烧火焰，进而激活相邻氢燃料电池汽车的热泄压装置。

因此，为了最大限度降低氢燃料电池汽车火灾的危害，弗拉基米尔·莫尔科夫认为在热泄压装置激活之前尽早发现并扑灭火灾是非常重要的。众所周知，在许多实际情况下，氢火焰很难或者无法扑灭。汽车制造商需要开发出合适的氢安全工程解决方案，包括如何减少氢动力汽车发生事故后产生的火焰长度，避免事故产生“多米诺骨牌”效应，从而协助急救人员控制此类火灾并成功实施救援行动。Tamura 等人（2011）的实验清楚表明，无论从生命安全的角度还是财产损失的角度看，氢动力汽车发生火灾的后果非常“具有挑战性”。

与其他燃料相比，氢气不会更危险，但也不会更安全（Ricci et al.，2006）。氢能与燃料电池系统和基础设施的安全性完全取决于设计阶段及之后处理的专业程度。要想成功并安全地使用氢气，首先要了解并坚持获取氢安全工程的最新知识，并对相关系统和设施的设计进行适度监管。应仔细思考氢系统基础设施整个生命周期各个阶段的安全性，从初始设计开始，再到零部件制造、工程建设、系统运行和维护，直至服役结束。

1.4 危险、风险、安全

危险可定义为可能对人员、财产和环境造成损害的化学或物理条件。氢气事故可能产生不同的危害，如密闭空间内释放氢气造成的窒息、液态氢导致的冻伤、喷射火焰产生的热危害、爆燃与爆轰产生的压力影响等。如果采取适当的安全措施，这些危险可能并不会造成损害，但如果在没有氢安全专业知识的情况下设计和使用氢系统或基础设施，就可能付出惨重的代价，甚至导致死亡事故。

国际标准化组织（International Organization for Standardization，简称 ISO）/国际电工委员会（International Electrotechnical Commission，简称 IEC）指南 73（2002）给出了风险的最新定义，指出风险是“某一事件发生的可能性和后果的组合”，而安全定义为“不存在不可接受的风险”。这意味着安全是一个社会范畴，不能用数字衡量，而风险是可以计算的技术指标（LaChance et al.，2009）。因此，社会规定了可接受风险水平或风险可接受标准。根据基本要求，氢燃料汽车的相关风险应该与当前使用化石燃料的汽车风险相当或更低。但目前，所有氢能与燃料电池系统还尚未达到这一要求。实际上，按照目前车载氢气储存装置的耐火水平和泄压装置设计水平，在车库和隧道等密闭空间，氢能动力汽车起火对生命安全和财产损失的影响相比化石燃料汽车付出的代价要更加“高昂”。其实不同类型车辆因外部原因起火的概率是相同的，例如不同车辆在家庭车库和普通停车场发生火灾的概率完全相同。

美国消防协会（National Fire Protection Association，简称 NFPA）对车库火灾的统计数据如下：从 2003 年到 2006 年的四年间，估计每年平均有 8120 起火灾发生在 户或两户人家的车辆存放区、车库或车棚内（Ahrens，2009），平均造成 35 名平民死亡，367 名平民受伤，直接财产损失达到 4.25 亿美元。此外，据美国消防协会（Ahrens，2006）估计，1999—2002 年期间，普通停车场（包括公共汽车、车队或商用停车楼）平均每年会上报 660 起建筑火灾和 1100 起车辆火灾。其中，60% 的车辆火灾和 29% 的建筑火灾源于设备或热源故障；13% 的建筑火灾涉及车辆着火；由爆炸引发的火灾约占建筑火灾和车辆火灾的1/4；开放式车库和封闭式车库的相关数据并没有明显差别。

这些统计数据清楚地表明，安全战略和解决方案，包含汽车制造商制定的战略和解决方案在内，还需要依靠严格的工程设计进行完善，而不能指望综合风险评估，因为这对于新兴技术来说，其不确定因素无法界定。

参照美国国家航空航天局（1997）发布的指南是评估危险和相关风险的通用方法。应通过分析以确定所有的火灾和爆炸危险，并完成以下任务：

1）消除重大危险或将其降低到可接受的风险水平。

2）在危险无法消除或降低的情况下，应按照司法管辖当局（Authority Having Jurisdiction，简称 AHJ）的指示，将与危险相关的系统部件重新安置到对人和财产威胁较小的区域。

3）如果危险不能消除、降低或移除，应将与危险相关的系统部件隔离在设施内，以免对其余结构或其使用者构成危险。

4）如果无法消除、减少、转移或隔离危险，则应提供保护，确保人员的绝对安全和结构安全。如果发生危险事件/事故，应为设施的使用者提供保护，确保他们能够安全离开该区域，同时保护结构，确保设施完整，能够持续使用。

1.5 氢安全的研究进展

由欧盟资助1200万欧元建立而成的卓越网络计划（European network of excellence，简称NoE）中的氢作为能源载体的安全性（Safety of Hydrogen as an Energy Carrier，简称HySafe）研究项目为欧洲及其他地区实现氢安全研究领域的知识整合铺平了道路，填补了该领域的知识缺口。自2009年HySafe项目正式完成以来，由国际氢能安全协会（http://www.hysafe.org/IAHySafe）领导并协调全球的氢能安全活动，该协会汇集了世界各地的研究组织、业界和学术界的氢能安全科学和工程专家。

国际能源署氢能实施协议的第31项任务“氢安全”也有助于确定待解决问题的优先顺序、讨论当下的工作，并有助于全球各个国家相互交流制定安全战略和工程解决方案。

目前有关氢安全知识的主要出版物包括：由HySafe发布的《氢安全双年度报告（2008）》（*Biennial Report on Hydrogen Safety*，2008）、《氢安全国际会议论文集》（*Proceedings of the International Conference on Hydrogen Safety*）和《国际氢能杂志》（*International Journal of Hydrogen Energy*）。

氢安全领域的主要教育/培训活动包括欧洲氢安全夏令营与其他技术和暑期学校、国际短期课程和高级研究讲习班（International Short Course and Advanced Research Workshop，简称ISCARW）的“氢安全进展”系列，以及全球首次开设的氢安全研究生课程——阿尔斯特大学氢能安全工程理科硕士课程。不过现在显然需要更多的高素质大学毕业生来支撑这个新兴行业和早期市场。

欧洲氢燃料电池技术平台的跨领域问题工作组（Wancura et al.，2006）指出，教育和培训工作是消除氢安全隐患的关键手段。该工作组估计在欧盟第七框架计划期间（2007—2013年），全欧洲每年可能需要500名应届研究生参与相关工作。HySafe项目针对欧洲氢安全电子学院进行的一项研究表明，在这500名应届研究生中，预计每年所需的氢安全专业毕业生将达到100人（Dahoe，Molkov，2007）。

遗憾的是，总结国际氢安全界在氢安全科学和工程领域最新取得的所有进展，是一项艰巨的任务。此处呈现的材料主要源于氢安全工程与研究（Hydrogen Safety Engineering and Research，简称 HySAFER，http://hysafer.ulster.ac.uk/）的研究成果，这些研究既属于“种子研究”，也是欧盟委员会和燃料电池和氢联合企业资助项目的组成部分。

1.6 氢安全工程的核心内容和范围

氢安全工程（Hydrogen Safety Engineering，HSE）主要定义为“应用科学和工程原理，保护生命、财产和环境免受氢气突发事件/事故的不利影响”。氢安全工程的范围参见 HySafe 联合会最新制作的 HySafe 活动矩阵图（activities matrix）（图 1-5）中。“纵轴”活动与主要现象、危险和风险有关，包括但不限于泄漏和扩散、自燃和火灾的热效应、爆燃与爆轰的压力影响、缓解技术和安全装置等。“横轴”活动与各类应用和基础设施的安全有关，包括氢气生产和供应、汽车和其他运输系统、储存、燃料电池组件、便携式和微功率应用以及加氢站、车库、隧道等基础设施。“纵轴”活动和“横轴”活动的交集代表了氢安全工程的范围。氢能和燃料电池系统的现象知识和工程安全解决方案都有望促进相关法规、规范和标准（regulations，codes and standards，简称 RCS）的制定。

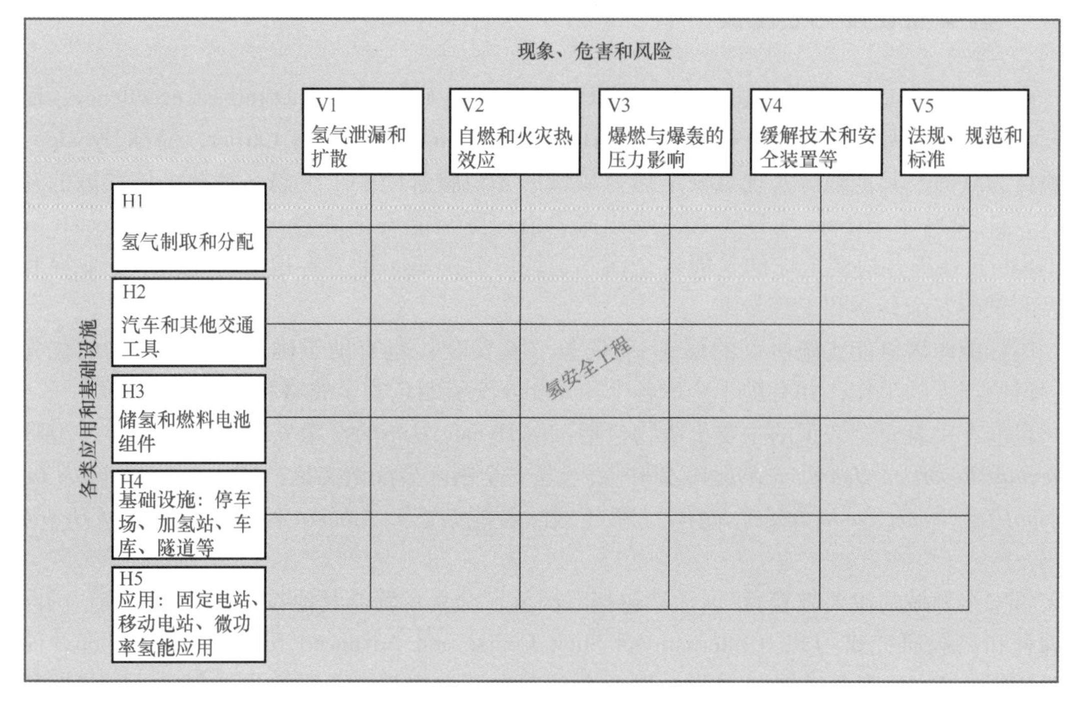

图 1-5 HySafe 活动矩阵

氢安全工程可用于现有氢气系统和新型氢气系统，包括但不限于固定式（例如热电联产系统）或便携式（例如移动电话和计算机）系统、室内和室外应用、氢气运输和燃料供给基础设施、发电、氢气生产和供给装置、储存以及车库、停车场、隧道、管道网络等基础设施。氢气系统可以定义为处理氢气的设备，例如氢气储存、生产、运送、供应、消费等。从生产、运送到终端使用，氢气应始终留在氢气系统内。

1.7 新兴的氢安全工程专业

接受过高等教育的研究人员和工程师是克服氢安全挑战的关键。开发氢安全工程国际课程（www.hysafe.org/Course）是欧洲氢安全电子学院与全球合作伙伴合作成立该专业的第一步。大约有70名国际知名专家参与了该课程开发的起草工作。该课程已经成为全球第一门氢安全研究生课程，例如阿尔斯特大学氢安全工程硕士课程（http://www.ulster.ac.uk/elearning/programmes/view/course/10139）、华沙理工大学的持续专业发展课程、卡尔斯鲁厄理工学院赫克托学院的氢技术与安全课程。由国际氢能安全协会领导的国际氢安全界也是氢安全工程专业成立的推动者，主要通过弥合知识缺口和教育/培训方案为该专业的成立做出贡献。

氢安全工程学科的发展是以消防安全工程的经验和教训为基础，消防安全工程现在已经成为成熟的专业，主要致力于建筑火灾。但是，消防安全工程专业的毕业生目前并没有学习如何处理具体的氢安全问题，例如高压泄漏和扩散、自燃和欠膨胀喷射火焰产生的热效应、氢气爆燃/爆轰产生冲击波的压力负荷、使用氢气系统在事故现场进行紧急处理等。不过氢安全工程专业可以借鉴消防安全工程领域一些共性问题、通用知识和经验，如结构的耐火性和生命安全问题。

消防安全最初由指令性规范管理，目的是保护社会免受低危险性传统建筑火灾的伤害（Croce et al.，2008）。但是对于更加复杂的建筑，指令性方法无法满足设计师或审批机构的需求。这些指令性规范没有为创新留出灵活空间，不会为具体项目提供最佳解决方案，只提出要求但不会说明目标，可能落后现代设计实践很多年，同时使用起来无法预见所有的可能性（BSI，2001；Hadjisophocleous，Benichou，2002）。

20世纪80年代末，由澳大利亚沃伦中心领导的某个项目为此做出了重大贡献，提出了从根本上改善消防安全的建议。其目标是定义新一代法规、规范和标准的基础。沃伦中心报告（1989）提出了许多建议，其中一部分已直接应用于氢安全系统：

1）安全设计应被视为工程责任，而不是法规控制的详细事项。

2）设计者应加深对火灾现象和人类行为的理解，并在设计消防安全系统时采用适当的工程技术。

3）应当开发消防工程设计课程、制定培训策略并加以落实，直至达到并涵盖研究生水平。

这份报告引起了全球对消防安全工程的关注。该报告中强调的方法致力于使用不同的工具衡量设计性能，例如简单的工程计算和现代计算机模型。

该项目的目的是在基于绩效的消防安全规则框架中，降低文件的实施难度（Hadjisophocleous，Benichou，2002），以便在设计和评估项目时提供更大的灵活性，促进建筑设计、材料、产品和消防系统的创新（Croce et al.，2008）。但这种方法需要对专业人员进行培训，并需要验证量化工具和方法（Hadjisophocleous，Benichou，2002）。

消防安全工程的发展是氢安全工程发展的基础和重要促进因素，其中包括基于性能的法规、规范和标准、教育计划和火灾动力学模拟器等免费的现代计算流体动力学（Computational Fluid Dynamics，简称CFD）工具（http://fire.nist.gov/fds/）。

Deakin和Cooke（1994）对消防安全工程框架进行了描述。他们的某些观点可以直接转变为氢安全工程框架的定义：

1）提供系统的方法。应该明确定义并解释氢安全工程的实施过程和设计性能的评估过程。

2）明确验收标准。通过与确定性准则、比较性准则或概率性准则的比较，对设计性能进行评估。

3）简化问题。氢安全工程的流程可简化为对技术子系统（Technical Sub-System，简称TSS）的分析，单独的技术子系统分析可用于解决具体问题，多个技术子系统的分析可用于解决综合问题。

4）阐明相互作用。在发生突发事件/事故的情况下，由于氢系统元素、人和建成环境之间的现象和相互作用非常复杂，因此需要通过突出不同技术子系统之间的相互作用来简化方法。

5）确保充分考虑与设计相关的所有因素。为了确定量化过程中所有的重要变量，列出相关场景至关重要。这样一来，可以针对每个场景列出氢系统/基础设施的关键因素，例如包括居住率在内的事故场景参数等。

6）坚持对计算方法和数据来源进行清晰表述和评论。由于氢安全工程的应用可能要经过审查和批准，因此在报告中清晰、简明地说明调查结果、计算和假设至关重要。

1.8 知识缺口与未来发展

欧洲氢安全研究的重点由业界根据燃料电池和氢联合企业（Fuel Cell and Hydrogen Joint Undertaking，简称FCH-JU，http://www.fch-ju.eu/）的要求确定，主要作为跨领域问题的一部分。国际氢安全界则通过国际氢能安全协会的各种活动，为确定研究重点出力。国际能源署氢能实施协议的第31项任务“氢安全”（http://www.ieah2safety.com/）也积极参与了此过程。由欧盟委员会能源研究所联合研究中心领导的专家小组最近对意外氢释放和燃烧的计算流体动力学模型进行了缺口分析（Baraldi et al.，2010）。

尽管过去十年在氢安全方面取得的进步不容置疑，但如何基于当代理论并在不同条件下对一系列实验进行全面验证，仍然存在较大的知识缺口，需要依靠大量的科学工具的帮助。氢安全界已将这份非穷举的研究课题清单列为优先事项，包括但不限于以下按现象或应用分组的项目。根据Baraldi等人（2010）的研究，更新了氢安全领域的知识缺口清单，具体内容如下。

泄漏和扩散现象：氢泄漏源的表征和模拟；泄漏源形状的影响；在自然通风和机械通风的情况下的封闭区域内的扩散和聚集；射流泄漏和间隔距离的表面效应；通风结构内氢气均匀分布或分层分布的标准；液氢释放的特性；潮湿空气中冷射流释放的特性；复杂几何形状中的泄漏；复杂环境地区风对室内（自然通风）和室外泄漏的影响；膨胀和欠膨胀平面射流与圆形射流的特性比较；多股射流的相互作用；高动量射流的瞬态效应；动量控制流到浮力控制流的转换；阻挡向下自由喷射和冲击射流的可燃区域；非稳定泄漏（氢气泄放和喷出）的动力学；通风条件下密闭空间内释放和扩散的初始阶段；压力峰值现象的适用范围等。

点火现象：氢气在泄漏过程中的燃烧机制；膜破裂及其相关瞬态过程的计算流体动力学模拟和验证；从自燃转变为射流火焰和/或自燃熄灭的计算流体动力学模拟；开发和验证考虑湍流和化学相互作用的亚网格尺度模型；泄压装置等复杂几何结构的着火；管道中自燃的熄灭；用于模拟爆燃超压的喷射点火延迟时间和点火源位置；自燃对爆燃超压的影响与至释放

源不同距离处进行火花点火对爆燃超压的影响的比较；泄压装置等复杂几何结构的着火等。

氢火焰：自由喷射火焰的特性，例如有侧向风存在时的热辐射和表面效应对火焰喷流传播的影响；大规模氢喷射火焰的模型开发和计算流体动力学工具的验证，包括在排放期间概念喷嘴直径减小和温度降低的瞬态条件下；室内氢火灾的热效应和压力效应；了解通风不足时的火灾、自熄和重燃现象；冲击、喷射火焰和结构元件、储存容器等的热传递；火焰熄灭、火焰浮起和火焰吹灭的预测模拟；膨胀和欠膨胀的平面射流火焰；微火焰淬火和熄灭的预测模拟；微火焰对材料退化的影响等。

爆燃与爆轰：氢气喷射点火延迟时间和点火源位置对爆燃超压预测模拟的影响；含氢气体混合物的可燃性和爆轰极限；低强度设备爆燃泄放过程中解释瑞利-泰勒（Rayleigh-Taylor）不稳定性的相干爆燃模拟；通风罩的惯性对爆燃动力学（包括爆燃转爆轰，Deflagration-to-Detonation Transition，简称 DDT）的影响；部分预混火焰，特别是氢-空气层中的三重火焰及其在封闭空间下的压力影响；解释里克特迈耶-梅什科夫（Richtmyer-Meshkov）不稳定性的 DDT 大规模亚网格尺度（Subgrid-scale，简称 SGS）模型的开发等。

储存：船上储存容器的耐火性和对泄压装置的影响；金属氢化物粉尘云的爆燃危险；减少外部火灾场景（局部火灾和吞没火灾）对储罐的传热的工程解决方案。

高压电解槽：2005 年 12 月 7 日，Kyushu 大学示范加氢站发生高压电解槽（工作压力为 40MPa）爆炸事故。可能的原因是膜渗漏之后，内部氢氧射流起火，导致金属（钛）起火和电解槽外壳爆炸或破裂。内部流体和燃烧产物被释放到周围环境中，包括实验室大楼周围的停车场。由于膜内高分子材料分解后形成了氟化氢，对多辆汽车的玻璃造成了损坏。一项法国和俄罗斯合作的研究报告（Millet et al.，2011）分析了质子交换膜水电解槽的失效机制，这些失效机制最终可能导致电解槽的破坏。目前已有两步过程得到了证明，首先是固体聚合物电解质的局部穿孔，然后是电解室中储存的氢和氧的催化燃烧。Millet 等人（2011）展示了被质子交换膜组内部形成的氢-氧火焰钻过的不锈钢接头和螺母的照片，并据此得出结论：内部氢氧燃烧的影响要超过“爆炸”。

针对早期市场的危害及风险识别与分析：新型氢气操作设备、系统和设施的数据收集；最新氢气应用的故障统计；氢气应用的系统安全分析；工程相关性等。由于新技术正在渗透到人口稠密的城市环境中，因此应特别关注降低危害和风险的技术与方法，如传感器、隔离墙和间隔距离。

第2章 氢的性质与危险性

氢气是亨利·卡文迪什在1766年发现的一种特殊气体。7年后，安托万·拉瓦锡将其命名为“成水元素”，并证明水是由氢和氧组成的。“氢”一词源于希腊语hydōr（水）和gignomai（形成）。但值得一提的是，在亨利·卡文迪什发现氢气这种独特的气体之前很久，罗伯特·玻义尔于1671年已经通过将铁在稀盐酸中溶解观察并收集到了氢气。

氢是水和所有有机物的主要构成元素之一，不仅在地球上分布广泛，甚至在整个宇宙也是如此。它是宇宙中最丰富的元素，占所有物质质量的75%或体积的90%（BRHS，2009）。

本章介绍氢在安全规定和相关危害方面的内容。氢能与燃料电池系统以及基础设施的安全性将在用户界面显示，通过教育和培训，使技术开发人员、设计人员、监管人员、操作人员、第一目击者以及公众了解氢在处理和使用过程中的具体危害，以及如何防止事故的发生，或在发生事故时如何减轻/控制后果。

2.1 物理与化学性质

2.1.1 氢原子、氢分子、正氢和仲氢

在元素周期表中，氢（符号为“H”）的原子数为1，摩尔质量为1.008g/mol（保留四位有效数字）。氢原子是由含一个质子（每个质子带一个单位正电荷）的原子核和一个电子形成的。电子带负电荷，通常被描述为围绕原子核的“概率云”，有点像一个模糊的球形外壳。每个氢原子的质子和电子的电荷相互抵消，因此单个氢原子呈电中性。氢原子的质量集中在原子核上。事实上，质子的质量是电子的1800多倍。中子可以存在于原子核中。中子与质子的质量几乎相同，但不带电荷。电子轨道的半径大约是原子核半径的10万倍，决定了原子的大小。氢原子基态的尺寸为10^{-10}m。

氢有三种同位素：氕（存在于超过99.985%的天然元素中；原子核只有一个质子），氘（在自然界约占0.015%；原子核包含一个质子和一个中子）以及氚（少量存在于自然界中，但可以通过各种核反应人工产生；原子核包含一个质子和两个中子）。这三种同位素的相对原子质量分别为1、2和3（保留一位有效数字）。氚具有不稳定性和放射性（产生β射线——因中子转化为质子而产生的快速移动电子，半衰期为12.3年）。

在正常条件下，氢是由双原子分子“H_2”（相对分子质量2.016）形成的气体，其中2个氢原子形成1个共价键。其原因在于，绕原子核运行的单个电子的原子排列高度活泼。因此，

氢原子自然结合成对。氢气无色、无臭、无味，所以氢气泄漏往往难以察觉。硫、醇等用于感知天然气的化合物不能添加到质子交换膜燃料电池使用的氢中，因其含有硫，会毒化燃料电池。

氢分子以两种形式存在，区别在于分子中单个原子原子核的自旋方向。自旋方向相同（平行）的氢分子称为“正氢分子”；自旋方向相反（反向平行）的氢分子称为“仲氢分子”（NASA，1997）。这些分子的物理性质略有不同，但在化学性质上是相同的。氢的化学（特别是燃烧化学）组成几乎不会因原子和分子形式的不同而有所改变。

正氢和仲氢在任何温度下的平衡混合物被称为“平衡氢”。室温下，正氢含量为75%、仲氢含量为25%的正、仲氢平衡混合物被称为“正常氢”。在较低温度下，平衡有利于存储能量较低的仲氢（温度为20K时，液氢由99.8%的仲氢组成）。正-仲氢转换伴随着发热，温度为20K时，正-仲氢转换放出的热量为703kJ/kg，或正常氢转换为仲氢放出的热量为527kJ/kg（NASA，1997）。

正是由于氢的这一特性，在应用于汽车时通常采用低温压缩液体而非液化液体（温度低于-73℃的液体被称为“低温液体”）的方式存储氢，这种做法在本质上是安全的，因为在日常的正常驾驶过程中，氢沸腾现象即便不能完全排除，也能在本质上得以减少。事实上，由于在“消耗”外部热量的过程中仲氢转化为正氢，因此，对于具有明显安全影响的低温压缩储存而言，实际上可以排除因沸腾现象导致的氢从储罐泄漏的情况。

氢液化过程包括去除正氢状态转换所释放的能量，转化热为715.8kJ/kg。这是蒸发热的1.5倍（ISO/TR 15916：2004）。液化是一个非常缓慢的放热过程，除非使用顺磁催化剂加速，否则可能需要几天的时间才能完成液化。

2.1.2 气相、液相和固相

氢的相图如图2-1所示。图中有三条曲线。一条曲线表示沸腾（相变相反的冷凝）温度随压力的变化，另一条曲线表示熔融（冻结）温度随压力的变化，第三条曲线表示可能发生升华时的压力和温度。冷凝过程也称为“液化”。

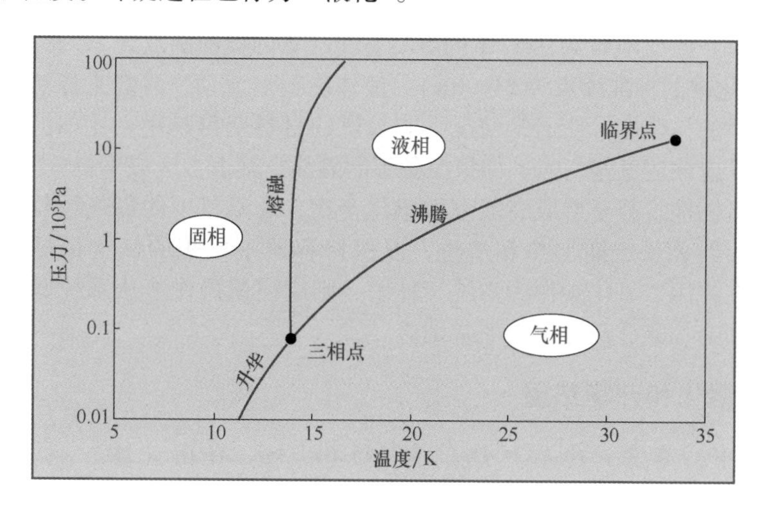

图2-1 氢的相图

氢以气体、液体或糨糊态的形式使用。液氢是透明的，略带淡蓝色。泥浆氢是三相点温度下固态氢和液态氢的混合物。氢的相变由气相、液相和固相之间转变时的低温决定。三相点（图2-1）是三相共存的条件，温度为13.8K，压力为7.2kPa。泥浆氢的蒸气压可以低至7.04kPa（NASA，1997），在操作过程中必须采取安全措施，以防止空气渗入系统中产生易燃混合物。

氢蒸气可以液化的最高温度是临界温度，即33.145K（见相图上的“临界点”）。相应的临界压力为1.3MPa（临界点密度为31.263kg/m^3）。在临界温度上，仅仅通过增加压力是不能将气态氢凝聚成液体的，只能得到低温压缩气体。分子的能量太大，分子间的作用力无法使分子形成液体状态。

氢的标准沸点（normal boiling point，简称NBP，绝对压力为101.325kPa时的沸腾温度）为20.3K。正常熔点为14.1K（绝对压力为101.325kPa）。在所有物质中，氢的沸点和熔点是第二低的（氦的沸腾温度最低为4.2K，熔化温度最低为0.95K）。所有这些温度都非常低，甚至低于空气的冰点。值得一提的是，在宇宙最低温度——绝对零度0K（-273.15℃）时，所有分子运动都会停止。

液仲氢（氢的标准沸点）的密度为70.78kg/m^3，因此，液氢的密度大约是水密度的1/14。然而，1m^{3}水（由氢和氧组成）含有111kg氢，而1m^{3}液氢只含有70.78kg氢（College of the Desert，2001）。因此，鉴于紧密的分子结构，每单位体积的水所含氢的质量比液氢本身的质量更高。大多数其他液态含氢化合物（如碳氢化合物）同样如此。如果发生液氢泄漏，低温下饱和氢蒸气由于密度较高，可能会在释放时立即形成水平或向下流动的云状气体。在事故现场进行干预时，第一目击者必须了解这些事实。

液氢在低温下的一个基本安全问题是，所有的气体（除了氦）一旦暴露在液氢中都会凝结和凝固。空气或其他气体与液氢直接接触时，可能会导致以下几种危害（ISO/TR 15916：2004氢系统安全性的基础问题，固态气体会堵塞管道、孔口以及阀门；在低温泵送过程中，冷凝气体体积减小，可能会产生真空，从而吸收更多的气体，例如类似于空气的氧化剂；如果泄漏持续时间很长，可能会积累大量物质取代液氢；有时，如果系统为了维持运行而升温，这些冻结的材料将重新气化，这可能会导致高压或产生爆炸性混合物；产生的其他气体也可能将热量带入液氢，导致更多的蒸发损失或“意外”的压力升高。

液氢通常采用真空绝热管道输送。但是，冷氢流经未充分隔热的管子很容易使系统冷却到90K以下，从而产生含氧量高达52%的冷凝空气（氮的标准沸点为77.36K，氧的标准沸点为90.15K，二氧化碳的标准沸点为216.6K）。液体冷凝液流动，看起来像液态水。这种富氧冷凝液增强了材料的易燃性，使通常情况下非易燃的材料变得易燃，比如沥青路面。在转移大量液氢时，尤其应该注意这一点。如果设备不能隔热，其下方区域不得放置任何有机材料。

富氧会增加可燃性，甚至形成高能束敏感化合物，低温氢中的氧气颗粒甚至可能引起爆炸。装有液氢的容器必须定期加热和清洗，以保持容器中累积的氧含量低于2%（ISO/TR 15916：2004）。在使用二氧化碳作为清洗气体时，则应谨慎操作。从系统低点（气体可能积累的地方）去除所有二氧化碳可能会非常困难。

2.1.3 蒸发、熔化和升华热量

在标准沸点下，蒸发（冷凝）热量为445.6kJ/kg。在熔（冰）点下，熔化热量为58.8kJ/kg。升华热量为379.6kJ/kg。

2.1.4 氢气膨胀率

液氢的体积随着热量的增加而增大，其增幅远比我们已知的水随热量增加而增大的体积

大得多。在标准沸点下，氢的热膨胀系数是环境条件下水热膨胀系数的 23 倍（ISO/TR 15916：2004）。当低温储存容器没有足够的余量空间来容纳液体的膨胀时，安全的重要性就凸显出来。这可能导致容器过压或液氢渗透到传输和排气管道中。

体积的显著增加与液氢转变成气态氢有关，而对于允许从标准沸点升高到常温常压的气态氢而言，还会增加更多的体积。液氢向气态氢相变和加热气体膨胀的最终体积与初始体积之比为 847（ISO/TR 15916：2004）。如果气态氢存储在封闭的容器中，则总体积增加可能最终产生 177MPa 的压力（起始压力为 0. 101MPa）。作为一种安全措施，任何可能收集液氢或低温气态氢的空间内都应安装泄压装置，以防止液氢或低温气态氢膨胀造成的超压。

当氢作为一种高压气体储存在 25MPa（表压）和大气温度下时，其相对气压的膨胀比为 1:240（College of the Desert，2001）。虽然较高的储存压力会使膨胀比有所增加，但在任何情况下，气态氢的膨胀比都无法达到液氢的膨胀比。

2. 1. 5 浮力是安全资本

氢所拥有的主要安全资本，即地球上最高的浮力，是指从事故现场迅速逃逸，并与环境空气混合，达到低于空气中氢气体积占比 4% 的可燃下限（Lower Flammability Limit，LFL）的安全水平。事实上，氢的密度为 0. 0838kg/m^3（常温常压），远低于相同条件下 1. 205kg/m^{3}的空气密度。由于浮力的作用，氢释放到开放大气和部分受限几何空间（不存在允许氢气积累的条件）中所产生的不良后果会大大减少。

相反，较重的碳氢化合物能够形成巨大的可燃气云，例如 1974 年在弗利克斯镇（英国健康与安全执行局，1975）和 2005 年在邦斯菲尔德（邦斯菲尔德调查，2010）发生的爆炸事件。在许多实际情况下，相比氢气，碳氢化合物可能造成更大的火灾和爆炸。就对分散性的影响而言，氢的高浮力比其高扩散性造成的影响更大。

纯氢在 22K 以上为正浮力，即几乎在其气态的整个温度范围内都具有正浮力（BRHS，2009）。浮力让释放的氢较快被周围空气稀释，从而低于可燃浓度。在不受限的条件下，只有一小部分释放的氢会爆燃。事实上，因储罐或管道故障而无意释放的氢-空气云，在爆燃的情况下，只会释放出 0. 1% ~ 10% 的小部分热能，在大多数情况下低于释放氢总能量的 1%（Lind，1975；BRHS，2009）。因此，针对露天大库存氢气事故的安全措施与其他可燃气体事故的安全措施有很大的不同，氢气事故产生的危害后果通常很小或根本不会产生危害。

在对低温下的氢蒸气释放进行气态氢浮力观测时，应小心谨慎。低温下的氢蒸气密度可能比常温常压时的空气密度大。通常，大气湿度的凝结也会给混合云增加水分，首先使其可见，然后进一步增加混合物的分子质量。

2. 1. 6 扩散率和黏度

由于分子尺寸较小，氢气的扩散系数比其他气体更高。氢气在空气中的扩散系数为 $6.1\times10^{-5}\sim6.8\times10^{-5}\mathrm{m^2/s}$（Alcock et al.，2001；Baratov et al.，1990）。

Yang 等人测量了氦和氢在石膏板中的有效扩散系数，在 22℃ 的室温下，氦的预计平均扩散系数为 $D_e=1.3\times10^{-5}\sim1.4\times10^{-5}\mathrm{m^2/s}$（在涂装石膏板中为 $3.3\times10^{-6}\mathrm{m^2/s}$），氢的平均扩散系数为 $D_e=1.4\times10^{-5}\mathrm{m^2/s}$。作者强调，由于美国大多数车库内部很大的表面积都被石膏板覆盖，而氢可以很容易地通过石膏板扩散，因此在对车库或围栏内意外释放的氢气进行危险评估时，不应忽视这种扩散过程。利用厚度为 δ（单位为 m）的平板单位面积，准稳态扩散摩尔通量可近似地表示为$D_e(C-C_s)/\delta$，其中C（单位为mol/m^3）是封闭空间中氢的摩尔浓度，C_s（单位为mol/m^3）是环境中的摩尔浓度。

如果气体通过接头、密封件、多孔材料等发生泄漏，氢气的低黏度和分子较小的特性会产生相对较高的流量。与甲烷或其他碳氢化合物等气体相比，氢的低能量密度（体积）在一定程度上抵消了这种负面影响。气态氢的黏度为89.48μP[⊖]（常温常压）和11.28μP（标准沸点）。在标准沸点下，液氢的黏度为132.0μP（BRHS，2009）。

2.1.7 与材料的相容性

氢会导致金属的力学性能显著下降（NASA，1997），这种效应称为“氢脆”。氢脆涉及许多变量，例如环境的温度和压力，氢的纯度、浓度和暴露时间，以及材料裂纹前沿的应力状态、物理和力学性能、微观结构、表面条件和性质。许多氢气材料问题涉及焊接或使用不当的材料。

选择用于液氢或泥浆氢的结构材料时，主要以材料的力学性能，如屈服强度和抗拉强度、延展性、冲击韧度和缺口不敏感性为依据（NASA，1997）。在整个操作温度范围内，材料的这些属性必须达到某种最小值，还要适当考虑非操作条件，如火灾。材料必须具有冶金稳定性，晶体结构不会随着时间或重复热循环而发生相变。

氢是没有腐蚀性的。特别是在高压下，许多金属会吸附氢。钢吸附氢后会导致脆化，从而可能导致设备性能退化，这是由于有氢原子溶入金属晶格中。氢原子渗透通过金属原子后，会重新在容器外表面结合成氢分子，然后快速扩散到周围的气体中。涉氢系统材料的选择是氢气安全的重要组成部分。

2.1.8 比热容和导热系数

非核能应用通常采用的材料数据是针对普通氢气的应用，即由两个氕原子组成的含75%的正氢分子和25%的仲氢分子的氢气。低温装置（如液氢和深冷高压氢存储）是唯一的例外，其中热量是一个重要的参数。正氢和仲氢之间的属性差异更多地表现在热属性上，即焓、比热容和导热系数，而其他属性（如密度）在正氢和仲氢之间变化不大。

在摩尔基础上，尽管氢的分子质量很小，但氢的比热容与其他双原子气体相似（ISO/TR 15916：2004）。气态氢在恒压下的比热容c_p为14.85kJ/(kg·K)（常温常压），14.304kJ/(kg·K)（常温常压），12.15kJ/(kg·K)（标准沸点）。液氢在沸点的比热容为9.66kJ/(kg·K)（BRHS，2009）。液仲氢的恒压比热容$c_p=9.688$kJ/(kg·K)，是标准沸点下，水恒压比热容的两倍多，液氧恒压比热容的5倍多。氢的气体常数为4.1243kJ/(kg·K)（由普适气体常数除以分子质量得出）。在常温常压状态下（293.15K和101.325kPa），氢的比热容比为$\gamma=1.39$，在标准温度和压力状态下（273.15K和101.325kPa），$\gamma=1.405$。

氢的导热系数明显高于其他气体的导热系数，气态氢为0.187W/(m·K)（常温常压），0.01694W/(m·K)（标准沸点）；液氢为0.09892W/(m·K)（标准沸点）。

2.1.9 焦耳-汤姆孙（Joule-Thomson）效应

1843年，焦耳使用一个简单的装置研究了气体能量与压力的关系。该装置包括一个充满

⊖ 黏度单位P（泊），与法定计量单位换算关系为：$1P=10^{-1}Pa\cdot s$。

加压空气的铜灯泡 N1，和一个真空的类似灯泡 N2，二者以阀门隔开。这些灯泡被浸泡在充分搅拌的水浴器中，水浴器中安装有灵敏温度计。热平衡建立之后，打开阀门，使气体膨胀到灯泡 N2 中。这期间没有检测到温度变化，焦耳对此总结：当允许空气以不产生机械动力的方式膨胀时，温度不会发生变化，即不做外功，$\Delta W=0$。由于没有观察到“温度变化”，所以 $\Delta Q=0$。

$$\Delta W=\Delta Q=\Delta U=0 \tag{2-1}$$

因此，焦耳得出结论，气体膨胀时的内能 U 是恒定的。

不幸的是，在该实验中，焦耳所用系统的热容比空气的热容大很多，而且没有观察到温度发生的微小变化。事实上，灯泡 N1 中的气体略有升温，膨胀到灯泡 N2 中的气体略有冷却，当最终建立热平衡时，气体的温度与膨胀前的温度略有不同。

后来，焦耳与汤姆孙合作，设计了一个不同的实验方案，对真实气体在膨胀过程中对能量和焓的依赖性进行了研究。新实验中的气体在多孔塞的节流作用下，从压力 P_1 自由膨胀到压力 P_2。该系统隔热，因此膨胀是在绝热条件下发生的。允许气体连续流过多孔塞，当达到稳态条件时，用灵敏热电偶测量膨胀前后气体的温度 T_1 和 T_2。

结果表明，节流（气体的固定质量流量膨胀）在恒焓下发生。实际上，如果引入系统的两个假想活塞的参数为活塞上游参数 V_1、P_1、T_1 和活塞下游参数 V_2、P_2、T_2，则环境对活塞下游和上游的系统所做的功分别为 $+P_1V_1$ 和 $-P_2V_2$。因此，气体绝热膨胀（$\Delta Q=0$）过程中遵循热力学第二定律的总内能变化为 $\Delta U=P_1V_1-P_2V_2$。根据定义 $\Delta H=\Delta U+\Delta PV$，该膨胀是等焓的（$\Delta H=0$）。

$$H_2=H_1=0 \tag{2-2}$$

值得注意的是，该实验假设的前提是，活塞前后气体的比动能之差可以忽略不计（Moran，Shapiro，2006）。但是，当储罐中的气体以几乎为零的流速通过小孔（其速度可以达到超声速值）得以释放时，情况便会有所不同。

焦耳和汤姆孙的节流实验直接测量气体在恒焓压力下的温度变化，称为焦耳-汤姆孙系数。

$$\mu_{JT}=\left(\frac{\partial T}{\partial P}\right)_H \tag{2-3}$$

对于膨胀，压力的变化是负的，因此焦耳-汤姆孙系数的正值对应于膨胀时的气体冷却，负值对应于气体加热。

就理想气体和等焓过程而言，有

$$\left(\frac{\partial H}{\partial P}\right)_T=\left(\frac{\partial H}{\partial T}\right)_P\left(\frac{\partial T}{\partial P}\right)_H=-c_p\mu_{JT}=0 \tag{2-4}$$

由于恒压比热容 c_p 不为零，理想气体的焦耳-汤姆孙系数必然为零。

就真实气体而言，如果在多孔塞下游的不同条件下进行焦耳-汤姆孙实验，可以在温度-压力 T-P 坐标中绘制一条恒焓曲线（图 2-2）。通过在塞子上游不同条件下开展实验，可以得到一系列曲线。图 2-2 是所有真实气体的典型示例。

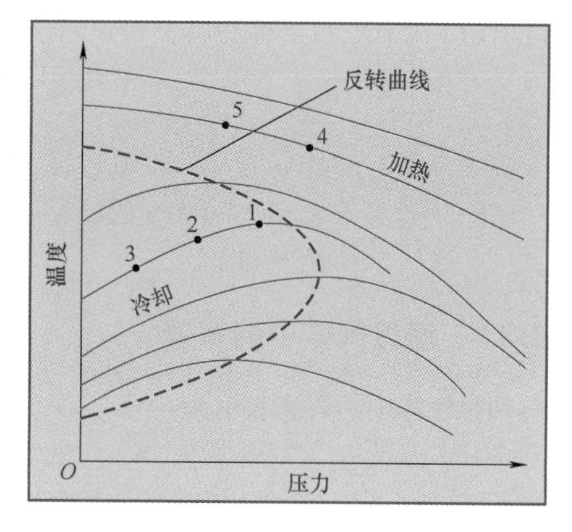

图 2-2 等焓线（实线）和反转曲线（虚线）

如果温度相当低，曲线会在所谓的“反转点（Inversion points）”达到最大值。反转点的轨迹称为“反转曲线”。等焓曲线在任一点的斜率等于焦耳-汤姆孙系数，在曲线的弯曲度最大处或反转点等于0。显然，当焦耳-汤姆孙效应用于通过膨胀使气体液化时，必须选择合适条件以便降温。例如，从点1膨胀到点2，再膨胀到点3，会产生温度下降。但是，温度升高将导致从点4膨胀到点5。

高压膨胀耦合高温或是低温，气体都会被加热（参见图2-2）。在焦耳-汤姆孙过程中，从环境温度开始，氢的温度不会下降，反而会上升。在环境温度下，大多数气体在多孔塞上膨胀时都会冷却。但是，当气体在高于其焦耳-汤姆孙转化温度193K膨胀时，氢的温度会升高。不过，焦耳-汤姆孙反转效应不可能是氢从高压储罐中排出时着火的主要原因。焦耳-汤姆孙效应引起的温升最多只有几十开尔文。除非氢气已经被周围的气体混合加热后接近燃点温度，否则气体温度不会升高至燃点。

2.1.10 理想气体与真实气体方程

适用于中等压力下的氢的理想气体方程表示如下：

$$p = \rho R_{H_2} T \tag{2-5}$$

式中，p 表示压力，单位为Pa；ρ 表示密度，单位为kg/m³；T 表示温度，单位为K；R_{H_2}表示氢气常数，为4124.3J/(kg·K)，等于通用气体常数 R［8.3145J/(mol·K)］与氢气摩尔质量 $M=2.016$kg/kmol之比。

当储氢压力在10~20MPa或更高时，理想气体方程不适用于高压氢气，应被看作非理想气体对待。真实氢气可以用Abel-Noble状态方程表示（Chenoweth，1983）。

$$p = Z\rho R_{H_2} T \tag{2-6}$$

其中，压缩因子 Z 表示为

$$Z = \frac{1}{1 - b\rho} \tag{2-7}$$

式中，$b=7.69\times10^{-3}$m³/kg，表示Abel-Noble方程的共体积常数。

用理想气体状态方程代替真实气体方程具有重要的安全意义。如果将理想气体定律应用于高压储罐的泄漏，则会高估泄漏的质量流量和总泄漏量。压缩因子 Z 造成了这个高估值。通过前两个公式，可以推导出下列公式，用于计算任意储存压力和温度下的压缩系数：

$$Z = 1 + \frac{bp}{R_{H_2} T} \tag{2-8}$$

例如，在1.57MPa时 $Z=1.01$，在15.7MPa时 $Z=1.1$，在78.6MPa时 $Z=1.5$（温度293.15K）。这意味着在78.6MPa的储存压力下，如果采用理想气体状态方程进行氢安全工程计算，会高估50%的泄漏量。

2.1.11 理想气体中的声速

理想气体中的声速表示为：

$$C = \sqrt{\gamma \frac{p}{\rho}} \tag{2-9}$$

式中，p 表示压力，单位为Pa；ρ 表示密度，单位为kg/m³；$\gamma = c_p/c_v$，表示恒压比热容 c_p 和恒容比热容 c_v 的比值，单位均为J/(mol·K)。采用理想气体定律方程形式，表示为：

$$p = \rho \frac{RT}{M} \tag{2-10}$$

式中，M 表示摩尔质量，单位为 kg/mol；R 表示通用气体常数。声速方程可以改写为：

$$C = \sqrt{\gamma \frac{RT}{M}} \tag{2-11}$$

气态氢中的声速在常温常压条件下为 1294m/s，在标准沸点下为 355m/s（标准沸点：压力为 101325Pa 时氢气的沸腾温度为 20.3K）。液氢中的声速为 1093m/s（沸点）。化学计量的氢气-空气混合物中的声速为 404m/s（BRHS，2009）。

2.2 燃烧特性

在常温下，氢除非以某种方式（比如适当的催化剂）被激活，否则其活性不强。在环境温度下，氢与氧反应生成水的速度非常慢。但是，如果通过催化剂或火花加快反应速度，它就会以高速率和“爆炸性”的方式继续进行反应。氢分子在高温下分解成自由原子。氢原子是活性很强的还原剂，即使在环境温度下（例如从火焰面的高温区扩散到预热的低温区时）同样如此。当氢原子重新结合成氢分子时释放的热量可用于原子氢焊接中产生的高温。

氢在干净的大气中燃烧时会产生不可见的火焰，其他化学计量混合物的绝热预混火焰在空气中可产生 2403K 的高温（BRHS，2009），与其他燃料相比，这个温度偏高。该温度可能是造成事故现场严重伤害的一个原因，特别是在干净的实验室环境中，氢火焰几乎看不见。但是，氢燃烧和热流会导致周围环境发生变化，以此可探测火焰。虽然氢火焰的不可见性给目视探测带来困难，但热和湍流对周围大气的影响很强，热燃烧物的烟羽也会上升。这些变化被称为“火的特征”。

2.2.1 化学计量混合物、当量比和混合分数

化学计量混合物是燃料和氧化剂能够完全消耗（完全燃烧）形成燃烧产物的一种混合物。例如，氢（H_2）和氧（O_2）这两种双原子气体结合生成水，水就是它们之间放热反应的唯一产物，如方程式所述：

$$2H_2 + O_2 = 2H_2O \tag{2-12}$$

因此，化学计量的氢氧混合物由 66.66% 的氢和 33.33% 的氧组成。让我们计算一下氢在空气中的化学计量浓度，按体积计，空气由 21% 的氧和 79% 的氮组成（实际上，环境空气是约 78% 的氮和约 21% 的氧的混合物，其余 1% 由二氧化碳、甲烷、氢、氩和氦组成；根据湿度的不同，可能会有一些水蒸气存在）。

$$2H_2 + (O_2 + 3.76N_2) = 2H_2O + 3.76N_2 \tag{2-13}$$

因此，空气中氢的化学计量浓度（假设氧含量为 21%，氮含量为 79%）为 29.59% [按体积计算：2/(2+1+3.76)=0.2959]，空气含量为 70.41%。

当量比是实际燃料-氧化剂比与化学计量混合物中燃料-氧化剂比的比值。

$$\phi = \frac{m_f/m_{ox}}{(m_f/m_{ox})_{st}} = \frac{n_f/n_{ox}}{(n_f/n_{ox})_{st}} \tag{2-14}$$

式中，m 表示质量；n 表示物质的量；下标 f、ox、st 分别表示燃料、氧化剂和化学计量混合物。化学计量比下的当量比为 1.0，贫燃混合气的当量比小于 1.0，富燃混合气的当量比大

于1.0。

相比使用燃料-氧化剂比，使用当量比具有本质的优点。当量比与所使用的单位无关，也就是说，无论使用的是质量还是物质的量，其值都是相同的。相反，基于燃料和氧化剂质量的燃料-氧化剂比与基于物质的量的燃料-氧化剂比则有所不同。例如，让我们考虑1mol氢气（H_2）和1mol氧气（O_2）的混合物。事实上，两种不同的燃料-氧化剂比（fuel-oxidizer ratio，FOR）是不同的，一种基于质量，另一种基于物质的量。

$$\mathrm{FOR_m}=\frac{2}{32}=0.0625，\ \mathrm{FOR_n}=\frac{1}{1}=1 \tag{2-15}$$

同时，按质量计算的当量比为

$$\phi=\frac{m_\mathrm{f}/m_\mathrm{ox}}{(m_\mathrm{f}/m_\mathrm{ox})_\mathrm{st}}=\frac{2/32}{(4/32)_\mathrm{st}}=0.5 \tag{2-16}$$

按物质的量计算的当量比为

$$\phi=\frac{n_\mathrm{f}/n_\mathrm{ox}}{(n_\mathrm{f}/n_\mathrm{ox})_\mathrm{st}}=\frac{1/1}{(2/1)_\mathrm{st}}=0.5 \tag{2-17}$$

对于由1mol氢和1mol氧组成的混合物而言，两种当量比完全相同（均为0.5）。

实际空燃比（Air-Fuel Ratio，AFR）与化学计量混合比的比值用λ表示。λ与空燃比的关系为

$$\lambda=\frac{\mathrm{AFR}}{(\mathrm{AFR})_\mathrm{st}} \tag{2-18}$$

当量比和λ的关系为

$$\phi=\frac{1}{\lambda} \tag{2-19}$$

燃料-氧化剂比（FOR）或空燃比（AFR）的处理并不方便，特别对计算机模拟而言更是如此，因为它们在纯空气（氧化器）或纯燃料侧的值无穷大（当计算机试图处理无穷大的计算时会具有很大的不确定性），或者它们不会绘制完整的混合物光谱图。因此，在许多情况下，模拟需要有界的属性。混合分数ξ在燃料流中通常认为具有统一性，在氧化剂流中为零。它在这两个界限之间发生线性变化，使得在冻结流的任何点，燃料质量分数为$Y_\mathrm{F}=\xi Y_\mathrm{F0}$，氧化剂质量分数为$Y_\mathrm{O}=(1-\xi)Y_\mathrm{O0}$，其中$Y_\mathrm{F0}$和$Y_\mathrm{O0}$分别是燃料和氧化剂流中的燃料和氧化剂质量分数。

存在于未燃烧混合物中的所有原子都存在于燃烧产物中，尽管它们可能被重组成不同的分子。与元素i无关的混合分数可以定义为：

$$\xi=\frac{Z_i-Z_{i,\mathrm{O0}}}{Z_{i,\mathrm{F0}}-Z_{i,\mathrm{O0}}} \tag{2-20}$$

元素质量分数Z_i，即元素i的质量与总质量的比，等于

$$Z_i=\sum_{j=1}^{S}\mu_j w_j, i=1,\cdots,E \tag{2-21}$$

式中，μ_j是元素i在物种j中的质量分数；w_j是混合物中的物种质量分数；S是不同物种的数量；E是混合物中不同元素的数量。结果表明，扩散火焰前锋所在的化学计量混合分数等于

$$\xi_\mathrm{s}=\frac{1}{1+\phi}=\frac{\lambda}{1+\lambda} \tag{2-22}$$

2.2.2 燃烧热

氢的较低热值（燃烧热）为241.7kJ/mol，较高热值为286.1kJ/mol（BRHS，2009）。大约16%的差值是由水蒸气的凝结热造成的，该差值比其他气体的差值更大。

2.2.3 易燃性限值

与大多数碳氢化合物相比，氢的可燃性范围更广，即在常温常压下，按空气体积计，为4%～75%。氢的可燃性范围随着温度的升高而扩大，例如，可燃性下限从常温常压时的4%下降到100℃时的3%（对于向上传播的火焰），并且取决于压力（见下文）。除此之外，氢的可燃性限值还取决于火焰传播的方向。表2-1列出了Coward和Jones的研究（1952）中引用的不同火焰传播方向的可燃性限值范围。例如，在最初静止的混合物中，可燃下限的保守值从向上传播的3.9%（按体积计），到水平传播火焰的6%，再到向下传播火焰的8.5%。

表2-1 按体积计算，氢浓度向上、水平和向下（球形）传播的可燃性限值（Coward，Jones，1952）

向上传播		水平传播		向下传播	
可燃下限	可燃上限	可燃下限	可燃上限	可燃下限	可燃上限
3.9%～5.1%	67.9%～75%	6.0%～7.15%	65.7%～71.4%	8.5%～9.45%	68%～74.5%

可燃性限值取决于测量仪器。例如，在仅采用8mm管的整个光谱范围内，向上传播火焰的可燃下限值最高（按体积计为5.1%），可燃上限值最低（67.9%）。

Coward和Jones的研究（1952）对体积分数为4%的氢气-空气混合物点燃后火焰传播的初始阶段有如下描述：在火花隙上方看到一个涡流火焰环，其上升、膨胀约40cm，随后破裂并消失。当浓度接近可燃下限的4%时，火焰以诸多小火球的形式向上传播，这些小火球稳定地移动到容器的顶部。对于氢含量在4.4%～5.6%范围内，一个涡环上升约40cm，然后分裂成多个部分，每个部分又细分为火球传播到顶部。

在这些小球火焰之间有未燃烧的混合物。随着氢含量的增加，氢燃烧的比例也在增加。氢含量为5.6%的混合气体表现出约50%的燃烧率。这一现象解释了为什么在密闭容器中，静止氢-空气混合物在体积分数4%的可燃下限附近燃烧时，会产生实际上可忽略不计的超压。值得注意的是，在4%～6%含量范围内的静止氢-空气混合物，在许多情况下，几乎可以在没有超压的情况下燃烧。比如，如果在外壳顶部点燃，由于在这种情况下，火焰无法在任何方向传播，因此伴随压力积累的热量不会得以释放。

表2-2列出了采用不同标准设备和程序测定的可燃限值（按体积测量）（Schröder，Holtappels，2005）。

表2-2 采用不同标准和程序测定的可燃限值

限　值	德国标准化学会标准DIN 51649	欧洲标准EN 1839（T）	欧洲标准EN 1839（B）	美国材料试验协会标准ASTM E 681
可燃下限	3.8%	3.6%	4.2%	3.75%
可燃上限	75.8%	76.6%	77.0%	75.1%

在常温常压下，随着温度的升高，可燃性范围扩大。根据修正的Burgess-Wheeler方程（Zabetakis，1967；Verfondern，2008）可以计算出在常压下火焰向上传播的可燃下限（体积分

数）是温度（单位 K）的函数。

$$\mathrm{LFL}(T)=\mathrm{LFL}(300\mathrm{K})+\frac{3.14}{\Delta H_C}(T-300)=4.0+0.013(T-300) \tag{2-23}$$

式中，ΔH_C为较低的燃烧热量，241.7kJ/mol。在沸点时，氢的可燃下限为7.7%，按体积计算（Verfondern，2008）。在150～300K 温度范围内，可燃上限与混合物温度的关系可用下式表示（Eichert，1992）：

$$\mathrm{UFL}(T)=74.0+0.026(T-300) \tag{2-24}$$

图2-3 显示了混合物温度的可燃下限和可燃上限对火焰向上传播（Schröder，Holtappels，2005）和向下传播（Coward，Jones，1952）的依赖关系。可燃范围几乎随温度线性扩展。当温度从20℃升高到400℃时，按体积计算的可燃下限降低了约2.5个百分点（体积从4%减少到1.5%），而可燃上限的增加更为显著——在混合物温度相同的情况下，体积增加了约12.5个百分点。

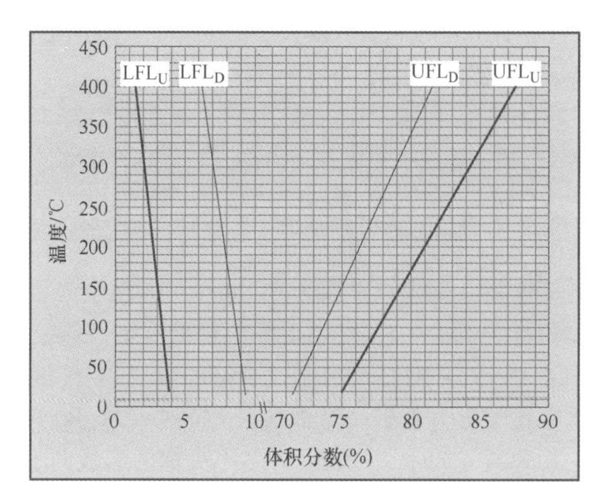

图2-3　氢-空气混合物的可燃下限和可燃上限随温度变化：粗线—火焰向上传播（Schröder，Holtappels，2005）；细线—火焰向下传播（Coward，Jones，1952）

火焰向上传播的可燃下限和可燃上限与压力的关系如图2-4 所示（Schröder，Holtappels，2005）。在0.1～5.0MPa 之间，可燃下限单调降低了5.6%（按体积计），然后在压力达到

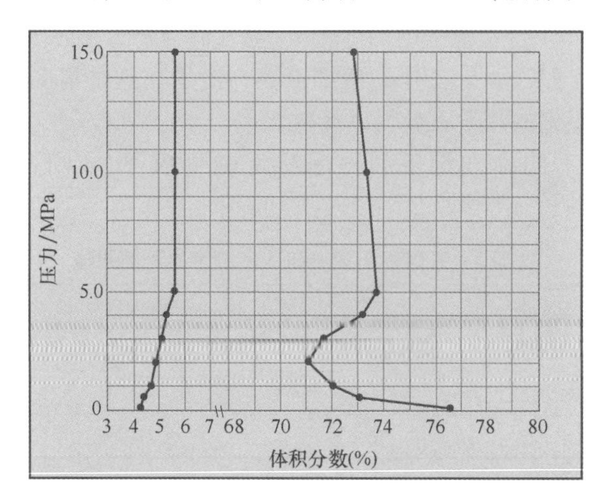

图2-4　氢-空气混合物的可燃下限和可燃上限随压力的变化（Schröder，Holtappels，2005）

15MPa 时保持恒定。可燃上限未呈现单调变化：随着压力从 0.1MPa 增加到 2.0MPa，可燃上限从 76.6% 下降到 71%；然后随着压力从 2.0MPa 增加到 5.0MPa，可燃上限从 71% 增加到 73.8%；随着压力从 5.0MPa 增加到 15.0MPa，可燃上限又从 73.8% 下降到 72.8%，但降幅不大。

2.2.4 极限氧指数

极限氧指数是支持火焰在燃料、空气和氮气混合物中传播的最低氧浓度。在常温常压下，如果氢、空气和氮的混合物含氧量低于 5%，则该混合物不会传播火焰（NASA，1997）。

2.2.5 点火特性

经验表明，泄漏的氢非常容易被点燃（NASA，1997）。点火源包括快速关闭阀门产生的机械火花、未接地的微粒过滤器中的静电放电、电气设备、催化剂颗粒、加热设备产生的火花、通风口附近的雷击等。必须以适当的方式消除或隔离点火源，并应在可能发生不可预见的点火源的情况下进行操作。

氢-空气混合物的点火能量随其成分的不同而变化，在可燃限值处为无穷大。越接近化学计量比，点燃混合物所需的能量越少。在氢-空气混合物的可燃范围内，点火能量几乎变化了三个数量级。对于最易燃的混合物，最小点火能量（Minimum Ignition Energy，MIE）为 0.017mJ（Baratov et al.，1990）。除了混合成分外，点火能量还取决于初始压力和温度等其他因素。由于大多数点火源产生的能量超过 10mJ，如果浓度超过可燃下限，几乎所有常见燃料都会与空气混合点燃。能够形成冲击波的点火源，例如高能火花放电和烈性炸药，可以直接引爆。

储存在物体上的静电能量取决于物体的大小和电容、充电电压以及周围介质的介电常数。为了模拟静电放电的影响，将一个人表示为一个 100pF 的电容器，充电电压为 4000～35000V，总能量为毫焦耳级。较大的物体将储存更多的能量。这种能量通常在不到 1μs 的时间内释放，不仅足以点燃接近化学计量比的混合物，而且足以点燃接近可燃性限值的混合物。在相对湿度大于 50% 的环境中，木头、纸张和某些织物等绝缘材料通常会形成导电层，通过吸收空气中的水分来防止静电积聚（ISO/TR 15916：2004）。

氢本质上是气相和液相的电绝缘体。气态氢或液氢的流动或搅拌可能会产生与所有不导电液体或气体类似的静电电荷（因此，所有氢输送设备必须彻底接地），只有在发生电离的临界“击穿”电压以上，才会成为电导体（BRHS，2009）。当高速氢气流动伴随高压容器排氢时，这一特性可能会导致管道颗粒中存在的摩擦带电。摩擦带电是一种接触带电，在这种情况下，某些材料在与另一种不同的材料接触后会带电，然后被分离。在其他条件相同的情况下，随着排氢时间（清空储罐的时间）的增加，该机制点燃氢气的概率增加。

空气中氢的标准自燃温度高于 510℃（Baratov et al.，1990）。与具有长分子的碳氢化合物相比，这个值相对较高。但是，自燃温度可以通过催化表面降低。温度在 500～580℃之间的物体可以在大气压下点燃氢-空气或氢-氧混合物，而 320℃左右温度较低的物体在低于大气压的长时间接触下也可能会将其点燃（NASA，1997）。热风喷射点火温度为 670℃（BRHS，2009）。

2.2.6 层流燃烧速度和火焰传播速度

化学计量比的氢-空气混合物的层流燃烧速度 S_U（拉伸值，即考虑球形火焰曲率和应变）可以计算为球形火焰的实验传播速度 S_v（如通过纹影照相术观察得出，纹影照相术是一种记录不同密度的流体流动的方法），除以燃烧产物的膨胀系数 E_i。

$$S_U = S_v / E_i \tag{2-25}$$

式中，E_i是膨胀系数（比率），等于相同压力下未燃烧混合物密度与燃烧产物密度之比。

在整个可燃性范围内，膨胀系数 E_i与空气中氢摩尔分数的关系如图 2-5 所示。HySAFER 中心使用 Cantera 软件（GRI 机制）计算膨胀系数 E_i，其中空气的组成为体积分数为 79% 的 N_2和体积分数为 21% 的 O_2，燃烧产物包括以下种类：H_2、H、O、O_2、OH、H_2O、HO_2、H_2O_2、N、NH、NH_2、NH_3、NNH、NO、NO_2、N_2O、HNO 和 N_2。

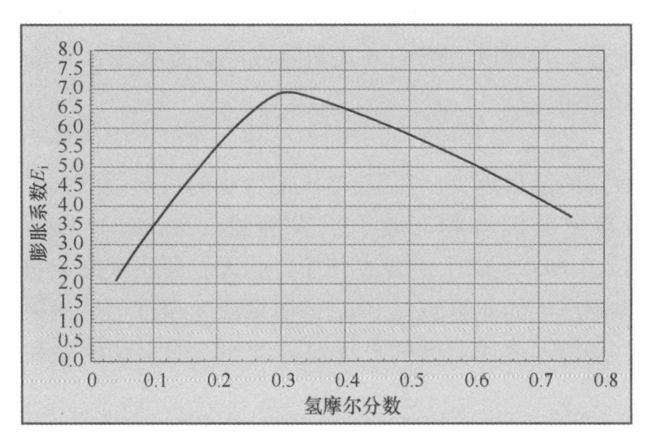

图 2-5 燃烧产物的膨胀系数 E_i与空气中氢摩尔分数的函数关系

在 Lamoureux 等的实验研究之后，HySAFER 中心的数值研究接受了拉伸的（即实际的应变和弯曲的球形火焰）层流燃烧速度的值（2003）。值得注意的是，氢-空气混合物的最大燃烧速度并未在接近化学计量混合比的 29.5%（按体积计）氢的混合物中达到，而是在空气中氢摩尔分数为 40.1% 的混合物中达到（BRHS，2009）。最大燃烧速度从 29.5% 氢-空气混合气的 2m/s 左右增加到 40.1% 氢-空气混合气的 2.45m/s 左右。这种最大层流燃烧速度漂移的效果是由氢在空气中的高分子扩散系数造成的。因此，氢-空气预混火焰达到最大燃烧速度的当量比为 1.6，而碳氢-空气预混火焰达到最大燃烧速度的当量比约为 1.1。

层流燃烧速度随空气中氢浓度的变化如图 2-6 所示，由 Zimont 和 Lipatnikov（1995）根据 Karpov，Severin 和 Tse 等人（2000）以及 Lamoureux 等人（2003）的实验研究得出。Lamoureux 等人（2003）提供的拉伸火焰数据被用于获得图表上显示的层流燃烧速度的值（HySAFER 方针中应用拉伸值解释了为什么这些数据低于其他研究人员的数据）。根据图 2-6 可知，在可燃限值处的零燃速为一个近似值。在零重力条件下测得的体积分数为 5% 的氢-空气火焰的近限值“燃烧速度”（引号是为了说明在限值处的火焰传播形式为单独火球传播，而非连续火焰传播）可估计为 2.5～3.5cm/s（Ronney，1990）。

最大可能的火焰传播速度，即相对于固定观察者的爆燃前沿速度，由燃烧产物中的声速给出，对于化学计量的氢-空气混合物，声速为 975m/s（BRHS，2009）。

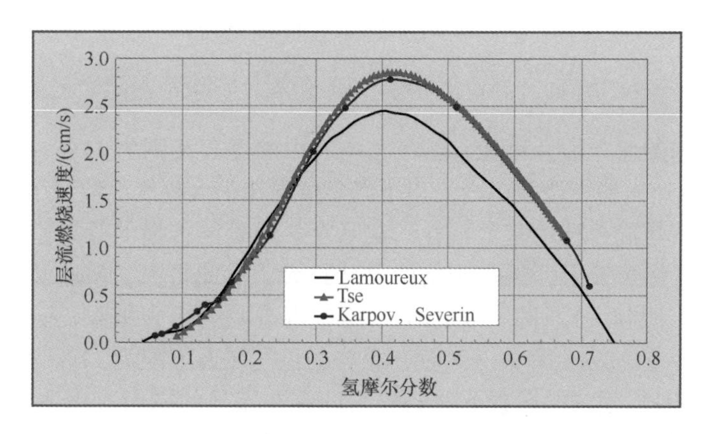

图 2-6　氢-空气混合物的层流燃烧速度与空气中氢摩尔分数的函数关系

2.2.7　猝熄

氢气火焰很难被熄灭，例如，由于水汽会加大氢气-空气混合气体燃烧的不稳定性，加强燃烧能力，大量水雾的喷射会使氢-空气混合燃烧加剧。与其他可燃气体相比，氢气的猝熄距离最低。当火焰的热量损失与燃烧产生的热量相当时，任何火焰都会被熄灭，紧接着化学反应也终止了。公开发布的相关研究数据相当分散，同时，所使用的术语也使得问题进一步复杂化。

猝熄距离通常指预混合气体燃烧的火焰能通过的最小管径。例如，Kanury（1975）测量出氢-空气混合气体的猝熄距离为 0.51mm。国际标准化组织技术报告（ISO/TR15916：2004）指出，氢气在空气中的猝熄间隙（常温常压）为 0.64mm。

在所有可燃气体中，氢气的最大实验安全间隙约为 0.08mm（BRHS，2009），在实验中，可以防止预混合气体的火焰顺着两个半球形部件组成的容器的间隙传到球形容器外面。值得注意的是，在实验过程中容器内压力接近封闭容器的最大爆炸（爆燃）压力。由于实验装置的不同（在最大实验安全间隙中，两半球之间爆燃压力大），最大实验安全间隙总是小于猝熄间隙。根据报告，氢气的最小猝熄距离是 0.076mm（Wionsky，1972）。

猝熄距离随压力增加和温度上升而减小，减小的程度受混合物成分等因素的影响。这可能是公布的数据分散的主要原因。氢-空气混合物的燃烧速率高，猝熄间隙一般比较小，而如果气体的燃烧速度较快，阻火器的孔则需要小一些。据作者所知，目前只有用于氢-空气混合气体的阻火器，没有氢-氧混合物阻火器。

“猝熄”氢火焰还有另一个限制。该极限就是吹熄极限——当火焰的流动速度超过火焰从喷嘴中喷出的速度时，就是它的吹熄极限。

2.2.8　爆轰极限

爆轰是氢事故中最坏的情况（Zbikowski et al.，2008）。爆轰波是前驱激波和燃烧波的复合体，而燃烧波以 von Neumann 脉冲的速度传播。爆轰波阵面厚度是指爆轰波前导冲击波与达到 Chapman-Jouguet 条件（声速平面）的反应区末端的距离。

国际标准化组织技术报告（ISO/TR 15916：2004）中提到氢气在空气中的爆轰范围为 18%～59%（体积分数）。据报道，在直径为 43cm 的管中，氢-空气混合气体的爆轰范围为

13% ~70% (Tieszen et al., 1986)。在俄罗斯最大的爆轰实验(RUT)设施中，观察到的爆轰极限较低，为 12.5%。Alcock 等人(2001)建议，氢气在空气中最大爆轰范围为 11% ~59%。

通过对现有数据的保守估计可知，氢气在空气中的爆轰范围为 11% ~70%。该范围相对较小，且处于 4% ~75% 的燃烧范围内。由于爆轰极限在很大程度上取决于用于测量的实验装置的大小，因此它不是混合物的基本特性。实际上，爆轰能传播的管道直径，约等于一个爆轰胞格尺寸。越接近爆轰极限，爆轰胞格的尺寸越大。由此可见，实验装置的尺寸越大，爆轰下限越小(爆轰上限越大)。同一浓度的氢-空气混合物的爆轰极限，随可燃气云规模的增大而增大。这就解释了 Alcock 等人(2001)报告的氢气爆轰下限为 11%，与国际标准化组织(ISO/TR 15916：2004)建议的爆轰下限 18%之间存在差异的原因。化学计量氢-空气混合物的爆轰胞格尺寸的实验值为 1.1 ~2.1cm (Gavrikov et al., 2000)。

2.2.9 爆燃转爆轰的助燃距离

在管道中对化学计量的氢-空气混合物进行实验观察，得出爆燃转爆轰(Deflagration-to-Detonation Transition，DDT)发生距离的长度直径比通常约为 100。爆燃转爆轰现象仍然是燃烧研究中具有挑战性的课题之一。对于未燃的混合物，在火焰前锋不断加速、接近声速的过程中，不同的运行机制会产生不同速度的火焰前锋。这些运行机制会产生如下影响：绝热压缩下，随压力增大，层流燃烧速度会加快；由于优先扩散现象，未燃烧混合物中的湍流，火焰前锋本身产生的湍流，火焰前锋面积随火焰半径和内部截止点的减小而增长的分形形式，以及流体力学、Rayleigh-Taylor、Richtmyer-Meshkov、Kelvin-Helmholtz 等各种不稳定性。然后，从最大爆燃火焰传播速度(接近化学计量的氢-空气混合物燃烧所达到的声速)急剧增加到爆轰速度(大约是最大爆燃速度的 2 倍)。

如果在管道中设置障碍物，就可以彻底缩短爆燃转爆轰的发生距离。一般认为这是 Richtmyer-Meshkov 不稳定性在爆燃转爆轰的那一瞬间，发挥了重要作用。激波通过火焰前锋时会冲向两个不同的方向，而实际上 Richtmyer-Meshkov 不稳定性同时在这两个方向上增加火焰前锋面积。而 Rayleigh-Taylor 不稳定性的影响刚好与之相反，受压力梯度的影响，只会发生单方向的变化(从较轻的燃烧产物到较重的未燃烧混合物，加速流动)。一般认为，爆燃转爆轰发生在所谓的热点，这个热点可能位于湍流火焰前锋内部或前面。例如，在较强激波反射的焦点。爆燃转爆轰机制的独特性，对该过程之后产生的稳态爆轰波没有影响。

设置安全措施，防止爆燃转爆轰发生的可能，这十分重要。事实上，在露天场地，静止的化学计量氢-空气混合物产生的压力波只有 0.01MPa(低于造成耳膜损伤的压力级别)，而氢-空气混合物爆轰则会伴随着高出两个数量级的压力，约为 1.5MPa(远高于可致命的 0.08 ~0.10MPa 压力范围)。

2.3 与其他燃料的比较

氢气是一种独特的燃料。实际上，氢的燃烧速率比其他燃料要低得多(Butler et al., 2009)，当火焰撞击到铝、不锈钢和碳化硅纤维样品时，氢火焰比甲烷火焰造成的腐蚀快得多(Sunderland, 2010)。在所有燃料中，氢火焰的颜色最为暗淡。氢焰是所有燃料中最暗的，其质量流速吹熄极限高于甲烷和丙烷的类似极限。在相同的供应压力下，通过相同泄漏路径，氢气的体积流量明显高于甲烷和丙烷（Swain MR，Swain MN，1992）。氢的分子质量最小，密度最低，黏度最低。氢气的导热系数明显高于其他气体。氢气在空气中的扩散系数是所有气体中最高的。

2.3.1 物理参数

表2-3和表2-4总结了氢与其他燃料、水和空气的对比参数。

表2-3 氢与其他物质的特性（第一部分）

物质	摩尔质量/(g/mol)	密度/(kg/m^3)	黏度/μP	在空气中的扩散系数*/(cm/s)	导热系数/[mW/(m·K)]
氢气（H_2）	2.016	70.78（L，标准沸点） 1.312（G，标准沸点） 0.0838（G，常温常压）	132.0（L，标准沸点） 89.48（G，常温常压） 11.28（G，标准沸点）	0.68	168.35（G）
甲烷（CH_4）	16.043	422.62（L，标准沸点） 1.819（G，标准沸点） 0.668（G，常温常压）	200（G，常温常压） 102.7（G，标准沸点）	0.196	32.81（STP）
丙烷（C_3H_8）	44.096	582（L，标准沸点） 2.423（G，标准沸点） 1.882（G，常温常压）	1100（300K）	0.0977	15.198（STP）
汽油（C_4-C_{12}）	100~105	677~798*	6000**（L，常温常压）	—	130**
柴油（C_8-C_{25}）	≈200	788~920*	25000**（L，常温常压）	—	—
甲醇（CH_3OH）	32.04	786.9（L，25℃）*	5900（L，常温常压）	0.162	250
水（H_2O）	18.016	1000（常温常压）	10000（L，常温常压） 130（G，常温常压）	—	670
空气	28.9**	1.205（常温常压）	180（G，常温常压）	—	26

注：1. L—液体；G—气体；*—Baratov等人（1990）；**—约等于。

2. 氢、甲烷和丙烷的动力黏度分别是0.00876g/(m·s)、0.0109g/(m·s)、0.00795g/(m·s)（Weast，Astle，1979；Butler et al.，2009）。

表2-4 氢与其他物质的特性（第二部分）

物质	标准沸点/℃	临界点	临界密度/(kg/m^3)	汽化潜热(标准沸点)/(kJ/kg)	γ	水溶性，*v/v*
氢气（H_2）	-252.8	-240℃ 1.3MPa	31.263	451.9	1.384（25℃）	0.0214 （弱）
甲烷（CH_4）	-161.58	-82.7℃ 4.596MPa	162	760	1.305（25℃）	0.054（2℃）
丙烷（C_3H_8）	-42.06	96.6℃ 4.25MPa	217	356	1.134（25℃）	0.039（常温常压）
汽油（C_4-C_{12}）	37~204	—	—	~349（15.6℃）	—	弱

（续）

物质	标准沸点/℃	临界点	临界密度/（kg/m³）	汽化潜热（标准沸点）/（kJ/kg）	γ	水溶性，v/v
柴油（$C_{12}H_{23}$）	180～340	—	—	～233（15.6℃）	—	弱
甲醇（CH_3OH）	64.9	239.45℃ 8.09MPa	272	1004	1.2	完全互溶
水（H_2O）	100	373.946℃ 22.064MPa	322	2257（NBP）	1.33 （水蒸气）	—
空气	-196～-183	-140.8℃ 3.77MPa	—	—	1.4	—

注：NBP—在常压101325Pa下的标准沸点；γ—比热容比。

常压下只有氦的沸点低于氢。氢在有机溶剂中的溶解度略高于水。

2.3.2 热值

表2-5列出了不同燃料的高热值和低热值（College of the Desert，2001）。虽然“热值”不适用于电池，但是可以使用相对应的能量计量方式“能量密度”，而铅酸电池的能量密度极低，大约为0.108kJ/g。氢在空气中的燃烧以及燃料电池内的电化学反应都能产生水，且均以水蒸气的形式出现，因此低热值代表了燃料可用于对外做功的能量。单位质量下，氢的热值最高。而单位体积下，氢的热值最低。为了使燃料电池汽车的续驶里程更具竞争优势，必须以气态高压或液态的形式储存氢气。但是这样的储存方式存在明显的安全隐患。

表2-5 不同燃料的热值（College of the Desert，2001）

燃料	高热值（25℃，0.101MPa）	低热值（25℃，0.101MPa）	低热值（体积）（15℃）
氢气	141.86kJ/g	119.93kJ/g	10050kJ/m³（气态，0.101MPa） 1825000kJ/m³（气态，20.2MPa） 4500000kJ/m³（气态，69.7MPa） 8491000kJ/m³（液态）
甲烷	55.53kJ/g	50.02kJ/g	32560kJ/m³（气态，0.101MPa） 6860300kJ/m³（气态，20.2MPa） 20920400kJ/m³（液态）
丙烷	50.36kJ/g	45.6kJ/g	86670kJ/m³（气态，0.101MPa） 23488800kJ/m³（液态）
汽油	47.5kJ/g	44.5kJ/g	31150000kJ/m³（液态）
柴油	44.8kJ/g	42.5kJ/g	最低31435800kJ/m³（液态）
甲醇	19.96kJ/g	18.05kJ/g	15800100kJ/m³（液态）

2.3.3 火灾和爆炸危险指数

根据Baratov等人（1990）和College of the Desert（2001）的研究中的保守值选择，氢气

和其他燃料的关键火灾和爆炸危险指数见表2-6。

表2-6 不同燃料的火灾和爆炸危险指数

燃料	闪点/℃	自燃温度（AIT）/℃	可燃范围（%）	密闭容器中爆燃的最大压力* P_{max}/kPa	最小点火能（MIE）*/mJ	最大实验安全间隙（MESG）/mm
氢气	< -253	510*	4~75	730	0.017	0.08
甲烷	-188	537*	5.28*~15	706	0.28	—
丙烷	-96*	470*	2.2~9.6	843	0.25	0.92*
汽油	-45~-11*	230~480	0.79~8.1*	—	0.23~0.46	0.96~1.02
柴油	37~110*	210~370*	0.6~6.5	—	—	—
甲醇	6*	385	6~36.5	620	0.14	—

注：*—Baratov等人（1990）。

与大多数碳氢化合物相比，氢的燃烧下限较高。氢在空气中的近化学计量浓度（体积分数为29.5%）远远高于碳氢化合物在空气中的近化学计量浓度（仅为几个百分点）。处在燃烧下限时，氢需要的点火能量与甲烷类似，而电气设备火花、静电火花或撞击物体产生的火花等能量较弱的火源所需的能量通常比点燃氢、甲烷等可燃性混合物所需的能量还要多（Dryer et al.，2007）。

大多数碳氢化合物的层流燃烧速度为0.30~0.45m/s，而化学计量氢-空气混合物的层流燃烧速度约为2m/s，比大多数碳氢化合物快得多。与大多数其他可燃气体相比，氢气更容易发生爆燃转爆轰现象。

可燃气体受到所谓的扩散机制影响，突然释放到空气中，此时相比于其他燃料，氢最容易发生自燃。因为空气受到冲击升温，与冷氢混合，在两种气体接触的区域，若达到临界条件，会发生化学反应。实际上，氢气突然释放到充满空气的管道时，一旦安全隔板破裂，氢气就可以在低至约2MPa的压力下发生自燃（Dryer et al.，2007）。

但是，空气中氢的标准自燃温度在520℃以上，高于碳氢化合物。另一个变化是，随着射流直径的扩大，碳氢化合物的热空气射流燃点会下降，而氢是燃点最低的。

辛烷（烃类）的性能被用作衡量内燃机抗爆性能的标准，并被指定为相对辛烷值100。辛烷值超过100的燃料比辛烷本身具有更强的抗自燃性。研究得出氢气的辛烷值很高，即130+（稀薄燃烧），因此能够抵抗爆轰（稀薄燃烧情况下）。其他燃料的辛烷值：甲烷125、丙烷105、汽油87、柴油30。氢气在燃料电池中的应用与辛烷值无关。

氢、甲烷和丙烷的猝熄距离（预混气体燃烧的火焰能通过的最小管径）分别为0.51mm、2.3mm和1.78mm（Kanury，1975）。可见，氢的猝熄距离最小。

2.3.4 扩散火焰的熄灭

由于氢存在重燃和“爆炸”的危险，通常只有切断氢供应后，才能扑灭氢火。

Creitz发表了关于六种燃料在耐热金属外壳内的燃烧器上扩散火焰熄灭的结果（1961）。为燃料提供氮氧混合物，使其产生扩散火焰，在扩散火焰反应区两侧引入抑制剂，测量抑制剂对不同燃料的灭火效果，该数据将作为氮氧混合物中氧浓度的函数。表2-7使用体积分数，介绍了各种燃料在空气中燃烧时氮气（N_2）、一溴甲烷（CH_3Br）、三氟溴甲烷（CF_3Br）的灭火特性。

表 2-7　氮气、一溴甲烷和三氟溴甲烷灭火特性的比较（Creitz，1961）

燃料	熄灭时空气或燃料中的抑制剂（%）						氮效率（%）			
	添加到空气中			添加到燃料中			添加到空气中		添加到燃料中	
	氮气	一溴甲烷	三氟溴甲烷	氮气	一溴甲烷	三氟溴甲烷	一溴甲烷	三氟溴甲烷	一溴甲烷	三氟溴甲烷
氢气	94.1	11.7	17.7	52.4	58.1	52.6	8.0	5.3	0.9	1.0
甲烷	83.1	2.5	1.5	51.0	28.1	22.9	33.2	55.4	1.8	2.2
乙烷	85.6	4.0	3.0	57.3	36.6	35.1	21.4	28.5	1.6	1.6
丙烷	83.7	3.1	2.7	58.3	34.0	37.6	27.0	31.0	1.7	1.6
丁烷	83.7	2.8	2.4	56.8	40.0	37.9	29.9	34.9	1.4	1.5
一氧化碳	90.0	7.2	0.8	42.8	19.9	—	12.5	112	2.2	—

研究发现，除三氟溴甲烷抑制一氧化碳火焰外，如果要熄灭火焰，添加到燃料里的抑制剂所需的体积分数要高于添加到氧气反应区的体积分数。作者认为 Creitz 的这一结论可以用卷吸效应来解释。当火焰卷进气体包围的火羽流，随着其与燃料源的距离加大，以及火羽流动量通量的增大，火焰的质量流率会增大。由消防安全科学可知，在火焰高度，被吸入火焰的空气量比释放出来的燃料量高两个数量级。

当氧的体积分数超过25%时，一溴甲烷被添加到氧气反应区侧将完全无灭火效果；氧的体积分数超过32%时，一溴甲烷被加到燃料里无灭火效果，因为一溴甲烷在这个氧浓度下会自燃。

扩散火焰的熄灭可能受到许多因素的影响，其中包括向燃烧器提供燃料的速率和通过火焰的二次空气的速度（Creitz，1961）。在相当低或非常高的流速下，二次空气的影响很重要。当燃料供给速率过低时，对于特定燃烧器，火焰将不会燃烧；反之，当燃料供给速率过高时，火焰会上升，慢慢浮离火源并熄灭。作者认为 Creitz 的后一实验可能是由于耐热金属外壳保护套的屏蔽作用，限制了氧化剂对火焰的卷吸效应。这种特殊的测试条件限制了此类实验结论的重要性。

在 Creitz 的实验条件下，氢气是测试燃料中最难熄灭的，需要更多的抑制剂。一溴甲烷比三氟溴甲烷更能有效地扑灭氢气在空气中的扩散火焰。Creitz 的工作可以被认为是对不同燃料所选择的抑制剂的熄灭效率的比较研究，而不是对熄灭真实火焰的抑制剂浓度的定量推荐，特别是氢技术独有的非预混湍流火焰。

2.4　健康危害

氢气预计不会引起致突变性、致畸性、胚胎毒性或生殖毒性。没有证据显示，氢气会对接触该气体的皮肤或眼睛产生危害。氢气不会被人类摄入（不大可能存在摄入途径）。然而，如果氢气被吸入人体内，则会在体内形成可燃混合物。

氢气可以归类为一种简单的窒息剂，没有阈限值，不属于致癌物质（NASA，1997）。空气中高浓度的氢气会造成缺氧环境。人体在这样的环境里呼吸，可能会产生包括头痛、头晕、嗜睡、意识不清、恶心、呕吐、多方面抑郁等症状。患者的皮肤可能会变蓝。在某些情况下，可能会死亡。如果人员吸入氢气并观察到上述症状，则需要将患者移至新鲜空气中；如果出现呼吸困难，则需要给予氧气；如果无法自主呼吸，则需要进行人工呼吸。

氢供能系统的设计应避免临近区域人员出现窒息的任何可能性（NASA，1997），同时应防止人员进入封闭空间，除非相关人员严格遵循进入封闭空间的程序。建议在进入事故区域前检查该区域的氧气含量（如果氢气的浓度达到危险程度，则应检查没有气味后才进入）。测量氢的浓度必须使用合适的探测器。

氧的体积分数低于19.5%时，不能支持人类进行生理活动，而且通常观察不到缺氧的症状。当氧的体积分数低于12%时，人类可能会在没有预警症状下立即失去意识。根据氧气浓度，能确定人窒息的阶段（NASA，1997）：

- 15%～19%（体积分数）——执行任务的能力下降；人体心脏、肺或循环系统方面出现早期症状。
- 12%～15%（体积分数）——呼吸加深，脉搏加速，人的协调性变差。
- 10%～12%（体积分数）——头晕，判断力变差，嘴唇微蓝。
- 8%～10%（体积分数）——恶心、呕吐、意识不清、面色苍白、昏厥、精神衰竭。
- 6%～8%（体积分数）——8min内死亡（6min内救治，死亡和恢复机会各50%；4～5min内救治，100%恢复）。
- 4%——40s内昏迷，抽搐，停止呼吸，死亡。

与液氢接触，或者液氢溅到皮肤或眼睛上，会因冻伤或体温过低而导致严重伤害。吸入蒸气或冷氢会产生呼吸不适，并可能导致窒息。与液态氢、冷的气态氢或储存氢的低温设备进行直接物理接触，会导致严重的组织损伤。瞬间接触少量液态氢可能会形成保护膜，所以可能不会具有很大的损伤危险（NASA，1997）。当液态氢大量外溢，人员暴露于液态氢中的范围很广时，就会冻伤。当人体体温降至27℃时，可能出现心脏功能失常；当人体体温降至15℃时，可能导致死亡。现场最安全的做法就是，用松散的覆盖物保护与液态氢接触的区域。

2.5 结语

由此得出结论，氢气的危险程度与其他燃料一样。我们需要用专业的基础科学和工程知识来处理氢，以保护公共安全，利用氢的优势获得竞争力，获得氢燃料电池产品，建设氢能基础设施。

第3章 法规、规范、标准和氢安全工程

氢安全条款的质量直接取决于基于整体性能的氢安全工程（HSE）方法的可用性，而不在于某组规范和标准。这些规范和标准往往是参考性的，已经过时了。氢安全工程方法必须符合现行法规以及法规中明确提到的标准和规范。除了法规、规范和标准（RCS），氢安全工程还需要受过高等教育的劳动力和现代工程工具，包括氢安全工程师可以免费获得的计算流体动力学软件（CFD）。

作者认为，在某种程度上，在氢燃料电池系统和基础设施的安全设计中，人们对于法规、规范和标准的作用有过高的预期。实际上，由于安全标准的制定和相应的批准程序，与该领域目前的知识水平相比，这些标准至少已有3年的历史。这些标准或许只针对特定的主题，或许只包括一般的陈述，而没有具体的安全工程信息。标准不能解释现实生活中可能解决的所有情况，对于新技术和正在开发的技术更是如此。氢气安全工程领域的标准在不断增加，因此在与氢气和氢燃料电池系统相关的标准中，安全信息“自然”是零散存在的。

标准是从行业的角度编写的，主要反映行业的利益，并不反映包括公众在内的所有利益相关者的利益。一些标准的声明虽然不会导致潜在的灾难性后果，但至少也是值得怀疑的。例如，标准草案ISO 11119《复合材料结构的气瓶-规范和试验方法》的所有三个部分都包含以下耐火测试标准：气瓶在防火测试开始后2min内不会爆裂。它可能通过泄压装置排气或通过气瓶壁或其他表面排气。如果这些标准适用于市场上的产品，公众明显会产生安全顾虑。在2min内“无爆炸”的要求，意味着通过具有较大孔径面积的泄压装置（Pressure Relief Device，PRD）将氢气从储存罐中快速排出。由于喷射火焰较长而产生较大的间隔距离（火焰长度与泄压装置直径成比例，后文将会对此进行说明），这反而会导致事故现场第一反应人员无法及时进行干预。此外，如果事故发生在像车库这样典型的封闭环境中，那么现场在几秒钟内将被所谓的压力峰值效应（后文将对此进行说明）摧毁。

一些标准可以包括从风险评估方法中得出的信息。风险指引方法和定量风险评估需要统计数据。在作者看来，这些统计数据可以补充，但不能取代创新的氢和燃料电池系统安全工程设计。新兴技术统计数据的可用性确实很难确认。目前，这使得在氢安全方面使用概率方法的价值有所降低。公众希望被告知工程师们已经尽一切可能确保氢动力系统的安全，而不是满足于知晓个人死亡概率只有0.1%、0.0001%或0.000001%的信息。2003年在新奥尔良举行的美国化学工程师学会工业损失预防研讨会上，提到的诉讼案件对此同样适用。

风险评估方法的另一种可能的结果是“过度宣扬”，即资源从创造性工程（包括氢安全工程）和实际问题解决转移到关于可接受风险水平的无休止的讨论上，而这种风险水平的不确定性往往高得惊人，令人怀疑。尽管人们对不确定性有所了解，但通常只有“平均”价值才会流向行业，为他们的产品打开市场。不幸的是，福岛核事故（Shepherd，2011）再次证明了作者的这些怀疑，并强调了制定氢安全工程总体安全导向标准的必要性。该标准为氢安全工程的实施提供了方法，同时将该领域的知识系统化，并进行维护。

表3-1列出了需要遵守的有关氢安全的国际法规。目前氢气还没有被认为是一种燃料，而是一种“危险品”，因此新出现的氢气、燃料电池系统和氢能基础设施的法规，需要一定的时间才能更新。

表3-1 关于氢安全的国际法规

序号	相关法规
1	2010年4月26日欧盟委员会条例第406/2010号执行条例（EC）第79/2009号欧洲议会和理事会批准关于氢动力汽车类型 http://eur-lex. europa. eu/JOHtml. do? uri = OJ：L：2010：122：SOM：EN：HTML
2	国际海事组织《散装运输液化气体船舶构造和设备规则》（IGC规则） http://www. imo. org/environment/mainframe. asp? topic_id = 995
3	关于国际公路危险货物运输的协定（ADR） http://www. unece. org/trans/danger/publi/adr/adr_e. html
4	RID是关于国际铁路危险货物运输的欧洲协定。该条例作为1999年6月3日在维尔纽斯缔结的《国际铁路运输公约》的附录C http://www. otif. org/en/law. html
5	ADN是2000年5月26日在日内瓦签订的《欧洲内河危险货物国际运输协定》 http://www. unece. org/trans/danger/publi/adn/adn_e. html
6	上述三项即ADR、RID和ADN在欧洲由国际协议规定的危险品运输相关规则，也已在《危险货物内陆运输指令》2008/68/EC下延伸至欧盟国家运输 http://europa. eu/legislation_summaries/transport/rail_transport/tr0006_en. htm
7	《国际海运危险货物规则》涵盖了海上危险货物运输 http://www. imo. org/safety/mainframe. asp? topic_id = 158
8	联合国关于危险货物和规章范本的建议。相关建议会每两年更新一次。关于氢的建议规范包括：UN1049（压缩氢）、UN1066（液冷氢），以及UN3468（存在于金属氢化物储存系统的氢），具体请参见： http://www. unece. org/trans/danger/publi/unrec/12_e. html
9	危险物质指令67/548/EEC，具体请参见： http://ec. europa. eu/environment/chemicals/dansub/home_en. htm http://. eurlex. europa. eu/JOHtml. do? uri = OJ：L：2009：011：SOM：EN：HTML
10	低电压指令（LVD）2006/95/EC，具体请参见： http://ec. europa. eu/enterprise/sectors/electrical/lvd/ http://ec. europa. eu/enterprise/sectors/electrical/files/lvdgen_en. pdf
11	电磁兼容指令（EMC）2004/108/EC，具体请参见： http://ec. europa. eu/enterprise/sectors/electrical/emc/ http://ec. europa. eu/enterprise/sectors/electrical/files/emc_guide updated_20100208_v3_en. pdf

（续）

序号	相关法规
12	压力设备指令（PED）97/23/EC，具体请参见： http://ec.europa.eu/enterprise/sectors/pressure-and-gas/documents/ped/index_en.htm http://www.bsigroup.com/en/ProductServices/About-CE-Marking/EU-directives/Pressure-Equipment-Directive-PED/
13	简易压力容器指令（SPVD）2009/105/EC，具体请参见： http://ec.europa.eu/enterprise/sectors/pressure-and-gas/documents/spvd/index_en.htm
14	移动式承压设备指令（TPED），具体请参见： http://ec.europa.eu/transport/tpe/index_en.html
15	燃气装置指令 2009/142/EC，涵盖燃料电池（主要功能是加热），具体请参见： http://ec.europa.eu/enterprise/sectors/pressure-and-gas/gas_appliances/index_en.htm
16	潜在爆炸性环境的装置和防护系统指令（ATEX 95）94/9/EC，具体请参见： http://ec.europa.eu/enterprise/sectors/mechanical/atex/index_en.htm
17	关于要求满足受爆炸性环境潜在威胁的工人的安全和健康防护最低标准的指令（ATEX 137）99/92/EC，具体请参见： http://eur-lex.europa.eu/LexUriServ/LexUriServ.do?uri=CELEX：31999L0092：en：NOT
18	机械指令（MD）2006/42/EC，具体请参见： http://ec.europa.eu/enterprise/sectors/mechanical/files/machinery/guide_application_directie_2006-42-ec-2nd_edit_6-2010_en.pdf http://ec.europa.eu/enterprise/sectors/mechanical/machinery/
19	塞维索Ⅱ指令，具体请参见： http://ec.europa.eu/environment/seveso/index.htm
20	综合污染预防和防控指令（IPPC）2008/1/EC，具体请参见： http://ec.europa.eu/environment/air/pollutants/stationary/ippc/summary.htm
21	关于改善工人安全和健康的激励措施 89/391/EEC，具体请参见： http://europa.eu/legislation_summaries/employment_and_social_policy/health_hygiene_safety_at_work/c11113_en.htm
22	个人防护设备指令 89/686/EEC，具体请参见： http://ec.europa.eu/enterprise/sectors/mechanical/documents/legislation/personalprotectiveequipment

注：1. 日本有一项涵盖了使用压缩储氢的燃料电池客运车的现行国家规定（非官方英文版本：http://www.unece.org/trans/main/wp29/wp29wgs/wp29grsp/sgs_legislation.html）。

2. 由美国的国际法规理事会（ICC）制定的国际消防法规（IFC）和国际建筑法规（IBC），有可能也会在其他国家得到实施。

国际标准化组织（ISO）下属的四个技术委员会（technical committee，简称 TC）制定了关于氢和燃料电池技术、系统和基础设施的标准。国际标准化组织氢能技术委员会（ISO/TC 197）发布了许多文件，其中包括：

1）ISO/TR 15916：2004 氢气系统安全的基本原则。

2）ISO 14687 氢燃料-产品规范。

3）ISO 16110-1：2007 使用燃料处理技术的制氢装置-第 1 部分：安全。

4）ISO/TS 20100：2008 气态氢-加氢站。

5）ISO 17268：2006 压缩氢气地面车辆加氢连接装置。

6）ISO 22734-1：2008 使用水电解工艺的制氢装置-第 1 部分：工业和商业应用。

7）ISO 26142：2010 氢气检测装置-固定应用。

国际标准化组织（ISO）道路车辆技术委员会（TC22）下属的电动道路车辆分技术委员会（sub-committee，简称 SC21）发布了安全规范标准：

1）ISO 23273-2：2006 燃料电池道路车辆-安全规范-第 2 部分：保护以压缩氢为燃料的车辆免受氢气危害。

2）ISO 23273-3：2006 燃料电池道路车辆-安全规范-第 3 部分：对人的电击保护等。

国际标准化组织（ISO）气瓶标准技术委员会（TC58）发布了就气瓶和阀门材料与气体含量的兼容性等部分的运输气瓶国际标准（ISO 1114）。国际标准化组织（ISO）低温容器技术委员会（ISO/TC 220）发布了许多关于大型可运输真空绝热容器、气体/材料兼容性以及用于低温服务的阀门等标准。

国际电工委员会（International Electrotechnical Commission，简称 IEC）发布了关于燃料电池技术的标准，其中包括：

1）IEC 62282-2（2007-03）燃料电池模块。

2）IEC 62282-3-1（2007-04）固定电站用燃料电池动力系统-安全。

3）IEC 62282-3-200（2011-10）固定电站用燃料电池动力系统-性能试验方法。

4）IEC 62282-3-3（2007-11）固定电站用燃料电池动力系统-安装。

5）IEC 62282-5-1（2007-02）便携式燃料电池器件-安全。

6）IEC 62282-6-100（2010-03）微型燃料电池动力系统-安全。

8 号工作组/ IEC/PAS 62282-6-150 微型燃料电池-安全-间接 PEM 燃料电池中的水反应化合物（联合国部门 4.3）。

9 号工作组/IEC 62282-6-200（2007-11）微型燃料电池动力系统-性能。

10 号工作组/IEC 62282-6-300（2009-06）微型燃料电池动力系统-燃料盒互换性。

11 号工作组/IEC 62282-7-1 聚合电解质燃料电池的单电池测试。

美国消防协会设有许多相关标准：

1）NFPA 2 氢技术规范。

2）NFPA 52 车辆气态燃料系统规范。

3）NFPA 55 压缩气体和低温流体规范。

4）NFPA 50A 气态氢气系统用户使用标准。

5）NFPA 50B 液化氢气系统用户使用标准。

6）NFPA 221 高强度防火墙，防火墙和防火隔板墙标准。

7）NFPA 853 固定式燃料电池动力系统安装标准。

美国汽车工程师学会（Society of Automotive Engineers，简称 SAE）的相关标准包括：

1）J2578 通用燃料电池车辆安全建议操作规程。

2）J2601 轻型气态氢气地面车辆加注协议。

3）J2719 燃料电池汽车氢气质量指南的发展的报告。

4）J2799 70MPa 压缩氢气地面车辆加氢连接装置及选配车辆到加氢站通信等。

欧洲工业气体协会（European Industrial Gas Association，简称 EIGA）制定了以下文件：

1）IGC Document 122/04 氢气工厂的环境影响。

2）IGC Document 15/06 气态加氢站。

3）IGC Document 121/04 输氢管道。

4）IGC Document 6/02 液氢储存、处理和分配的安全。

5）IGC Document 23/00 员工的安全培训。

6）IGC Document 75/07 安全距离的确定。

7）IGC Document 134/05 潜在爆炸性大气-欧盟指令 1999/92/EC 等。

压缩气体协会（Compressed Gas Association，简称 CGA）文件包括：

1）G-5.3 氢气商品规范。

2）G-5.4 用户场所氢气管道系统的标准。

3）G-5.5 氢气排气系统。

4）G-5.8 消费场所的高压氢气管道系统。

5）C-6.4 天然气汽车（NGV）和氢气汽车（HV）燃料容器外部目视检查及其安装等方法。

美国机械工程师学会（American Society of Mechanical Engineers，简称 ASME）标准包括：

1）ASME B31.12：氢气管道及管线。

2）ASME PTC 50：燃料电池动力系统性能试验规程。

3）ASME BPVC 锅炉、压力容器规范等。

在固定式燃料电池功率要求方面，加拿大标准协会发布的标准有：

1）ANSI/CSA AMERICA FC 1-2004—固定式燃料电池动力系统。

2）ANSI/CSA AMERICA FC 3-2004—便携式燃料电池动力系统。

3）CSA America HPRD1，压缩氢汽车燃料容器等用泄压装置的基本要求标准。

网址 http://www.fuelcellstandards.com/ 跟踪了全球 300 多个氢和燃料电池标准的发展情况，其信息矩阵可以通过以下应用领域或者地理位置搜索得到：Stationary Fuel Cells，International，Hydrogen & Fuel Cell Vehicles，The Americas，Portable & Micro Fuel Cells，Europe，Hydrogen Infrastructure，Pacific Rim。

表格 3-2 汇总了许多在该领域内行之有效的准则。

表 3-2 关于氢安全的指南

序号	相关指南
1	小型固定式氢气和燃料电池系统的安装许可指南（HYPER）互动指南及 pdf 文件，具体请参见： http://www.hyperproject.eu/
2	美国加氢站和固定式应用的安装指南，具体请参见： http://www.pnl.gov/fuelcells/permit_guide.stm
3	HyApproval 手册：欧洲加氢站批准手册，具体请参见： http://www.hyapproval.org/
4	NASA：氢和氢系统的安全规范：氢系统设计、材料选择、操作、存储和运输的指南，具体请参见： http://www.hq.nasa.gov/office/codeq/doctree/canceled/871916.pdf（cancelled on 25.07.2005）
5	NASA/TM—2003—212059 关于组件和系统的氢危害分析指南，具体请参见： http://ston.jsc.nasa.gov/collections/TRS/_techrep/TM-2003-212059.pdf
6	美国航空航天学会（American Institute of Aeronautics and Astronautics，简称 AIAA）的氢和氢系统安全指南（G-095-2004e），具体请参见： http://www.AIAA.org

第4章 氢安全工程：框架和技术子体系

4.1 框架

氢安全工程（HSE）旨在应用科学和工程原理，保护生命安全、财产和环境免受涉氢突发事件/事故的负面影响（Molkov，Saffers，2012）。尽管过去十年来人们在氢安全科学和工程方面有所进步，特别是在 Hysafe 的合作关系下（BRHS，2009）取得了不小进展，但基于全方位性能表现来实施氢安全工程的方法始终没有正式问世。

HSE 由一个设计框架和众多技术子体系组成。HSE 的设计框架由阿尔斯特大学研发，类似应用于建筑设计的消防安全工程英式标准 BS7974（BSI，2001），并被扩展以反映特定的氢安全相关现象，包括但不限于高压欠膨胀泄漏和扩散、由于突然接触空气而引起的自燃、高动量射流火灾、燃烧和爆炸（如爆燃）和自然/强制通风等。

氢安全工程过程包括三个主要步骤，如图 4-1 所示。首先，需要一个小组做定性设计审查（Qualitative Design Review，QDR），小组成员包括所有者、氢安全工程师、建筑师、具有执法权的政府代表（如应急服务部门）以及其他利益相关人。该小组负责定义事故场景，给出试验安全设计建议，并制定验收标准。其次，由合格的氢安全工程师运用其在氢安全科学

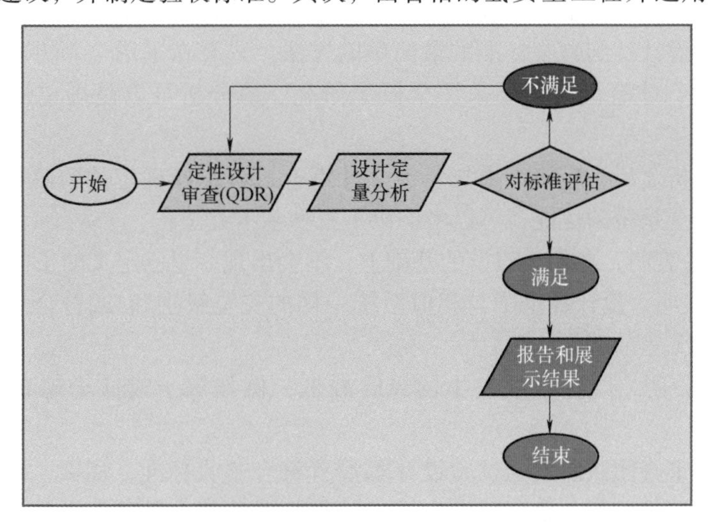

图 4-1 氢安全工程流程（Molkov，Saffers，2012）

和工程方面的领先知识以及已验证的模型和工具，对选定的场景和试验设计进行定量安全分析。最后，对氢气和/或燃料电池系统在安全性试验设计的性能表现，根据预定义的验收标准来进行评估。

定性设计审查（QDR）是一个基于团队经验和知识的定性过程。它让团队成员得以建立一系列安全策略。理想情况下，定性设计审查必须在设计早期就得到系统执行，这样，人们在开发工作之前就可将任何实质性发现和相关点纳入氢燃料电池应用或基础设施的设计当中。然而在实践中，随着设计过程从广义的概念向更详细的细节发展，定性设计审查过程常有迭代和反复。

定性设计审查过程应该包括定义安全目标。这些目标应适用于系统设计的特定方面，因为氢安全工程可以被用于制定完整的氢安全策略，也可以仅被用于整个设计的一个方面。氢安全目标主要是指生命安全、损失控制和环境保护。定性设计审查团队应建立一个或多个针对特定事故场景的安全试验设计。由于不同的安全设计能够满足同样的安全目标，因此我们在遴选设计方案时应该在成本效益和实用性方面进行比较。至关重要的是，无论采取哪一种试验设计，都需要通过采取预防措施并确保降低后果的严重程度和发生频率来减小危害。尽管氢安全工程允许一定程度的自由度，但在进行试验设计时必须完全遵守相关法规。

定性设计审查团队必须建立用以判断设计性能表现的验收标准。对此，可以使用以下三种主要方法：确定性、比较性和概率性。基于试验设计，定性设计审查团队可根据这三种方法来制定验收标准。定性设计审查团队需要提供一系列可用于定量分析的定性输出，例如：结构审查结果、氢安全目标、重大危害和相关现象、场景分析说明、一个或多个试验设计、分析的验收标准和建议方法。根据定性设计审查，团队需要确定哪种试验设计为最佳方案。然后，团队还需要确定是否需要进行定量分析，来证明设计符合氢安全目标。

在定性设计审查之后，团队可以使用技术子系统（technical sub-system，简称 TSS）进行定量分析，通过确定性研究或概率性研究对各方面分析进行量化。之所以在量化过程前执行定性设计审查程序，主要有两个原因：一是确保完全理解问题，将分析覆盖到氢安全系统的相关方面；二是简化问题并将所需的计算工作减到最少。此外，定性设计审查团队应该通过如下方面确定合适的分析方法：简要工程计算、计算流体动力学模拟、简便概率研究以及全概率研究等。使用比较标准来进行确定性研究，通常会比进行概率性研究需要更少的数据和资源，这可能是使设计达到验收标准的最简单的方法。只有在采用全新方式来进行氢系统设计或氢安全实践时，才有可能需要采用全概率研究。该分析可以是确定性和概率性方法的组合。

在进行定量分析之后，应将结果与定性设计审查过程中所确定的验收标准进行比较。要查看基于标准的安全系统的性能，可以考虑以下三种基本方法：

1）确定性方法表明，在初始假设的基础上，不会出现一组已定义的条件。

2）比较方法表明，设计提供了与相似系统一样的安全级别和/或符合规范的代码（作为基于性能的氢安全工程的替代方法）。

3）概率方法表明，既定事故发生的风险较低，例如等于或低于现有类似系统的既定风险。

如果定性设计审查团队研发的试验设计都没有符合验收标准，那么，团队就需要重新进行定性设计审查和定量过程，直到研发出满足验收标准及其他设计要求的氢安全策略。根据英国标准学会建议文件（BSI，2001），重新试验定性设计审查时可以考虑以下几种选择：附加试验研发；采取更具区别性的设计方法，比如使用确定性技术而非比较性研究；对设计目标，比如预防财产损失的氢安全措施的成本是否超过其潜在收益，进行重新评估。找到符合验收的方法之后，应将该氢安全工程策略完整记录下来。

根据氢安全工程研究的特殊性和范围，在结果和发现报告中应体现以下信息（BSI，2001）：

- 研究目标
- 氢燃料电池系统/基础设计的完整描述
- 定性设计审查结果
- 定量分析（假设、工程预判、计算程序、方法论验证、敏感度分析）
- 基于标准的分析结论评估
- 结论（氢安全策略、管理要求、使用限制）
- 参考资料（例如图纸、设计文档、技术文献等）

4.2 技术子系统

为了简化氢安全工程设计的评估，可将量化过程分为几个技术子系统。研发每一个技术子系统时，都需考虑以下要求：

1）技术子系统需要尽量合理涵盖氢安全工程所有可能的方面。

2）技术子系统应在其特殊性或者单独运用的能力，以及与其他技术子系统的互补性和协同能力之间取得平衡。

3）技术子系统应包括氢安全的某个特定领域最前沿的技术、经验证的工程工具，包括经验和半经验相关性以及计算流体动力学模型和代码等临时性工具。

4）技术子系统应具灵活性，以允许既有方法得到更新或合适且经验证的新方法得到使用，来反映氢安全科学和工程的最新进展。

以下为建议使用或正在开发的可用于氢安全工程的技术子系统（Molkov，Saffers，2012）：

- TSS1：初始释放和扩散
- TSS2：点火
- TSS3：爆燃和爆炸
- TSS4：火灾
- TSS5：对于人、建筑结构和环境的影响
- TSS6：缓解技术
- TSS7：紧急服务干预

氢安全工程是氢经济成功的关键所在。它是合格专家在氢燃料电池系统和基础设施这个正在增长的市场中提供氢安全的强大工具。而且，氢安全工程能保证氢和燃料电池产品的高度竞争力。

第5章 未点燃的泄漏

5.1 膨胀和欠膨胀气流

氢动力车辆的车载存储压力高达70MPa，加氢基础设施的操作压力高达100MPa。在这样的高压条件下，氢气发生意外泄漏会产生高度欠膨胀（喷嘴出口处的压力高于大气压）湍流射流，这与先前广泛研究的膨胀射流（喷嘴处气压与大气压相当）不同。至少在一开始，储氢系统和设备的大部分泄漏都将以未充分膨胀的射流形式出现。

在欠膨胀的情况下，喷嘴处的压力并未完全降至大气压力。在高压情况下，喷嘴处的速度保持在局部声速，但压力会升高至超出环境压力。也就是说，在喷嘴外面发生气体膨胀下降到环境条件。根据堵塞流动条件下的理论公式，可压缩气体声速流动（堵塞条件下）的临界压力比在STP（$\gamma=1.405$）时约为1.9，在常温常压（$\gamma=1.39$）时约为1.89。

$$\frac{P_R}{P_N}=\left(\frac{\gamma+1}{2}\right)^{\gamma/(\gamma-1)} \tag{5-1}$$

式中，P_R 代表容器中的压力；P_N代表喷嘴处的压力；γ 是比热容的比值。该方程可用于通过容器中的储氢压力来估算泄漏口（喷嘴）处的压力。

Ishii等人的研究（1999）称从试管开口端排出的双原子气体射流（$\gamma=7/5$）往往是亚声速匹配射流，其高压和低压腔（控制射流强度的唯一参数）的压力比为1～4.1，压力比在4.1～41.2范围内的声速欠膨胀射流，以及压力比在41.2以上的超声速欠膨胀射流。压力比4.1高于声速（堵塞情况下）流动的临界比1.9，但这并不矛盾。实际上，两个压力比（高压室与出口处比值，以及管出口与低压室的比值）均可达到$P_R/P_N=2.05$，这接近于声波流动的理论临界压力比1.9。该差异可归因于高压室和低压室之间的损耗。

对于欠膨胀射流，流动膨胀发生在喷嘴出口附近，这种膨胀的特点是具有复杂的激波结构，这一点在相关文献中有充分记录且被发表（Dulov，Luk'yanov，1984）。图5-1（左）给出了欠膨胀激波结构的示意图（Dulov，Luk'yanov，1984）；图5-1（右）给出了在储罐和大气中的压力比为160条件下，仿真得到的欠膨胀射流（释放的初始阶段）中的马赫数的分布（无量纲数，等于局部气流流速与局部声速之比）。

图5-1显示了在喷嘴处形成的局部声速，马赫数$M=1$。然后，随着压力和密度的降低，流出的气体迅速膨胀并迅速升高到高马赫数（70MPa存储压力时，马赫数最高可达8）。在喷嘴处边缘形成一系列膨胀波。这些膨胀波以压缩波的形式从射流边界处的自由表面反射出来，

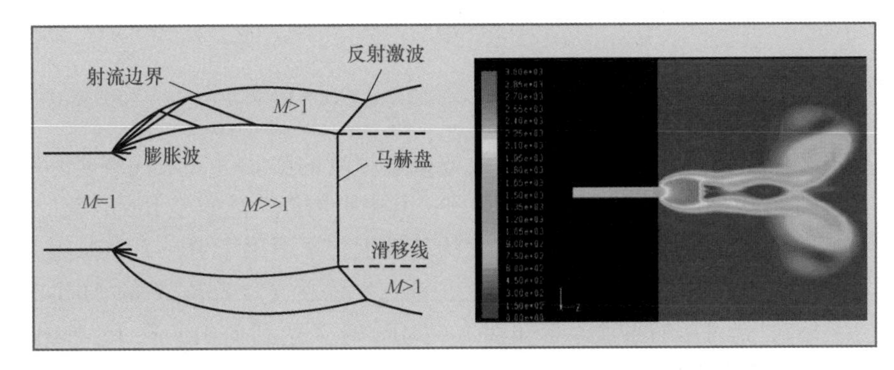

图 5-1 欠膨胀射流结构（左）（Dulov，Luk′yanov，1984），以及 16.1MPa 下通过 0.25mm 通道（质量流速 0.46g/s）释放欠膨胀射流的初始阶段

汇合形成桶形激波和马赫盘。当马赫数非常高的气体穿过马赫盘时，它的速度会突然下降到亚声速，其压力（相对大气压）和密度都会增加。马赫盘后的流动结构由亚声速核心（$M<1$）和超声速壳体（$M>1$）组成，中间有一个湍流产生的切变层，称为滑移线，将这两个区域分开。

对于喷嘴处压力与大气压力比高于 40 的情况，桶形激波的最终结果会形成一个没有菱形结构的强马赫盘，低于 40 的临界压力比，则会具有菱形结构。对临界压力比的估算是基于在 HySAFER 中心进行的氢气欠膨胀射流仿真。对于无损耗情况（短喷嘴），容器中的储存压力与喷嘴压力之比可被大致估算为 2。这意味着在储存压力低于 8MPa 的情况下，欠膨胀的氢气喷射到大气中不会出现菱形结构。这一初步结论还有待实验证实。

Ruggles 和 Ekoto（2011）使用纹影法摄影技术成功地成像了氢气欠膨胀射流出口激波结构。图 5-2 显示了马赫盘结构的均值图像（左），以及马赫盘和菱形激波结构的均值图像（右）。压力比为 10:1，喷嘴直径为 0.75mm。

Ruggles 和 Ekoto（2011）使用校正后的瞬时气流图像创建了气流波动的均方根（rms）图像，如图 5-3 所示，显示了下游的混合层。他们指出，解释纹影图像的结果时应谨慎。他们的测量结果是折射率梯度的路径平均积分，这可能是由标量混合导致的混合物分式差异所引起的，也可能是压力和温度变化的结果。然而，在桶形激波结构周围的区域中，折射率梯度确实可能是马赫盘前方空气卷吸的结果。这就要求在当前概念喷嘴模型中纳入空气卷吸模型进行校正（Ruggles，Ekoto 2011）。

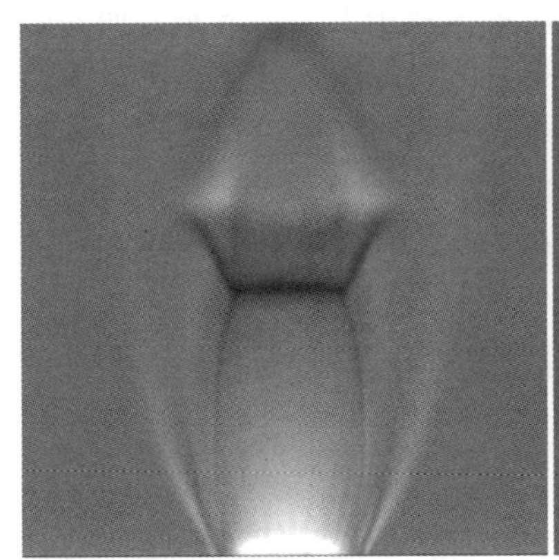
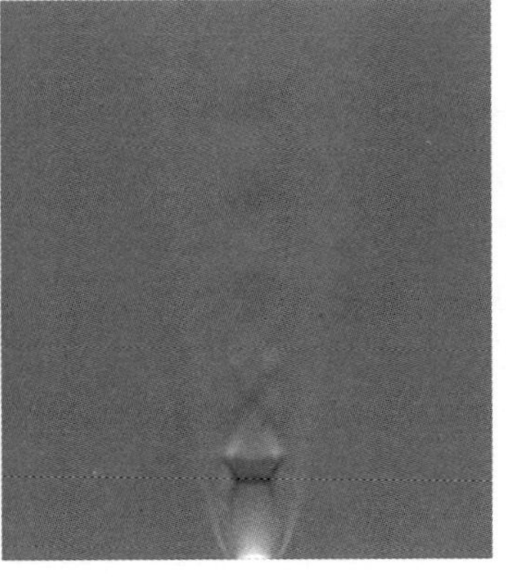

图 5-2 马赫盘结构（左），马赫盘和菱形激波结构（右）的图像（Ruggles，Ekoto，2011）

图 5-3 马赫盘和菱形结构的均方根图像（Ruggles，Ekoto，2011）

5.2 欠膨胀射流理论

对于某些工程计算而言，用来自所谓有效或概念喷嘴的膨胀气流来代替实际喷嘴的欠膨胀气流是很方便的。关于概念喷嘴管理论有许多，其中引用最广泛的是 Birch 等人提出的模型（1984），但这些模型建立在理想气体状态方程的基础上，不适用于 10～20MPa 及以上的储气压力，必须考虑气体非理想性的影响。实际上，通过状态为 $P = Z\rho R_{H_2}T$ 的 Abel-Noble 方程，其中 $Z = 1/(1-b\rho)$，是可压缩系数，可知在 1.57MPa 时 Z 达到 1.01，在 15.7MPa 时 Z 达到 1.1，在 78.6MPa 时 Z 达到 1.5（温度 293.15K）。

Schefer 等人（2007）发表了高压氢气在非理想行为下的第一个欠膨胀射流理论。Schefer 等人的理论喷嘴直径计算与 Birch 等人相似，但采用了 Abel-Noble 方程，放宽了 Birch 等人关于理论喷嘴声速的假设。结果，Schefer 等人预测在高储氢压力下，在喷嘴出口处存在均匀的超声速现象。

2009 年，作者及同事研发了 Schefer 等人欠膨胀射流理论的替代方法。该理论（Molkov et al.，2009）基于质量和能量守恒方程，而不是质量和动量方程（Schefer et al.，2007）。与 Birch 等人类似，该模型（Molkov et al.，2009）是基于通过概念喷嘴均匀声波流动的假设。欠膨胀射流方案如图 5-4 所示。

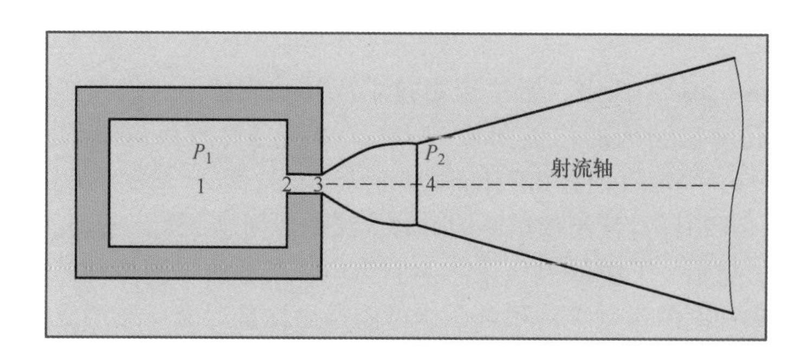

图 5-4 欠膨胀射流方案

1—储存容器 2—喷嘴入口 3—喷嘴出口 4—概念喷嘴出口

假设储氢容器 1 中的气流速度为零。泄漏通道入口处的流量参数用下标 2 表示，而实际喷嘴处的流量参数用下标 3 表示。对于声速和超声速流动，喷嘴出口处的参数 3 是阻塞流动的参数，因此喷嘴出口速度等于局部声速（马赫数 $M = 1$）。概念喷嘴在实际喷嘴出口 3 和概念喷嘴出口 4 之间。概念喷嘴出口 4 的参数对应于完全膨胀的射流，压力等于环境压力，均匀流速等于局部声速。在某些情况下，在流道 2-3 中可能存在一些不可忽略的微小损失和摩擦损失，例如，存在非常狭窄的裂纹时。

在本节中，将介绍两种欠膨胀射流理论——其一是无损耗的，其二是有损耗的。两种理论都应用了适用于真实氢气气体的 Abel-Noble 状态方程（Chenoweth，1983），第 2 章中对此进行了描述。

$$P = Z\rho R_{H_2}T \tag{5-2}$$

式中，压缩系数为 $Z = 1/(1-b\rho)$。

5.2.1 无损理论

假设 Abel-Noble 气体从储氢容器 1 到喷嘴管出口 3 的膨胀为等熵，喷嘴管入口 2 和喷嘴管出口 3 之间的流动没有损失。假设在实际喷嘴管出口 3 和概念喷嘴管出口 4 之间的膨胀射流未夹带气流。含九个未知参数（ρ_1，ρ_3，u_3，T_3，P_3，ρ_4，u_4，T_4，A_4）的九个方程式组如下（已知参数为 P_1、T_1、A_3、P_4和常数 c_p、R_{H_2}、b、γ）。这里的ρ 指密度（kg/m^3），u 指气流速度（m/s），A 指截面面积（m^2），c_p指恒压比热容［J/(kg · K)］。下标 1 ~4 表示图 5-4 所示位置 1 ~4 处的气体参数。

储氢容器 1、实际喷嘴管出口 3 和概念喷嘴管出口 4 的气体参数的三个状态方程为

$$\left.\begin{aligned}\rho_1 &= \frac{P_1}{bP_1 + R_{H_2}T_1}\\ \rho_3 &= \frac{P_3}{bP_3 + R_{H_2}T_3}\\ \rho_4 &= \frac{P_4}{R_{H_2}T_4}\end{aligned}\right\} \tag{5-3}$$

两个能量守恒方程，其一是储氢容器 1 和实际喷嘴管出口 3 之间的能量守恒方程，其二是实际喷嘴出口 3 和概念喷嘴出口 4 之间的能量守恒方程：

$$\left.\begin{aligned}c_pT_1 &= c_pT_3 + \frac{u_3^2}{2}\\ c_pT_3 + \frac{u_3^2}{2} &= c_pT_4 + \frac{u_4^2}{2}\end{aligned}\right] \tag{5-4}$$

两个声速公式，其一是喷嘴出口 3 中的阻塞流动声速公式，其二是概念喷嘴出口 4 处的声速公式：

$$\left.\begin{aligned}u_3^2 &= a_3^2 = \frac{\gamma P_3}{\rho_3(1 - b\rho_3)}\\ u_4 &= a_4 = \sqrt{\gamma R_{H_2}T_4}\end{aligned}\right] \tag{5-5}$$

概念喷嘴 3 入口和概念喷嘴 4 出口之间的质量守恒方程为：

$$\rho_3u_3A_3 = \rho_4u_4A_3 \tag{5-6}$$

储氢容器 1 和实际喷嘴出口 3 之间的等熵膨胀公式为：

$$P_1\left(\frac{1}{\rho_1} - b\right)^{\gamma} = P_3\left(\frac{1}{\rho_3} - b\right)^{\gamma} \tag{5-7}$$

储氢容器 1 和实际喷嘴出口 3 之间的能量守恒方程式（5-4）可被改写为以下形式：

$$\frac{T_1}{T_3} = 1 + \frac{u_3^2}{2c_pT_3} \tag{5-8}$$

并且，右侧第二项的分子和分母乘以声速的二次方，即为 Abel-Noble 方程：

$$a^2 = \frac{\gamma P}{\rho(1 - b\rho)} \tag{5-9}$$

以此得到公式

$$\frac{T_1}{T_3} = 1 + \frac{\gamma P_3}{\rho_3(1 - b\rho_3)}\frac{R_{H_2}M_3^2}{2c_pR_{H_2}T_3} \tag{5-10}$$

式中，$M_3 = u_3/a_3$是状态 3 中气流的马赫数。考虑到$\frac{R_{H_2}}{c_p} = \frac{\gamma - 1}{\gamma}$，有

$$\frac{T_1}{T_3} = 1 + \frac{\gamma P_3}{\rho_3(1 - b\rho_3)} \frac{\gamma - 1}{\gamma} \frac{M_3^2}{2R_{H_2}T_3} = 1 + \frac{(\gamma - 1)M_3^2}{2(1 - b\rho_3)}\left(\frac{P_3}{\rho_3 R_{H_2} T_3}\right) \tag{5-11}$$

通过替换$\frac{P_3}{\rho_3 R_{H_2} T_3} = \frac{1}{1 - b\rho_3}$并考虑实际喷嘴出口 3（$M_3 = 1$）中的堵塞流量，可推导出以下公式：

$$\frac{T_1}{T_3} = 1 + \frac{\gamma - 1}{2(1 - b\rho_3)^2} M_3^2 = 1 + \frac{\gamma - 1}{2(1 - b\rho_3)^2} \tag{5-12}$$

用 Abel-Noble 状态公式重写式（5-7）为

$$\left(\frac{\rho_1}{1 - b\rho_1}\right)^{\gamma} = \left(\frac{\rho_3}{1 - b\rho_3}\right)^{\gamma} \frac{\rho_1 R T_1}{1 - b\rho_1} \cdot \frac{1 - b\rho_3}{\rho_3 R T_3} \tag{5-13}$$

结合式（5-13）中的密度项并代入式（5-12）中的温度比，得出

$$\left(\frac{\rho_1}{1 - b\rho_1}\right)^{\gamma - 1} = \left(\frac{\rho_3}{1 - b\rho_3}\right)^{\gamma - 1} \left[1 + \frac{\gamma - 1}{2(1 - b\rho_3)^2}\right] \tag{5-14}$$

以下是计算概念喷嘴直径（$d_3 = d_e$）的过程（Molkov et al.，2009）。根据 Abel-Nobel 方程计算储氢容器中的氢密度，$\rho_1 = P_1/ZR_{H_2}T_1$，解等熵膨胀的超越方程，求出实际喷嘴出口处的密度，即式（5-14）。从式（5-12）中求出实际喷嘴管出口的温度 T_3，然后从 Abel-Noble 方程，即式（5-2）中求出压力 P_3。若在实际喷嘴出口 3 处，气流发生堵塞，则可使用式（5 9）计算氢气速度。从单位质量的实际喷嘴出口和概念喷嘴管出口之间的能量守恒方程，即式（5-4）出发，并假设在概念喷嘴出口氢气速度等于局部声速 $a_4^2 = \gamma R_{H_2} T_4$，便很容易推导出概念喷嘴出口处的温度为

$$T_4 = \frac{2T_3}{(\gamma + 1)} + \frac{(\gamma - 1)}{(\gamma + 1)} \frac{P_3}{\rho_3(1 - b\rho_3)R_{H_2}} \tag{5-15}$$

然后，当 P_4 等于环境压力以及气体速度 $u_4 = a_4$时，可以计算出概念喷嘴的氢气密度。最后，从连续性方程可以得出喷嘴的概念出口直径为：

$$d_4 = d_3\sqrt{\frac{\rho_3 u_3}{\rho_4 u_4}} \tag{5-16}$$

本文利用欠膨胀射流理论（Molkov et al.，2009）建立并验证了动量控制区中膨胀射流和欠膨胀射流的普遍相似定律、氢射流火焰长度的相互关系以及氢从储氢容器中释放的时间等。该理论是实施氢安全工程至关重要的工具。

5.2.2 有损理论

气流的局部损失表现在通道入口、通道横截面积突然减小或增大以及阀门、弯头等地方。在该理论中，这些局部损失可通过局部损失系数 K 来描述。摩擦损失被认为由内壁上的摩擦造成。局部损失表现为公式

$$F = f \cdot L/d,$$

式中，f 为摩擦系数；L 为通道/喷嘴长度；d 为通道直径。

描述该过程的 12 个方程组见表 5-1（Molkov，Bragin，2009）。

表5-1 带损失的欠膨胀射流模型方程组（Molkov et al.，2009）

$P_2 - P_1 + \rho_2 u_2^2 (K/4+1) = 0$	$\rho_2 u_2 = \rho_3 u_3$
$c_p T_1 = c_p T_2 + (K+1) \cdot u_2^2/2$	$u_3 = \sqrt{\gamma R_{H_2} T_3}/(1 - b\rho_3)$
$\rho_2 = P_2/(bP_2 + R_{H_2} T_2)$ 或 $P_2 = \rho_2 R_{H_2} T_2/(1 - b\rho_2)$	$u_4 = a_4 = \sqrt{\gamma R_{H_2} T_4}$
$P_3 - P_2 + \rho_2 u_2^2 (F/4-1) + \rho_3 u_3^2 (F/4+1) = 0$	$\rho_4 = P_4/(R_{H_2} T_4)$
$c_p T_2 + u_2^2/2 = c_p T_3 + (F/4+1) \cdot u_3^2/2$	$c_p T_3 + u_3^2/2 = c_p T_4 + u_4^2/2$
$\rho_3 = P_3/(bP_3 + R_{H_2} T_3)$	$\rho_3 u_3 A_3 = \rho_4 u_4 A_4$

表5-1中的方程组可以归结为以下两个带有两个未知参数的方程，即u_3和T_3：

$$\frac{u_3}{b}\left(1 - \frac{\sqrt{\gamma R_{H_2} T_3}}{u_3}\right) \cdot \left\{\sqrt{\frac{R_{H_2} T_3}{\gamma}} + \left(\frac{K+F}{4}\right) \cdot \sqrt{\frac{2}{K}\left[c_p T_1 - c_p T_3 - \frac{u_3^2}{2}\left(\frac{F}{4}+1\right)\right]} + u_3\left(\frac{F}{4}+1\right)\right\} - P_1 = 0$$

$$\frac{u_3}{b}\left(1 - \frac{\sqrt{\gamma R_{H_2} T_3}}{u_3}\right)\left\{\frac{R_{H_2}\left\{T_1 - \left[T_1 - T_3 - \frac{u_3^2}{2c_p}\left(\frac{F}{4}+1\right)\right]\frac{K+1}{K}\right\}}{\sqrt{\frac{2}{K}\left[c_p T_1 - c_p T_3 - \frac{u_3^2}{2}\left(\frac{F}{4}+1\right)\right]} - u_3 + \sqrt{\gamma R_{H_2} T_3}} + \left(\frac{K}{4}+1\right)\sqrt{\frac{2}{K}\left[c_p T_1 - c_p T_3 - \frac{u_3^2}{2}\left(\frac{F}{4}+1\right)\right]}\right\} - P_1 = 0 \tag{5-17}$$

通过解以上式（5-17）两个方程组得到u_3和T_3后，就可以很容易地计算出欠膨胀射流中的其余参数。

利用无损欠膨胀射流理论（Molkov et al.，2009）和有损欠膨胀射流理论（Molkov，Bragin，2009）计算了在压力高达40MPa时，从直径0.75mm、长15mm的狭窄通道中流出的欠膨胀氢气射流的参数，见表5-2。将欠膨胀射流理论的预测结果与数值模拟（LES模型）进行比较。假设环境温度为287.65K。应用Nikuradse摩擦系数$\frac{1}{\sqrt{f}} = 0.869\ln(Re\sqrt{f}) - 0.8$的关联式，将该公式中的雷诺数（$Re$）取为流动状态2和3的平均值。有损理论的预测结果与数值模拟结果较为吻合，而无损理论预测的质量流量基本偏高。后者因不合理地增加间隔距离而对经济产生直接影响。

表5-2 在不同储存压力下，通过长15mm和直径0.75mm通道的质量流量（g/s）（Molkov，Bragin，2009）

计算方法	0.53MPa	10.5MPa	40MPa
无损欠膨胀理论	1.44	2.80	9.56
有损欠膨胀理论	1.05	2.08	7.76
大涡模拟	1.05	2.10	8.10

LES对高压下质量流量的预测有些过高（表5-2）。这是由于与Abel-Noble状态方程相比，在理想气体状态方程中获得的LES结果对质量流量进行了过高的预测。

5.3 动量主导射流中浓度衰减的相似定律

高压设备和基础设施的意外氢气泄漏将造成高度欠膨胀射流，可能会形成一个巨大的可燃氢气云层。可燃云层的大小即为泄漏源的确定性间隔距离。事实上，如果易燃云层（空气中的氢气浓度等于4%的可燃下限体积）到达高层建筑的进气口位置，就可能会给居住者和建筑结构带来灾难性的后果。

可燃云层内存在点火源可能引发严重的射流火焰、爆燃甚至从爆燃转变为爆轰。必须注意的是，射流火焰的热效应以及爆燃或爆轰的压力效应可能会超出由可燃云层大小确定的间隔距离。因此，对于具有不同参数的任意射流而言，了解氢气扩散和可燃气云形成（包括轴向浓度衰减）的规律对于可靠的氢安全工程至关重要。

在这一部分中，概述了以往关于静止大气中出现未进行反应的氢气射流的研究，给出了预测亚声速、声速和超声速射流泄漏气体的轴向浓度衰减的相似定律。相似定律在从膨胀到高度欠膨胀射流的大范围条件下均有效，可被用来计算由可燃云层大小决定的确定性间隔距离。氢气在高压下的非理想行为和喷嘴出口处的欠膨胀射流均被考虑在内。

5.3.1 膨胀射流

Ricouand Spalding（1961）通过量纲分析证明，当流体密度均匀时，若雷诺数值高，并且喷嘴沿射流轴线的距离 x 远大于孔口直径 D，那么通过与射流轴成直角的截面的总质量流量 $m(x)$（包括夹带的周围气体）将与 x 成正比。

$$m(x)=K_1 M_0^{1/2}\rho_S^{1/2}x \tag{5-18}$$

其中，M_0 为孔口处射流的动量通量，$M_0=\rho_N U^2\pi D^2/4$，ρ_N 和 ρ_S 分别为喷嘴和周围气体的密度，U 为喷嘴中的速度。

实验发现（Ricou，Spalding，1961）：在浮力效应忽略不计的情况下，质量流速方程在密度不均匀的情况下仍然成立；数值常数 K_1 的值为 0.282，与密度比无关；并且燃烧过程会导致 K_1 值降低。将不同气体（氢气、空气、丙烷、二氧化碳）等温喷射到静止空气中，其实验数据符合从式（5-18）中推导出的以下简单关系式：

$$\frac{m(x)}{m_N}=0.32\frac{x}{D}\sqrt{\frac{\rho_S}{\rho_N}} \tag{5-19}$$

式中，m_N 为喷嘴中气体的质量流速。

通过射流横截面的平均燃料质量分数 C_{av} 可作为式（5-19）左侧的倒数：

$$C_{av}=3.1\sqrt{\frac{\rho_N}{\rho_S}}\frac{D}{x} \tag{5-20}$$

与通过射流横截面的平均燃料质量分数相比，射流轴线上的平均燃料质量分数 C_{ax} 更高。对于圆形射流和平面射流的轴向浓度，可分别按相似定律进行计算（Chen，Rodi，1980）。

$$\frac{C_{ax}}{C_N}=5.4\sqrt{\frac{\rho_N}{\rho_S}}\frac{D}{x}\text{（圆形射流）} \tag{5-21}$$

$$\frac{C_{ax}}{C_N}=2.13\sqrt{\frac{\rho_N}{\rho_S}}\sqrt{\frac{D}{x}}\text{（平面射流）} \tag{5-22}$$

式中，C_N为喷嘴中氢的质量分数（就纯氢泄漏而言，$C_N=1$）。

从相似定律式（5-21）和式（5-22）可以得出两个重要结论。第一个结论是，对于氢射流到静止空气而言，到固定浓度（以质量百分数C_{ax}表示）的距离（$x=L$）与喷嘴直径之比是一个常数，即$L/D=$const。这意味着，到可燃下限的距离（间隔距离）与泄漏直径成正比。因此，设计氢燃料电池系统时，必须考虑到管道内径最小化的要求，并以此满足质量流量的工艺要求。第二个结论是，与相同尺寸的圆形射流（$\propto\sqrt{D}$）相比，平面射流衰减较慢（$\propto D$）。值得注意的是，这一结论适用于“无限”平面射流。HySAFER中心的最新研究表明，长宽比有限的平面射流并不遵循相似定律式（5-22），至少在与圆形射流相似衰减的远场表现如此（Molkov et al.，2010）。

对于质量分数C_M，可根据公式，由体积（摩尔）分数C_V计算得出。

$$\frac{1}{C_M}=1+\left(\frac{1}{C_V}-1\right)\cdot\frac{M_S}{M_N} \tag{5-23}$$

式中，M_S和M_N分别为周围气体（计算中空气可接受的分子质量为28.84g/mol）和喷嘴气体的分子质量。例如，质量分数0.0282对应于体积分数0.295（空气-化学计量混合物中氢的体积分数为29.5%）；质量分数0.044365对应于体积分数0.401（40.1%——具有最大燃烧速度的混合物）；0.013037对应0.16（16%）；0.008498对应0.11（11%）；0.005994对应0.08（8%）；0.00288对应0.04（4%）；0.00141对应0.02（2%）；0.0007对应0.01（1%）。

对于圆形（平面）膨胀射流而言，相似定律式（5-21）和式（5-22）给出了到特定轴向氢浓度（以体积分数表示）的距离L与特征喷嘴尺寸D（密度比$\rho_S/\rho_N=14.45$）之比，具体为：$(L/D)_{30\%}=49.3$（379）；$(L/D)_{8.5\%}=222$（7689）；$(L/D)_{4\%}=493$（37854）；$(L/D)_{2\%}=1008$（157926）；$(L/D)_{1\%}=2029$（640760）。例如，在动量控制的膨胀射流中，到空气中氢的可燃下限（以体积计为4%）的距离等于喷嘴直径的493倍。

值得注意的是，Chen和Rodi（1980）研究的式（5-21）和式（5-22）仅在$L/D=50$的垂直射流的浓度测量中得到了验证。应该承认这两个关系式在该范围以上的适用性。

Shevyakov等人（1980）发表了关于静止空气中未燃氢气射流的氢浓度衰减的理论和实验研究。研究结果表明，尤其就动量控制射流（在高喷嘴$Fr=U^2/gD>10^5$时）而言，ϕ_{H_2}[⊖]为30%的氢气体积比（L/D）为无量纲距离为常数47.9。这与Chen和Rodi（1980）在同年独立发表的成果中给出的49.3的值不谋而合。Shevyakov等人（1980）推导的理论公式给出了可燃包络长度$(L/D)_{4\%}=410$的估计值，该值与Chen和Rodi（1980）给出的值$(L/D)_{4\%}=493$相近。

5.3.2 欠膨胀射流的早期研究

Thring和Newby（1953）可能是最早引入伪源直径（或伪源/喷嘴直径）的人。他们认为伪源直径$D_{eff}=D\sqrt{\rho/\rho_{eff}}$，其中，$D_{eff}$为射流孔径，在具有相同的射流动量但密度为$\rho_{eff}$而不是$\rho$的情况下，喷嘴流体通过该孔径时会出现相同的质量流量。但是，只有当实际喷嘴和概念喷嘴的流速相等时，这种关系才成立，这不是一个明显的假设。

Birch等人（1984）假定Chen和Rodi（1980）研究的相似律不仅适用于膨胀射流，也适

⊖ 氢气体积分数。

用于欠膨胀射流。如果采用适当的比例系数来描述射流源的有效尺寸，欠膨胀射流的行为则有望与经典自由射流相似。

作者指出，产生的浓度场看似是由比实际喷嘴更大的源产生的。Birch 等人（1984）证明，对于直径 2.7mm 的圆形喷嘴而言，在 0.35 ~ 7.1MPa 的压力范围内，天然气平均浓度沿中心线衰减的数据与无量纲坐标 $x/(D\sqrt{p_R/p_S})$（式中 p_R是储罐内的压力）成一条曲线。

验证范围为 $L/D=30\sim170$（Birch et al.，1984）。应该强调的是，概念喷嘴在物理意义上不一定存在——它只是被假设与所选定义相一致。Birch 等人的模型建立在理想气体定律的基础之上，即通过存在于实际喷嘴出口的阻塞流和通过概念喷嘴出口的声速流之间的质量守恒方程。采用的其他假设是，射流膨胀到环境压力后形成了均匀声速，以及膨胀流温度等于储氢容器中的初始温度。三年后，Birch 等人（1987）发表了另一篇论文，对先前研究的结论进行了补充。

不幸的是，Birch 等人复制了一种错误的相似定律。令人遗憾的是，这一错误在氢气安全界引起了人们对相似律的一些误解。该错误方程式解释为：

$$C_{ax}^{V}=5.4\sqrt{\frac{\rho_S}{\rho_N}}\frac{D_{eff}}{x} \tag{5-24}$$

Chen 和 Rodi 提出的膨胀射流关联式，即式（5-21）与 Birch 等人（1987）提出的欠膨胀射流方程；即式（5-24）之间有三大本质差异。首先，使用体积分数 C_{ax}^{V}代替原始关联式中的原始质量分数 C_{ax}（Chen，Rodi，1980；Wang et al.，2008）。其次，Birch 等人采用的密度比是原始密度比的倒数。最后，使用概念喷嘴出口直径或有效直径（D_{eff}）代替实际喷嘴直径（D）。由于 Birch 等提出的关系式存在这三个与原始相似律的关键差异，因此许多研究人员在后续出版物中尝试使用他们的关系式后，大量出版物之间产生了不一致（BRHS，2009；Houf，Schefer，2008）。

Birch 及同事并未验证其公布的相关性形式。相反，他们在论文中只给出了反浓度（体积分数）和轴向位移 x/D_{eff}之间的关系（Birch et al.，1987）。然而，在进行测量的天然气浓度值（6% ~50%，按体积计）上，质量分数和体积分数实际上呈线性变化。即使没有合适的比例系数，这种线性关系也能提供“好看”的相关性。

之所以 Birch 等人（1984，1987）的方法以及类似方法不能适用于计算高压氢气设备和储存中射流的浓度衰减，还有另外一个原因，即在 10MPa 以上的高压下理想气体定律的应用受到限制。这是一个具有明显安全影响的基本问题。事实上，理想气体定律把氢气的质量流量估到了 70MPa，这比 Abel-Noble 方程估计的值高出了大约 45%。

因此，Birch 及其同事关于相似定律（Chen，Rodi，1980）普遍特征的猜想仍有待确认。相似定律在欠膨胀射流中的应用还有待研究和验证。

5.3.3 膨胀和欠膨胀射流的相似定律

如果相似定律（Chen，Rodi，1980）可以通过原本形式应用于膨胀射流和欠膨胀射流，那么，我们就可以用式（5-21）直接计算出未点燃氢气圆形射流的确定性间隔距离。但是，就欠膨胀射流而言，还有一个未知参数，这就是实际喷嘴出口的气体密度 ρ_N。该密度可以通过一个合理的欠膨胀理论（Molkov et al.，2009；Molkov，Bragin，2009）计算得出。就膨胀氢气射流而言，相似律，即式（5-21）可直接被用于计算喷嘴出口处的氢密度 $\rho_N=0.0838\text{kg/m}^3$（常温常压）。

动量控制射流轴线上浓度衰减的相似律如图 5-5 所示，附氢气欠膨胀释放的实验数据。依据的假设为：使用 Chen 和 Rodi（1980）提出的原始形式的相似定律时，唯一未知的参数是喷嘴出口处的氢密度（Molkov，2009a）。图 5-5 中只给出了动量控制区中的 60 个实验点（总共 302 个），以避免图表上出现数据重叠（Molkov et al.，2010）。这 60 个点为每个实验的最大值和最小值，在某些情况下可能还是一个附加的中间值。利用欠膨胀理论计算实际喷嘴出口处的氢气密度，对相似律进行了验证，以下详细解释相关的实验数据。

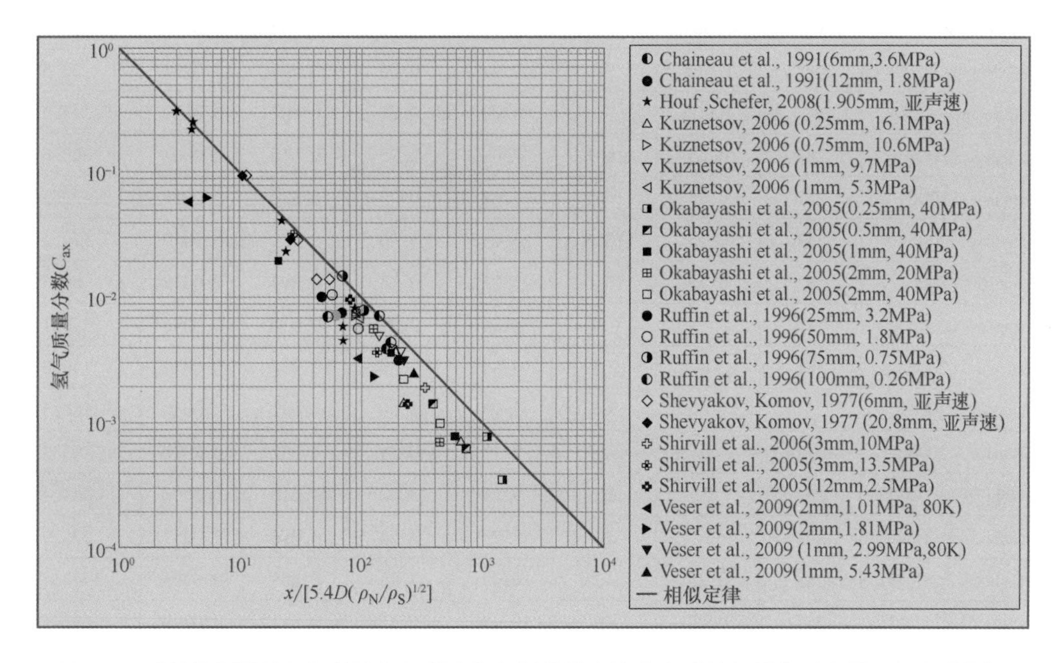

图 5-5 动量控制膨胀氢气射流与亚膨胀氢气射流轴向浓度衰减的相似律（实线）与实验数据

Shevyakov 等人（1977）用直径范围在 6～96mm 的喷嘴进行了一系列亚声速射流实验，发现喷嘴处氢气速度也在 2.52m/s 到 861.21m/s 之间波动。射流范围（浮力控制或动量控制）由 Froude（弗劳德）数决定，$Fr = U_N^2/(gD)$。此处我们只选择动量控制的氢气射流来验证相似律。表 5-3 列出了 6mm 直径喷嘴的四次射流实验数据和 20.8mm 直径喷嘴的两次射流实验数据。

表 5-3 欠膨胀氢气射流浓度衰减数据

实 验	T_R	D	p_t	ρ_N	x	$C^a_{ax\text{-}v}$（体积分数）	$C^b_{ax\text{-}m}$（质量分数）	$\dfrac{x}{5.4D\sqrt{\rho_N/\rho_S}}$
	K	mm	MPa	kg/m³	m	—	—	
Chaineaux 等人（1991）	207	6	3.6**	2.58	7.50	0.053	0.0039	158.7
Chaineaux 等人（1991）	207	6	3.6**	2.58	2.50	0.093	0.0071	52.9
Chaineaux 等人（1991）	174	12	1.8***	1.56	15	0.044	0.0032	200.6
Chaineaux 等人（1991）	174	12	1.8***	1.56	5	0.099	0.0076	66.9
Houf 和 Schefer（2008）	298*	1.905	—	0.08	0.24	0.108	0.0084	87.3
Houf 和 Schefer（2008）	298*	1.905	—	0.08	0.01	0.866	0.3108	3.0
Houf 和 Schefer（2008）	298*	1.905	—	0.08	0.19	0.078	0.0058	69.7

（续）

实　验	T_R	D	p_t	ρ_N	x	$C^a_{ax\text{-}v}$（体积分数）	$C^b_{ax\text{-}m}$（质量分数）	$\frac{x}{5.4D\sqrt{\frac{\rho_N}{\rho_S}}}$
	K	mm	MPa	kg/m^3	m	—	—	
Houf 和 Schefer（2008）	298 *	1.905	—	0.08	0.06	0.382	0.0412	21.9
Houf 和 Schefer（2008）	298 *	1.905	—	0.08	0.01	0.826	0.2484	4.1
Houf 和 Schefer（2008）	298 *	1.905	—	0.08	0.19	0.062	0.0046	69.8
Houf 和 Schefer（2008）	298 *	1.905	—	0.08	0.06	0.259	0.0238	23.5
Houf 和 Schefer（2008）	298 *	1.905	—	0.08	0.01	0.807	0.2257	3.9
Kuznetsov（2006）	287	0.25	16.1	7.68	2.25	0.010	0.0007	666.6
Kuznetsov（2006）	287	0.25	16.1	7.68	0.75	0.020	0.0015	222.2
Kuznetsov（2006）	287	0.75	10.6	5.25	1.50	0.055	0.0040	179.2
Kuznetsov（2006）	287	0.75	10.6	5.25	0.75	0.094	0.0072	89.6
Kuznetsov（2006）	287	1	9.7	4.84	2.25	0.050	0.0036	210.1
Kuznetsov（2006）	287	1	9.7	4.84	1.50	0.066	0.0049	140.0
Kuznetsov（2006）	287	1	5.3	2.73	1.50	0.052	0.0038	186.5
Kuznetsov（2006）	287	1	5.3	2.73	0.75	0.092	0.0070	93.3
Okabayashi 等人（2005）	288	2	20	9.29	13.22	0.010	0.0007	444.4
Okabayashi 等人（2005）	288	2	20	9.29	3.74	0.076	0.0057	125.9
Okabayashi 等人（2005）	288	0.25	40	16.45	7.15	0.005	0.0003	1444.4
Okabayashi 等人（2005）	288	0.25	40	16.45	5.41	0.011	0.0008	1092.6
Okabayashi 等人（2005）	288	0.5	40	16.45	7.15	0.009	0.0006	722.2
Okabayashi 等人（2005）	288	0.5	40	16.45	3.85	0.020	0.0014	388.9
Okabayashi 等人（2005）	288	1	40	16.45	11.73	0.011	0.0008	592.6
Okabayashi 等人（2005）	288	1	40	16.45	3.39	0.050	0.0036	171.3
Okabayashi 等人（2005）	288	1	40	16.45	0.41	0.225	0.0198	20.6
Okabayashi 等人（2005）	288	2	40	16.45	17.59	0.014	0.0010	444.4
Okabayashi 等人（2005）	288	2	40	16.45	8.79	0.031	0.0022	222.2
Okabayashi 等人（2005）	288	2	40	16.45	3.52	0.101	0.0078	88.9
Ruffin 等人（1996）	288	25	3.24#	1.79	10.00	0.094	0.0072	61.2
Ruffin 等人（1996）	288	25	3.24#	1.79	7.50	0.127	0.0100	45.9
Ruffin 等人（1996）	288	50	1.8#	1.18	25	0.076	0.0057	94.2
Ruffin 等人（1996）	288	50	1.8#	1.18	15	0.133	0.0106	56.5
Ruffin 等人（1996）	288	75	0.75#	0.63	30	0.102	0.0078	103.3
Ruffin 等人（1996）	288	75	0.75#	0.63	20	0.178	0.0149	68.9
Ruffin 等人（1996）	288	100	0.26#	0.35	50	0.060	0.0044	172.2
Ruffin 等人（1996）	288	100	0.26#	0.35	40	0.094	0.0072	137.8
Shevyakov 等人（1996）	288	6	—	0.08	0.37	0.170	0.0141	43.8
Shevyakov 等人（1996）	288	6	—	0.08	0.46	0.170	0.0141	54.0

（续）

实验	T_R	D	p_t	ρ_N	x	C^a_{ax-v}（体积分数）	C^b_{ax-m}（质量分数）	$\frac{x}{5.4D\sqrt{\frac{\rho_N}{\rho_S}}}$
	K	mm	MPa	kg/m³	m	—	—	
Shevyakov 等人（1996）	288	6	—	0.08	0.10	0.600	0.0945	11.1
Shevyakov 等人（1977）	288	6	—	0.08	0.25	0.300	0.0290	29.3
Shevyakov 等人（1977）	288	20.8	—	0.08	0.77	0.300	0.0290	26.1
Shevyakov 等人（1977）	288	20.8	—	0.08	0.31	0.600	0.0945	10.5
Shirvill 等人（2006）	287	3	10	4.98	11.00	0.027	0.0019	337.2
Shirvill 等人（2006）	287	3	10	4.98	3.00	0.100	0.0076	92.0
Shirvill 等人（2006）	287	3	13.5	6.57	9.00	0.020	0.0014	240.4
Shirvill 等人（2006）	287	3	13.5	6.57	3.00	0.122	0.0096	80.1
Shirvill 等人（2006）	287	12	2.5	1.32	9.00	0.050	0.0036	134.3
Shirvill 等人（2006）	287	12	2.5	1.32	1.80	0.318	0.0315	26.9
Veser 等人（2009）	298	1	5.43	2.70	2.20	0.035	0.0025	271.8
Veser 等人（2009）	298	1	5.43	2.70	0.19	0.272	0.0253	23.5
Veser 等人（2009）	80	1	2.99	5.32	2.50	0.043	0.0031	219.9
Veser 等人（2009）	80	1	2.99	5.32	0.19	0.368	0.0389	16.7
Veser 等人（2009）	298	2	1.01	1.88	0.05	0.472	0.0585	3.70
Veser 等人（2009）	298	2	1.01	1.88	1.25	0.045	0.0032	92.44
Veser 等人（2009）	80	2	1.81	0.92	0.05	0.490	0.0627	5.29
Veser 等人（2009）	80	2	1.81	0.92	1.25	0.032	0.0023	132.19

注：T_R表示储氢罐或喷嘴处测得的氢气温度（* 表示假设值）；p_t表示取样时的排气压力；** 表示排气后 5s 内的压力；*** 表示排气后 2s 内的压力；# 表示使用欠膨胀射流理论和放空模型（Molkov et al.，2009）计算的排气后 2s 内的压力；a 表示实验数据（氢的轴向体积分数）；b 表示根据体积分数计算得到的质量分数。

Chaineaux 等人（1991）通过实验测量了空气中氢气射流和甲烷射流在轴向发生的轴向浓度衰减。他们使用了一个压力为 10MPa、体积为 0.12m³（高 55cm，直径 55cm）的圆柱形容器。容器后侧靠墙放置，轴线高出地面 2.2m。容器上安装有一根直径为 50mm 的排氢管，距排氢管管尾烟火阀不远处有一个带孔钢板。他们在实验中分别使用了直径为 5mm（实验 1 和 2）、12mm（实验 3 和 4）和 24mm（实验 5、6 和 7）的射流出口。测量射流轴向的氢气浓度方法是，通过在特定位置和时间使用体积为 150cm³ 不锈钢取样球对混合物进行取样，取样球被安装在沿射流轴布置的垂直桅杆上。作者假设当可燃云团达到其最大体积时，射流达到“稳定”（准稳态）状态。在射流稳定的时刻，容器内的压力已从初始值降低到较低的压力。Chaineaux 及其同事给出了每个实验中不同位置的氢气浓度（体积分数）、排氢前容器内初始温度、容器内最低温度、达到最低温度的时间以及每次取样时容器内的残余压力。例如，试验 2 中，排气 19s 后，容器内温度达到最低温 –104℃。

Chaineaux 等人认为，7 个氢气射流实验中只有 2 个实验是有效的（实验 2 和实验 3）。实验 1 为校准实验；实验 4 产生自燃；实验 5 由于支撑取样球的桅杆移位而无效；实验 6 和实验 7 中，按照作者的说法，由于孔径（24mm）过大，射流“不稳定”。表 5-3 给出了实验 2 和实验3测得浓度的最大值和最小值（Chaineaux et al.，1991）。

Ruffin等人（1996）测量了空气中氢气射流和甲烷射流在亚声速区的轴向浓度衰减，其中马赫数 $M<0.3$。他们使用了一个容积为 $5m^3$ 的储气罐，排氢前罐中初始压力为4MPa，初始温度为288K。储氢罐通过装有喷射口的水平排氢管排气。为了确保地面不影响射流的进行，实验台被放置在离地5m的壁边缘，沿轴线方向有100m的自由空间。

然后，在喷射器直径分别为25mm、50mm、75mm和100mm的情况下进行了四次氢气射流实验（Ruffin et al.，1996）。在这项研究中使用的三个浓度传感器（安装在装有真空泵的管子上），被放置于射流的亚声速区，并根据不同喷嘴直径，在距喷嘴不同距离处连续吸入混合物。响应时间小于1s的传感器被安装在垂直于射流方向的细绳上。实验分析了不同传感器测量的氢气浓度随时间的变化情况。作者认为，只有在传感器检测到最大浓度之后、储气罐中气体射流降至过低之前，才可以假设射流达到了准稳态。因此，他们只考虑在排氢后约2s内获得的结果。

可惜，没有关于实验容器内瞬时压力的数据（Ruffin et al.，1996）。因此，他们使用欠膨胀射流理论和排氢模型（Molkov et al.，2009），在喷嘴直径分别为25mm、50mm、75mm和100mm的情况下，对排氢前2s的数据进行了计算。计算结果表明，在喷嘴直径为50mm、75mm和100mm时，排氢2s后压力分别为1.79MPa、0.746MPa和0.257MPa。表5-3给出了四个实验中每个实验测得浓度的最大值和最小值，代表8个点。Ruffin等人（1996）使用欠膨胀理论处理实验数据，因此相关数据在图5-5中表现为灰色。

Okabayashi等人（2005）调查了氢燃料补给站的实际意外泄漏情况，对可燃气体从高压容器中扩散的安全性进行了实验研究，先研究了微小裂纹引起的针孔泄漏，然后研究了大范围的非稳态泄漏。试验使用了五个容积为50L、初始压力65MPa的气瓶，并在较低的泄压压力下进行。文中没有给出气瓶温度的相关数据。容器中65MPa的气压为氢气由喷嘴进入空气提供了40MPa的压力。

喷射口和容器间有一个直径为25mm的管道系统，在喷射口上游设置了一个阀门以控制氢气的即时释放。在40MPa的泄压压力下进行了四次实验，并在喷射口上游进行数据测量。四次实验所用的喷嘴直径不同，分别为0.25mm（在不同位置设置5个测量点）、0.5mm（3个测量点）、1.0mm（21个测量点）和2.0mm（6个测量点）。然后在20MPa的泄压压力下用直径2.0mm的喷嘴进行了一次实验（5个测量点）。

气体从距离地面1m的喷嘴处以小于1m/s的气流速度泄漏（Okabayashi et al.，2005）。安装在垂直桅杆上的8个传感器分别距离喷嘴4m、6m、8m、11m、15m、20m、30m和50m。作者绘制了氢气射流轴向的平均时间体积分数与传感器距喷嘴的无量纲距离 x/θ 之间的关系，其中 $\theta=D\sqrt{\rho_N/\rho_S}$。不过，很可惜，文中没有清楚说明密度 ρ_N 是指实际喷嘴处的密度，还是指伪源喷嘴出口处的气体密度。假设 ρ_N 是指实际喷嘴出口处的气体密度，则轴向氢浓度衰减的相似律式（5-21）可以改写为该形式 $C_{ax-m}=5.4\theta/x$。图5-5给出了五个实验的最大值和最小值（Okabayashi et al.，2005）。此外，在喷嘴直径为1mm和2mm（压力均为40MPa）的两个实验中，还包括了一个中间点，以验证相似律。

2005—2006年，Shell Global Solutions（UK）和Health and Safety Laboratory（UK）进行了一系列实验，以描述压力容器中反应氢和非反应氢释放产生的危害（Shirvill et al.，2005，2006）。他们对低压和高压下未点火自由射流的可燃包层尺寸进行了实验研究。低压实验使用了4气瓶组，每组包括17个初始压力为17.3MPa的气瓶，这些气瓶能够以2.6MPa的恒定压力排气2min。作者使用了两个直径分别为6mm和12mm的喷嘴，以及三种压力值分别为0.6MPa、1.6MPa和2.6MPa的排气压力。

Shirvill等人（2005，2006）做的高压试验使用了8气瓶组，每组包括17个初始压力为17.3MPa的气瓶，这些气瓶能够在喷嘴直径最大为12mm的情况下以恒定压力排气数秒。实验使用的喷嘴直径分别为1mm、3mm、4mm、6mm和12mm，泄气压力范围为1.1～15.1MPa。所有喷嘴都在离地1.5m的高度上水平放置。操作一个泄气阀即可开启氢气射流。记录泄气阀两侧管道内部压力，以及泄气阀下游喷嘴附近的氢气温度。

氢气浓度（Shirvill et al.，2005，2006）得自于传感器连续测量射流内的氢气浓度（假设氧浓度的任何下降都是由氢气置换引起的）。使用自供电电化学氧传感器测量氧气浓度。这些传感器位于距地面高度1.0m、1.5m和2.0m处，开口方向垂直于射流方向。作者报告了各传感器位置处氢浓度（体积百分数）随时间的变化情况。射流被认为是稳定的，并保持稳定几秒。可在Shirvill等人（2005，2006）的文章中找到两个2.5MPa和13.5MPa实验以及一个10MPa实验的实验结果。表5-3显示了三个选定实验的最大值和最小值。

Kuznetsov（2006）在一个内部容积为160m^3的隔室中进行了水平自由湍流射流中氢分布的实验分析。实验使用了压力为30MPa的高压气体系统，该系统可在2～26MPa的准稳定压力下，通过直径为0.16～1mm的喷嘴释放氢气。高压气体系统配有压力控制和流速控制，使用了高速阀（high speed valves）和普朗特毕托管（Pitot tubes）。在距喷嘴0.75m、1.5m和2.25m处，用超声速氢传感器同时测量氢气浓度分布和氢气流速，测量精度为±0.1%。表5-3显示了来自Kuznetsov（2006）的8个实验点（4个实验的最大值和最小值）。

Veser等人（2009）通过实验研究水平射流中的氢气分布。他们采用旁路配置（bypass configurations）调节压力、温度和质量流量。气体被释放至一根长度为60mm、内径为10mm的管道中。实验测量了管道内部气体压力和温度。在0.5～6.0MPa的压力下，管道向直径为1mm、2mm或4mm的喷嘴输气。喷嘴口位于高出地面0.9m处。泄出的气体通过激光水平定向和调整，在35K、65K、80K或298K温度下释放至5.5m×8.5m×3.4m的实验室中，实验室内温度为标准室温。测温用K型热电偶，误差为±2K，压力传感器的最大误差为±0.5%。氢气浓度测量采用体积为0.3dm^3的球形气体探头，布置在沿射流轴线的不同位置。实验后对探针含量进行了分析，误差为±0.1%。

Houf和Schefer（2008）测量了小型亚声速氢气射流中的氢浓度衰减。利用平面激光瑞利散射测定氢浓度，可通过激光片在CCD相机上成像来确定浓度等值线。他们绘制了垂直射流轴向的时间平均轴向氢浓度。采用直径为1.905mm的喷嘴以亚声速释放气体。喷嘴出口处氢气密度为0.0838kg/m^3。他们公布了三个不同实验的结果，喷嘴出口处的流速范围为49～133m/s。对于这三个实验，表5-3和图5-5分别逐一给出了三个点（最大值、最小值和一个中间点）。

为了对以空气中氢体积分数与喷嘴的归一化距离倒数形式表示的数据进行分析，获得有关喷嘴压力的附加信息，实验还获取了喷嘴内部的其他信息（Kuznetsov，2010）。他们分析了四个实验：其中两个实验，氢气储存温度为室温，一个通过直径为1mm的喷嘴在5.43MPa的压力下释放，另一个通过直径为2mm的喷嘴在1.01MPa的压力下释放；另外两个实验中，氢气储存温度为80K的超低温，一个通过直径为1mm的喷嘴在2.99MPa的压力下释放，另一个通过直径为2mm的喷嘴在1.81MPa的压力下释放。

本文用60个有代表性的实验点，对纯氢动量控制亚声速、声速和超声速射流的轴向浓度衰减进行了验证（Chen，Rodi，1980），这些射流从直径为0.25～100mm的喷嘴中以达40MPa的压力泄漏出。实验测得空气中氢气浓度范围为1%～86.6%。相似定律在 $x/D=4\sim28580$ 的范围内对喷嘴距离与喷嘴直径的比值进行了验证，这基本上超过了以前研究中的最大比值，例如高达 $x/D=50$ 的膨胀射流（Chen，Rodi，1980），以及欠膨胀射流 $x/D=30\sim170$ 时（Birch et al.，1984）。

Chen和Rodi（1980）采用层流和湍流、动量控制膨胀射流和欠膨胀射流，验证了原始形式相似律的普遍性。根据Hawthorne等人（1949）以及Shevyakov和Komov（1977）的报告，氢在 $Re=2000\sim2300$ 时会发生从层流到湍流的转变。当气流从 $Re=927$ 层流变为 $Re=9.44\times10^6$ 高紊流时，雷诺数也会发生改变。

值得注意的是，初始储存温度低于80K的冷氢气射流（Veser et al.，2009）也遵循相似定律。之前的一项研究（Sunavala et al.，1957）建议将喷嘴内环境温度与气体温度之比的平方根引入相似定律。这样看来，似乎没有必要引入这一比率。

观察图5-5可以发现，所有实验点或是落在相似定律直线上，或是位于相似定律直线下方。可以认为这一现象缘自实验设备中的摩擦和微小损耗，在应用无损耗欠膨胀射流理论时（Molkov et al.，2009）未考虑这一点。实际上，从相似定律方程可以看出，如果损耗让喷嘴出口处的压力下降，那么它们也会降低氢密度，从而降低了距喷嘴一定距离处的氢浓度。这相当于在图上向下移动实验点。如果采用喷出压力（实际喷嘴出口压力）代替储罐内压力，相似定律曲线与实验数据的差值将在极限范围内减小到零。膨胀射流和欠膨胀射流相似律的普遍性，使其成为氢安全工程的有效工具。

5.3.4 未点燃射流中浓度衰减计算诺模图

图5-6所示为利用相似定律和无损耗欠膨胀射流理论计算氢浓度衰减的诺模图。诺模图包括四个核心图（体积质量分数、相似律、选择泄漏直径以及喷嘴出口处的选择密度）以及一张附图“通过储罐压力和温度计算喷嘴出口处的密度”（基于无损耗欠膨胀射流理论计算）。我们在此演示如何使用诺模图按从压力70MPa、温度300K的储罐释放气体的轴向体积来计算从直径为1mm的喷嘴到空气中氢浓度为4%（虚线，对应空气中氢的最低可燃浓度）和11%（实线，对应射流火焰尖端的平均位置）的距离。

首先，从“氢体积分数”轴向下画一条线，从所选择的感兴趣的浓度（在我们的例子中为4%和11%的体积分数）开始，直到与图形“体积分数到质量分数”的直线相交。其次，从这个交点开始画一条水平线到与右上图“相似定律”的相似定律线的交点。再次，从第二步的交点处开始向下绘制垂线，直到与“选择泄漏直径”一图中的相应泄漏直径所对应的直线相交。从上到下8条直线所对应的泄漏直径分别为：15mm、10mm、5mm、3mm、2mm、1mm、0.5mm、0.1mm。图例在图形的右侧。

然后使用诺模图底部的附加图形“通过储罐压力和温度计算喷嘴出口中的密度”，使用纵轴上给定的压力（70MPa）和对应于所选温度（300K）的一条线来计算密度，由“通过储罐压力和温度计算喷嘴出口的密度”图表上的两条粗灰色线条表示。在压力70MPa、温度300K的条件下，通过图表可计算出喷嘴出口处的密度约为 $23kg/m^3$。

在第五步计算中使用已得出的密度值 $23kg/m^3$，以“选择泄漏直径”图表中与“1mm”线的交叉点为起点向左绘制水平线，直至与“选择喷嘴出口处的密度”图表中对应于 $23kg/m^3$ 的假

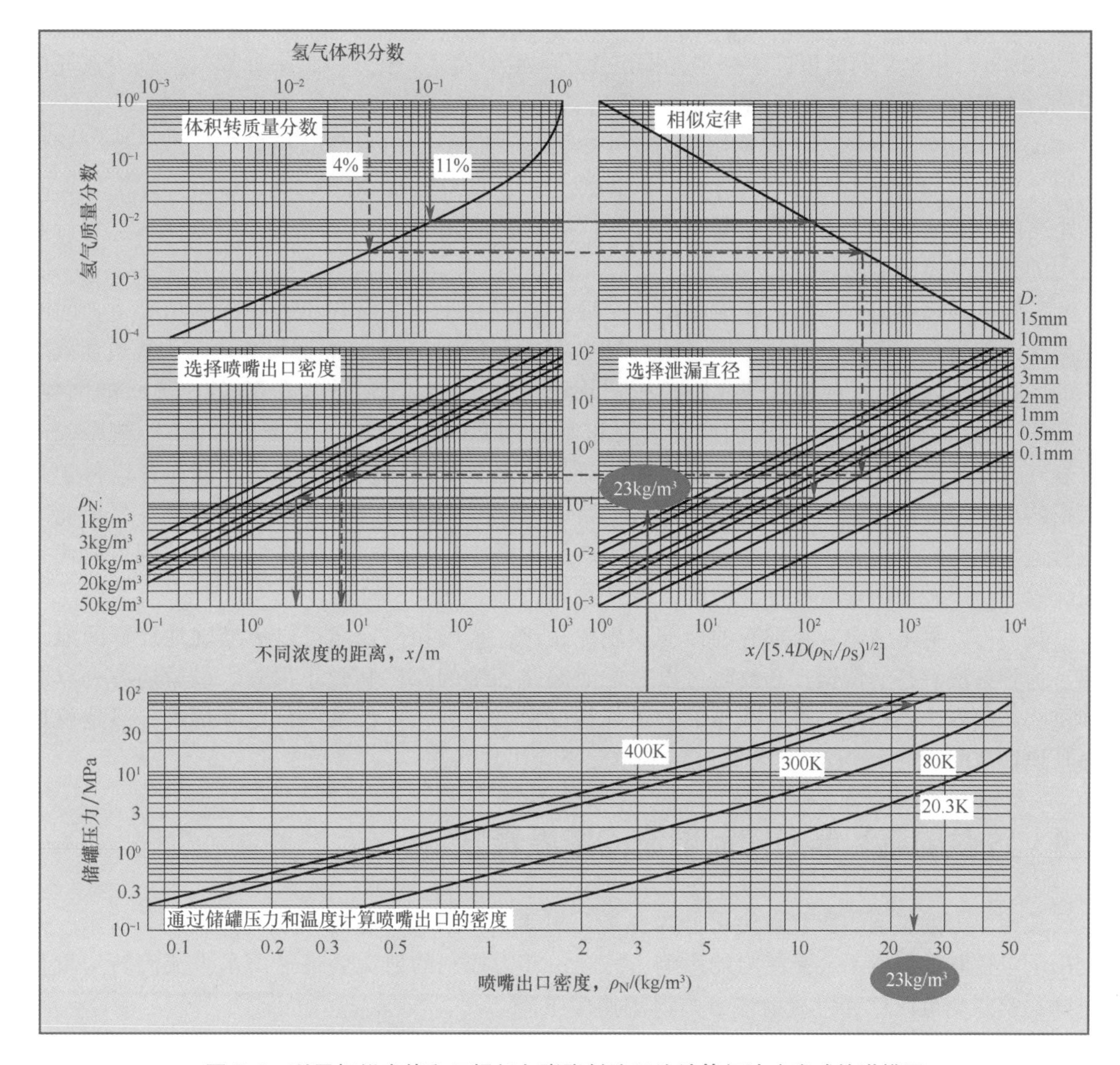

图 5-6 利用相似定律和无损耗欠膨胀射流理论计算氢浓度衰减的诺模图

想线（在 20kg/m³图线和 50kg/m³图线之间）相交为止。图表中有 5 条线，从上到下对应的密度值分别为 1kg/m³、3kg/m³、10kg/m³、20kg/m³和 50kg/m³。图例显示在图表左侧。

最后一步是以与 23kg/m³图线的交点向下绘制垂直线，直至与“选择喷嘴出口密度”图表的横坐标轴相交。从图中可以看出，从喷嘴出口到体积分数为 4% 的氢气浓度的距离约为 7.7m，到体积分数为 11% 的氢气浓度的距离约为 2.7m。如果代入欠膨胀射流理论计算出的喷嘴出口密度精确值（23.95kg/m³）和空气密度 1.205kg/m³（常温常压），通过相似定律方程，即式（5-21）可以计算得出，氢气体积分数为 4% 时的对应距离为 8.36m，氢气体积分数为 11% 时的对应距离为 2.83m。图表计算的误差在 10% 以下，在可接受范围之内。

欠膨胀射流的相似定律和诺模图是基于性能的工具，用于计算未点火泄漏的确定性间隔距离，可替代指令性规范。例如，《国际消防规范》（2006）列出了氢系统与各类潜在目标（包括建筑物的进气口）之间规定的分离距离表格。但是，该规范既不提供也不要求系统提供有关氢气储存参数（压力和温度）和系统泄漏量的任何信息。该规范采用了传统的指令性方法，与现代对规范和标准的要求（基于性能）相矛盾。

《美国防火协会液化天然气车载系统标准》（以下简称 NFPA 55）与指令性《国际消防规范》（2006）相比又向前迈进了一步，提出使用一组公式（4 个方程）来计算与空气中氢气体积分数为 4% 的轴向浓度的间隔距离。但作者认为，NFPA 55（2010）存在两个弱点。首先为了“简化”从业者对该方法的使用，为这 4 个方程式赋予的压力范围相当广泛，导致以储存压力计算得出的间隔距离因“程序化”过高或过低。此外根据 NFPA 55（2010）标准计算间隔距离的最大缺陷在于使用的泄漏尺寸仅为管道流通面积的 3%（该数值选择基于天然气行业可用的其他气体的泄漏频率）。

实际上，相似定律表明，在喷嘴出口密度 ρ_N 相同，也就是储存压力相同的情况下，间隔距离与泄漏直径成正比。因此，作者认为 NFPA 55（2010）标准将泄漏尺寸确定为管道横截面积的 3% 是有问题的，会导致间隔距离按“规律”减小，减小倍数为 0.03 的平方根的倒数，即 5.77 倍。显然，如果监管机构广泛应用和实施 NFPA 55（2010）标准的“3%”规范，一旦氢气管道发生全孔破裂，就有可能产生灾难性后果。采用风险指引方法不能违背以科学为依据的工程设计。“强制”缩短间隔距离的替代方法是氢系统的安全工程设计，例如尽可能减低管道内的压力，将管道直径减至技术原因所需的最小尺寸，或者用多根较小的管道取代一根大管道，以及使用安全性更佳的泄压装置等。

我们可以得出结论：与现有的标准和规范相比，采用相似定律可以更准确地计算间隔距离。这种方法有科学依据，必要时可以考虑泄漏路径中的摩擦和微小损失。最后还有一点同样重要，氢安全工程可以将全孔破裂的最坏情况考虑在列，不像某些规范和标准，只建议选择管道横截面积的 3% 进行计算，在某些情况下会出现问题。

5.4 过渡射流和浮力控制射流的浓度衰减

按照浮力的影响，所有射流可分为三类。对于水平射流，这三类射流如图 5-7 所示。完全由动量控制的射流不会受浮力的影响；完全由浮力控制的射流会迅速由水平流向转为垂直流向；第三类可以称为过渡射流，当射流速度下降且射流直径增大时，喷嘴附近的射流主要由动量控制，下游处的射流由浮力控制。对于氢安全工程而言，知道这一转变何时发生十分重要。因为这会直接影响到间隔距离，进而影响氢系统或基础设施的安全性和成本。

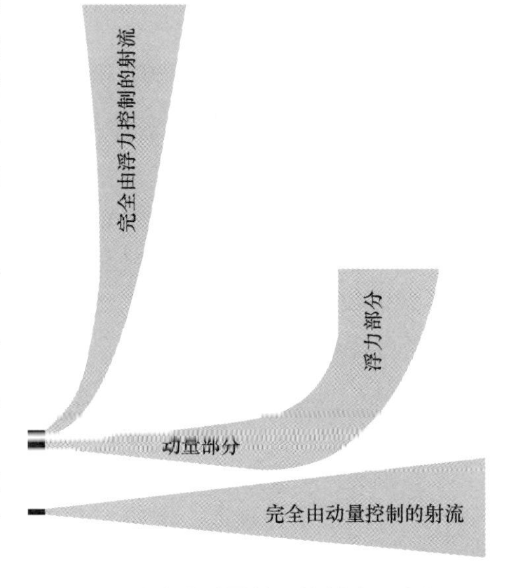

图 5-7　完全由动量控制的射流（底部）、过渡射流（中间）和完全由浮力控制的射流

此处提到的工程技术全部基于 Shevyakov 等人（1980，2004）仅使用膨胀射流完成的研究工作，目的是确定氢射流（包括膨胀与欠膨胀）或其部分射流受动量控制，而射流的下游部分则受浮力控制。图 5-8 以对数坐标显示了在空气中某氢气浓度下，距离与喷嘴直径的比值 x/D（纵坐标）与弗劳德数 Fr（横坐标）的关系。弗劳德数的经典表达方程为：

$$Fr = \frac{U^2}{gD} \tag{5-25}$$

式中，U 是喷嘴出口处（欠膨胀射流的概念喷嘴出口）的速度，单位为 m/s；g 是重力加速度（地球上的标准重力加速度为 9.80665m/s^2）；D 是喷嘴直径（欠膨胀射流的概念喷嘴出口直径），单位为 m。对于图 5-8 中的欠膨胀射流，可根据欠膨胀射流理论计算出概念喷嘴出口直径和喷嘴出口处的速度（Molkov et al., 2009）。膨胀射流和欠膨胀射流的函数相关性相同，精确度为 20%，在工程应用的可接受范围之内。

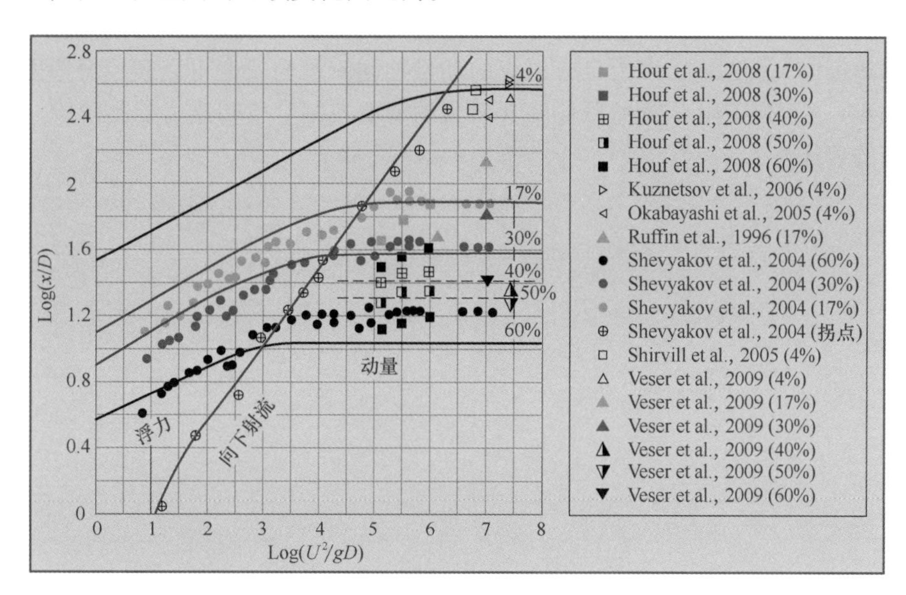

图 5-8 在空气中的某氢气浓度下，距离与喷嘴直径的比值与弗劳德数的关系

图 5-8 显示了 Shevyakov 等人的五条理论曲线（实线）、膨胀射流的实验数据以及 Shevyakov 等人（1980，2004）和其他研究人员的欠膨胀射流数据。实际上，在氢气突发事件/事故中，所有欠膨胀射流都将处于动量控制状态，如图 5-8 所示用于验证关联性的可用测试。在五条理论曲线中有四条分别对应体积分数为 4%、17%、30% 和 60% 的氢气浓度。这四条曲线都有浮力上升阶段和动量“平稳”阶段。

需要强调的是，从曲线的浮力上升阶段过渡到动量平稳阶段时的弗劳德数取决于研究中的氢气浓度。例如，在体积分数为 60% 的氢气浓度下，Log（Fr）的数值要大于 3.5 才能使射流处于动量控制状态，如果氢气浓度下降，体积分数降至 4%（可燃下限），射流若要处于动量控制状态，喷嘴出口的弗劳德数 Fr 必须要高出很多，即 Log（Fr）要大于 6.5（高三个数量级）。

图 5-8 中代表“向下射流”的第五条曲线对氢安全工程有特殊意义。它代表垂直向下的射流从喷嘴出口处到拐点之间的距离无量纲，拐点代表射流的流动方向从向下转变为向上。要计算到拐点的距离，只需要知道喷嘴（概念喷嘴）处的弗劳德数 Fr。结果与预期相符，第五条曲线与图 5-8 中的其他四条曲线分别相交，交点正好处于从动量控制射流到浮力控制射流的过渡区域。

图 5-8 所示关系图应按照以下步骤使用。首先，计算喷嘴出口的弗劳德数 Fr 及其对数。在合适情况下，应用欠膨胀理论计算概念喷嘴出口直径和概念喷嘴出口速度。然后，根据已计算的弗劳德数 Fr 的对数值在横轴上取相应的点向上画一条垂直线。该垂直线与图中标有“向下射流”的曲线的交点代表浓度值，高于该浓度时，射流受动量控制；低于该浓度时，射

流受浮力控制。

例如，如果射流出口的弗劳德数为 Log(*Fr*) =4. 25（垂直线与“向下射流”曲线的交点所在的位置，对应氢气体积分数为 30% 的理论曲线），则代表该氢气浓度对应的体积分数高于 30% 时，该射流处于动量控制状态；当纵轴浓度对应的体积分数低于 30%（在轴向浓度对应体积分数为 30% 的更下游）时，该射流处于浮力控制状态。

该技术易于应用，同时有助于制定成本效益较高的氢安全解决方案。例如，水平射流释放的分离距离可以大大缩短，因为只有射流的动量控制阶段的长度可以表示分离距离，而体积分数达到 4%（可燃下限）时的总长度（射流的动量控制阶段和浮力控制阶段）并不能作为安全距离的表征。

第6章 氢气在有限空间中的扩散

在室内使用氢与燃料电池系统时，易燃混合物的形成是主要的安全问题之一。其相关问题是，如果车载储氢系统渗透出的氢气扩散到车库中，安全性能有多高？自然通风是否足够消除可燃氢气-空气混合物形成的潜在危险？当空气中的氢气浓度达到可燃下限（体积分数为4%）时，封闭空间内渗透氢气的分布对于确定装有车载高压储氢瓶的氢燃料电池汽车的最大允许渗透率十分重要。

氢气的一个特征是存在压力峰值现象。本章将对此进行详细描述。本章还要讨论在已知自然通风的条件下（即通风口的大小和位置），封闭空间内氢气质量流量的限制问题，当然，随着时间的推移，密闭空间内氢气的体积分数会达到100%。

6.1 渗透氢在车库中的扩散

通过其他标准，如SAE J2578（2009）可以得到渗透的定义，即“通过储存容器、管道或界面材料的壁面或间隙扩散”。氢的渗透格外显著，因为氢是扩散系数最高的元素。值得注意的是，通过金属渗透的是氢原子，通过聚合物渗透的则是氢分子（Schultheiü，2007）。

压缩气态氢（Compressed gaseous hydrogen，简称CGH_2）容器分为以下四种类型（Commission Regulation，2009）：1型—无缝金属容器；2型—带有无缝金属衬里的环向缠绕容器；3型—带有无缝或焊接金属衬里的完全缠绕容器；4型—带有非金属衬里的完全缠绕容器。在3型和4型储氢容器中，内衬主要用于容纳氢气，外壳则为容器提供结构强度（Adams et al.，2011）。目前，4型容器采用聚合物内衬，例如高密度聚乙烯通常用树脂基质中的碳纤维包裹。也可以采用其他纤维，如玻璃纤维或芳纶纤维，但大多数汽车的储氢系统采用碳纤维。容器缠绕的纤维外壳的厚度及纤维方向取决于应力分布。大多数汽车采用3型或4型储氢容器。

在压缩气态氢（CGH_2）系统中，渗透通过储氢容器、管道或界面材料的壁面或间隙进行扩散。渗透可归类为氢从CGH_2系统中长期缓慢地泄漏出来。长久以来，控制渗透一直被认为是发展储氢技术的关键因素（Mitlitsky et al.，2000）。金属容器或带有金属内衬的容器，即1、2或3型的容器，渗透率可以忽略不计。然而，对于带有非金属（聚合物）衬里的容器（即4型容器）而言，氢渗透是一个问题。

在本章节中，我们采用解析和数值方法，研究了在带有绝热壁面和静止空气的典型车库中，氢气从储氢罐渗透并扩散的情况。我们基于在储氢罐周围控制体的氢气守恒方程中引入氢气质量源项的原始方法，进行了数值模拟。结果表明，封闭空间内的最大氢气浓度始终出现在储氢罐顶面，并且始终不会达到100%体积比。理论分析和数值模拟都表明，在传输过程开始后的1min内，扩散和浮力对储氢罐表面氢气传输的作用达到平衡。针对所考虑的渗透率，建立了封闭体内氢气从上到下近似线性分布的准稳态条件。

6.1.1 渗透率

除此之外，车载储氢罐的经济和技术可行性取决于其质量和体积容量。目前，在4型储罐中，采用轻质非金属材料制成的薄壁能够提高储氢质量密度能力。但是，它们具有很强的渗透性。例如，在293K时，铝具有2.84×10^{-27}mol/s/m/MPa$^{1/2}$的低渗透率（Korinko et al.，2001），而改性聚苯醚类聚合物的渗透率则为5.5×10^{-15}mol/s/m/MPa$^{1/2}$（Stodilka et al.，2000），即增加12个数量级。

车载压力从35MPa增加到70MPa，储氢容积随之提高。但是，这样会增加渗透率。车载储氢罐的渗透为封闭空间带来安全隐患。随着时间的推移，积累起来的氢气可能与空气形成易燃混合物。在不通风的密闭空间中，经过较长时间的渗透后，空气中的氢气可达到4%的可燃下限值。要想估计氢气局部达到可燃下限的时间，例如在车库天花板下或均匀地在整个车库中达到可燃下限的时间，知道它在封闭空间中的分布情况很重要。

特定材料的氢渗透率可通过以下公式计算（Schefer et al.，2006a）：

$$P = P_0\exp(-E_0/RT) \tag{6-1}$$

式中，指数项前面的系数P_0（mol/s/m/MPa$^{1/2}$）和活化能E_0（J/mol）与材料有关；T为温度（K）。通过单一材料膜的渗透速率可采用以下公式（Schefer et al.，2006a）计算：

$$J = P\frac{\sqrt{P_r}}{l} \tag{6-2}$$

式中，P_r为储罐压力（MPa）；l为储罐壁厚（m）。渗透率随储罐压力P_r的增加而增加，随膜厚度l的减小而增加。式（6-1）和式（6-2）对金属和非金属材料有效（Schultheiß，2007），并且适用于具有单膜的壁面，但仅在压力范围为10Pa～50MPa以及环境温度低于1273K的有限范围内（San Marchi et al.，2007）。

对于不同材料的串联膜（serial membranes），例如在4型储罐中，z层的总渗透率可以使用如下关联式来计算（Crank，1975）：

$$\frac{l}{P} = \sum_{i=1}^{z}\frac{l_i}{P_i} \tag{6-3}$$

6.1.2 渗透氢的扩散和浮力输运

需要重点理解的是，储氢罐表面渗透氢的最大浓度是多少。当把加压储氢罐放入带有静止空气的封闭空间中时，我们估算过程开始时的渗透氢浓度。从储罐中渗出的氢分子受到布朗运动的影响，布朗运动是指悬浮在液体或气体中的分子的随机运动。这种混乱的运动受到氢分子与空气中其他分子碰撞的影响。根据解释证实布朗运动的爱因斯坦定律（Einstein's law），粒子在x轴方向上的平均位移，或者更准确地说，均方根位移为：

$$\lambda_x = \sqrt{\overline{\Delta x^2}} = \sqrt{2Dt} \tag{6-4}$$

式中，D为空气中氢的扩散速率（25℃时的速率可认为是$7.79\times10^{-5}\text{m}^2/\text{s}$）；$t$为时间（s）。当分子在时间$t$内位移为$\sqrt{2Dt}$时，面积$A_r$的储罐表面周围的所有渗透氢分子的体积为$V_{mix}=$

$A_r\sqrt{2Dt}$。该体积中渗透氢的摩尔数为 $n=JtA_r$ 假设氢分子在体积 V_{mix} 中均匀分布，则在时间 t 处，储罐表面的氢体积分数为氢体积与总体积 V_x 的比率，计算公式为：

$$[H_2]_t=100\frac{nV_{m25}}{V_{mix}} \tag{6-5}$$

式中，V_{m25} 为25℃下理想气体的摩尔体积（$0.0244m^3/mol$）。该公式可以重写为：

$$[H_2]_t=100\frac{JtA_rV_{m25}}{\sqrt{2Dt}A_r}=100\frac{JV_{m25}}{\sqrt{2D}}\sqrt{t} \tag{6-6}$$

随着空气中氢浓度的增加，浮力效应明显增强。因此，储氢罐表面的氢浓度随时间增加 $[H_2]_t\propto\sqrt{t}$，直至浮力克服氢的扩散传输为止。当扩散和浮力相互平衡时，将建立准稳态。在密度为 ρ_{air} 的空气中，密度为 ρ_{mix} 的氢气-空气混合物的浮力运动所适用的牛顿第二定律可写为 $F=m_{mix}a=(\rho_{air}-\rho_{mix})V_{mix}g$。从力学上讲，物体以加速度 a 通过的距离为 $L_x=at^2/2$，所以有

$$\rho_{mix}a=\rho_{mix}\frac{2L_x}{t^2}=(\rho_{air}-\rho_{mix})g \tag{6-7}$$

因此，混合物的浮力随时间的位移为

$$L_x=\left(\frac{\rho_{air}}{\rho_{mix}}-1\right)\frac{gt^2}{2} \tag{6-8}$$

式中，混合物的密度定义为：

$$\rho_{mix}=\frac{[H_2]_t}{100}(\rho_{H_2}-\rho_{air})+\rho_{air} \tag{6-9}$$

氢气随浮力位移与氢气随扩散位移具有相同的数量级，$\lambda_x=L_x$，并且处于以下情形时过程达到准稳态：

$$\sqrt{2Dt}=\left[\frac{\rho_{air}}{\frac{JtV_{m25}}{\sqrt{2Dt}}(\rho_{H_2}-\rho_{air})+\rho_{air}}-1\right]\frac{gt^2}{2} \tag{6-10}$$

按照SAE J2578（2009），对于下一章节中描述的储氢罐和车库而言，该公式得出储罐容量的渗透率 $J=1Ncm^3/(h\cdot L)$（容器内部每升每小时标准立方厘米）的时间为37s（场景1），得出车库的渗透率 $J=45Ncm^3/(h\cdot L)$ 的时间为16s（场景2）。

在本节的假设条件下，可用式（6-6）分别计算出这些特征时刻储罐表面的氢气浓度为 2.4×10^{-4}（体积分数）和 1×10^{-2}（体积分数），储罐表面氢浓度的这两个值都远远低于体积分数为4%的氢气可燃下限。

6.1.3 渗透氢浓度分布的均匀性

本章节讨论不同渗透率下车库封闭空间内渗透氢分布的均匀性问题。针对仅渗透率不同的两种场景，对封闭空间内渗透氢的扩散进行数值模拟。将一个长0.672m、直径0.505m、半球形端直径0.505m、表面积 $A_r=1.87m^2$、容积约 $0.2m^3$ 的压缩储氢罐置于封闭空间的中心。封闭空间为一个典型的车库，尺寸为 $L\times W\times H=5m\times3m\times2.2m$，容积 $V_g=33m^3$；储氢罐与车库地面间隙为0.5m；环境温度为298K。

在场景1中，渗透率为 $J=1Ncm^3/(h\cdot L)$，低于欧盟委员会法律（2010）限定的 $6Ncm^3/(h\cdot L)$（20℃）渗透率。在场景2中，渗透率为 $J=45Ncm^3/(h\cdot L)$，高于欧盟法律的限值，相当于SAE J2578（2009）建议的常温常压下每辆车最大"正常氢气泄漏速度"（包括渗透泄漏）

150Ncm³/min。

如果封闭空间完全密闭，则氢气达到均质可燃下限值浓度 $c=4\%$ 体积比所需的时间 t_c 为：

$$t_c=\frac{V_g c}{V_{m25} J A_r} \tag{6-11}$$

如此一来，场景 1 大约需要 275 天，场景 2 大约需要 6 天。如果氢气均匀分布的假设不成立，渗透氢聚集在一层中，则在可燃下限水平产生可燃混合物的时间将会缩短。

Saffers 等人（2011）描述了用于模拟渗透氢扩散的计算流体动力学模型和详细数值。为了减少模拟时间，采用了不可压缩模型。为了使不可压缩性假设一致，实验人员在车库地板上模拟了一个 0.2m×0.2m 的方形通风口，该通风口具有出流边界条件。通风口在模拟中产生了封闭空间内氢气-空气混合物的人为下行速度。该速度利用渗透氢的体积流速和封闭空间几何形状进行评估，场景 1 中速度约为 3.6×10^{-9}m/s，场景 2 中速度约为 1.63×10^{-7}m/s。相比上述速度，$D/H=3.54\times10^{-5}$m/s 的特征“扩散”速度要高出几个数量级。

渗透氢的扩散是一种物理现象，本质上不同于传统的泄漏（即羽流和射流）。渗透的氢气在储罐表面均匀地少量“泄漏”，然后通过扩散和浮力将氢驱逐出表面。渗透氢源的模型使用了储氢容器表面周围厚度为 1mm 的薄层控制体积层中的体积氢源，与纯氢浓度和非物理动量的人工羽流/射流模型相比，这是一种不同的建模方法。

实际上，本研究中使用的渗透率不足以覆盖容器的整个表面以形成单层纯氢（100% 体积比），因为扩散过程会将氢分子从容器表面迅速移开。

在 25℃时，1mol 的理想气体有 24.4L，即 1m³ 中约有 41mol 的理想气体。我们估算一下在单位时间内从面积为 1.87m² 的储罐表面释放的氢摩尔数。在 45Ncm³/(h·L)（场景 2）和 $V_r=200$L 的渗透率下，单位时间（1s）内渗透氢的体积为 25×10^{-7}m³，即在 1s 内渗透 1.02×10^{-4}mol。该摩尔数所占体积等于储罐表面积与表面扩散氢传输的特征距离的乘积，该特征距离可以在单位时间内估计为 $D^{1/2}$，即 8.8×10^{-3}m，体积为 0.0165m³。因此，接近表面的单位体积中渗透氢的摩尔数为 0.0062mol/m³。

这意味着氢的摩尔分数为 $0.0062/41=1.5\times10^{-4}$ 或 0.0015% 体积比。这一简单估计与数值模拟结果（图 6-1 中目标物 01 的结果）一致，两者均证明在渗透过程中，储罐表面不存在 100% 体积比的氢浓度，在场景 2 中甚至远低于可燃下限。

图 6-1 计算域（车库区）和目标物位置

计算域代表车库的四分之一，如图 6-1 所示，图中报告了三个垂直目标物位置的氢浓度在车库高度上的分布情况：在车库中心（目标物 01），在储罐和墙壁的中间（目标物 02），以及距墙壁 0.1m 处（目标物 03）。

为了匹配指定的渗透速率，对于场景 1，氢质量体积源项 $S_{H_2}=2.43\times10^{-6}$kg/(m³·s)，对于场景 2，$S_{H_2}=1.09\times10^{-4}$kg/(m³·s)。最小控制体积（CV）大小位于储氢罐表面，$\Delta x=0.5$mm，因此，氢气在沿储氢罐表面两个 CV 厚度的层中释放。计算域中的 CV 总数为 194464。压力-速度耦合采用 SIMPLE 算法，对流项采用三阶 MUSCL 离散格式，扩散项采用中心差分，二阶隐式时间推进。对于不可压缩流动，通常使用隐式 SIMPLE-similar 过程。氢质量平衡浓度被监测为可接受的数值收敛的主要指标。

不出所料，模拟中的最大氢气浓度在储氢罐顶部。在场景 1 和场景 2 的模拟中，分别在程序开始后 60s 和 12s，储氢罐顶部和底部表面的氢层厚度相差了 10%。这与简化分析问题期间获得的类似值（即 37s 和 16s）是一致的，这些值表征了扩散和浮力对远离储氢罐表面的氢传输达到平衡所需的时间的贡献。

图6-2 显示了两种场景下在目标物 01、02 和03 位置的氢气浓度分布。氢气的最大浓度总是在储氢罐的顶部。在 133min 后，场景 1 的体积分数可以忽略不计，为 $6.24\times10^{-3}\%$，场景 2 的体积分数为 $1.82\times10^{-1}\%$。

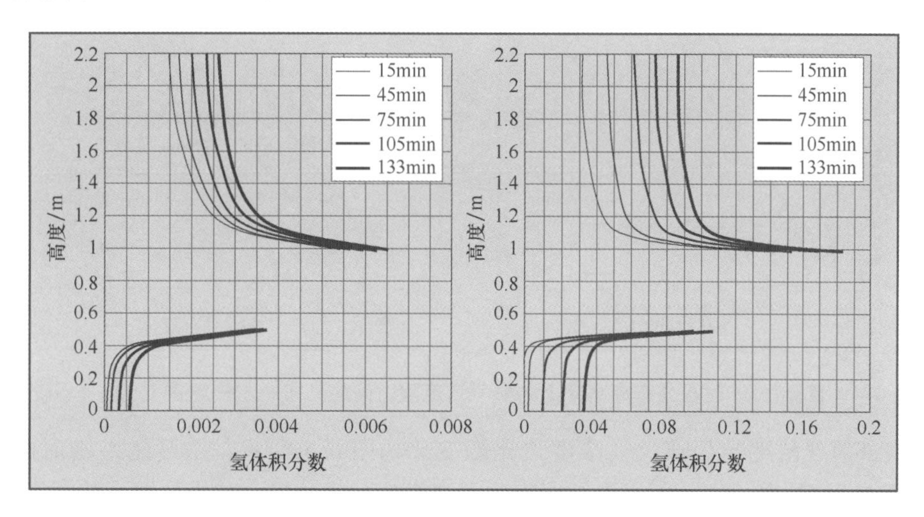

图6-2　目标物 01 位置的车库高度上的氢气浓度随时间的分布：左—场景 1；右—场景 2

图6-3 显示了车库高度在目标物 02 位置的氢浓度分布。从该过程开始大约 60min 后，氢浓度随高度的变化达到一个准稳定的梯度。从这一刻开始，车库顶部和底部的氢气浓度都以相同的增量随时间增加，从而保持了氢气浓度梯度。通过数值模拟获得的整个车库高度所建立的浓度差异在实际意义上是可以忽略的，即，对于场景 1，体积分数为 $2\times10^{-3}\%$，对于场景 2，体积分数为 $5\times10^{-2}\%$。两者基本上都低于可燃下限的 4% 体积分数。

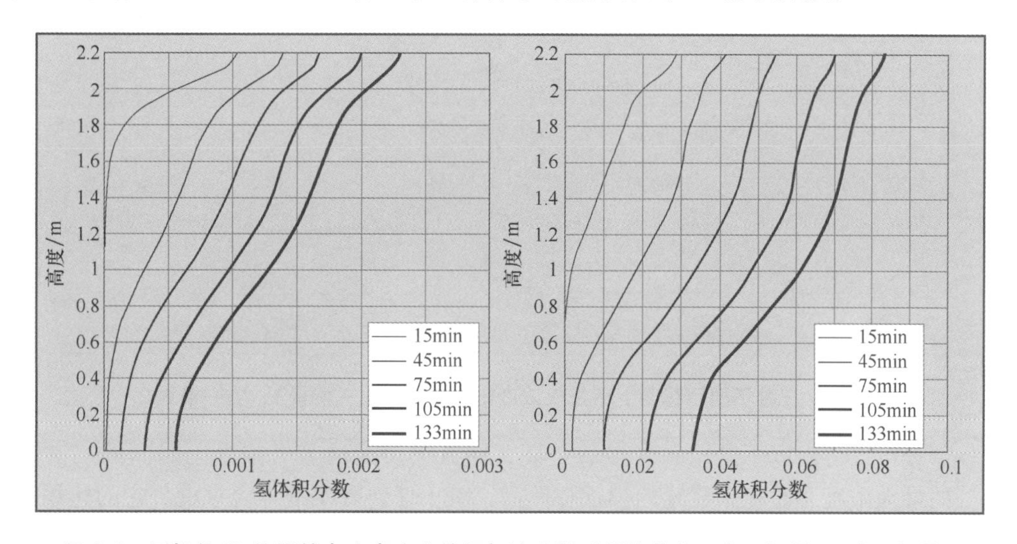

图6-3　目标物 02 位置的车库高度上的氢气浓度随时间的分布：左—场景 1；右—场景 2

图 6-4 显示了车库高度在目标物 03 位置的氢浓度分布。在渗透开始后的 15min，由于壁面的存在，浓度梯度不是线性的。然而，壁面效应随着时间的推移而消失，并且梯度线性是在类似于目标物 02 的过程开始后大约 60min 建立的。

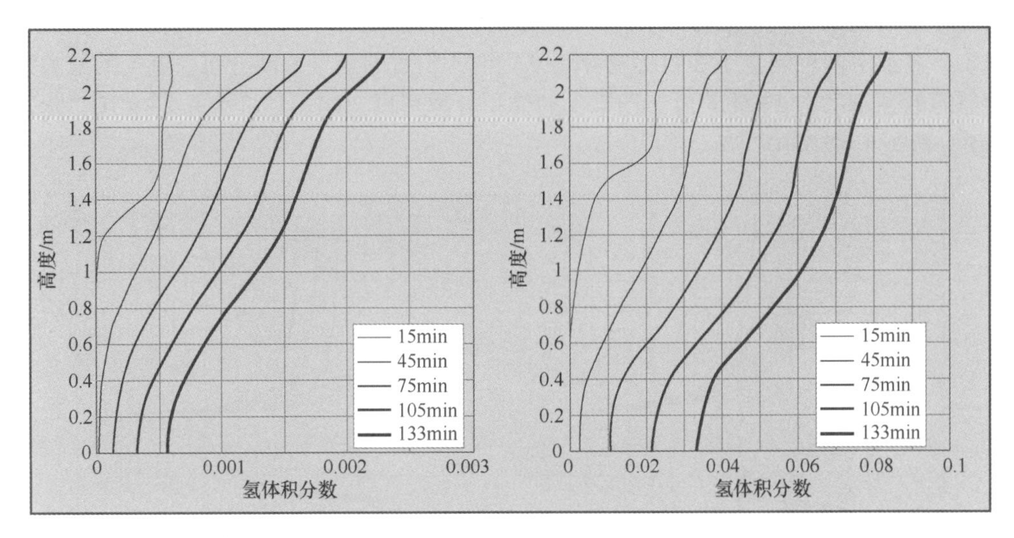

图 6-4　目标物 03 位置处车库高度上的氢气浓度随时间的分布：左—场景 1；右—场景 2

车库底部氢气浓度与顶部氢气浓度之比的变化如图 6-5 所示，浓度之差随时间而减小，其比值趋于 1，这证明了实际意义上车库内不存在渗透氢气分层。非绝热壁面的存在和空气流动将促进渗透的氢气与外壳内空气的完美混合。渗透速率越大，达到均匀性的速度越快。例如，对于场景 1，底部的浓度在大约 80min 时达到顶部的浓度的 0. 1，而对于场景 2，在大约 55min 时达到顶部的浓度的 0. 1。

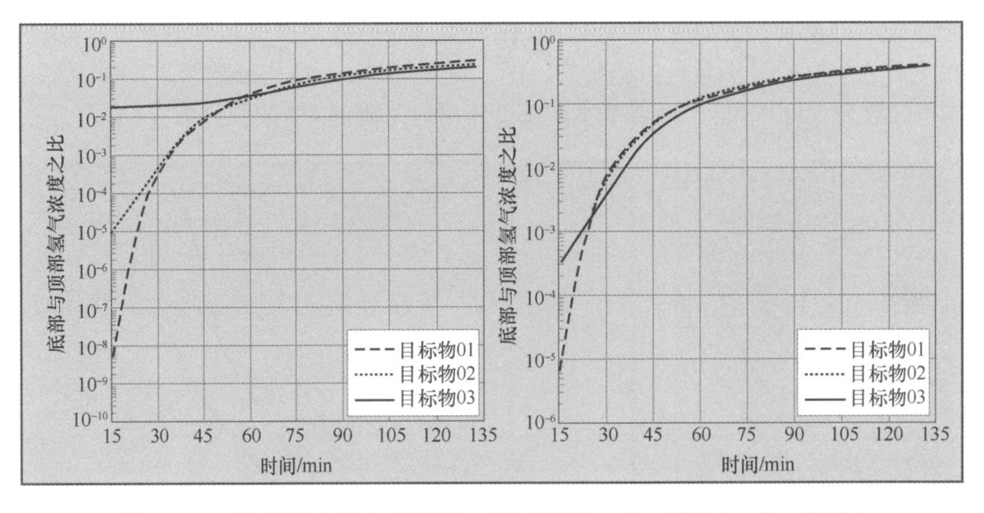

图 6-5　三种不同目标物上下氢气浓度比的变化：左—情景 1，右—情景 2

这一部分可以得出以下结论，在渗透初期，储氢罐表面的氢气浓度以时间的二次方根增长。氢气的最大浓度总是在储氢罐的顶部。然而，对于任何真实的外壳来说，它的体积分数永远不会达到 100% 的氢气（没有完全密封以继续积累）。根据分析估计，对于 $1Ncm^3/(h \cdot L)$ 的渗透速率，在过程开始后约 37s，浮力和扩散达到平衡；对于 $45Ncm^3/(h \cdot L)$ 的渗透速率，在16s之后，浮力和扩散达到平衡。数值模拟证实了这一点。实际上，分别在60s和12s模拟了浮力使氢扩散的圆柱对称性产生的10%畸变。基于原有的氢渗透扩散模拟方法（基于储氢罐表面的组分方程中的氢源项，而不是质量流速等于整个储氢罐表面渗透率的100%的氢羽流），数值模拟证实了分析估计，表面的氢气浓度远低于体积分数为4%的可燃下限。模拟还表明，在实际意义上，氢气在整个车库中的分布是均匀的。随着时间的延长，底部氢浓度与顶部氢浓度之比趋于1。由于渗透形成的氢气-空气混合物的均匀性，可以应用全混方程（Marshall，1983）推导出欧盟委员会条例第406/2010号执行条例对渗透率的要求（Adams et al.，2011）。

6.1.4 氢动力汽车的允许渗透率

氢的长期缓慢释放，例如由于从车辆渗透到通风不良的封闭结构中所引起的释放，是潜在的危险，并且在汽车应用中会产生氢气的相关风险。由于氢分子的体积小，氢会渗透到压缩气态氢存储系统中的密封材料中，这是使用非金属（聚合物）衬里的储氢容器必须要考虑的一个问题（Adams et al.，2011）。本节重点介绍估算汽车应用中氢渗透允许上限的方法的开发。确定最严重的情况，并估算车辆从道路进入封闭车库结构的最大氢渗透率。在估算允许的氢渗透率时，一个关键的挑战是车库的封闭结构在设计、施工和通风要求方面存在很大的差异。

氢气通常被用于装有燃料电池驱动系统的城市公交车和轿车，很少的情况上也用于内燃机汽车。根据HyFLEET项目，典型的全尺寸、单层、非铰接式城市公交车尺寸为长12m、宽2.55m、高3m，合理的最大储氢量为50kg。对于乘用车来说，根据汽车的大小和特性，所需氢气的最大用量为3～10kg，并在35MPa或70MPa的压力下储存。公交车的储氢系统通常安装在车顶，燃料电池安装在车顶或车辆后部。对于乘用车，高压储氢系统通常安装在后轴附近，因为这个位置在发生交通事故时可以提供最好的保护。

道路车辆使用的典型密封式结构包括家庭单独车库或多车车库、部分封闭式公共停车场（如半开放式的多层停车场）、全封闭式公共停车场（如地下停车场）、城市公交车车库、维修设施、展示厅、带顶公交车站、带顶装卸区、用于运输车辆的集装箱、渡轮、隧道以及宽阔的桥梁、铁路运输等。

如上一节所述，估算容许氢气渗透率的方法是基于渗透的氢气在外壳中均匀扩散的假设，允许使用全混方程来估算容许率。具体的重点是评估材料的最大延长温度和最不可靠的外壳通风。

关于氢气渗透，关键案例被认为是以轿车为代表的家用车库和以商用车为代表的城市公交车维修厂。例如，针对单个公交车的建议方案是基于最小维修空间（Adams et al.，2011）。城市公交车维修厂典型的工作空间要求是，公交车的每一侧（包括前后）约为2m；在公交车上方，必须有2m的空间用于吊起公交车以便在公交车下方工作，另外1.5m的空间用于照明和其他服务；地板和房顶之间的距离约为6.5m。

6.1.4.1 温度的影响

影响氢气穿过储氢容器内衬的实际渗透速率的关键参数之一是储氢容器材料的温度（Mitlitsky et al.，2000）。储氢容器内衬材料的温度受容器内部的热力学过程（例如在加注期间）和环境温度的影响。当前所有的标准规范都规定储氢容器材料的最高材料温度为85℃（Adams et al.，2011）。在正常使用情况下，仅在快速加注氢气的一瞬间容器内温度会达到

85℃。试验一再表明，加注完成后，温度会迅速下降，因此，材料温度在几分钟内降至50℃以下（Jeary，2001）。

世界上有记录的最热的环境空气温度是1922年在利比亚的阿齐齐亚地区记录的57.8℃，而在欧洲，1977年在雅典记录的温度是48℃，最多持续1～2h（Adams et al.，2011）。至于与渗透现象更相关的长期平均温度，最高数字略低一些。1913—1951年，利比亚阿齐齐亚地区的月平均最高和最低气温显示，最热的7月平均最高和最低气温分别为37℃和20℃。对StorHy项目温度负荷的统计分析表明，在一个示例城市（雅典），在30年期间，有5%的时间平均气温超过35℃（Mair et al.，2007）。建筑物内的空气温度将随外部环境温度的变化而变化。虽然没有发现关于这一主题的研究，但就渗透问题而言，材料延长温度大大低于持续时间相对很短的峰值温度（Adams et al.，2011）。

综上所述，材料延长温度在密闭空间或车辆内长时间保持85℃是比较极端的情况，与渗透产生危险浓度的氢气所需的时间相比，只能经历很短的时间。对于完全密封的密闭容器，渗透产生危险浓度的时间大约为数周。另外，氢渗透阻隔层，即内衬，将由厚厚的碳纤维包裹隔热。在此基础上，考虑到封闭空间内部额外升温的影响，合理且保守的可接受的最高材料延长温度为55℃，与SAE J2579（2009）的要求一致。

6.1.4.2 最严重的情况

确定可接受的渗透率的关键问题之一是封闭空间（例如车库）内最差的自然通风率。无论车辆和所停放的空间的组合如何，都应保证生命安全。在HySafe内进行的通风要求审查表明，在一些欧洲国家，车库自然通风没有最低要求（Miles，2007）。虽然许多类型的房屋和其他建筑物的自然通风率已经得到了很好的研究，但住宅车库的自然通风率却没有得到很好的研究（Adams et al.，2011）。Adams等人（2011）的研究中给出了用于本节的典型车库的参数。

以下参考文献提供了现实世界真实车库通风测量的详细信息，包括加拿大抵押贷款和住房协会的两项研究（2001，2004），美国电力研究所的两项研究（1991，1996）以及美国TIAX（2001）和Waterland（2005）的研究。根据TIAX（2001）的研究，在真实条件下确定的最低测量值是0.03ACH（每小时换气率，air changes per hour，ACH）。值得注意的是，在CEA密封良好的实验车库中，关闭所有通风口和密封门的条件下，得出自然氦气泄漏率为6NL/min，假设氦气泄漏率与自然通风率相对应，这相当于0.01ACH（Cariteau et al.，2011）。可用的实际测量数据如图6-6所示，不包括来自加拿大研究的17～47ACH的数据，对于一个合理气候的车库，这些数据被认为不合理的偏高（Adams et al.，2011）。

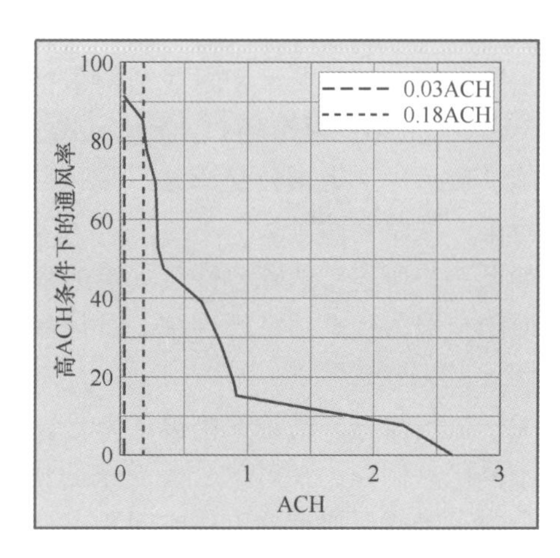

图6-6 实际车库通风测量（不包括加拿大的研究），**电力研究所**（1991，1996），**TIAX**（2001），**Waterland**（2005）

在本研究之前，其他渗透研究中使用的最小自然通气率为0.18ACH。然而，根据为本报告进行的研究，最差的自然车库通风率现在已与SAE达成一致，为0.03ACH。

建议最糟糕车库的自然通风率为0.03ACH（Adams et al.，2011），该值合理地高于密封的CEA实验车库的最低测量值0.01ACH，并等于真实车库的最低测量值0.03ACH（Waterland，2005）。这一通风率也与SAE燃料电池安全工作组协调一致。

6.1.4.3 测试条件

按照SAE J2579（2009）中采用的方法，进行试验的条件代表了从容器渗透的最严重情况。如果测试条件不能代表严重情况，则氢渗透容许率必须反映测试条件和最严重情况条件之间的差异。要考虑的因素包括：测试压力和温度、新容器或模拟寿命终止的容器（Adams et al.，2011）。测试应在额定工作压力下进行。

关于材料温度的升高，已经发现在大约24～82℃之间，氢在聚合物材料中的渗透率增加了一个数量级（Mitlitsky et al.，1999）。在不同于最大材料延长温度的指定测试温度条件下，材料的温度/渗透特性是决定容许渗透率的关键因素（Adams et al.，2011）。Rothe（2009）公布了三种不同材料的温度/渗透率数据（图6-7）。如果测试是在环境温度下进行的，则应设置容许渗透率，使在最大材料延长温度下的等效渗透率达到安全状态（Adams et al.，2011）。该系数取决于实际指定的测试温度和材料性能。从图6-7中，根据最坏情况下材料的测试温度与最大材料延长温度之间的渗透率的增加，可以估算出以下系数：对于在20℃进行的试验，将系数3.5用于最大材料延长温度转换为试验温度，如果试验温度为15℃，则使用系数4.7（JARI材料1转换案例）。

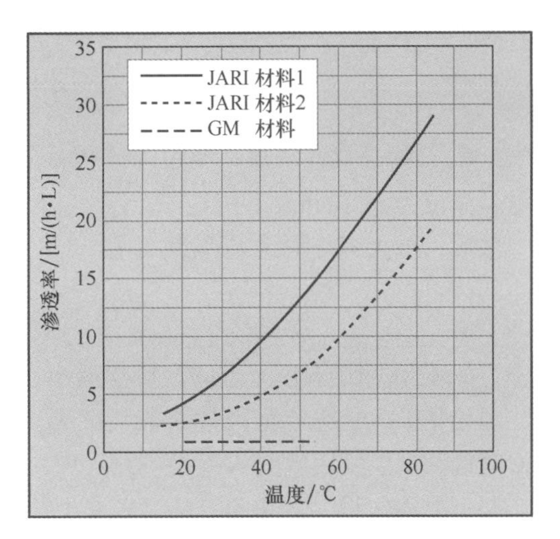

图6-7 三种材料的渗透率随温度的变化（Rothe，2009）

测试通常在一个新的容器内进行。然而，容器是一个重要的研究对象，模拟寿命结束时容器的渗透率对氢安全工程是有意义的。据报道，碳纤维缠绕在新容器上会显著限制渗透速率（Mitlitsky，2000）。在一个使用寿命即将结束的容器中，碳纤维/树脂基体受到大量微裂纹的影响，这些微裂纹不会影响结构完整性，但可能会增加氢气的渗透。在使用寿命结束时，容器的渗透率被认为会增加到新储氢容器的2倍（Adams et al.，2011）。进一步的调查揭示了基于测试经验的相互矛盾的观点。一个测试中心发现，根据他们的测试结果，渗透率在容器寿命接近尾声时并没有显著增加（Webster，2009）。其他组织认为已经观察到渗透率的增加（Novak，2009），而且2倍的系数可能还不够（Barthélémy，2009）。调查表明，对容器老化的影响尚未充分了解，应进行进一步的研究，例如类似于ENDEMAT project（2008）的研究。考虑到未知的老化效应、新材料的使用以及围绕有限的现有数据的统计差异，在接近使用寿命的旧容器和新容器之间保留2倍系数的渗透率是必要的（Adams et al.，2011）。

6.1.4.4 容许渗透率的计算

Adams等人（2011）的研究中做出了以下假设：

- 容许渗透率将以NmL/(h·L)水容量来规定。
- 渗透的氢被认为是均匀扩散的。
- 一个家用车库的最差自然通风率为0.03ACH。

- 最大允许氢浓度按体积计算为1%，即25% LFL。
- 最高材料延长温度为55℃。
- 新容器与最坏情况下的寿命结束时旧容器的转换系数为2。
- 对于在20℃进行的测试，系数3.5用于从最大材料延长温度转换为测试温度（温度15℃时的系数4.7）。

不应认为这些是最好的测试条件，其目的是确定允许的渗透率，而不是测试条件。基本方法要求结合最高材料延长温度计算容器在寿命结束时的“安全”渗透率，然后将该值降低到新容器在额定试验温度（例如20℃）下的渗透率，还推导出了15℃的替代测试温度的值。

全混方程可以用来计算得出稳态氢浓度所需的氢释放率（Marshall，1983）：

$$C_{\%}=\frac{100Q_{g}}{Q_{a}+Q_{g}} \tag{6-12}$$

式中，$C_{\%}$是稳态气体浓度，单位为体积百分比；Q_{a}是空气流量，单位为m^3/min；Q_{g}是气体泄漏量，单位为m^3/min。

然后，最大容许氢渗透率为：

$$Q_{p_x}=\frac{Q_{a}C_{\%}}{100-C_{\%}}\frac{60\times10^{6}}{Vf_{a}f_{t}} \tag{6-13}$$

式中，Q_{p_x}是在测试温度x下的容许渗透率，单位是mL/(h·L)水容量；V是储氢容器的水容量，单位是L；f_{a}是老化因数，取为2；f_{t}在测试温度为20℃时的测试温度因数为3.5，在15℃时的测试温度因数为4.7。

基于上述假设、方案和方法，表6-1给出了氢浓度低于1%的理论允许渗透率（Adams et al.，2011）。建议在城市公交车中采用乘用车的渗透率，因为最严重的情况是强制通风最差的“最小”车库，即使在这种情况下，乘用车渗透率仍然会给出明显低于4%体积的氢气浓度。

表6-1 理论允许渗透率（Adams et al.，2011）

最小测试温度/℃	最大容许渗透率/mL/(h·L)	
	乘用车	城市公交车
15	6.0	3.7
20	8.0	5.0

值得注意的是，在SAE J2579（2009）试验条件下（55+℃，模拟寿命结束），基于类似方法的最大容许渗透率的替代值为标准状态下的90mL/min（乘用车）。HySafe关于允许氢渗透率的提案（Adams et al.，2011）仅适用于适当的车辆法规和标准。这些提议基于一系列车库情景，这些情景被认为代表了真实世界的情况，允许在典型的封闭结构（如家庭车库或维修设施）中安全使用车辆。在未经进一步研究的情况下，不应将渗透率应用于其他情况或应用设施。建议的允许氢渗透率不适用于氢渗透到车厢内。对于氢气往车厢内渗透的过程，为避免可能形成可燃氢气-空气混合物以及出现相关危害，有必要在相关的车辆法规或标准中采用适当的性能要求，或其他合理要求和工程解决方案。

在确定车辆的允许氢释放速率时，有必要考虑管理车辆和建筑物的不同监管制度（Adams et al.，2011）。汽车行业越来越多地在全球或区域一级统一了法规，然而，车辆规章并没有规定与车辆的使用有关的建筑结构设计。相比之下，建筑和基础设施在国家或地方由不同的主管部门监管，而不是由制定车辆法规的部门监管。为了在没有不必要限制的情况下实现氢燃料汽车的安全引入，有必要确保车辆和建筑/基础设施法规的兼容性。任何车辆在其使用期间，都可以驶入各种各样的车库，因此在所有合理的情况下，车辆的排放都应该是安全的。同样，车库也可以容纳不同类型的车辆，不管车库里停放什么车，该建筑的结构都必须是安全的。车辆规章只控制车辆的准入，附加规章控制车辆的道路适用性检查。

6.2 压力峰值现象

6.2.1 车库场景中的氢动力汽车

在车辆中，氢气通常以压缩气体的形式储存在容器内，而根据欧盟委员会（EU）第406/2010号法规的规定，该容器须装有泄压装置，且安装在储氢瓶上。当温度达到约110℃的高温时（例如在着火的情况下），泄压装置开始释放氢气。如果使用大口径的喷嘴，泄压装置可以快速地释放氢气，从而使得储氢瓶在过长时间暴露于大火的情况下，最大限度地降低爆炸的可能性。在室外，泄压装置可能“可以接受”大质量流速；然而，在室内，较大流速可能会造成不同的危害。

让我们考虑一个假设的场景：有一个典型的车载储氢瓶，在35MPa时氢气从直径5.08mm的排气口释放出来，这就是一个“典型的”泄压装置（Brennan et al.，2010）。假设有一个长×宽×高为4.5m×2.6m×2.6m（SAE J2579，2009）、体积为30.4m^{3}的小型车库，该车库还带有一个普通砖块大小，$L \times H = 25\text{cm} \times 5\text{cm}$的通风口，且该通风口安装在天花板上。而氢气从该小型车库中央，在离地0.5m的高度垂直向上释放，采用保守释放流速，即启用泄压装置后采用恒定的质量流速0.39kg/s（忽略储氢瓶的压降）。

6.2.2 现象学模型

让我们假设氢气释放到某一封闭车库后，将其完全占满。同时，氢气从通风口离开车库的质量流速与其从泄压装置的喷嘴释放到车库的质量流速一样时，氢气则达到了稳定状态，即$\dot{m}_{vent} = \dot{m}_{nozz}$。这个假设类似于一些已发表的文献中的简单模型，如亚声速状态的节流方程（Molkov，1995）：

$$\dot{m}_{vent} = CA\left\{\left(\frac{2\gamma}{\gamma-1}\right)P_S\rho_{encl}\left[\left(\frac{P_S}{P_{encl}}\right)^{\frac{2}{\gamma}} - \left(\frac{P_S}{P_{encl}}\right)^{\frac{\gamma+1}{\gamma}}\right]\right\}^{\frac{1}{2}} \tag{6-14}$$

以及封闭空间内零流速假设下的伯努利方程：

$$P_{encl} - P_S = \frac{1}{2\rho_{H_2}}\left(\frac{\dot{m}_{nozz}}{A}\right)^2 \tag{6-15}$$

该方程可用于估算密封空间内的稳态超压。在这组方程式中，C是流量系数；A是排气口面积（m^2）；γ是比热容；P_S是周围压力（Pa）；P_{encl}是密封空间内的压力（Pa）；ρ_{H_2}、ρ_{encl}是周围条件下、密闭空间内氢气的密度（kg/m^3）。

在流量系数$C=0.6$（Emmons，1995）和比热容比$\gamma=1.4$的情况下，式（6-14）和式（6-15）预测了密封空间内的超压分别为17.9kPa和15kPa。值得注意的是，得出这些数值的前提是密封空间内是纯氢。然而，两个方程都不能解释较轻气体注入较重气体的现象，也不能解释随后为什么会出现超压，将较重气体空气“推”出车库。

下面的简单方程组用于预测密封空间内的动态超压。该预测的假设前提是，释放的每一部分氢气与目前占据密封空间的均匀气体完全混合（Brennan et al.，2010）。

$$m_{\text{encl}}^{t+\Delta t} = m_{\text{encl}}^{t} + (\dot{m}_{\text{nozz}}^{t} - \dot{m}_{\text{vent}}^{t})\Delta t \tag{6-16}$$

$$n_{\text{encl}}^{t+\Delta t} = n_{\text{encl}}^{t} + \left(\frac{\dot{m}_{\text{nozz}}^{t}}{M_{H_2}} - \frac{\dot{m}_{\text{vent}}^{t} n_{\text{encl}}^{t}}{m_{\text{encl}}^{t}}\right)\Delta t \tag{6-17}$$

$$P_{\text{encl}}^{t+\Delta t} = \frac{n_{\text{encl}}^{t+\Delta t} RT}{V} \tag{6-18}$$

$$\dot{m}_{\text{vent}}^{t+\Delta t} = C\left(\frac{m_{\text{encl}}^{t+\Delta t} A}{V}\right)\left[\frac{2(P_{\text{encl}}^{t+\Delta t} - P_S)V}{m_{\text{encl}}^{t+\Delta t}}\right]^{1/2} \tag{6-19}$$

式中，上标“t”和“$t+\Delta t$”分别表示前一个和下一个时间步长；m 是气体质量（kg）；$\dot{m}$ 是质量流量（kg/s）；n 是摩尔数；Δt 是时间步长（s）；V 是密封空间体积（m^3）；P 是压力（Pa）。

6.2.3 未点燃氢气泄漏的压力载荷（恒定质量流量）

图6-8给出了根据恒定质量流量方程组式（6-16）~式（6-19）所预测的选定场景的通风箱内的瞬态压力载荷。

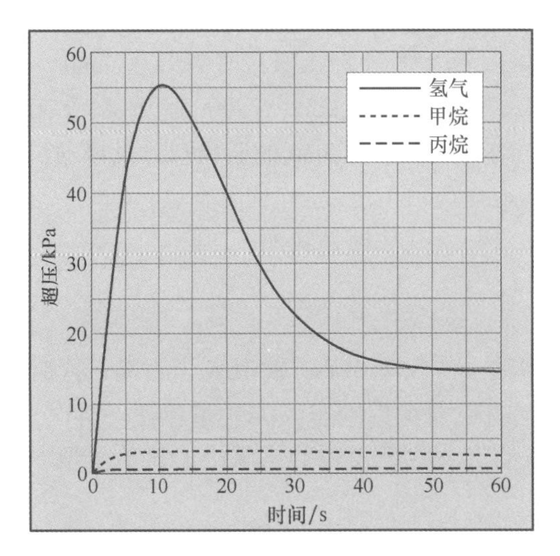

图6-8 将质量流量为0.39kg/s的氢气释放到30.4m³的封闭空间（典型的砖尺寸为25cm×5cm）的压力峰值现象与相同条件下甲烷和丙烷释放的压力动力学进行比较

Brennan等人所进行的计算流体动力学模拟（2010）一直运行到刚好超过压力最大值，之后认为没有必要继续进行模拟。计算流体动力学和现象学模型的预测值都在10%左右。流量系数 $C=0.55$，与计算流体动力学结果非常吻合。

计算流体动力学研究还呈现了可燃氢气-空气混合物在车库内的演化情况。研究表明，可燃气云在不到1s的时间内，就几乎占据了车库50%的空间。排气口的存在意味着即使在释放10s之后，除了一小部分主要是氢气以外，车库的大部分空间都存在具有爆燃可能的混合物。计算流体动力学结果可以预测车库内可燃区和混合区的形成。这个过程无法通过简单的现象学模型获得。

图6-8显示了氢气注入封闭车库时，产生的超压如何在1s内达到超过10kPa的水平，从而导致车库破裂（Baker et al.，1983）。在这么短的时间里疏散人群是不可能的，因此这个生命安全问题还有待汽车制造商解决。只有一种工程解决方案，即降低质量流速。与目前4型气瓶3.5～6.5min的耐火性相比，此处要求车载储氢瓶具有更高的耐火性（Stephenson，2005）。

如果一开始车库没有破裂，在这种特殊情况下，车库内的压力将达到最高水平，超过50kPa。然后，该最大压力下降并趋向于一个相当低的稳态值，并且与简单的稳态估计所预测的值相等。应该注意的是，这代表了恒定质量流量下的最坏情况。因此，图6-8呈现持续60s的恒定质量流速，纯粹是为了说明当车库被100%氢气占据时，达到稳定状态之前的时间范围。

在不到10s的时间内就能达到最大压力。在这段时间内，整个车库将被摧毁，造成更大的破坏。这些都是没有考虑释放氢气被点燃的可能性，引发了压力累积导致的结果。在带孔容器中释放未点燃的氢气，因而带来的压力峰值效应是关系到用户安全的新问题，氢安全工程师和燃料电池系统制造商必须加以解决。

图6-8对同一车库中，分子质量不同、质量流速均为0.39kg/s（流量系数$C=0.6$）的几种燃料在不同时间上的超压值进行预测并绘制了图表：氢气、甲烷、丙烷的分子质量分别为0.002kg/kmol、0.016kg/kmol和0.044kg/kmol。通过该图表，可以清楚地看到，燃料的最大超压是如何随着分子质量的增加而下降的。由于甲烷的分子质量低于空气，释放的时候会出现一个小的压力峰值。而丙烷的分子质量高于空气，不存在压力峰值现象。相反，往带孔容器中释放氢气，容器的压力单调增长，最后达到一个稳定的状态值。当针对不同气体设计室内系统的泄压装置时，应该考虑到压力峰值的问题。事实上，用于压缩天然气或液化丙烷气的泄压装置技术，不应该被认为对氢气也有同样的作用。实际上，这两种气体要么没有压力峰值（甲烷），要么根本不可能出现压力峰值（丙烷）。

通过对式（6-16）～式（6-19）的分析，可以解释比空气轻的气体释放进入带孔容器时出现的压力峰值现象。实际上，从这组方程式中可以看出，气体从容器中流出的体积质量流量与该气体密度的二次方根成反比。因此，在过程开始时，氢气-空气混合物的密度相对较高且接近空气密度，纯氢流入容器的恒定体积基本上高于较重的氢气-空气混合物流出容器的体积。容器内的压力不断增长，在压力的作用下，流出气体的质量流速能达到气体从开孔进入容器（在这种情况下）的恒定质量流量。然后，由于空气没有以如此高的质量流速从泄压装置进入容器，氢气-空气混合物的分子质量会随时间逐渐减小。这意味着体积流速在不断加快。因此，容器的压力可以下降到气体经过泄压装置产生的恒定体积流速。

在预测稳态超压的前提下，带孔封闭容器适度释放氢气（仅指流出容器的流量）时的超压，可以用简单的工程方法进行计算。这是由于释放比空气轻的氢气或氦气时，存在压力峰值现象。实际上，像伯努利方程这样的直接方法预测了在15kPa范围内车库的稳态超压。然而，压力峰值现象会造成远远高于55kPa的最大压力，而在上述车库的场景中，气体注入10s内就能达到这个最高压。现象学模型表明，由简单稳态方程预测的超压水平需要大约40～60s的时间才能达到；而此时，建筑物很可能早已被摧毁了。对于70MPa的储氢瓶，最高压力峰值会超过100kPa（Brennan，Molkov，2011）。

在对室内氢气系统实施安全工程作业的时候，应考虑到压力峰值现象，即质量小于空气的气体释放进入带孔容器时，存在高于稳态值的最大压力峰值。总的来说，我们得出的结论是，应重新设计目前用于氢动力车辆的泄压装置，同时提高车载储氢瓶的防火等级。如果车辆将停放在车库，则应更新相关的法规、规范和标准。

6.2.4 车库氢气非点火排放的“安全”泄压装置直径

本节讨论了自然通风水平不同，且体积不同的容器，需要直径为多少的“安全”泄压装置（Brennan，Molkov，2011）。分析车库式容器的压力动力学可以利用欠膨胀射流理论和泄放模型（Molkov et al.，2009），该模型可用于计算气体从已知体积的储罐，通过已知直径的开孔释放时的压力衰减和质量流量的变化，泄放时出现的热传递还未考虑进去。根据现有的类似大小的孔口在这种压力下泄放的实验数据，得出了现有的实验数据，以这些实验数据为基础，采用等温方法，假设温度为288K。对于给定的直径、储存压力和氢存量，将泄放模型（质量流量）的输出作为现象模型的输入，以在已知体积和每小时换气率（ACH）的前提下，预测车库的超压。

通过对一系列的场景进行调查研究，在这些场景中通过泄压装置释放未点燃氢气，可认为该过程发生在通风受限的车库式容器中（Brennan，Molkov，2011）。这些假设的场景包括从压力为35MPa和70MPa的典型车载储氢瓶中释放氢气。这里考虑每种储存压力下储氢瓶存放5kg氢气。氢气释放假定发生在一个有通风口的车库。车库的体积和通风口的大小是不同的。自由体积分别为18m^3、25m^3、30m^3和46m^3的车库作为小型、中型和大型住宅车库的代表（InsHyde，2009）。每个容积都考虑了不同的排气口大小。通过计算，针对住宅车库典型的每小时换气率（数值低于1）：0.18、0.3、0.54（InsHyde，2009；TIAX，2004），以及非常保守的每小时换气率0.03（这是测量的最低值，代表了最坏的情况（InsHyde，2009），得出对应的排气口大小。

6.2.4.1 每小时换气率和自然通风排气口大小

让我们把车库容积和排气区域与ACH联系起来。虽然住宅车库典型的ACH可以在文献中找到，但对于如何将ACH转换为特定体积的排气面积，存在一些不确定性。根据定义，ACH是每小时通过一个封闭容器的容积空气流量Q_h（m^3/h）与封闭容器体积V（m^3）的比值，即

$$\mathrm{ACH} = Q_h / V \tag{6-20}$$

伯努利方程可以用来计算每秒的体积流量Q_s：

$$Q_s = CA\sqrt{2\Delta P/\rho} \tag{6-21}$$

式中，A指通风面积，单位为m^2；ρ指空气密度，单位为kg/m^2；C指流量系数；ΔP指容器和环境之间的压差，单位为Pa。

在ACH确定的情况下，假设的容器内外压差对排气面积的计算有明显的影响。在特定体积，且ACH也确定的情况下，“标准”ΔP越大，相应的通风面积越小。通常情况下，ΔP的值会设定为50Pa，这是因为它是用于确定住宅建筑的空气泄漏率的标准测量数据，该数据是根据50Pa的压差确定的（气密性测试与测量协会，2010）。不过，对于35MPa下的氢气质量为5kg的情况，也采用了5Pa的压力差做比较，这与一些研究人员所取的值相近，以此来证明ACH计算方法对最终计算结果的敏感性。对于流量系数，通常推荐取$C=0.6$（Emmons，1995）。

6.2.4.2 方法论与诺模图

可将6.2.2节中提到的现象学模型与欠膨胀射流以及放气模型相结合，以检查容器中一系列释放场景中的压力变化。对于每种容器压力、储存量、每小时换气率、容器体积组合，都应定义一个“安全”直径，以确保释放期间储罐内压力不超过20kPa（且不低于15kPa）。在现象学模型中，可以质量流速的衰减数据为输入，根据容器体积和渗透面积来预测容器超压情况，其中渗透面积用ACH计算。

为了保证生命安全，当容器内压较高时，应保证不发生火灾等意外事故。如果是通过缩小泄压装置直径来使容器内压力峰值保持在20kPa以下，则容器排气时间会更长，容器压力会在较长时间内保持较高的水平。因此，可用“安全”直径的排气时间来表示容器的“理想”耐火等级。

图6-9给出了在初始压力为35MPa、自由体积30m³、ACH=0.18的容器中释放5kg氢气时的压力变化曲线（渗透研究中使用的最小自然渗透速率，早于Adams等人在2011年进行的研究）。图中两条曲线分别是当前经典泄压装置（直径为5mm）的压力动态变化曲线，和该情况下将直径缩小为“安全”直径（0.55mm）时的压力动态变化曲线。在这一特定情形下，泄压装置的直径应比“经典”泄压装置的直径减少一个数量级。如果容器压力增加、ACH减小、体积减小，则需要进一步缩小泄压装置直径。这说明需要创新工程解决方法来解决系统中的容器泄压装置问题（减小泄压装置直径将延长排放时间，因而必须提高车载储氢容器的耐火等级）。

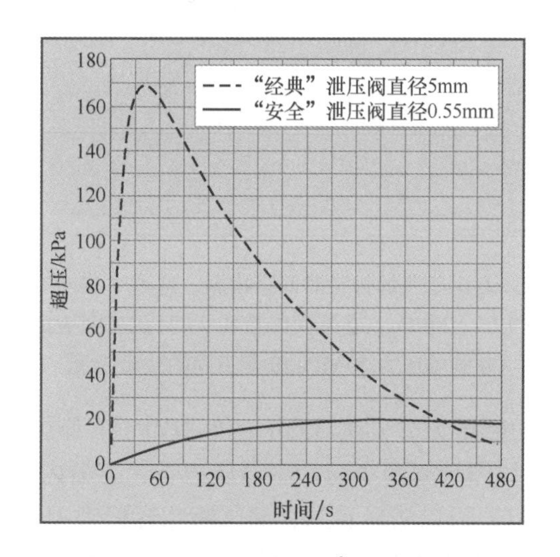

图6-9 初始压力为35MPa、自由体积30m³、ACH=0.18的容器中释放5kg氢气时的压力变化曲线（Brennan，Molkov，2011）

图6-10给出了初始压力为35MPa，但自由体积和自然渗透条件各有不同的容器中释放5kg氢气时的诺模图。在诺模图中，上下二图共用一个x轴（直径/mm）。定义了在每个“安全”直径下将容器初始过压压力降至10MPa、5MPa、2MPa、1MPa、0.1MPa、0.01MPa对应的防控时间，以供指导。

可从诺模图中下方的曲线图中读取“安全”直径，即在水平方向从纵轴选取体积值，找到该体积值所对应的ACH，然后从该ACH向正上方看，在顶部的水平轴找到相应的直径数值（为便于读取，直径数值被列于上方的曲线图顶端）。与x轴的交点就是所选ACH、体积、氢气存量和容器压力所对应的“安全”直径。可通过纵向读取上图 ACH 压力曲线中与每小时换气率值对应的点，来估算“安全”直径下的放空时间。

图 6-10 清楚地表明，“安全”泄压装置直径一般小于当前使用的“经典”泄压装置直径。当 ACH 较低时，如果要使用“安全”泄压装置直径，放空时间将增至数小时之久，这对于防火类型为 3 型和 4 型的储氢瓶而言并不现实。因此，需要进行更多研究，为泄压装置以及车载储氢瓶的设计提供创新方法。

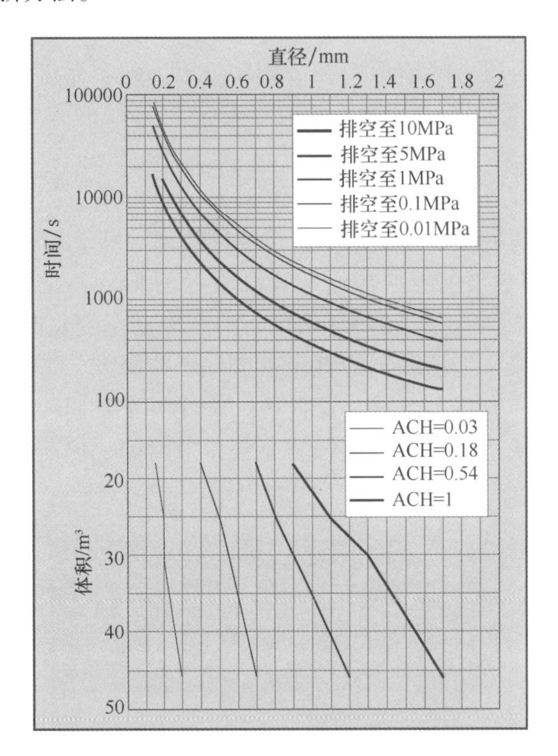

图 6-10　释放 5kg 未点燃氢气的排空时间诺模图，通过“安全”直径 PRD 将压力峰值现象降低到 15～20kPa，在不同体积和 ACH 的密封空间中，5kg 氢气从初始压力 35MPa 降至不同的残余超压

图 6-11 给出了计算在初始压力分别为 35MPa 和 70MPa 下释放 1kg 氢气的“安全”直径诺模图。可用诺模图上部曲线图计算两个初始容器压力下，容器内过压达到 0.1MPa 时的放空时间。对比图 6-10 和图 6-11，可以明显看到，储氢瓶在容积为 1kg 时和其在容积为 5kg 时危险程度不同。因此，使用“经典”泄压装置直径、配有 1kg 储氢瓶的小型车辆在使用较大容器时应该不会发生严重问题。正如预期的那样，当“安全”直径减小时，排空时间也会随着氢气库存和容器压力的增大而增加。

如前文所述，渗透面积和每小时换气率值之间的关系取决于封闭空间的内外压力差，即 ΔP。图 6-12 以 35MPa 下的 5kg 氢气为例，比较了在分别取 ΔP 为 50Pa 和 5Pa 情况下计算放空面积，容器“安全”直径和超压 0.1MPa 对应的排空时间。可以看出，每小时换气率值的定义方式对“安全”直径的计算有着显著影响。这表明，在相似的应用与验证试验中，应对每小时换气率值的定义方式形成明确共识。目前尚不清楚在计算氢应用的每小时换气率值时，其 ΔP 应取何值。

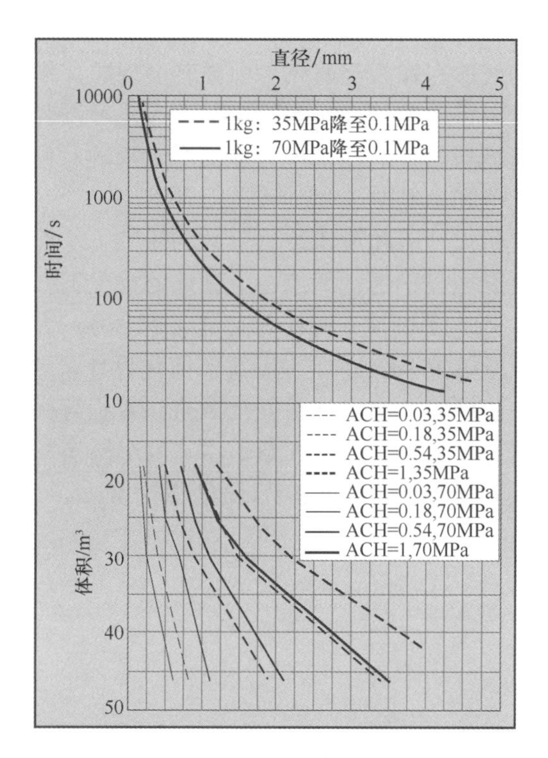

图 6-11 释放 1kg 未点燃氢气的排空时间诺模图，通过“安全”直径 PRD 将压力峰值现象降低到 15～20kPa，在不同体积和 ACH 的密封空间中，1kg 氢气从初始压力 35MPa 和 70MPa 降至超压 0.1MPa

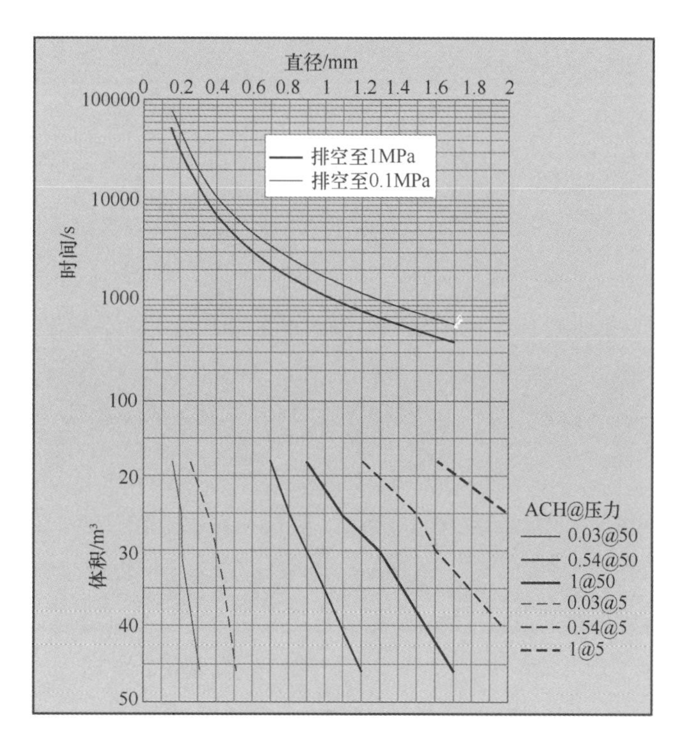

图 6-12 释放 5kg 未点燃氢气的排空时间诺模图，在不同体积和 3 种不同的 ACH 条件下，初始 35MPa 降到超压 0.1MPa 和 1MPa，压力峰值现象降低到 15～20kPa，ΔP 为 50Pa 和 5Pa

6.2.4.3 结语

压力峰值是比空气轻的气体在释放至通风罩中独有的现象。作为地球上分子量最小的元素对应的气体，氢气这一现象最为明显。在实际情况下，还可以观察到氦气和甲烷产生压力峰值。在针对室内使用的氢能与燃料电池系统开展安全工程的时候，必须考虑这一现象，而且需要将之反馈在法规、规范和标准中。

当前关于车载储存系统耐火性能和泄压装置参数的研究方法存在诸多不足。一方面，现有设计中车载储氢瓶耐火性能明显不足，即使在不燃烧的情况下释放氢气，激活几毫米直径的“经典”泄压装置，也会产生不可接受的系统安全问题。另一方面，若为保护车库结构不会破裂而对车载储氢瓶的泄压装置系统进行“重新”简化设计，则将使高压储氢瓶的防火要求极难实现。需要进行进一步研究并制定创新安全策略和工程解决方案，以提升车载储氢瓶的耐火性能，满足泄压装置要求，例如减少火焰长度。汽车制造商和其他氢工业代表必须提供车载储氢瓶的耐火等级，并将其作为许可和认证程序的一部分。

第7章 氢气混合物的点燃

7.1 氢气点火机制概述

Astbury 和 Hawksworth（2007）在研究中分析了氢气的点火机理。他们指出，在过去一百年中，不止一份报告指出，存在高压氢气渗透时在无明显诱因下起火的现象，并提出了几种点火机制。他们强调，虽然不少氢渗透造成起火，但也有报告称渗透过程未导致起火。在没有火源的情况下，对起火的研究往往不够深入。各种假设机制虽然似乎满足释放的普遍条件，但根本经不起严格的科学分析。很明显，不同研究者对氢气泄漏过程确切点火机制的认知存在差异。Astbury 和 Hawksworth（2007）纳入考虑的机制有逆焦耳-汤姆孙效应、产生静电电荷、扩散点火、瞬时绝热压缩和热表面点火等。

使用英国健康与安全执行局的重大危害事故数据库搜索显示（Astbury，Hawksworth，2007），共 81 起事故与氢气泄漏有关。据报道，其中仅 4 次为氢气释放一段时间后才发生着火，作者假定其他事故均为氢气释放后立即着火。仅 11 起事故查明了火源，其余 86.3% 的事故没有查明火源。这与非氢气体泄漏的事故数据形成对比，其中 1.5% 没有起火，只有 65.5% 的事故未确定火源。这证明了氢气和非氢气体在泄漏时的着火倾向上确实存在差异。值得注意的是，由于他们使用的是重大危害事故数据库，氢气泄漏后只是简单地扩散，不涉及火灾、爆炸或其他重大危险，因此，即便没有一起事故报告着火，也并不意味着所有氢气释放不会着火。

Astbury 和 Hawksworth（2007）在研究中描述了以下事故。德国的 Nusselt 在其工作中，几次发现 2.1MPa 下的氢气在排放到大气中会出现自燃现象。人们注意到钢瓶尽管表面很干燥，但里面存在大量的氧化铁（铁锈），并因此首先认为这可能是因为静电充电。然而，在装有长管的开口漏斗中释放氢气的实验表明，除非漏斗被铁帽堵塞，否则氢气不会着火。由于对这一机制尚不明确，因此研究人员开展了进一步的实验。只有在黑暗中进行实验时，才能观察到电晕放电。当氢气从法兰中泄漏出来时，人们可以看到电晕放电，若敲击管道让灰尘震落，电晕放电会增多。并且轻敲之后出现点火现象。进一步的研究表明，使用削尖的铜丝促进电晕放电时，若铜线向偏离气体方向弯曲则会引起着火，若其指向流动方向则不会发生着火。

Astbury 和 Hawksworth（2007）报告的另一件事故由与实验室某设备相连的氢气瓶引发。实验室技术人员想打开阀门清除连接处的污垢，当他打开阀门时，逸出的气体立即点燃。Bond（1991）将这种点火归因于扩散点火。虽然在第二次事故中没有提到气体压力，但可以假定其为23MPa，即传统气瓶满载压力。

Reider 等人（1965）释放了大量氢气来测定声压级。氢气初始压力为23.6MPa，初始释放速率为54.4kg/s，持续释放10s。气体通过200mm 的标称通径管和150mm 的通径球形阀门被输送到装有收敛-发散喷嘴的圆筒形容器中，并释放到空气中。运行过程未刻意点燃气体，10s 后，开始关闭直径为150mm 的阀门，3s 后，气体着火。他们研究了三种可能的起火机制：气体带电、气体中颗粒带电以及金属颗粒与接在喷嘴口的金属棒相摩擦起火。对于第一种机制，认为实验中氢气是纯气体，静电电荷可以忽略。第二种机制被认为是可能的，但系统在测试前已被彻底清洗吹扫。然而，在运行过程中，气体排出速度为1216m/s，较之前实验要快上许多，因此不可忽视这一潜在机制。第三种机制也被认为是可能的，因为放电速度很高，可能会使颗粒移位并冲击到棒上，这一机制也不容忽视。然而，点火后发现，横杆的一端已经松动，这可能是一个没有预料到的点火源。

Chaineaux 等人（1991）、Groethe 等人（2005）也报道了大规模实验中氢气泄漏后出现的“意外”自燃现象。

7.1.1 点火与逆焦耳-汤姆孙效应

Astbury 和 Hawksworth（2007）在考虑潜在点火机制时没有考虑焦耳-汤姆孙效应。他们利用 Michels 等人（1963）的研究数据，得出结论：在250MPa 和150℃下进行估计，氢气的焦耳-汤姆孙系数在100MPa 和低于150℃的温度下不超过0.53K MPa。因此，在上述大多数事故的压力下，这种机制不太可能引起着火。

7.1.2 静电起火

7.1.2.1 绝缘导体产生的火花

有人提到，氢与空气的化学计量混合物最小点火能量非常低，为0.017mJ（Baratov et al.，1990）。静电放电有三种主要类型：火花放电、电刷放电和电晕放电（Astbury，Hawksworth，2007）。绝缘导体火花放电（高压导体和接地导体之间的单一等离子体通道）的能量计算公式为 $E = CV^2/2$，其中 C 是电容，V 是电位（电压）。

例如，一个人身体的电容大约为100pF，这与其体型、脚的大小以及鞋底的结构和厚度有关（Astbury，Hawksworth，2007）。对于碳氢化合物-空气混合物，例如丙烷，取典型的最小点火能量（minimum ignition energy，简称 MIE）为0.29mJ，那么产生足以点燃空气的火花所需的电压为 $V = (2E/C)^{1/2}$。取替代电压为2400V，空气绝缘强度约30kV/cm，因此，击穿带电导体和接地点所需的间隙约为2400/30 = 0.08cm 或800μm。

人们通常感觉不到小于1mJ 的静电冲击，因此不会意识到其存在点燃碳氢化合物空气混合物的可能性（Astbury，Hawksworth，2007）。火花从人传到地上的间隙很少以尖端电极的形式存在。通常手指的尖端半径约为6mm。因此，当指尖接近平坦接地金属表面，虽然距离达到800μm，但会在火花传递位置周围形成面积较大、接近平面的区域，这可能熄灭任何起火。Metzler（1952）借助最小点火能量的预测值，讨论了火花不能点燃两平行板间可燃混合物的现象。Potter（1960）也研究了近距离平行表面对火焰的熄灭作用，他发现碳氢化合物的熄灭距离为2～3mm。

因此，理论上，在2400V 的“低压”下，任何点火都不会从火花的等离子体通道传播。当击穿强度为30kV/cm，间隙为2mm，火焰在碳氢化合物-空气混合物中得以传播的唯一可能是，产生火花所需电压至少为6kV（Astbury，Hawksworth，2007）。

但如果我们考虑的是氢气，相应的电压和间隙便会大大减小（Astbury，Hawksworth，2007）。氢气环境的绝缘强度仅17.5kV/cm（Cassutt et al.，1962），点火间隙仅0.64mm（ISO/TR 15916：2004）。介电强度随混合空气中氢浓度的变化规律未知，但在这个简单示例中，可以假设其在指定的较小浓度范围内发生线性变化，因此，氢气占约30%的氢气-空气化学计量混合物的理论介电强度为（$0.3\times17.5+0.7\times30$）$=26.25$kV。当点火间隙为0.64mm，绝缘强度为26.25kV/cm时，相应的击穿电压为$26.25\times0.064=1.68$kV。该电压对应储能为$0.5\times[100\times10^{-12}]\times[1.68\times10^{3}]^{2}=1.41\times10^{-4}$J，即0.141mJ。这足以点燃只需要0.017mJ即可点燃的氢气-空气化学计量混合物。

虽然人们给汽车加油时的静电充电很少引起着火，但重要的是，氢气点火所需的电压低于2kV。站在绝缘表面上的人很容易产生这种电压（他们可能对此一无所知），因此他们很可能会在不存在任何明显的火源下，点燃泄漏的氢气（Astbury，Hawksworth，2007）。

7.1.2.2 电刷放电

电刷放电的典型特征是带电绝缘体和导电接地点之间的放电（Astbury，Hawksworth，2007）。它们的特点是存在许多独立的等离子体通道，各通道在导体处结合。由于带电表面是非导体，因此无法确定电容和电量。Gibson 和 Harper（1988）在其工作中引入了可燃性或等效能量这一术语，即电刷放电具有点燃空气的能力，其最小点火能量与点燃易燃气体的火花相同。聚乙烯平板板材上产生刷形放电的经典等效能量约4mJ。然而，Ackroyd 和 Newton（2003）发现，某些更现代的塑料和接地金属上的薄塑料涂层具有更高的等效能量。

7.1.2.3 电晕放电

电晕放电是没有声音，且通常是连续放电，其特征是有电流，但没有等离子体通道。电晕放电能够点燃氢气-空气混合物，不会出现离散火花或单次放电事件（Astbury，Hawksworth，2007）。Cross 和 Jean（1987）给出了一个方程，用于确定电晕从给定尖端半径的点开始所需的电压。之前，人们曾在泄气喷嘴末端安装抛光环，确保有效的尖端半径较大，以防止有意排放到空气中的氢气着火。但是，腐蚀和污垢沉积实际上是小半径突出物，任何影响抛光表面的因素都可能产生小半径突出物，这些突出物仍会造成影响（Astbury，Hawksworth，2007）。多年来对氢气喷嘴的研究表明，晴天少见着火，而在雷雨天气、雨夹雪天气、雪天和寒冷的霜冻夜晚，着火现象更为频繁（Astbury，Hawksworth，2007）。

7.1.3 扩散点火

本章将对这一起火机制展开进一步详细讨论。本节基于 Astbury 和 Hawksworth（2007）对各机制的分析展开。Wolanski 和 Wojcicki（1972）假设了扩散点火机制的存在，并证明了高压氢气在进入充满空气或氧气的激波管时发生着火。他们发现，即使温度低于氢的自燃温度，也可以实现起火。

Wolanski 和 Wojcicki 经计算得出，在575K 的温度下，如果冲击波超过2.8马赫，氢氮比为3:1的混合气体会在空气中起火。上游压力为3.9MPa 时会产生此马赫数的冲击波。他们还通过计算得知，当冲击波被障碍物反射时，马赫数较低（仅1.7）时也会起火，对应的上游压力为1.3MPa。

没有迹象表明自燃温度是在（Wolanski，Wojcicki，1972）激波管中预期的最终压力下测量的，还是在大气压下测量的。虽然他们的激波管实验产生了点火，但他们的初始温度为

575K（302℃），只需增加 110K 就能达到氢的自燃温度。这显然意味着对这一机制需要有更多的研究。此外，值得注意的是，该研究没有进行释放到非封闭大气的实验工作，例如从高压储氢容器直接泄漏到大气的情况。

7.1.4 绝热压缩点火

在熵恒定的情况下，根据理想气体定律，以及关系式 PV^{γ} = 常数，压缩气体体积将增大气体压力。也可以用理想气体状态方程表示，$TV^{\gamma-1}$ = 常数。例如，初始温度 293.15K，初始常温常压（$\gamma=1.39$）下，初末状态压缩比 $V_1/V_2=28$，末状态温度将上升至 $T_2=T_1(V_1/V_2)^{\gamma-1}=1075.2\text{K}$，在 Pan 等人（1995）进行的实验中，温度升高值为782K。但在实验中，实际测得 28 倍压缩比下温度仅升高 149K。基于这一实验，Astbury 和 Hawksworth（2007）得出结论，实际情况中不太可能发生等熵压缩。

但是，Cain（1997）的研究表明，氢-氧-氦混合物的压缩点火发生在相对恒定温度为 1050K 下，初始温度为 300K，从大气压开始压缩，压力比为 35 ~ 70。逆运算得出，从 300K 升温至 1050K，所需的压力上升比为 $P_2/P_1=(T_1/T_2)^{\gamma/(\gamma-1)}=(1050/300)^{1.39/0.39}=86.9$。因此，绝热压缩点火机制所需的压力上升比大于 Cain（1997）测量的压力上升比，这表明存在其他点火机制（Astbury，Hawksworth，2007）。

7.1.5 由于热表面发生点火

大多数易燃气体或蒸气-空气混合物都会发生热表面点火现象，因为如果周围环境温度足够高，氧化速率产生的热量比周围环境所损失的热量多，氧化连锁反应就将得以进行（Astbury，Hawksworth，2007）。这是测定自燃温度的常用方法，所得数值受所用仪器影响较大。众所周知，温度越高，点火延迟时间越短。点火的最低温度与体积和表面积有关（Snee，Griffiths，1989）。

Bulewicz 等人（1977）发现热板的加热位置和加热方式会对点火产生影响。他们采用了一种需要自然对流的缓慢加热方法，发现暴露和点火之间的时间延迟很明显，这取决于温度上升的速度。加热方位也会影响延迟时间，加热下方比加热上方会产生更长的延迟时间。Ungut 和 James（2001）也报告称外壳顶部表面感应时间更长。

7.1.6 结语

根据分析，Astbury 和 Hawksworth（2007）得出结论，在所提的机制中，没有任何一个能够解释所有记录的事件，可能存在两个或多个潜在机制协同工作。众所周知，气体和蒸气的最小点火能量随温度的升高而降低（Moorehouse et al.，1974），由于逆焦耳-汤姆孙效应，膨胀的氢气会提高温度，从而降低其点火能量。同样，如果颗粒在流动中导致路径壁面磨损，电晕放电所需的点火能量将更低，点燃氢气所需的电晕充电电流会更小。

几起事故的报告中都有一项意见，即事故原因可能是静电效应。尤其是某一事故封闭系统内除一股细小的汞流外，并无其他潜在火源。Blanchard（1963）提出静电电荷可能来自水滴和破裂气泡，Pratt（1993）说明了静电电荷有能力点燃易燃气体。

一般认为，纯气体在一般条件下不会静电充电（IEC，2002），但这通常指的是低速和低压情况。当气体在非常高的压力下释放时，气流会产生声波，至于此时气体是否具有发生静电充电的倾向，人们对此还尚不明确。众所周知，纯气体有不带电倾向，但气流中的粒子会因静电而带电。

实际上，在许多情况下，放电路径可能是曲线而非直线。这要求氢气排放管是弯管，但用弯管的话，排放路径（如管道）的材料表面可能受到侵蚀，并形成可能带电的颗粒。

Astbury 和 Hawksworth（2007）提出扩散点火机制只有在初始温度较高时才可能出现。但是，如果短暂开启气瓶阀门（如为了清除气瓶上的碎片），让气体与空气接触，就会发生点火。在激波管或类似的封闭设备中，扩散点火似乎可以重复发生。Wolanski 和 Wojcicki 的研究中似乎只使用了氮氢混合物（Astbury，Hawksworth，2007）。2007 年以来，人们对扩散机制进行了更多的实验和数值研究。下一节将重点介绍这一部分。

7.2 瞬时泄漏的自燃现象

从 Wolanski 和 Wojcicki（1972）对“扩散点火机制”的开创性研究开始，几十年来，人们对这一现象进行反复研究，实验数据给出了发生这一现象的临界条件。但可惜的是，人们难以对过程的动态特征有详细了解。例如，在高压下，通过实验手段很难确定爆破片或阀门下游管道内初始点火点的准确位置和化学反应的进展情况。

人们一致认为，如果不采取缓解措施，高压设备突然释放时发生氢气自燃的可能性很高。然而，在与高压压缩氢处理系统的管道、储存和使用相关的规范和标准中，没有提到自燃问题，也没有提到避免自燃或促进自燃的工程设计。

高压释放时如何控制氢气自燃是氢安全工程面临的挑战性问题之一，对此有一些基本的解释，例如，Liu 等人（2005）、Bazhenova 等人（2006）和 Xu 等人（2008，2009）的早期数值研究侧重于从高压储存中直接向大气中的无约束释放。虽然通过数值模拟证明了自燃现象（Liu et al.，2005；Bazhenova et al.，2006），但目前还缺少相关实验作为佐证。

7.2.1 实验和数值研究综述

7.2.1.1 实验发现

在“受控的实验室环境”下，Dryer 等人（2007）、Golub 等人（2007，2008）、Pinto 等人（2007）和 Mogi 等人（2008）对气体从高压设备通过管道向大气释放的扩散机理进行了自燃实验验证。为了便于自燃，各种延长管和附件被放置在爆破盘的下游。图 7-1 整合了不同研究小组在实验中记录到的自燃临界条件。

图 7-1 中未包含 Dryer 等人（2007）的数据，因为所用配件和爆破片内部几何结构较为复杂，其将自燃所需的最小压力降至 2.04MPa。虽然使用实际配件获得的气体释放自燃数据对氢安全工程非常有用，但配件内部配置给数值实验的公式带来了大量不确定性，这导致其结果无法被直接拿来与其他组的实验结果进行比较。

实验结果表明，随着管道长度增长，自燃的临界（极限）压力会趋于减小。然而，由于测试布置的不同，自燃的临界条件会发生很大的变化。自燃对不同的尚未完全理解的因素的敏感性提出了许多需要研究的问题。

图 7-1 显示了在不同研究中获得自燃临界条件的本质区别。例如，在 Pinto 等人（2007）的实验中，氢气储存压力为 6MPa，50mm 长的管道已经足以产生自燃。但是，在储存压力相同、内径几乎一致的情况下，在 Golub 等人（2007，2008）的实验中 110mm 的管道长度即已足够；在 Mogi 等人（2008）的实验中，最小长度则增加了 4 倍，达到 200mm。如何解释这些差异？

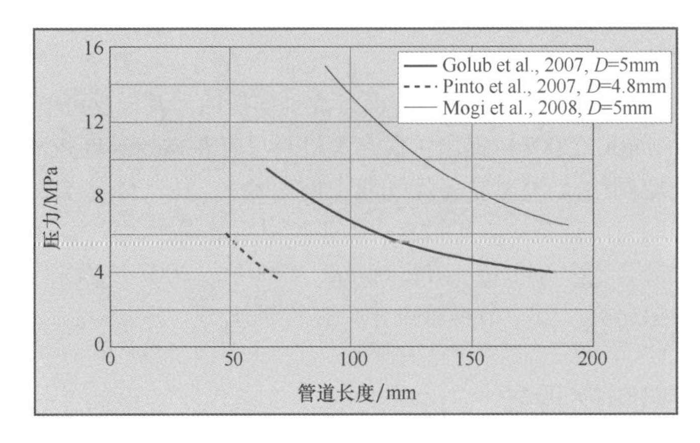

图 7-1 不同长度管道中自燃氢气释放到空气中压力极限的实验数据

首先，Golub 等人（2007，2008）监测了管道内化学反应产生的冲击传播和辐射位置，记录了发生的自燃现象。因此，在他们的实验中，用从爆破片到辐射计捕捉到的点火位置间的距离表示自燃的临界条件（图 7-1）。

Mogi 等人（2008）通过对管道口附近区域进行光学观察来判断是否发生自燃。他们的观察表明，在一些实验中，确实发生了自燃，但随即被气流吹灭。不幸的是，没有记录这种释放的关键条件。这一事实证实，并非所有自燃释放气体都会转化为持续的喷射火焰。这可能是 Mogi 等人（2008）的临界曲线与 Golub 等人（2007，2008）的临界曲线相比发生偏移的原因之一。不过，Molkov（2008）的研究中建议在管道长度相同的情况下增大压力，这是能解释 Mogi 等人（2008）的临界曲线发生偏移可能性最大的原因。实际上，Mogi 等人（2008）在实验中曾用Na_2CO_3水溶液（1%）冲刷隔膜（爆破片）和释放口之间的管道内表面，以便通过钠的焰色反应体现是否点火。但使用 Na_2CO_3溶液可能对边界层气流和氢气燃烧的化学过程形成干扰，并会带走部分热量。因此，在初始相同时，这一过程常发生在管道后半部分。

Pinto 等人（2007）则使用了不同的实验流程，在他们的实验中，氢气是爆破片破裂前用活塞和激波管压缩的。他们通过在活塞上游的激波管高压段内注入氮气，将其推向氢气，从而产生高压氢气使爆破片破裂。很明显，这一压缩方式旨在加热高压室内的氢气，让释放气体温度比环境温度稍高。但是，由于缺少与高压室气体温度和氢气压缩时间相关的信息，因此很难准确估计氢气的初始温度。

Bazhenova 等人（2006）指出，如果氢气初始温度较高，自燃会提前发生，且发生时初始压力较小，这与 Pinto 等人（2007）的实验结果完全一致。Pinto 等人（2007）的实验与 Golub 等人（2007，2008）、Mogi 等人（2008）的实验相比，其自燃所需管道长度较短，最可能的原因是氢气初始温度较高。

爆破片的破裂方式可能是影响氢气-空气混合气体自燃的最重要因素（Dryer et al., 2007）。在 Golub 等人（2007，2008）的实验中，爆破片被切割成十字形，以便于其在预定压力下迅速以“花瓣”形式爆裂，而在其他人的实验中，爆破片则更多以压力下随机爆裂的方式炸裂。内部制造的爆破片爆裂时的随机性会让产生的冲击波在结构和强度上发生变化，即使爆破压力恒定，实验数据的可重复性也会受到明显影响。但 Golub 等人（2007，2008）指出，无论是在最小初始压力下，还是在产生冲击波后的实测压力下，实验的可重复性都非常好，这说明发生自燃的管长是固定值。

Pinto 等人（2007）比较了使用光滑管和使用螺纹管的实验结果。他们发现，在使用光滑管发生自燃的初始压力下，使用螺纹管不能发生自燃。

然而，这一观察结果与 Dryer 等人（2007）的观点几乎背道而驰。后者在实验中发现，多条管头尾相连可发生自燃，但相同内径、相同长度的单条管（无连接头）在同样压力下不可发生自燃。这些结果表明，多管相连时发展中的边界层与粗糙的爆裂片下游管壁的相互作用可以促进或延缓自燃。

Dryer 等人（2007）在报告中指出，据统计，在他们的实验中自燃事件发生的压力范围较小，为 2.04 ~ 2.21MPa。压力小于 2.04MPa 时，膜破裂的概率为零；压力高于 2.21MPa 时，也无自燃。除了确定最低自燃压力（低于该压力时不会观察到自燃）外，他们还发现如果将 1.27cm（0.5in）的标准管螺纹管接头长度变为 3.81cm（1.5in），在所有失效压力下（即使在 5.66MPa 下）都不会自燃。

Golub 等人（2007，2008）的实验研究讨论了氢气在初始压力为 1.2 ~ 2.9MPa 时在 T 形通道中发生自燃的可能性。但是，在解释这项研究结果时存在含糊不清的地方，即某处自燃发生的压力为 2.9MPa，另一处却写到自燃是在 2.43MPa 压力下发生。

Dryer 等人（2007）推测了隔膜爆裂初始阶段对混合气体和随后自燃过程的重要性。他们得出结论，在低压下，化学点火时间是限制因素；而在高压下，限制因素则是可燃混合物达到一定体积的混合比例时。为了控制自燃现象，有必要对管道进行“内部观察”，以阐明自燃的物理原理，以便对其进行控制。

7.2.1.2 数值研究

Xu 等人（2009）对氢气通过厚度 0.1mm 的容器壁上 3mm 直径的泄漏孔直接释放到空气中的压力边界爆裂率进行了二维分析。他们使用的特征电池长 15 ~ 30μm，穿过接触表面。他们发现，如果爆裂率低于某一阈值，氢气释放到空气中就不会发生自燃。随着爆裂率上升，早期的气流膨胀让加热区域升温速度加快，一旦爆裂率足够高，就会发生自燃。这个模拟对应无限制释放的场景，但没有实验证据。

Wen 等人（2009）模拟了储存压力为 5 ~ 15MPa 时，通过长度为 30 ~ 60mm、内径 3 ~ 6mm 的管道释放氢气的情况。结果表明，自燃现象受管壁冲击波的反射焦点控制。Xu 等人（2009）和 Wen 等人（2009）证实了隔膜打开时间对自燃过程的重要性。

Lee 和 Jeung（2009）研究了在爆破片爆裂压力为 8.6MPa 的情况下，将氢气释放到管道中时，爆破片形状对点火的影响。他们使用了笛卡儿网格，网格尺寸为 19μm。爆裂盘为半球形盘。他们模拟了爆裂盘瞬间打开的情况。自燃首先发生在边界层，随后扩散到整个管道的横截面上，即通过空气和氢气之间的接触面进行混合，瞬间打开平板膜，这有点类似于我们之前的 3D 研究（Bragin，Molkov，2009）。

Golub 等人（2008）使用黏性气体传输、多组分扩散和热传递的模型，结合氢气氧化动力学方案和 9 个方程，模拟了空气中的氢气自燃。作者采用二维轴对称模型对圆筒形管道和方形管道内的自燃进行了实验和数值模拟，并由此得出结论，氢气自燃的控制机理是边界层效应辅助下的接触面扩散点火。燃烧首先是动力学过程，然后发生扩散点火。放热和火焰湍流加速了气体混合，这种燃烧云可能会沿管传播至足够远处。作者还对有边界层和无边界层的情况进行了数值模拟，结果表明：无边界层时，在管道轴线处发生点火；有边界层时，在管壁附近发生点火。

Pinto 等人（2007）对这一现象进行了二维数值模拟。他们借助轴对称欧拉方程和详细化学反应机理，模拟了压力为 10 ~ 70MPa、温度为 300K 的储氢容器中，泄漏初期氢气射流的表现。Petersen 等人（1999）研究了 9 种物质（H_2、O_2、O、H、OH、HO_2、H_2O_2、H_2O 和 N_2）和 18 种基本反应，提出还原动力学机制。对化学反应采用点隐式方法处理，以避免反应停滞。模拟使用尺寸为 20μm × 20μm 的均匀网格。实验研究了发生自燃时所需的光滑管长和螺纹管长与高压室压力的关系。结果表明，螺纹管边界层对自燃有一定阻碍作用。作者仅对直径 10mm、管长 50mm、氢气初始压力 3.8MPa 的情况进行了数值模拟，但未与实验数据进行比较。

Yamada 等人（2009）的研究通过增加黏性效应，改进了 Pinto 等人（2007）的模型。控制方程使用了可压缩二维轴对称 N-S 方程，质量、总能量和化学组分守恒方差，以及状态方程。同时也应用了 Petersen 等人（1999）提出的还原动力学机制。控制方程采用有限差分格式离散。考虑到双曲线方程的性质，采用 Harten-Yee 的二阶显式非 MUSCL 修正通量型 TVD 数值格式计算对流流体，采用标准二阶中心差分公式计算黏性流体。时间积分法为二阶 Strang 型分裂法。使用尺寸范围为 20 ~ 45μm 的网格进行模拟。对入口压力分别为 3.6MPa、5.3MPa 和 21.1MPa 的情况进行研究，根据初始压力分别为 6.8MPa、10MPa 和 40MPa 的大型氢气罐出口产生的阻塞进行估算。管道直径为 4.8mm，长度为 71mm。发现在管道出口附近有一个高温区。出口边缘附近产生的涡流与 Mogi 等人（2008）的实验结果，以及我们的数值模拟结果类似（Bragin，Molkov，2009）。涡流在将管道输出的氢气与周围空气混合中起重要作用。结果表明，压力为 3.6MPa 时，涡流区不会发生自燃；压力为 5.3MPa 时，冲击波会保持较高的自燃温度，但在管道出口附近的化学反应不会持续太久；只有在压力为 21.1MPa 时，才存在燃烧区。作者还比较了相同内径下气体通过管道和通过孔释放的情况，并得出结论，当气体从孔中释放，涡流形成受限，再循环区内氢气与周围空气的混合也由此受限（Yamada et al.，2009）。

研究者们希望使用尽可能细的网格直接研究氢气自燃现象，所以上述扩散机制模拟均在二维模型中进行，包括轴对称模型。下一节中我们将建立并探讨大涡模拟（large eddy simulation，简称 LES），在大涡模拟中，采用的则是“较粗”的三维网格。为“补偿”这一“迫不得已”的网格尺寸变化，采用高级亚网格尺度（SGS）模型，包括了详细化学反应机理的涡耗散概念（eddy dissipation concept，简称 EDC）以及基于重整化群（renormalization group，简称 RNG）理论的亚网格尺度湍流模型。在 HySAFER 中心建立大涡模拟模型的目的是复制在复杂系统中获得的实验结果。

7.2.2 自燃的大涡模拟模型

大涡模拟技术（LES）被认为是解决科学和工程问题最有前途的计算流体动力学方法。氢安全中心已成功应用大涡模拟模型模拟氢气-空气爆燃（Molkov et al.，2006a）、爆炸（Zbikowski et al.，2008）、非反应膨胀射流（Molkov et al.，2009）和射流火焰（Brennan et al.，2009）；可以在其他地方找到主要控制方程组（Molkov et al.，2006a）；RNG 模型已被用于亚网格尺度（SCS）模型下的湍流建模（Yakhot，Orszag，1986）。作者采用 Magnussen（1981）提出的湍流燃烧中的涡耗散概念（EDC）模型，模拟了组分传输方程中出现的反应速率，涉及基于阿伦尼乌斯定理的详细化学动力学过程。在这个模型中，Gutheil 等人（1993）利用 37 个元素反应详细地描述了氢气在空气中燃烧的 21 步化学反应机理，使用 FLUENT 软件为计算引擎。

7.2.2.1 控制方程

从以下方程筛选得到控制方程：针对可压缩牛顿流体的控制体积建立的质量、动量（N-S方程）、能量和组分平衡的三维瞬时守恒方程：

$$\frac{\partial\bar{\rho}}{\partial t}+\frac{\partial}{\partial x_j}(\bar{\rho}\,\tilde{u}_j)=0 \tag{7-1}$$

$$\frac{\partial\bar{\rho}\,\tilde{u}_i}{\partial t}+\frac{\partial}{\partial x_j}(\bar{\rho}\,\tilde{u}_i\,\tilde{u}_j)=-\frac{\partial\bar{p}}{\partial x_i}+\frac{\partial}{\partial x_j}\left[\mu_{\text{eff}}\left(\frac{\partial\tilde{u}_i}{\partial x_j}+\frac{\partial\tilde{u}_j}{\partial x_i}-\frac{2}{3}\frac{\partial\tilde{u}_k}{\partial x_k}\delta_j\right)\right]+\bar{\rho}g_i \tag{7-2}$$

$$\frac{\partial}{\partial t}(\bar{\rho}\,\tilde{E})+\frac{\partial}{\partial x_j}[\,\tilde{u}_j(\bar{\rho}\,\tilde{E}+\bar{p})\,]$$

$$=\frac{\partial}{\partial x_j}\left[\frac{\mu_{\text{eff}}c_p}{Pr_{\text{eff}}}\frac{\partial\tilde{T}}{\partial x_j}-\sum_m\tilde{h}_m\left(-\frac{\mu_{\text{eff}}}{Sc_{\text{eff}}}\frac{\partial\tilde{Y}_m}{\partial x_j}\right)+\tilde{u}_i\mu_{\text{eff}}\left(\frac{\partial\tilde{u}_i}{\partial x_j}+\frac{\partial\tilde{u}_j}{\partial x_i}-\frac{2}{3}\frac{\partial\tilde{u}_k}{\partial x_k}\delta_{ij}\right)\right]+\sum_m R_mH_C \tag{7-3}$$

$$\frac{\partial}{\partial t}(\bar{\rho}\,\tilde{Y}_m)+\frac{\partial}{\partial x_j}(\bar{\rho}\,\tilde{u}_j\tilde{Y}_m)=\frac{\partial}{\partial x_j}\left(\frac{\mu_{\text{eff}}}{Sc_{\text{eff}}}\frac{\partial\tilde{Y}_m}{\partial x_j}\right)+R_m \tag{7-4}$$

式中，上画线代表 LES 过滤量，上波浪线代表 LES 质量加权过滤量；E 为总能量，单位为 J/kg，$E=h-p/\rho+u^2/2$；h 表示焓，单位为 J/kg，$h=\int_{298.15}^{T}c_p\mathrm{d}T$；$c_p$表示混合物在恒压下的比热容，$c_p=\sum_m c_{p_m}Y_m$（$m$ 为混合气体的第 m 个组分）；Y 表示质量分数；T 表示温度，单位为 K；p 表示压力，单位为 Pa；ρ 表示密度，单位为 kg/m^3，$\rho=pM/RT$；$u_{i,j,k}$表示速度分量，单位为 m/s（i，j，k 是空间坐标指数）；$x_{i,j,k}$表示空间坐标，单位为 m；t 表示时间，单位为 s；g 表示重力加速度，单位为 m/s^2；H_C表示燃烧热，单位为 J/kg。

利用 Yakhot 和 Orszag（1986）的 RNG 理论计算了有效黏度 μ_{eff}。RNG 模型不仅能再现湍流，而且能再现过渡流和层流。低雷诺数下，有效黏度等于分子黏度。因此模型在壁面附近的拟合度更好（Shah et al.，2001）。RNG 模型中，有效黏度的计算如下：

$$\mu_{\text{eff}}=\mu[1+H(\mu_s^2\mu_{\text{eff}}/\mu^3-100)]^{1/3} \tag{7-5}$$

式中，$\mu_s=\bar{\rho}(C_{\text{RNG}}V_{\text{CV}}^{1/3})^2\sqrt{2\tilde{S}_{ij}\tilde{S}_{ij}}$；$H(x)$ 表示 Heaviside 函数；C_{RNG}表示 RNG LES 常量，$C_{\text{RNG}}=0.157$；V_{CV}表示控制体积的体积值，单位为 m^3；$\tilde{S}_{ij}$表示应变张量率，单位为 s^{-1}。在气流 $\mu_{\text{eff}}=\mu_s$的高度涡流区域，RNG 模型弱化为 Smagorinsky model（1963）。在层流区，Heaviside 函数变为负值，模型探究了分子黏度的公式，$\mu_{\text{eff}}=\mu$。根据 RNG 理论，通过完全理论方程计算得出有效普朗特数和施密特数（Yakhot，Orszag，1986）。

$$\left|\frac{1/N_{\text{eff}}-1.3929}{1/N-1.3929}\right|^{0.6321}\left|\frac{1/N_{\text{eff}}+2.3929}{1/N+2.3929}\right|^{0.3679}=\frac{\mu}{\mu_{\text{eff}}} \tag{7-6}$$

式中，N 代表层流普朗特数或施密特数。根据动力学理论计算了层流普朗特数和施密特数。

7.2.2.2 包含详细化学反应机理的涡耗散概念燃烧模型

Bragin 等人（2011）的研究中将涡耗散概念（EDC）模型（Magnussen，1981）及阿伦尼乌斯定理的详细化学动力学过程纳入湍流火焰中，用作燃烧子模型。涡耗散概念模型（EDC）给出了燃烧速率表达式，它基于一个假设，即化学反应发生在 Kolmogorov 尺度的精细结构中，湍流能量在该处耗散。在中等到强烈的湍流中，这些精细结构集中在仅占湍流面积一小部分的孤立区域。精细结构的特征尺寸远小于大涡模拟过滤器的宽度，即根据 Pope（2004）的术语，在“数值大涡模拟”的情况下，精细结构的特征尺寸要小得多，并且需要将其作为流动参数和单元尺寸的函数进行计算。FLUENT 模型中，涡耗散概念模型组分传输方程中的源项为：

$$R_m = \frac{\rho(\xi^*)^2}{\tau^*[1-(\xi^*)^3]}(Y_m^* - Y_m) \tag{7-7}$$

式中，R_m表示化学反应生成组分 m 的净速率；ξ^*表示发生反应的精密尺度湍流结构的长度分数（* 表示精密量）；Y_m^*表示反应时间τ^*后，精密尺度（组分 m）的质量分数；Y_m表示组分 m 在周围细尺度状态下的组分质量分数。以上方程中的乘数与精密尺度长度分数的平方表示周围区域和精细结构区域之间的质量交换。精细结构的长度分数在大涡模拟模型中的计算类似于 EDC RANS 模型，具体如下：

$$\xi^* = C_\xi u_\eta / u_{\text{SGS}} \tag{7-8}$$

式中，体积分数常数为 $C_\xi = 2.1377$，类似于 RANS。当精细尺度速度大于剩余 SGS 速度时，取上限 $\xi^* = 1$。在类似于 EDC RANS 模型的 LES 模型中，精细结构的长度分数被估算为：

$$u_{\text{SGS}} = \mu_t / (\rho L_{\text{SGS}}) \tag{7-9}$$

式中，μ_t是湍流（有效）黏度。而亚网格尺度长度可表示为：

$$L_{\text{SGS}} = C_{\text{RNG}} V_{\text{CV}}^{1/3} \tag{7-10}$$

Kolmogorov 速度 u_η 可表示为：

$$u_\eta = \left(\frac{\mu u_{\text{SGS}}^3}{\rho L_{\text{SGS}}}\right)^{1/4} \tag{7-11}$$

式中，μ 为层流黏度。

特征亚网格涡流和 Kolmogorov 时间尺度分别为：

$$\tau_{\text{SGS}} = L_{\text{SGS}} / u_{\text{SGS}} \tag{7-12}$$

$$\tau_\eta = \left(\frac{\mu L_{\text{SGS}}}{\rho u_{\text{SGS}}^3}\right)^{1/2} \tag{7-13}$$

精密尺度的体积分数计算为 ξ^{*3}，假设时间标度内组分在精细结构中发生反应：

$$\tau^* = C_\tau \tau_\eta \tag{7-14}$$

其中时间标度常数取 $C_\tau = 0.4082$，与 EDC RANS 模型相等。Magnussen（1981）假设室中的所有细小尺度都是具有停留时间 τ^* 的完全搅拌反应器。该模型中，假设细小尺度上的燃烧发生在一个恒压反应器中。反应器类型通过混合速率 $1/\tau^*$ 和时间步长 Δt 确定。在 FLUENT 的初始条件下，恒压反应器即为室内组分和温度。时间标度 τ^* 上，由式（7-15）控制的阿伦尼乌斯反应继续进行。采用原位自适应建表（in situ adaptive tabulation，简称 ISAT）可将运行时间大幅度减少三个数量级（Pope，1997）。

所涉及的化学机理中考虑的所有反应都是基本反应（可逆反应）。对于可逆反应，反应 r 中组分 I 产生或破坏的摩尔反应速率可用以下方程计算：

$$\hat{R}_{m,R} = \Gamma \cdot (v''_{m,r} - v'_{m,r}) \cdot \left(k_{f,r}\prod_{n=1}^{N}\lfloor C_{n,r}\rfloor^{v'_{m,r}} - k_{b,r}\prod_{n=1}^{N}\lfloor C_{n,r}\rfloor^{v''_{m,r}}\right) \tag{7-15}$$

式中，N 表示体系中化学组分数目；$v'_{m,r}$表示反应 r 中反应物 m 的化学计量系数；$v''_{m,r}$表示反应 r 中产物 m 的化学计量系数；$k_{f,r}$表示反应 r 的正向速率常数；$k_{b,r}$表示反应 r 的逆向速率常数；$C_{n,r}$表示反应 r 中组分 n 的摩尔浓度；Γ 表示第三体对反应速率的净影响，其计算公式如下：

$$\Gamma = \sum_{n=1}^{N} \gamma_{n,r} C_n \tag{7-16}$$

式中，$\gamma_{n,r}$是反映 r 中组分 n 的第三体效率。在与压力无关的情况下，用阿伦尼乌斯方程的常规形式来计算反应 r 的正向速率常数：

$$k_{f,r} = A_r T^{\beta_r} \exp(-E_r/RT) \tag{7-17}$$

式中，A_r表示反应 r 的指前因子；β_r表示温度指数；E_r表示反应活化能，单位为 J/kmol；R 表示通用气体常数，为 8314.4J/(K · kmol)。所有的反应均为可逆反应，反应 r 的反向速率常数可由正向速率式（7-17）和平衡常数 K_r计算得出。

$$k_{b,r} = k_{f,r}/K_r \tag{7-18}$$

平衡常数 K_r计算为：

$$K_r = \exp\left(\frac{\Delta S_r^0}{R} - \frac{\Delta H_r^0}{RT}\right)\left(\frac{P_{\text{atm}}}{RT}\right)^{\sum_{i=1}^{N}(v''_{m,r}-v'_{m,r})} \tag{7-19}$$

式中，P_{atm}表示通常状态下的大气压力（101325Pa）。指数函数中的项代表了吉布斯自由能的变化，各项计算公式如下：

$$\frac{\Delta S_r^0}{R} = \sum_{i=1}^{N} (v''_{m,r} - v'_{m,r}) \frac{S_m^0}{R} \tag{7-20}$$

$$\frac{\Delta H_r^0}{RT} = \sum_{i=1}^{N} (v''_{m,r} - v'_{m,r}) \frac{h_m^0}{RT} \tag{7-21}$$

式中，S_m^0和 h_m^0分别是在温度 T 和大气压下评估的第 m 种组分的熵和焓。将混合物的比热容近似为温度的分段多项式函数，根据质量加权混合律计算多项式系数。

Gutheil 等人（1993）利用 37 个元素反应详细地描述了氢气在空气中燃烧的 21 步化学反应机理。在 NO 生成的详细机理中考虑了氮化学的影响。各反应速率常数见表 7-1，表中列出了正反应速率常数，结合平衡常数可以计算可逆反应的逆反应速率式（7-18）。

表 7-1 比反应速率常数（Gutheil et al.，1993）

序 号	反 应	A/(kJ/mol)	β_r	E_r/(mol/m^3)
1	$H + O_2 = OH + O$	2.00×10^{14}	0.00	70.30
2	$H_2 + O = OH + H$	1.80×10^{10}	1.00	36.93
3	$H_2O + O = OH + OH$	5.90×10^{9}	1.30	71.25
4	$H_2 + OH = H_2O + H$	1.17×10^{9}	1.30	15.17
5	$H + O_2 + M = HO_2 + M$	2.30×10^{18}	−0.8	0.00
	第三体效应 H_2/1./H_2O/6.5/O_2/0.4/N_2/0.4/			
6	$H + HO_2 = OH + OH$	1.50×10^{14}	0.00	4.20
7	$H + HO_2 = H_2 + O_2$	2.50×10^{13}	0.00	2.93
8	$OH + HO_2 = H_2O + O_2$	2.00×10^{13}	0.00	4.18
9	$H + H + M = H_2 + M$	1.80×10^{18}	−1.00	0.00
	第三体效应 H_2/1./H_2O/6.5/O_2/0.4/N_2/0.4/			
10	$H + OH + M = H_2O + M$	2.20×10^{22}	−2.00	0.00
	第三体效应 H_2/1./H_2O/6.5/O_2/0.4/N_2/0.4/			

（续）

序 号	反 应	$A/(\mathrm{kJ/mol})$	β_r	$E_r/(\mathrm{mol/m^3})$
11	$HO_2+HO_2=H_2O_2+O_2$	2.00×10^{12}	0.00	0.00
12	$H_2O_2+M=OH+OH+M$	1.30×10^{17}	0.00	190.38
13	$H_2O_2+OH=H_2O+HO_2$	1.0×10^{13}	0.00	7.53
14	$O+HO_2=OH+O_2$	2.0×10^{13}	0.00	0.00
15	$H+HO_2=O+H_2O$	5.0×10^{12}	0.00	5.90
16	$H+O+M=OH+M$	6.2×10^{16}	-0.60	0.00
	第三体效应 H_2O：5，其他：1			
17	$O+O+M=O_2+M$	6.17×10^{15}	-0.50	0.00
18	$H_2O_2+H=H_2O+OH$	1.0×10^{13}	0.00	15.02
19	$H_2O_2+H=HO_2+H_2$	4.79×10^{13}	0.00	33.26
20	$O+OH+M=HO_2+M$	1.0×10^{16}	0.00	0.00
21	$H_2+O_2=OH+OH$ 氮化学	1.7×10^{13}	0.00	200.0
22	$O+N_2=N+NO$	1.82×10^{14}	0.00	319.02
23	$O+NO=N+O_2$	3.8×10^{9}	1.00	173.11
24	$H+NO=N+OH$	2.63×10^{14}	0.00	210.94
25	$NO+M=N+O+M$	3.98×10^{20}	-1.50	627.65
26	$N_2+M=N+N+M$	3.72×10^{21}	-1.60	941.19
27	$N_2O+O=NO+NO$	6.92×10^{13}	0.00	111.41
28	$N_2O+O=N_2+O_2$	1.0×10^{14}	0.00	117.23
29	$N_2O+N=N_2+NO$	1.0×10^{13}	0.00	83.14
30	$N+HO_2=NO+OH$	1.0×10^{13}	0.00	8.31
31	$N_2O+H=N_2+OH$	7.6×10^{13}	0.00	63.19
32	$HNO+O=NO+OH$	5.01×10^{11}	0.50	8.31
33	$HNO+OH=NO+H_2O$	1.26×10^{12}	0.50	8.31
34	$NO+HO_2=HNO+O_2$	2.0×10^{11}	0.00	8.31
35	$HNO+HO_2=NO+H_2O_2$	3.16×10^{11}	0.50	8.31
36	$HNO+H=NO+H_2$	1.26×10^{13}	0.00	16.63
37	$HNO+M=H+NO+M$	1.78×10^{16}	0.00	203.7

7.2.3 非惯性爆破片实例仿真

考虑到现有实验数据的极大分散性和涉及的一些不确定性，例如内部几何形状（Dryer et al.，2007）、氢气初始温度（Pinto et al.，2007）、是否存在湿润物质（Mogi et al.，2007），决定将 LES 自燃模型的模拟与 Golub 等人（2007，2008）的实验数据进行比较。

Golub 等人（2007，2008）的实验装置包括一个高压室和一个低压室，高压室中充满氢气至所需压力，低压室中充有压力为大气压的空气，高压室和低压室通过一根内径为 5mm、长度可变的管子连接。高压氢气和常压空气由一个 0.1～0.2mm 厚的铜爆破片分离，爆破片厚度与设计破裂压力有关，爆破片安装在从高压室到管道的入口处。当高压室中的压力超过临界值时，爆破片破裂，冲击波通过低压管与空气一起传播到低压室中。高压室中氢气压力范围为2.0～13.2MPa，连接管管长范围为65～185mm。在每一个实验中，当高压室中气压超过阈值，爆破片便会以可控的方式完全打开，爆破后呈花瓣状，各瓣状裂片完全压在管壁上。在离爆破片不同距离处安装一对传感器，包括压力传感器和光传感器，以检测自燃冲击波的传播和辐射。值得注意的是，每个实验中都只有一对传感器。相同条件下，各实验爆破片到传感器的距离不同，以确定自燃点的位置。

在一系列实验中，选择了氢气初始压力为9.73MPa和65mm加长管的测试，以使模拟时间尽可能短。从实验数据可知，自燃发生在距爆破片不到33mm的地方。实验观察到的冲击波后压力在2.69～3.40MPa之间，冲击波前与化学反应前沿（自燃）之间的延迟范围为18～24μs。

模拟的高压室长140mm，直径20mm，模拟低压室长145mm，直径5mm（Bragin，Molkov，2009）。使用GAMBIT创建网格。为了排除不规则网格对反应流中燃烧的影响，对低压室的反应流中，沿管方向采用非结构六面体网格进行网格划分，均匀控制体积网格尺寸约为200μm，同时其截面上也具有相似的特征控制体积尺寸。高压室与最小控制体积网格尺寸约250μm，集中在管道入口附近，并在远离爆破片的方向迅速增加，在最远端的均匀控制体积网格尺寸最大宽度为10mm，控制体积总数为430976。所有壁面均为防滑防渗绝热壁面。为排除数值边界条件对该过程的潜在影响，激波管被模拟为“封闭”状态。这种假设是合理的，因为低压室长度足够，可以在不受封闭端冲击波反射的同时模拟点火过程。高压室中，初始压力为9.6MPa，初始温度300K，氢气初始摩尔分数为1。低压室中为空气，压力为大气压，温度为300K，氧气质量分数为0.23，氮气质量分数为0.77。假设爆破片（即分离气体的边界）恰好位于较大破裂片之间的边界，则由于数值不稳定性，高压室管径较大（20mm）和低压室管径较小（5mm），可能为非物理值。为了避免在模拟压力和区域内存在强不连续性时出现不稳定性，为了避免在模拟压力强不连续伴随区域强不连续的过程中出现不稳定，需要将模拟的“爆破片”向下游移动一个管径（5mm），即高压氢气最初也出现在管道第一个5mm处。在模拟中，设想爆破片被“立即移除”，并允许冲击波传播。利用FLUENT 6.3.26模拟该问题，实现基于控制体积的有限差分法。求解器采用显式线性化控制方程和线性方程组的显式求解方法。采用带AUSM通量分裂的三阶MUSCL格式进行流离散。采用四步Runge-Kutta算法推进时间。时间步长由Courant-Friedrichs-Lewy条件确定，其中CFL数等于0.5，以确保稳定性。

图7-2显示了爆破片（非惯性爆破片）瞬间打开后最初56μs内温度（左）和氢摩尔分数（右）的动态变化。在初始时刻$t=0$时，分离高压氢气和大气的“爆破片”边界（位于$x=0$处）被瞬间移除，冲击波传播到空气中，通过压缩而使其升温。冲击波之后是一个分隔冷氢和热空气的接触面。结果表明，激波前沿与接触面之间的热空气层厚度会随时间增加而增大。

激波以平面波的形式沿圆管传播，边界层外无任何曲率。由于管壁处的防滑处理，接触表面的形状从平面开始变为轻微凸形。由于速度降低（停滞），在边界层可观察到最高温度。随着氢气和空气在接触面上的相互扩散，以及热空气通过接触面向冷氢的热扩散，一旦达到化学反应临界条件时就会发生自燃。当接触面向下游移动时，化学反应会从管道壁面向管轴线方向传播。距离非惯性“爆破片”位置20mm处的过程开始45μs后，管道整个横截面均发生自燃。与轴向部分相比，边界层中化学反应加速了反应前沿燃烧沿管壁的传播，导致大部分管截面的接触面由凸形变为略凹。

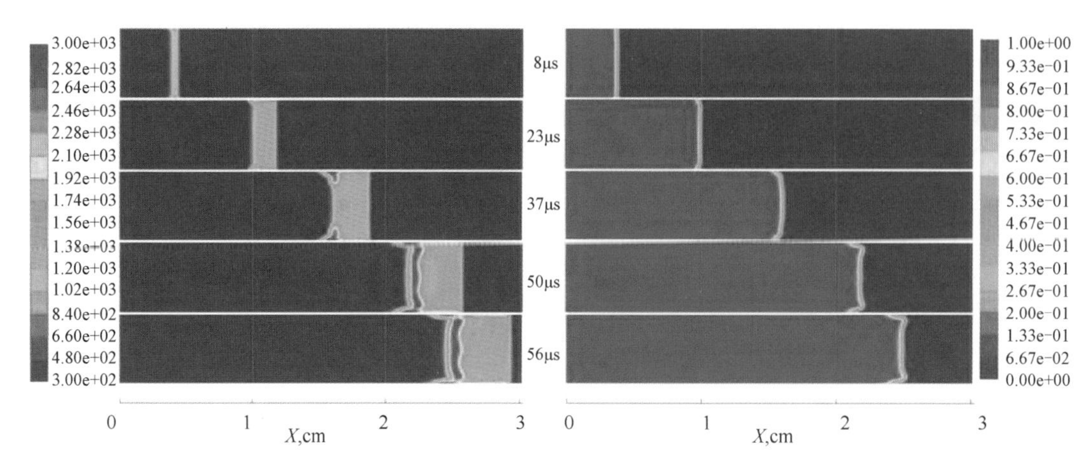

图 7-2　自燃动力学（Bragin，Molkov，2009）：**温度**（左）**和氢摩尔分数**（右）

数值模拟中，瞬间破裂后 45μs 时，反应前沿会位于距爆破片 20mm 的管道横截面。在 Golub 等人（2007，2008）的实验中，光传感器位于距爆破片 33mm 处。可惜，报告中没有提及冲击波到达这个位置的时间。数值模拟中，冲击波在 58μs 时到达了 33mm 处的光传感器，反应前沿跟随冲击波到达，延迟为 7 ~ 10μs。实验中，传感器在冲击波到达后 18 ~ 24μs 开始光学记录。可用实际爆破片的惯性（非瞬间打开）解释激波后火焰前锋到达延迟的偏差，而模拟中没有考虑这一惯性。另一个可以解释这种偏差的因素可能是模拟中没有考虑从反应区到壁面的传热。

7.2.4　涡流分离火焰的机制

Mogi 等人（2008）发表了一系列照片，显示了管道中发生自燃的火焰。实验使用了高速数字彩色摄像机。数值模拟实验中，氢气初始压力取 14.5MPa，管道长度取 185mm，管壁厚度取 4mm。这一系列的快照显示了氢气-空气混合气体的自燃，表明混合气体在管道出口附近开始自燃并稳定燃烧。作者观察到，一旦从管道中冒出的火焰在喷嘴附近稳定下来，它就会充当引燃火焰，点燃或维持火焰喷射。因此，可以将对管道出口附近火焰“稳定化”的数值观察作为自燃向持续火焰喷射过渡的标志。

在这一系列的模拟实验（Bragin，Molkov，2009）中，我们的关注点不再是管道内自燃的分辨率，而是管道内自燃向管道外燃烧的转移过程。因此，决定进一步牺牲通道中的分辨率，以便将 CPU 时间减少至合理时长。将控制体积的特征尺寸比前一节中描述的模拟增大两倍，至约 400μm。壁上的较大单元尺寸可以让边界层“更宽”，由于这样可以减少初始点火点的散热，因而会加快点火速度。

初始状态下，空气中管道末端附近的区域与预期的欠膨胀射流冲击结构周围的室形成粗网格。在初始冲击波和自燃混合物到达管道末端之前，管外网格首次被细化。随着反应进行和射流尺寸增大，在爆破隔膜打开后 220μs 进行第二次网格细化。模拟中，由于网格细化，控制体积的数量从 261640 增加到 478528。

由于实验论文中没有报告氢气和周围空气的温度，模拟中将温度设为 300K，将大气压设为 101325Pa（23% 的氧气和 77% 的氮气）。在时间 $t=0$ 时，立即移除假设的爆破片，以开始不连续性衰减。在计算区域的下游和径向边界处设置无反射“远场”边界条件。

图7-3显示了温度、速度、氢气摩尔分数和羟基摩尔分数的动态过程。所有数值快照中保持视角恒定，其中显示的通道长度为66.5mm，管道区域外部长148mm、宽130mm。所有快照视角均为沿管道轴向的二维横截面。固定每个序列中的最大值和最小值，以锁定所有帧中颜色与相应参数之间的关系。每组框架中的最小值和最大值均被固定，温度为0~2400K，速度为0~3000m/s，氢摩尔分数为0~1，羟基摩尔分数为0.001~0.01。如果数值超出上下限，则根据限值的颜色对其进行着色，红色表示高于上限，蓝色表示低于下限。

管道内自燃的动态过程与前一节中描述的相似，此处不再赘述。由此在冲击波后产生的火焰前锋离管道末端约7mm。在管道轴线附近，火焰前锋宽度约为3mm，而在壁面附近，火焰前锋宽度可达35mm。壁面附近的燃烧中高温区域更宽，现象也更为明显。时间序列中的第一帧对应“爆破片”瞬间打开的时间131.5μs。为了便于解释过渡过程，此时将参考时间设置为0μs（图7-3）。

图7-3表示，当冲击波从管道末端出来后即发生衍射，从平面变为半球形。冲击波向外传播，很快就失去了力量。随后由膨胀的氢气推动火焰前锋。一旦氢气离开管道，半球形膨胀开始，火焰前锋就会随之膨胀。不久之后马赫盘开始形成（参见图7-3中的“28μs”帧），氢气膨胀受阻碍，前端激波与接触面之间的分离距离增加。氢气突然减速刺激了湍流混合，接触面变为湍流。

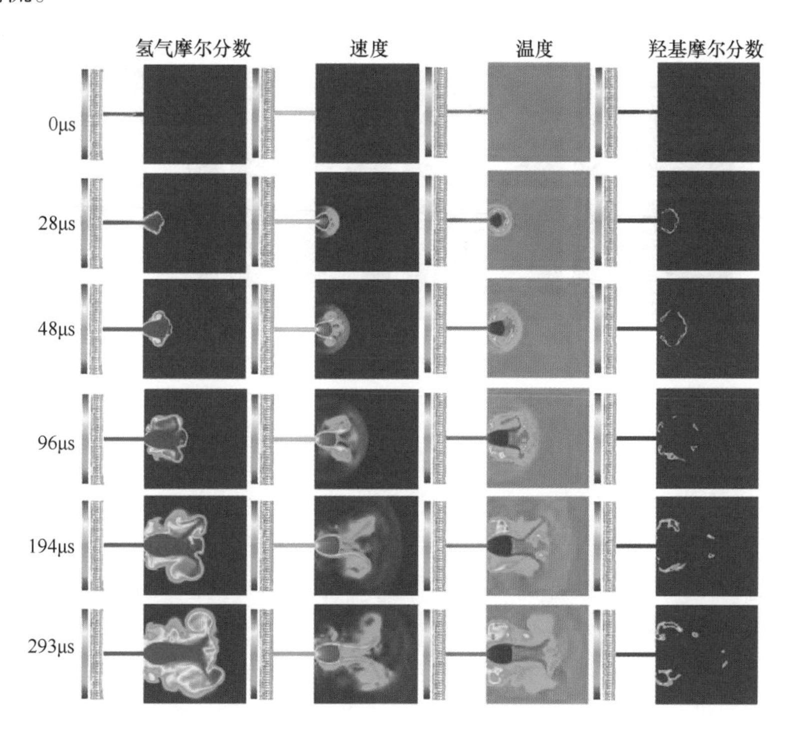

图7-3 沿管道轴向的二维横截面视角下温度、速度、氢气摩尔分数和羟基摩尔分数的动态过程（Bragin，Molkov，2009）

在马赫盘外围形成平行于马赫盘的环形气流。在黏性力的作用下，这种超声速环形流会产生一个大尺寸涡流，使气流返回到管道出口。涡流的形成将燃烧气体（48μs）分成两部分——下游和上游（见下文中与实验快照的对比）。

同时，激波管尚未稳定。燃烧气体上游被涡流尖端（96μs）推回，下游在射流轴线附近被挤出。涡流变直时，再循环区域的氢气供应即会停止，流速降低为燃烧加强留出了必要的诱导时间。可以看出，燃烧影响了射流演化，在一定程度上导致了马赫盘（194μs）以外的非轴对称流动。200μs 左右，激波管稳定下来。环形涡流尺寸增大，距离氢气所在位置的轴向距离也随之增大。在图 7-3 中的最后一帧（293μs）中，下游部分燃烧完全停止，处于再循环区的上游部分继续燃烧。

与反应流参数的二维计算流体动力学图片不同，实验快照提供了三维燃烧射流的侧视图。因此，不可能像数值实验一样详细，包括所有感兴趣参数的剖面图。它对 Mogi 等人（2008）关于火焰尺寸的实验数据进行批判性分析。已发布快照的不确定性来自于帧数的比例尺。应重新考虑比例尺，因为已知管道内径为 5mm，但根据照片上的比例尺，管道外径仅 4.5mm（Mogi et al.，2008）。通过与 Mogi 博士的私下交流得知，管壁宽度为 4mm。照片中显示的管子外径则为 13mm。因此，实验照片中的视野相当于 104mm×76.4mm，管道凸出 14.6mm。

虽然部分实验是用温度来估计可见火焰长度的，如 Brennan 等人（2009）的实验，但在这项研究中，火焰是由羟基的摩尔分数确定的。羟基浓度与高温被广泛认为是燃烧发生的迹象。这里我们通过羟基摩尔分数高于 0.001 来识别可见火焰。图 7-4 显示了实验快照和模拟快照之间的对比。可以通过垂直线查看数值火焰传播的实验尺寸，垂直线位置间隔为 10mm。

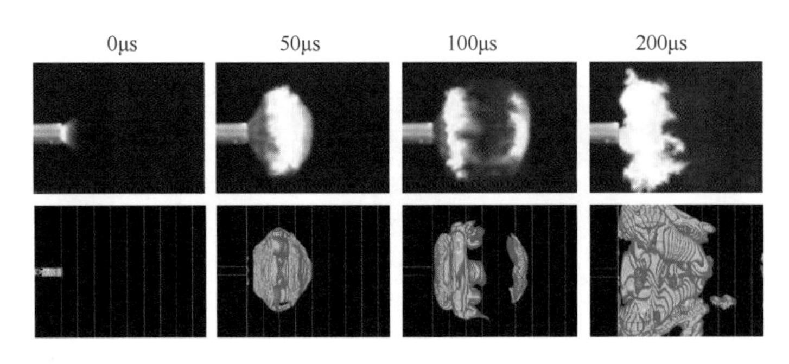

图 7-4　高速摄像机实验照片（Mogi et al.，2008）**与数字三维快照**（Bragin，Molkov，2009）**对比**

管内被点燃的射流在 0μs 进入大气，形成茧状燃烧混合气体（50μs）。之后不久，此处不可见的环形涡流（见前面的图 7-3）导致茧状气体破裂进入燃烧气体上下游（100μs）。燃烧气体下游部分被吹走时，上游部分在管道出口附近保持稳定（200μs）。然而，在模拟中，下游部分规模更大。有三个可能的原因可以解释这一现象。其一，火焰前锋的数值可视化极被取为 0.001 的 OH（通常取 0.01 的 OH）。其二，在实验和模拟中存在不同的卷吸条件，实际上，不是对内径为 5mm、壁厚为 4mm 的管道进行了放氢模拟，而是对具有“无限”尺寸的管壁中 5mm 的通道进行了模拟。其三，为了看到火焰，爆破片和气流出口之间的管道内壁被以 1% 的 Na_2CO_3 水溶液润湿，这种溶液可能对氢气燃烧的传热和化学反应形成干扰，缩小可见火焰的尺寸。

本节描述了在计算范围内从管内自燃转变为持续喷射火焰的机理。根据实验观察和数值模拟，假设初始射流形成阶段对这一转变有较强的决定性作用，即形成的环形涡流将混合燃烧气体推向回流区。一旦火焰在管道出口附近稳定下来，它就可以作为引燃火焰点燃射流。

7.2.5 T形通道自燃压力下限

7.2.5.1 实验装置

实验装置的几何结构，包括泄压装置模型的T形通道，参考 Golub 等人（2010a）的实验，如图7-5所示。高压系统由长210mm、内径16mm的管道和长280mm、内径10mm的管道组成，管道末端有一个铜制或铝制的扁平爆破片，爆破片上有易于破坏的切口，其后是一个向空气开放的泄压装置模型（T形通道）。

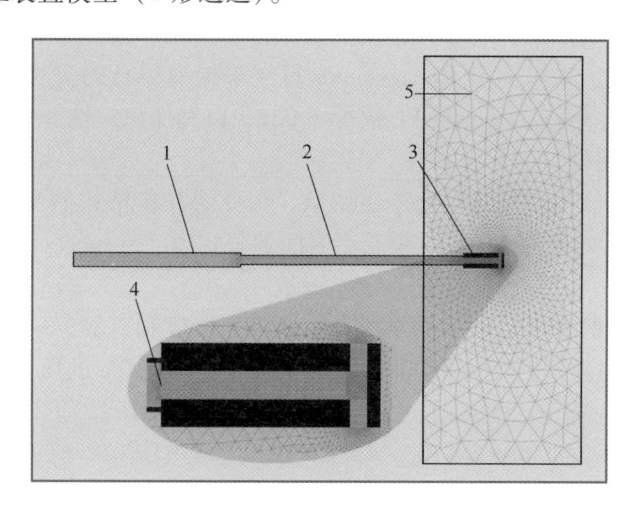

图7-5 几何和计算域

1、2—高压管 3—泄压装置模型（T形通道） 4—爆破片 5—外部计算域

泄压装置轴向通道长48mm，内径6.5mm，末端为平端，轴向通道对面有两个径向通道，用于将氢气释放至空气中。每个径向通道长6.25mm，内径4mm（两径向通道末端相距19mm）。径向通道与轴向通道端壁齐平并固定，每个侧通道边缘与轴向通道的平端相切。根据 Golub 等人（2010a）的估计，爆破片爆裂时间约为10μs，与和现实不同的瞬间打开相比，在打开期间，这一爆裂时间为氢气与空气更好地混合创造了条件。为了记录自燃，在泄压装置径向通道的轴线上安装了一个光传感器。作者估计，在平端反射的激波温度比入射激波温度高出两倍。Golub 等人（2010a）指出，当高压室内的初始压力不超过1.2MPa时，光传感器没有记录任何信号，当压力为2.9MPa时，开始记录点火。可惜，没有关于压力在1.2～2.9MPa间自燃状况的实验记录。除了 Golub 等人（2010b）的研究中指出，储存压力为2.43MPa时，也有出现点火的记录。

7.2.5.2 模拟参数

利用 FLUENT 6.3.26 中的 GAMBIT 工具创造三维网格，实现基于控制体积的有限差分法（Bragin et al.，2011）。采用六面体网格对泄压装置进行网格划分，轴向通道和横截面（不包括交叉区）的控制体积的尺寸均约400μm。轴向通道和径向通道的交叉区域用尺寸约200μm的四面体控制体积进行网格划分，这是自燃现象数值模拟中使用的最大控制体积尺寸。使用大尺寸是因为大涡模拟技术需要三维域，需要更大的控制体积进行模拟，以保证计算时间不会过长。高压室由四面体组成，控制体积的尺寸在泄压装置隔膜附近最小，约250μm，远离泄压装置后迅速增大，并在远端达到最大网格宽10mm。计算域中控制体积的总量为417685（中等数量）。

壁面为防滑防渗绝热壁面。泄压装置外部为无反射开放式“压力远场”边界。为排除入口边界条件对该过程的潜在影响，高压系统被模拟为“封闭”状态。模拟中的观测时间小于稀疏波到达高压系统远端所需的时间，因此这一假设有效。下面给出了四个例子，以说明在压力为 1.35MPa、1.65MPa、2.43MPa 和 2.90MPa 的高压系统中，随着氢气初始压力发生变化，动态过程也发生了变化。在这四种情况下，假设高压系统的初始温度为 300K，氢气初始摩尔分数等于 1。在压力 0.101MPa、温度 300K 的条件下，向低压室中充入空气（氧气质量分数为 0.23，氮气质量分数为 0.77）。

采用显式线性化控制方程和线性方程组的显式求解方法，采用带 AUSM 通量分裂的二阶迎风格式求解流场离散，采用四步 Runge-Kutta 算法来提高仿真的实时性。时间步长由 Courant-Friedrichs-Lewy 条件确定，其中 CFL 数等于 0.2，以确保稳定性。

7.2.5.3 爆破片开口建模

爆破片开口会对氢气与空气的混合产生影响，由此会在扩散机制导致自燃的过程中起重要作用。建模策略如下文所述。计算隔膜开启时间的公式为（Spence，Woods，1964）

$$t = k(\rho bd/p)^{1/2} \tag{7-22}$$

式中，ρ 表示隔膜材料的密度；b 和 d 分别表示隔膜的厚度和直径；k 值在 0.91 ~ 0.93 之间（Wen et al.，2009）。退火铜密度为 8900kg/m^3。例如，在 2.9MPa 的压力下，对开启时间可计算如下：

$$t = 0.92(8900 \times 5 \times 10^{-5} \times 6.5 \times 10^{-3}/2.9 \times 10^{6})^{1/2} = 29.1\mu\text{s} \tag{7-23}$$

模拟中，隔膜爆开约经过 10 个步骤（图 7-6），表 7-2 给出了四个调查案例中各部分的用时。

图 7-6　圆盘破裂过程的阶梯近似：1 ~ 10 是连续的爆开步骤

表 7-2　模拟案例各部分爆开时间（Bragin et al.，2011）

序　号	1	2	3	4	5	6	7	8	9	10
爆开时间/μs［1.35MPa case］	0	4.7	9.4	14.2	18.9	23.6	28.4	33.1	37.8	42.6
爆开时间/μs［1.35MPa case］	0	4.3	8.6	12.8	17.1	21.4	25.6	29.9	34.3	38.5
爆开时间/μs［1.35MPa case］	0	3.5	7.1	10.6	14.2	17.7	21.3	24.8	28.3	31.9
爆开时间/μs［1.35MPa case］	0	3.2	6.5	9.7	12.9	16.2	19.4	22.6	25.9	29.1

7.2.5.4 隔膜爆裂后的初始阶段

图7-7显示了泄压装置模型中，氢气释放初始阶段的温度和氢摩尔分数的动态变化过程，在高压室中，爆破片的初始压力为1.35MPa（Bragin et al.，2011）。随着爆破片爆开面积增大，欠膨胀射流形成，其中爆破片的爆开会表现出惯性。可以在惯性膜爆开过程中看到桶状结构（图7-7中的右侧图）。

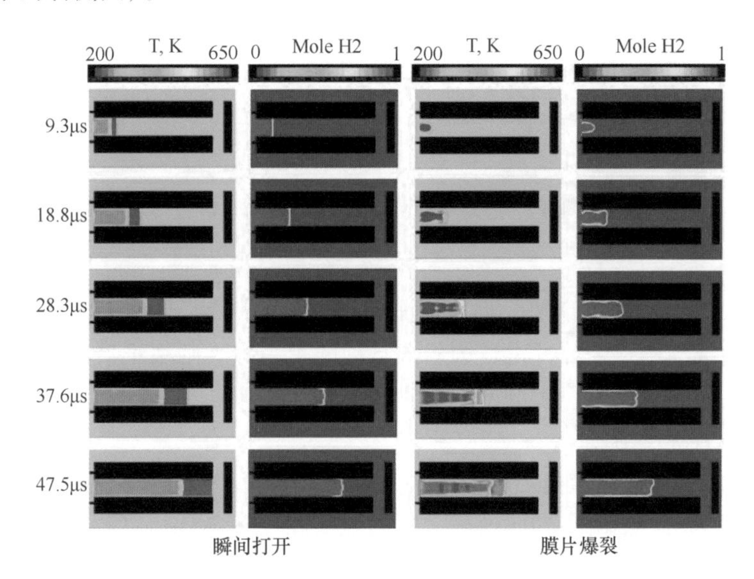

图7-7 压力为1.35MPa的高压室中，瞬时爆破片（左）和惯性十步爆破片（右）打开后初始阶段温度和氢气摩尔分数的动态变化过程

在隔膜爆开的10个步骤中，随着逐渐爆开，桶体直径会变大，射流形状会类似于多重菱形，这也是该压力范围下的特征。在假设的非惯性膜瞬间打开的情况下，空气中激波加热区（红色）厚度几乎是同一时刻惯性膜破裂的情况下厚度的3倍。显然，惯性膜爆开会让氢气和空气混合更加强烈，包括在轴向通道壁边界层的混合。激波加热区空气最高温度比在惯性膜打开情况下低50K。因此，在复杂几何形状下，建立爆裂片惯性开口模型是自燃预测模拟的重要步骤。

7.2.5.5 激波反射

激波反射在触发自燃中起重要作用。可用一维气体动力学方程估算T形泄压装置轴向通道平端的反射压力（Bragin et al.，2011）。首先，我们对不连续激波的马赫数进行估计。

$$\frac{p_4}{p_1}=\left[1+\frac{2\gamma_1}{\gamma_1+1}(M_S^2-1)\right]\Big/\left(1-\frac{\gamma_4-1}{\gamma_1+1}\cdot\frac{a_1}{a_4}\cdot\frac{M_S^2-1}{M_S}\right)^{\frac{2\gamma_4}{\gamma_4-1}} \tag{7-24}$$

式中，p_4/p_1表示移除隔膜时的初始氢气压力与大气压之比；γ_1和γ_4分别表示空气和推动气体的比热容比（在我们的示例中$\gamma_1=\gamma_4=1.4$）；a_1/a_4为空气中声速与氢气中声速之比。知道了M_S，即可计算前沿激波（在空气中传播）后的压力p_2。

$$p_2=p_1\left(\frac{2\gamma_1 M_S^2}{\gamma_1+1}-\frac{\gamma_1-1}{\gamma_1+1}\right) \tag{7-25}$$

最终，前沿激波正常反射后压力p_5的计算方法如下：

$$\frac{p_5}{p_2}=\frac{(3\gamma_1-1)p_2/p_1-(\gamma_1-1)}{(\gamma_1-1)p_2/p_1+(\gamma_1+1)} \tag{7-26}$$

表7-3给出了用式（7-24）~式（7-26）和三维数值模拟（LES）计算反射激波压力的一维理论计算结果。LES模拟结果接近一维理论预测，但比理论值高出8%~10%。值得注意的是，正如数值模拟所证明的那样，自燃不可能发生在反射的轴向通道平端，因为该位置长时间内没有氢气。

表7-3　用式（7-24）~式（7-26）计算正常激波反射参数

初始氢气压力/MPa	1.35	1.65	2.43	2.9
超前激波马赫数-式（7-24）	2.47	2.64	2.98	3.15
前沿激波后压力-式（7-25）/MPa	0.7	0.8	1.04	1.16
计算反射压力-式（7-26）/MPa	2.96	3.61	5.15	6.0
模拟反射压力（大涡模拟）/MPa	3.25	3.9	5.56	6.6

一维理论仅限适用于简单情况，如冲击波通过均匀的氢气-空气预混合气体和平面上的正反射传播。如果混合物不均匀或冲击波为斜向且表面不平坦，则很难采用简单方法。T形通道更为复杂，因为在第一次反射发生的区域（即轴向通道平端）没有氢气-空气混合物，并存在通道曲面上发生的多次反射。

7.2.5.6　储存压力对T形通道自燃的影响

图7-8和图7-9分别给出了轴向横截面中的温度和羟基（OH）摩尔分数在高压室初始压力为2.9MPa和2.43MPa时的情况。

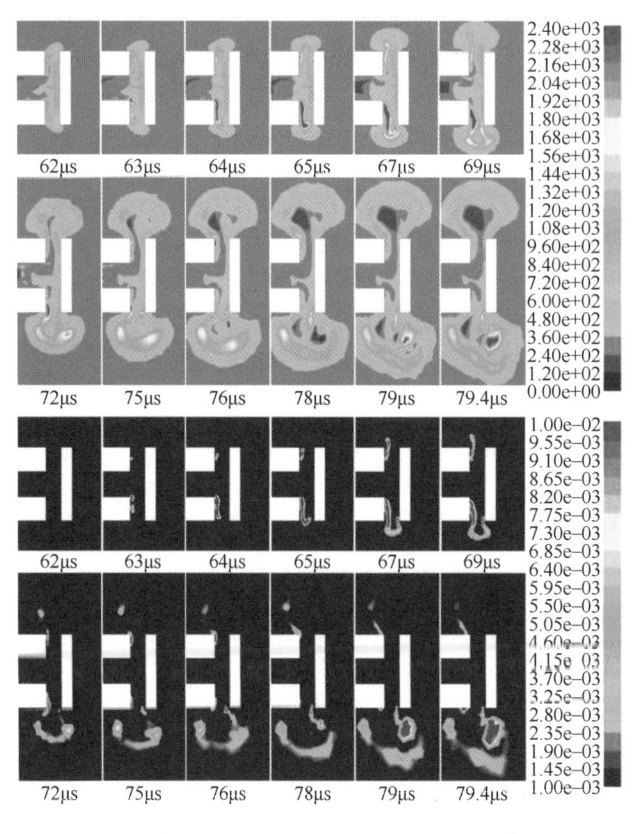

图7-8　储存压力为2.9MPa时的温度和羟基摩尔分数

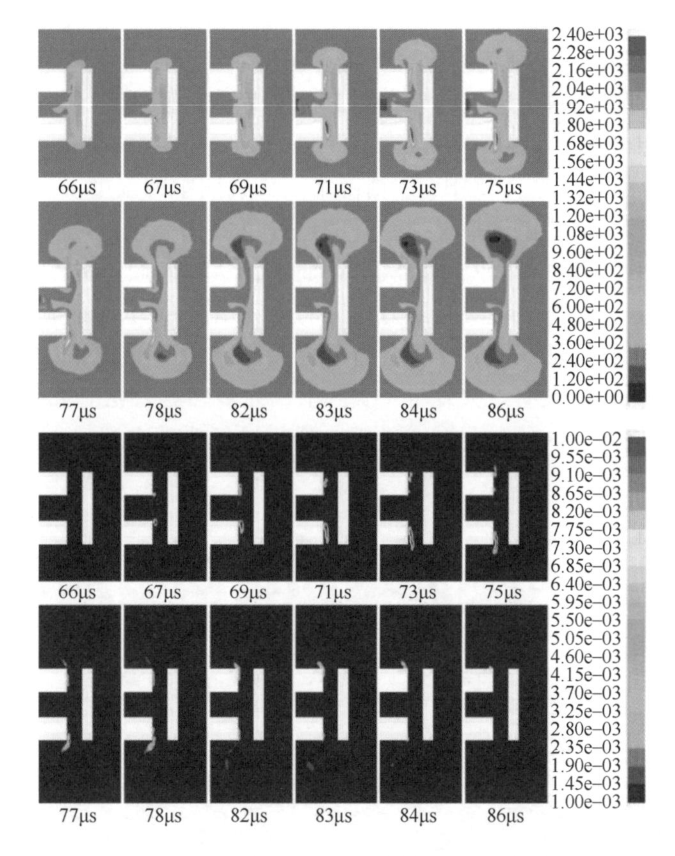

图 7-9　储存压力为 2.43MPa 时的温度和羟基摩尔分数

很显然，由于该区域尚未供应氢气，因此在轴向通道平端的主要冲击反射位置不可能点火。一旦氢流沿边缘从轴向衍射进入径向通道，它就开始与冲击空气加热混合。这为氢气-空气混合物的点火提供了必要的条件。可以看出，对于两种初始压力，化学反应都是在径向通道中靠近上游壁的地方开始的。

与压力 2.43MPa（图 7-9）相比，储存压力 2.9MPa（图 7-8）可以观察到更大的高温区域。当燃烧混合物被推到外面时，这种差别变得更加明显。在压力为 2.9MPa 时，在泄压装置外部形成一个加热到临界状态的半球形茧状可燃的氢气-空气混合物。随后氢膨胀，茧状物内的许多点开始燃烧（见“79μs”帧温度和 OH 摩尔分数的快照）。在点火前，泄压装置外这些点的氢浓度在体积的 29%~36% 内。因此，可以得出结论：在反应最激烈的氢气-空气混合物中，发生了由扩散机制引起的点火。

与压力为 2.9MPa 的情况相比，储存压力为 2.43MPa（图 7-9）时燃烧相当微弱，反应混合物被相邻的氢气流拖走，导致燃烧区域的延伸。从泄压装置径向通道出口后，气流发生膨胀，高温区消失，从而停止反应和 OH 聚集，包括膨胀纯氢射流对可燃混合物的冷却作用。

从燃烧开始到自熄（高温和 OH 摩尔分数区域消失，图 7-9）的整个过程需要 10μs 多一点。这足以在实验中用光传感器记录化学反应。这解释了 Golub 等（2010a，2010b）在解释实验观测结果时的不确定性。实际上，在 2.9MPa 压力时，燃烧非常明显，但在 2.43MPa 压力时，自燃点很弱，并且由于自熄而消失。然而，在自燃过程中，光传感器仍然记录到信号。因此，完全符合实验观察，模拟证实了在 2.43MPa 的储存压力下的自燃。

图7-8和图7-9表明该过程是不对称的，即上部径向通道的点火比下部通道的点火弱。在压力为2.9MPa时，点火仅在下部径向通道的膨胀中幸存，而上部则熄灭。这是由于在模拟中爆破片的非对称开口造成的。这一结果表明，自燃对膜破裂过程的敏感性以及空气湿度等因素的影响有待进一步研究。

图7-10展示了储存压力为1.65MPa的情况下三维视图中的温度（左）和羟基（OH）摩尔分数（右）动态过程。之所以选择模拟结果的这种可视化类型，是因为在这种情况下，点火点不在对称的二维平面上。当压力波再次进入通道，从轴向通道的平端反射时，点火发生在轴向通道内的壁面上。燃烧跟随反射压力波后的流动沿释放方向的壁面上游传播。当边界层中的空气里的氧气被消耗时，化学反应会自动熄灭。因此，模拟可以解释为什么在储存压力为1.65MPa的试验报告中没有点火发生。实际上，光传感器只能记录在径向通道中的点火，并且无法“看到”轴向通道内的微弱燃烧过程，除非进行特殊布置，例如，轴向通道由透明壁面制成。

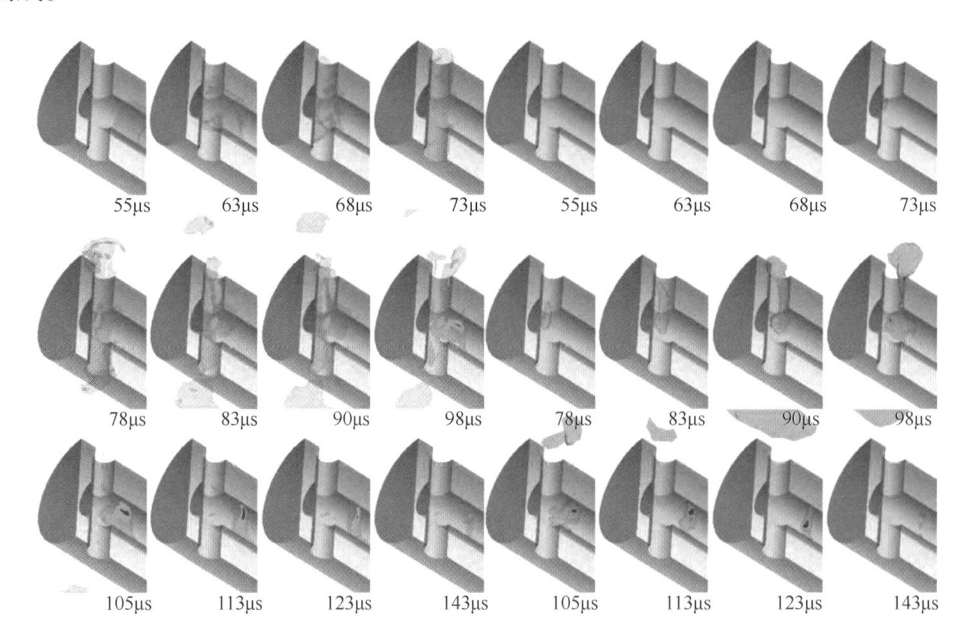

图7-10　储存压力为1.65MPa时的温度（左）和羟基摩尔分数（右）动态过程。
温度颜色：蓝色-550K，绿色-1500K，红色-2400K；
羟基摩尔分数颜色：蓝色-0.0002，绿色-0.002，红色-0.02

图7-11显示了在储存压力为1.35MPa时，爆破片惯性打开后T形通道内的温度动态过程。当OH浓度在10^{-10}~10^{-9}数量级时，羟基摩尔分数动力学不存在，表明该区域没有燃烧。图7-11中的温标为0~1100K。这与在模拟（1.65MPa、2.43MPa和2.9MPa）和实验（2.43MPa和2.9MPa）中观察到自燃时在更高压力下应用的0~2400K温标不同。

图7-11便于分析流型，深入了解T形通道自燃过程。快照“60μs”帧显示接近室温的氢气（蓝色）与压力波加热空气（绿色-黄色）之间的接触面。此时接触面位于轴向通道内，受到Rayleigh-Taylor不稳定性的干扰。靠近轴向通道的平端有一部分空气被反射的冲击进一步加热（红色）。在下一个快照“63μs”帧中可以看到径向通道中新的加热空气区域（红色）随着轴向通道末端的热空气体积的增加而出现。这些新区域可能是来自于与轴向通道平端相对的径向通道壁的第二次反射。在67μs时，“冷”氢开始从轴向通道流出，并沿径向通道的

一侧流动。氢前面的热空气温度降低（“67μs” 至 “77μs” 帧）。当热空气从径向通道进入大气时，加热空气温度会下降。储存压力为 1.35MPa 时，反射冲击较弱，随反射压力波流动的热空气不能进入轴向通道（仅在轴向通道轴处有很小的范围进入）。在 77μs 时，氢气开始离开进入大气，在膨胀过程中其温度进一步下降。

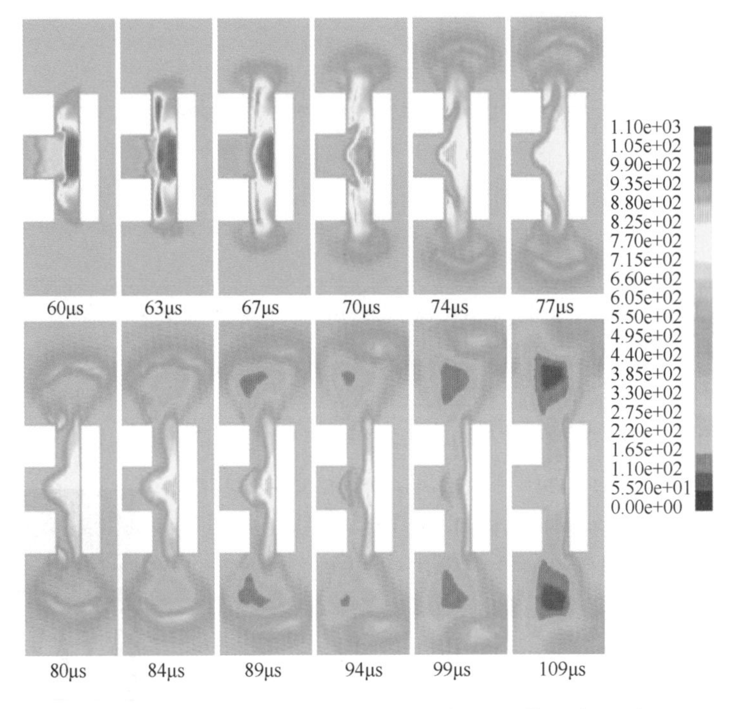

图 7-11　储存压力为 1.35MPa 时，对称面上的温度 2D 剖面

基于详细 Arrhenius 动力学的涡耗散概念（EDC）的 LES 模型和模拟 SGS 湍流的 RNG 理论已被成功地应用于再现实验数据（Golub et al.，2010a，2010b），并通过在充满空气的 T 形通道中的扩散机制了解了自燃现象。结果表明，建立真实的惯性爆破片开口模型，对于正确模拟激波空气加热和冷膨胀氢的混合过程，找出特定几何条件下的自燃压力下限具有重要意义，验证了 EDC 大涡模拟作为氢气安全工程工具在网格尺寸不小于 200μm 的三维网格上的计算效率。

数值模拟表明，在 1.35MPa 的储存压力下，T 形通道内不存在点火现象。在储存压力为 1.65MPa 和 2.43MPa 时，发生点火，随后发生反应自熄。在数值上观察到点火的最小储存压力为 1.65MPa。然而，在 1.65MPa 的储存压力下，燃烧的初始点在数值试验中很快就自行熄灭。当在模拟泄压装置外清楚地看到化学反应时，在 2.9MPa 的储存压力下实现了 “可持续” 点火。在这个压力下，泄压装置外易燃混合物的茧状物中形成多个燃烧点。

由扩散机制引起的点火发生在氢气浓度体积比 29%~36% 范围内最易反应的氢气-空气混合物中。在所研究的 T 形几何结构中，压力范围 1.65 ~2.9MPa 可被认为是氢气自燃的压力下限。只有在这个范围上部的压力才能支持从自燃到持续喷射火焰的过渡。

第8章 微焰

令人担忧的情况是，氢系统中的小尺度泄漏可能会发生点火和燃烧，并且长时间不被发现，并可能侵蚀周围材料或点燃附近可能发生的任何氢气释放（Butler et al.，2009）。SAE J2579（2009）指出，当质量流量低于28μg/s时，典型压缩配件的局部氢泄漏无法维持火焰（随后会削弱材料并导致容器损坏）。小型燃烧器配件可能维持火焰的最低泄漏量为5μg/s。

图8-1显示了氢扩散微火焰在空气（左）和氧气（右）中接近熄灭极限的图像（Lecoustre et al.，2010），图中氢气向下流动。为了给人留下真实火焰大小的印象，10美分硬币上的“WE”字的比例与火焰的比例相同。燃烧器为不锈钢皮下注射管，内径0.15mm，外径0.30mm。即使在黑暗的实验室里也看不到火焰和燃烧器尖端的任何发光，因此我们用热电偶检测。用于拍摄图8-1中图像的相机的快门时间为30s。通过详细的实验和计算发现浮力对于氢微火焰是无关紧要的（Cheng et al.，2005）。

图8-1 氢扩散微焰接近其猝熄极限（Lecoustre et al.，2010）：在空气（左）和氧气（右）中，快门时间为30s

在猝熄极限附近，这些火焰在空气和氧气中的氢流量分别为3.9μg/s和2.1μg/s（Lecoustre et al.，2010）。假设完全燃烧，相关放热率为0.46W和0.25W（基于氢的较低热值119.9kJ/g）。这是迄今为止观测到的最弱的自持稳定火焰。氢泄漏支持燃烧的流量比其他气体燃料的泄漏值低得多。作者估计猝熄极限流量测量的不确定度为±10%。

微焰与裂纹产生的亚声速层流的小流量有关。孔板铸件的体积流量方程式如下：

$$\dot{V}_{\text{vent}} = CA\left\{\left(\frac{2\gamma}{\gamma-1}\right)\frac{P_S}{\rho_{\text{encl}}}\left[\left(\frac{P_S}{P_{\text{encl}}}\right)^{\frac{2}{\gamma}}-\left(\frac{P_S}{P_{\text{encl}}}\right)^{\frac{\gamma+1}{\gamma}}\right]\right\}^{\frac{1}{2}} \tag{8-1}$$

因此，对于相同的供给压力，对于密度最低的气体，即氢气，可以预计通过泄漏的最大体积流量。

8.1 猝熄和吹熄极限

通常情况下，在现有燃烧器上产生火焰的流速范围是有限的（Sunderland，2010）。在这个范围之下，流速被认为低于猝熄极限。有太多的热量损失，燃烧无法持续时，猝熄发生。在另一个极端，当达到火焰能吹熄燃烧器的流速时，会出现吹熄限值。猝熄和吹熄限值限制了能够支持燃烧的泄漏流量。

Kalghatgi（1981）、Matta 等人（2002）以及 Baker 等人（2002）测量了不同气体的猝熄和吹熄限值。Cheng 等人（2006）测量了各种燃料（包括丙烷、甲烷和氢气）在环形燃烧器上的吹熄限值。当火焰的预测长度小于测量的相隔距离时，火焰是不可能存在的（Matta et al.，2002）。实验验证了该方法可通过在皮下不锈钢注射管上建立丙烷火焰并降低燃料流量直至熄灭来确定猝熄流率。研究表明，氢气质量流量的吹熄限值高于甲烷和丙烷。对于给定的泄漏尺寸，存在一个质量流量范围，在此范围内氢气能够支持稳定的火焰，但甲烷和丙烷会被吹熄。

8.1.1 圆形燃烧器

Butler 等人（2009）考虑了三种不同类型的圆形燃烧器：针孔、曲壁针孔和管式燃烧器，如图 8-2 所示。针孔直径从 0.008mm 到 3.18mm 不等。针孔燃烧器是不锈钢喷嘴，用于产生固体流喷雾，每个燃烧器的顶部（最小的两个除外）是一个稍微弯曲的表面，有一个孔穿过其轴，最小的两个燃烧器在平面上有孔，而不是弯曲的表面。曲壁针孔燃烧器由两个不同外径的不锈钢管构成，即 1.59mm（孔 0.41 ~ 1.02mm）和 6.35mm（孔 0.41 ~ 3.12mm），其中钻有径向孔。管式燃烧器由内径为 0.051 ~ 2.21mm 的不锈钢皮下注射管制成。这些燃烧器类似于微型喷射器，可用于未来的小型微机电发电机（Lee et al.，2003）。

图 8-2 用于确定猝熄极限的圆孔燃烧器（Butler et al.，2009），箭头表示氢流动方向

小流量需要特殊流量测量程序（Sunderland，2010）。为了圆形燃烧器的实验，在燃烧器的上游安装了一个玻璃皂泡流量计。测量猝熄流量的方法是，首先建立一个小火焰，降低流量直到火焰熄灭，然后在流量计中引入肥皂泡进行流量测量。

在不同的燃烧器温度（从室温到约 200℃）下进行的实验发现，如果避免冷凝，猝熄流量在很大程度上与燃烧器温度无关（Butler et al.，2009）。实验也在不同的环境湿度下进行，发现猝熄极限通常与空气的相对湿度在 46% ~90% 范围内无关。

用皂泡流量计测量吹熄时的氢气流量（Butler et al.，2009）。建立稳定的火焰，然后增加流量，直到火焰首先升起然后熄灭。对于吹熄实验，火焰可通过视觉观测到。大型燃烧器的吹熄实验需要听力保护。

Butler 等人（2009）进行了附加实验，以考虑浮力效应。至此，在垂直、水平和反向方向上发现了针孔和管式燃烧器的猝熄流量（图 8-3）。

图 8-3 表明，虽然吹熄流量随管道内径增加而增加，但猝熄流量实际上与直径无关。氢的燃烧限值比甲烷和丙烷大得多，甲烷和丙烷的猝熄和吹熄限值非常相似。

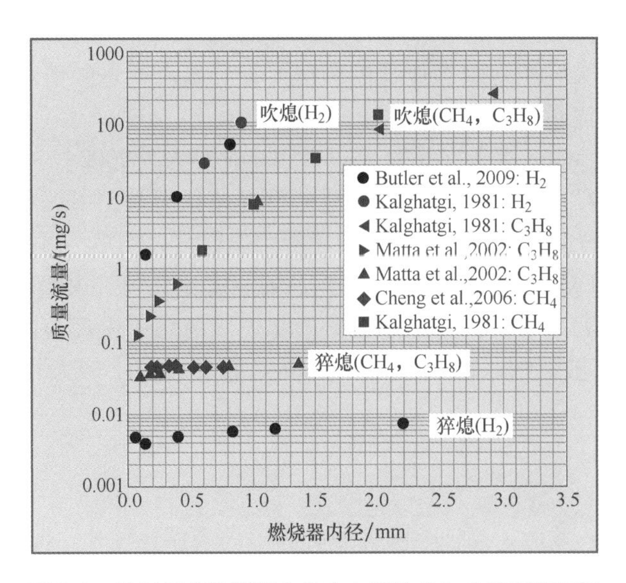

图 8-3　根据管式燃烧器内径确定的猝熄和吹熄限值函数

8.1.1.1　猝熄极限和圆形燃烧器类型

图 8-4 显示了三种燃烧器的氢猝熄极限（Butler et al.，2009）。简单理论预测猝熄流量与燃烧器直径无关，为0.008mg/s。图 8-4 显示 Butler 等人（2009）进行的标度分析能近似预测氢气的平均猝熄流量，尤其是在燃烧器直径大于 1.5mm 的情况下。对于较小的燃烧器，显然还有其他影响猝熄极限的机制，这在简单模型中没有考虑。

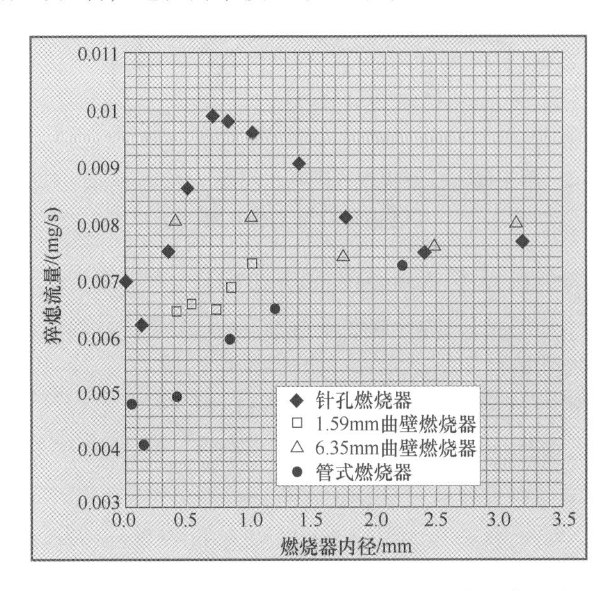

图 8-4　猝熄极限与燃烧器内径和圆形燃烧器类型的函数（Butler et al.，2009）

热损失导致不同圆孔燃烧器的限值差异。对于较小的燃烧器直径，针孔燃烧器的猝熄流量最高，而管式燃烧器的猝熄流量最低。6.35mm 曲壁燃烧器更像针孔燃烧器，而 1.59mm 曲壁燃烧器更像管式燃烧器，因此 6.35mm 曲壁燃烧器的平均猝熄流量高于 1.59mm 曲壁燃烧器。

Butler 等人（2009）研究了燃烧器方向（垂直、水平、倒置）对猝熄极限的影响。结果表明，针孔和管式燃烧器的猝熄流量几乎与方向无关。最弱的是氢气流量为3.9μg/s的倒焰。除了辐射热损失之外没有其他机制，而且氢火焰的辐射热损失很低，这是迄今为止观察到的最弱的火焰（Butler et al.，2009）。在这些实验中，发现在非垂直测试中燃烧器更热。如果燃烧器温度不影响温度，并且猝熄极限与方向无关，那么流场也必须随方向的变化而保持恒定。因此，除了作者总结的浮力以外，火焰接近熄灭是由其他机制造成的。

8.1.1.2　压力依赖性

以下我们将研究在图8-3中考虑的三种气体的猝熄极限下，不同气体通过圆孔的等熵阻塞流。燃料质量流量与孔P_0上游压力和泄漏面积A成线性关系。

$$\dot{m} = CAP_0\left(\frac{\gamma M}{RT_0}\right)^{\frac{1}{2}}\left(\frac{2}{\gamma+1}\right)^{\frac{\gamma+1}{2(\gamma-1)}} \tag{8-2}$$

式（8-2）用于预测与给定燃料和上游压力的猝熄极限相关的孔径（Butler et al.，2009）。氢、甲烷和丙烷的计算结果如图8-5所示。图8-5中的每条线从阻塞流的最小上游压力开始，到替代燃料汽车中预期的最大压力结束。该图表预测，在给定的储存压力下，对于小于甲烷或丙烷孔径的孔，氢容易发生泄漏火焰。此外，在氢的最大预期储存压力为69MPa时，预计仅为0.4μm的孔径就能支持火焰。

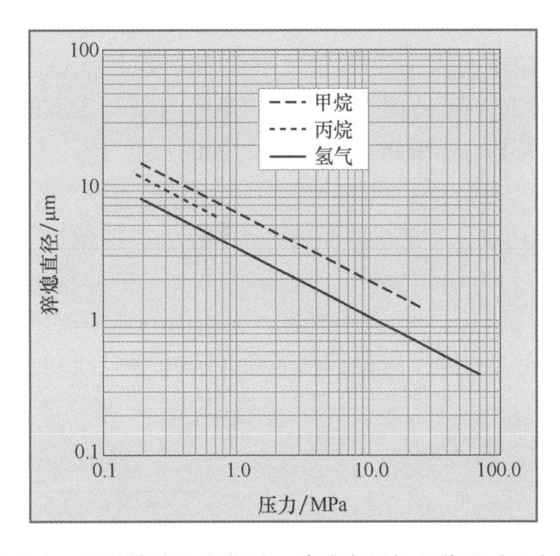

图8-5　假设等熵阻塞流时，猝熄直径与上游绝对压力的函数（Butler et al.，2009）

8.1.2　接头泄漏

Ge和Sutton（2006）对美国国家标准管螺纹（NPT）接头氢界面泄漏进行了研究。他们发现，所调查的最好的螺纹接头泄漏氢的速率为1μg/s；非理想条件下的泄漏率要高得多。他们还发现，更大的拧紧力矩在密封螺纹方面不如特氟龙材料和性能重要。实验在7MPa的压降下进行。结果表明，两圈特氟龙的性能优于一圈特氟龙，Swagelok厌氧管螺纹密封胶性能优于特氟龙。

压缩接头通常与高压气体一起使用（Sunderland，2010）。压缩接头是一种可以轻松地拆卸和连接接头的可靠方法。与管螺纹接头相比，使用压缩接头的一个好处是不需要防止泄漏所必需的特氟龙胶带。任何时候拆开一个管螺纹接头，都必须清洁并重新包好，然后才能再次使用。

图8-6显示了压缩接头的横截面示意图（Sunderland，2010），部件有钢管、螺母、接头体和套管。实验中发现的泄漏路径用虚线表示。泄漏从管出口开始，围绕前卡套和后卡套，并在螺母和管之间流出。压缩接头的螺纹没有泄漏。

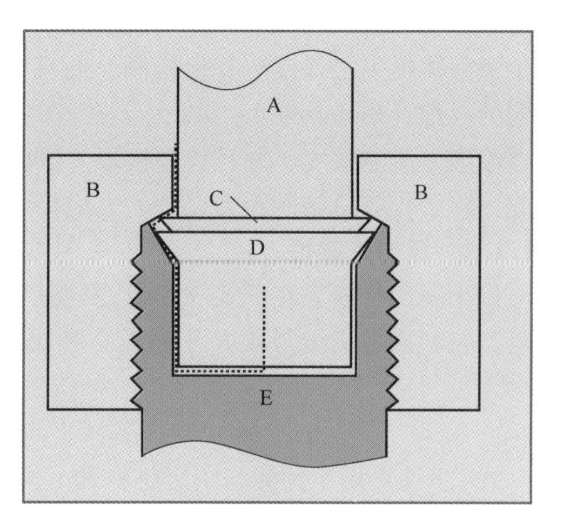

图8-6　带有拟定泄漏路径的接头连接横截面图：A—钢管，B—Swagelok螺母，C—后卡套，D—前卡套，E—接头体（Sunderland，2010）

过度拧紧接头会损坏压缩接头中的卡套，导致泄漏。此方法仅适用于6.33mm的接头（很难过度拧紧12.66mm的接头，因为尺寸太大，需要较大的力矩）。接头是根据制造商的说明制造的，并确认在0.689MPa的压力下使用氢气无泄漏。钢管和连接器之间的接头被拆开，然后用手指拧紧，再将接头拧紧一整圈（超过制造商说明¾圈）。之后再次拆开接头并拧紧，直到在几个不同的压力下找到点火流量限值。刮破的接头模拟因插入接头而损坏的卡套，仅适用于6.33mm的接头，用一把小三角锉刀划破钢管上的卡套，然后将接头重新正确组装，通过缓慢拧紧接头，找到点火流量限值。

图8-7（左）显示了在垂直方向上氢气、甲烷和丙烷在泄漏接头处所测量的点火流量（Butler et al.，2009）。他们绘制了持续点火所需的最小流量与压力的关系图。对于每种燃料，压力升高时的测量值与接头上力矩的增加有关。丙烷的压力上限低于其他气体，因为丙烷在21℃时的蒸气压为0.76MPa。

Butler等人（2009）使用实验室测量的当前温度和压力，将图8-7（左）中测量的点火质量流量转换为体积流量。图8-7（右）绘制了与上游压力相关的体积流量。在实验的不确定范围内，最小燃料质量和体积流量与压力无关。丙烷点火所需的体积流量最小，而甲烷所需的体积流量最大。氢气、甲烷和丙烷的体积流量分别为0.337mL/s、0.581mL/s和0.187mL/s。

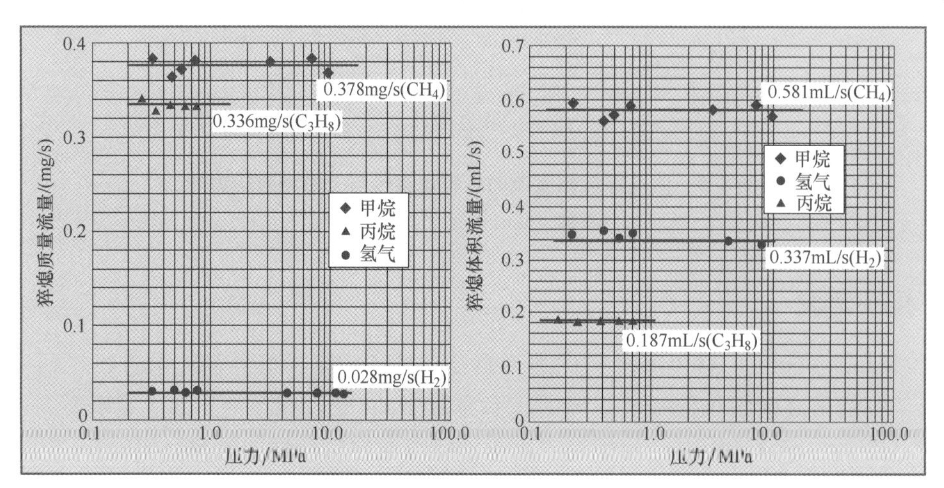

图8-7　猝熄质量流量限值（左）（Butler et al.，2009）**和猝熄体积流量**（右）（Sunderland，2010）**与接头垂直方向上游压力的函数**

虽然氢气具有维持接头微焰所需的最小质量流量，但丙烷具有维持接头微焰所需的最小体积流量。

第 9 章 射流火焰

本章对氢射流火焰进行了批判性的回顾和反思。本章认为，仅包含弗劳德数的关联式在预测欠膨胀射流火焰长度时存在不足。本章还介绍了新的无量纲火焰长度关联式。这一关联式说明了弗劳德数、雷诺数和马赫数对火焰长度的影响。关联式有效的压力范围为 0.1 ~ 90.0MPa，温度范围为 80 ~ 300K，泄漏直径范围为 0.4 ~ 51.7mm。射流火焰状态分为三种：传统浮力控制、动量控制的“水平流”膨胀射流、动量控制的“斜向流”欠膨胀射流。

本章认为“火焰长度可以通过将轴向浓度衰减方程中的化学计量混合物浓度代入无反应射流中计算得到”的说法是不正确的。正确的非预混湍流火焰平均值应为氢气占总体积的 11%（范围为 8% ~16%），而非化学计量数的 29.5%。本章还介绍并讨论了射流火焰的三种间距。来源相同时，射流火焰的三种保守间距都比非反应射流间距（可燃下限为 4%）长。

9.1 氢气射流火焰与安全问题简介

在 100MPa 的压力下使用氢燃料电池系统，为新兴技术的公共安全带来了新的工程学挑战。为阐明氢安全工程原理，需要对潜在物理现象（包括射流火焰）有正确理解。

安全常被误认为是阻碍新兴氢经济的“非技术性”障碍。事实上，氢安全融合了科学、工程、技术发展与创新，极具挑战性。在将氢能与燃料电池技术推向市场之前，有许多棘手的工程问题需要解决。这些未解决的问题包括如何缩短氢动力车辆车载储氢瓶的欠膨胀射流火焰长度（目前为 10 ~15m），以便疏散乘客，并在相关情况下由第一响应人员保护其安全。

车辆制造商要解决的另一重要安全问题是，将车载 4 型储氢瓶的耐火等级从目前的 1 ~ 7min 延长至更久时间，以便储氢瓶泄放排气。这反过来又将防止意外泄漏对车库等民用结构造成严重破坏，甚至排除了在隧道内形成大型氢气云的可能性，避免在隧道内发生事故。储氢瓶的耐火等级更高，民众也能更安全地撤离事故现场。

安全工程面临的挑战之一是确定氢气系统或氢气基础设施的科学间隔距离。间隔距离可定义为危险源与物体（人、设备或环境）之间的最小间距，这一最小间距须足以削弱可能发生的可预见事件的影响，并防止小事件升级成大事件或大事故（欧洲工业气体协会，2007）。以下定义可用于区分事件和事故。事件是指与其他事物相关的偶然事件，而事故是指造成损失或伤害的意外事件或情况。

根据事件情况，最小间距可用未点燃释放特性、射流火焰参数、爆燃和爆轰产生的压力效应等定义。本章特别讨论了两个间距的长度，即来自非反应射流（氢气泄漏后未点燃）的危险或来自同源反应性氢气释放（射流火焰）的危险。由于目前缺乏相关研究，只考虑自由射流。

压力高达100MPa的储氢罐和设备中，大部分泄漏都以欠膨胀射流的形式发生。欠膨胀射流是指喷嘴出口处气体压力高于大气压的射流。目前安装在氢动力车上的泄压装置（PRD）发出的欠膨胀氢气火焰长度可达数十米，而大直径高压工业氢气管道发出的欠膨胀氢气火焰则高达数百米。这就提出了一个重要议题，即通过创新工程设计缩短间距，将技术应用的安全性和成本效益相联系。

层流和湍流非预混氢气射流火焰长度的预测一直是Hawthorne等人（1949）开创性工作的研究课题。对以往文献的分析表明，过去几乎所有无量纲火焰长度关联式，即由燃烧器喷嘴直径归一化的火焰长度，都是基于各形式的弗劳德数（Fr）。这不仅适用于以往以研究膨胀射流为主的工作，也适用于近年来对高度欠膨胀射流的研究。很明显，基于Fr的关联式忽略了理论预测和实验证明对雷诺数（Re）和马赫数（M）的依赖性，在广泛的参数范围内不具有普遍性。

前一种关联式将射流火焰分为两种状态。第一种情况是浮力控制射流火焰，这种状态的特点是弗劳德数较低。在这种情况下，无量纲火焰长度随弗劳德数增长，计算式为L_F/D，其中L_F代表火焰长度，D代表喷嘴出口直径。第二种状态是动量控制射流火焰，与浮力控制状态相比，这种状态的特点是弗劳德数较大。对于动量控制的膨胀射流火焰，无量纲火焰长度与弗劳德数无关。值得注意的是，这仅适用于膨胀射流。本书通过新的射流火焰关联式，将欠膨胀射流火焰也纳入射流火焰分类范围中，该关联式同时与弗劳德数、雷诺数和马赫数有关。

射流火焰是典型的火灾场景。统计数据证明，在大多数情况下，非计划的高压氢气释放会引发点火（Astbury，Hawksworth，2007）。了解射流火焰长度和相关间隔对氢安全工程至关重要。科研是人类活动中极具挑战性的领域，没有人能保证不出现可能的错误和错误的结论。

Sunavala等人（1957）提到，在非反应射流轴向浓度衰减方程代入混合物对应的化学计量浓度即可计算得到火焰长度。这一说法随后被修改。例如，Bilger和Beck（1975）“为方便起见”将火焰长度定义为到轴线上平均组分为化学计量比（氢浓度是氧的两倍）的点的距离。Bilger（1976）重申，对于受扩散限制的反应速率，正如Hawthorne等人（1949）的开创性研究已证明，火焰问题与等效非反应混合问题类似，轮廓处出现反应区，其中喷嘴流体浓度已稀释至化学计量。

然而，如果应用Hawthorne关于湍流火焰中浓度波动或局部“不饱和度”的概念，会造成反应区的统计模糊，并导致混合物平均组分为化学计量比的点向外延伸，以上观点也可能因此遭受质疑。事实上，初步研究（Molkov，2009b）和下面显示的结果表明，与非反应动量控制射流中氢气的随机浓度的轴向位置相比，非预混氢气湍流射流火焰尖端距离喷嘴要远得多（如下文所述），是其2.2倍（最短火焰极限16%，以混合气中氢体积分数计）到4.7倍（最长火焰极限为8%）。之前的研究对氢气火焰长度有一定误解，这可能产生严重的安全和经济影响，本章将对此进一步澄清。

本章最终目的是促进对氢气射流火焰的理解和可靠氢安全工具的开发，提出一个通用的无量纲关联式，用于预测不同储存压力和温度下任意尺寸圆形喷嘴的膨胀和欠膨胀氢气射流火焰长度。

9.2 氢气射流火焰研究的历时性概述

Hawthorne 等人（1949）在关于膨胀氢气火焰的开创性研究中得出结论，火焰长度 L_F 仅与喷嘴直径 D 成正比。研究发现，只要燃气流量足以产生充分发展的湍流火焰，燃气流量对火焰长度没有影响。以下方程描述了自由湍流火焰射流无量纲长度：

$$\frac{L_F - s}{D} = \frac{5.3}{C_{st}}\sqrt{\frac{T_{ad}}{\alpha_T T_N}\left[C_{st} + (1 - C_{st})\frac{M_S}{M_N}\right]} \tag{9-1}$$

式中，s 表示断点到喷嘴的距离；α_T 表示化学计量混合物的反应物与产物摩尔数之比；T_{ad} 表示绝热火焰温度，T_N 表示喷嘴中流体温度，C_{st} 表示化学计量混合气中喷嘴流体的摩尔分数；M_S/M_N 表示周围流体和喷嘴流体的分子量之比。Hottel 和 Hawthorne（1949）提出了这样的渐进变化，如图 9-1 所示。

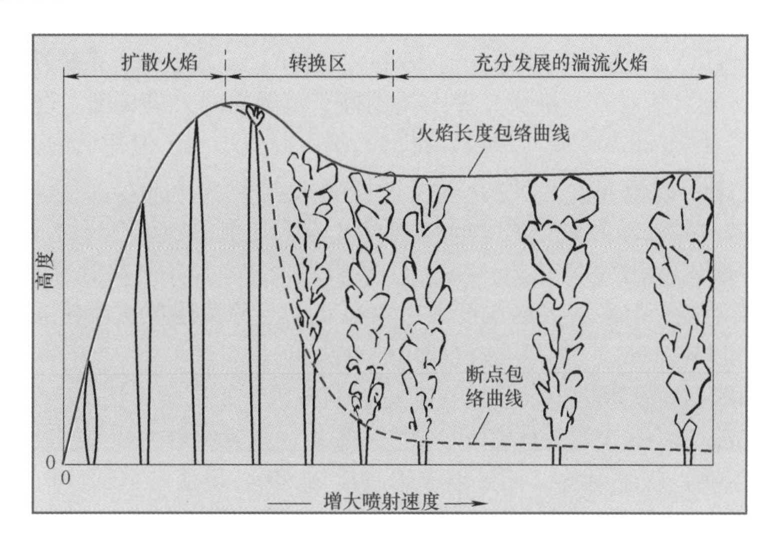

图 9-1 从层流扩散火焰到充分发展的非预混湍流火焰的渐进变化（Hottel，Hawthorne，1949）

式（9-1）计算空气中自由湍流膨胀氢气火焰的 $L_F/D = 152$，各参数为：$\alpha_T = 1.173$，$T_{ad}/T_N = 8.04$，$C_{st} = 0.296$，$M_S/M_N = 14.45$（Hawthorne，1949）。Hawthorne 等人（1949）实施了两个垂直亚声速氢气射流火焰实验。每个实验都在暗室和光室中重复进行。第一个实验使用了一个直径为 4.76mm 的圆形喷嘴，其中光室 $L_F/D = 134$（$Re = 2870$；$Fr = U_N^2/gD = 92000$，U_N 表示喷嘴内的气体速度，g 表示重力加速度，报告中火焰宽长比为 $W_F/L_F = 0.21$）。第二个实验使用了直径为 4.62mm 的锐边喷嘴孔板，其中 $L_F/D = 147$（$Re = 3580$；$Fr = 158000$）。在暗室中观察到的可见火焰长度比在光室中观察到的火焰长度长 10%（Hawthorne et al.，1949）。

图 9-1 显示了 Hawthorne 等人观察到的从层流扩散火焰到充分发展的非预混湍流火焰的渐进变化（Hottel，Hawthorne，1949）。对于层流火焰，喷嘴气流速度变快会导致火焰变长。在一定的速度下，层流火焰高度达到最大值，并随着火焰在其尖端开始变作湍流而开始下降。当氢气释放到静止空气中，雷诺数 $Re = 2000$ 左右时，火焰开始从垂直层流扩散火焰转变为湍流火焰。最后，Hawthorne 等人（1949）根据他们对膨胀射流的实验得出结论，只要燃气流量大到足以产生充分发展的湍流火焰，燃气流速就对火焰长度没有影响。

值得强调的是，Hawthorne 等人（1949）指出，这并不意味着燃烧将在理想混合允许的范围内继续进行，因为实际上样品成分随时间快速变化，因此，过量的氧气和过量的氢气会交替产生能够进一步燃烧的混合物。他们还表示，射流火焰横截面（根据射流宽度标准化，此处浓度为最大浓度的一半）的氢气浓度（轴向标准化浓度）实际变化与距喷嘴的距离无关。这一结果可用于验证计算流体动力学模拟的膨胀射流火灾。

Hawthorne 等人（1949）的研究结论并不显著。膨胀射流火灾的结论，特别是湍流射流火焰长度与喷嘴气流速度无关，可以推广到欠膨胀射流火灾。例如，与亚声速射流相比，马赫盘下游欠膨胀射流轴线的湍流和速度波动非常大，即 Thring 和 Newby（1953）根据 Corrsin（1943）的实验得出的是均方根与平均轴向速度之比为 0.25 ± 10%。最近，Brennan 等人（2009）在桑迪亚国家实验室处理大型氢射流火灾的实验数据期间，应用大涡模拟技术，证实了欠膨胀射流中存在这种高水平湍流。

Golovichev 和 Yasakov（1972）从理论上预测了最大火焰长度与喷嘴直径之比 $L_F/D=220$。在该实验中，亚声速释放（即膨胀射流）的最大测量值 $L_F/D=205$，对应速度为 365m/s。如 Becker 和 Liang（1978）所述，Baev 等人（1974a，1974b）首次进行了系统性尝试，研究了从强制对流（射流）到自然对流（羽流）整个适用操作范围内的火焰长度。这些研究得出的基本火焰长度方程与 Hawthorne 等人（1949）得出的基本公式类似。但他们的方程更具一般性，因为考虑了压缩，即马赫数大于 1 的情况带来的影响（Becker，Liang，1978）。他们共进行了 70 多个实验，喷嘴直径范围为 1 ~ 16.65mm，研究了亚声速射流和超声速射流，其马赫数范围为 0.25 ~ 3.08（喷出气流速度高达 2600m/s），实验误差为 ±15%。尽管已经了解弗劳德数、雷诺数和马赫数的功能，但实验火焰长度数据仅显示了与弗劳德数功能相关的函数 $Fr=U_N^2/gD$，这与 Shorin 和 Ermolaev（1952）首次使用的方法相似。

Baev 等人（1974a）从理论上推导出在动量控制极限下，火焰长度 $L_F \approx Re$ 或无量纲火焰长度 $L_F/D \approx U_N \rho/\mu$，其中 ρ 表示气体密度，μ 表示黏度。这意味着，如果密度和黏度都保持不变，对于声波（阻塞）膨胀射流，无量纲火焰长度 L_F/D 必须是一个常数。在存在升力（浮力）的情况下，他们得出 $L_F \approx Re^{2/3} Fr^{1/3} \approx u^{4/3} D^{1/3}$。实验中亚声速射流的最大比值 $L_F/D=230$。

同年，Baev 和 Yasakov（1974b）表示，理论上，对应不同的弗劳德数，如 Hottel 和 Hawthorne（1949）所提及的，会在 L_F（Re）函数中出现一个特征峰，或者喷嘴直径较大时无特征峰（图 9-2）。

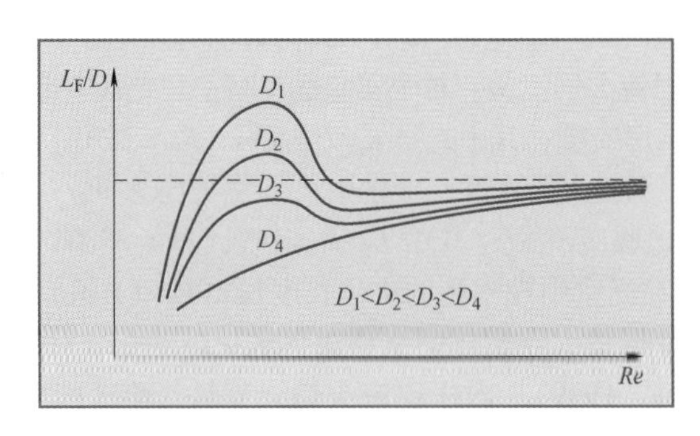

图 9-2　对于不同的喷嘴直径 D 火焰长径与喷嘴直径的比值 L_F/D 是雷诺数 Re 的函数，水平虚线表示湍流火焰长度极限 L_t（Baev，Yasakov，1974b）

Baev 和 Yasakov（1974b）在其理论假设下推导出最大层流与最大湍流火焰长度之比为

$L_l/L_t=1.74$，并且与燃料类型无关。随着直径 D 的增加，该比值减小（图9-2）。所有雷诺数范围内，存在一个临界直径，在该直径以上，火焰长度低于 L_t 值。他们表示火焰长度 L_t 在 $Re\to\infty$ 时取极限。在讨论湍流射流火焰长度极限 L_t 时，运用了关系式 $L_F\approx Re^{2/3}Fr^{1/3}\approx u^{4/3}D^{1/3}$。实验数据表明，层流射流火焰的最大比值 $L_F/D=230$，湍流射流火焰的最大比值 $L_F/D=190$。

三年后，Shevyakov 和 Komov（1977）实验证实了 Baev 等人（1974a，1974b）的理论结论，图9-3中展示了他们的实验。图中给出了9个直径为1.45～51.7mm的不锈钢管式燃烧器的 L_F/D 与雷诺数的关系，其中雷诺数最大值为 $Re=20000$。燃烧器长径比不等，最小直径的长径比为50，最大燃烧器长径比为10。在暗室喷口处观察亚声速火焰的可视长度。在处理 Shevyakov 的数据时，喷嘴出口处的氢气密度取0.0899kg/m³，温度取273K。

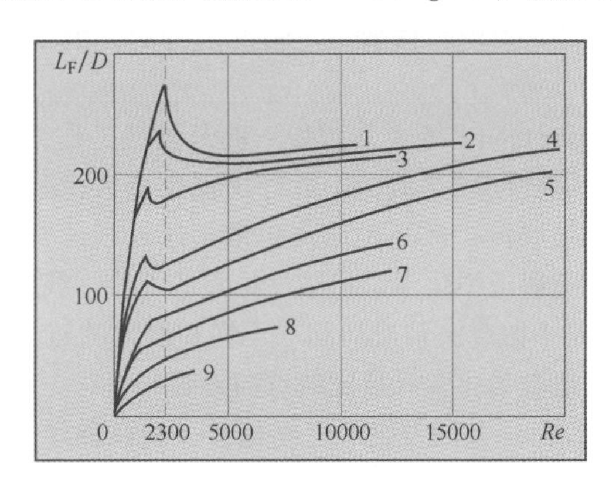

图9-3 实验火焰长径比，L_F/D，作为雷诺数 Re 的函数，喷嘴直径 D 不同：1—1.45mm，2—1.9mm，3—2.9mm，4—4.0mm，5—6.0mm，6—10.75mm，7—15.5mm，8—21mm，9—51.7mm（Shevyakov，Komov，1977）

对于直径较小（小于6mm）的燃烧器，L_F/D 对 Re 的实验依赖性（图9-3）（Shevyakov，Komov，1977）与图9-2中（Baev et al.，1974b）理论预测的特征峰值一致。在层流到湍流过渡区（$Re<2300$），随着燃烧器直径增大，峰值逐渐减小。然后 L_F/D 又随着雷诺数 Re 的增大而增大，当雷诺数很高时，L_F/D 达到极限值220～230。实验数据高于 Baev 和 Yasakov（1974b）计算的湍流射流火焰极限 $L_F/D=190$。Baev 等测量了层流喷射火焰的相似极限 $L_F/D=230$（1974a）。值得注意的是，雷诺数相同时，L_F/D 随着直径的增加而减小（图9-3）。

从 Lavoie 和 Schlader（1974）的实验研究中，可以提取动量控制区域的火焰长度信息。所有实验均在恒定雷诺数 $Re=4500$ 下进行。四个实验中有两个实验在动量控制极限内进行：$D=0.48$mm（$Fr=1.6\times10^8$）；$D=0.96$mm（$Fr=2.1\times10^7$）。另外两个试验在接近动量控制极限的过渡区域进行：$D=2.2$mm（$Fr=1.8\times10^6$）；$D=3.3$mm（$Fr=5.0\times10^5$）。通过火焰取样的最远位置估算火焰长度（$x/D=200$，但喷嘴直径 $D=3.3$mm 时 $x/D=180$）。因此，实际火焰长度可能比报告的火焰长度稍长。

Bilger 和 Beck（1975）在恒定弗劳德数下用垂直氢气射流扩散火焰进行了实验，得到了流体动力学相似性。他们利用流体动力学原理进行这项研究，指出如果基于射流直径和出口速度的雷诺数足够高，喷射到静止环境中的射流将表现出与黏性无关的主流相似性。这种现象被 Townsend（1956）称为“雷诺数相似性”。Bilger 和 Beck（1975）强调，如果弗劳德数、喷嘴射流密度和射流成分保持恒定，火焰应具有雷诺数相似性。他们仅进行了三个实验来测量火焰长度与弗劳德数的关系，三个实验中弗劳德数分别为 0.6×10^6、1.5×10^6 和 5.2×10^6。在他们的实验中，有迹象表明弗劳德数在 1.5×10^6 以上时火焰长度饱和。

但是，Bilger 和 Beck（1975）“为方便起见”，错误地（基于作者观点）将火焰长度定义为到轴线上平均组分为化学计量比（氢浓度是氧的两倍）的点的距离，而没有实际火焰长度的实验数据报告。Bilger 和 Beck（1975）没有和 Hawthorne 等人（1949）的研究一样，详细说明火焰的可见长度，如 $L_F/D=134$ 和 $L_F/D=147$ 分别转化为“化学计量氢/氧火焰长度”约 79 和 89。值得注意的是，如果相同的比率（134/79 = 1.69）适用于与 Lavoie 和 Schlader（1974）实验相关的尺寸火焰长度的动量控制极限，可以从 Bilger 和 Beck（1975）的论文中推导出可见火焰长度值 $L_F/D=125\times1.69=212$。Bilger 和 Beck（1975）还指出，Lavoie 和 Schlader（1974）的实验是针对射流雷诺数恒定情况进行的，由于弗劳德数的变化，没有表现出基本的相似性。

Bilger（1976）提到了 Hawthorne 等人（1949）的开创性工作，对于受扩散限制的反应速率，火焰问题与等效非反应混合问题类似，轮廓处出现反应区，其中喷嘴流体浓度已稀释至化学计量，目前还不清楚是指层流扩散还是湍流扩散。这一说法与我们下面的结论不同，即火焰尖端位于同源非反应湍流射流中化学计量浓度位置的下游。我们的结论与 Hawthorne 等人（1949）提出的关于湍流火焰中浓度波动或局部“不饱和度”的概念一致，会造成反应区的统计模糊，并导致混合物平均组分为化学计量比的点向外延伸。

1977 年，Shevyakov 和 Komov 共同发表了可能是唯一一篇翻译成英文的论文（Shevyakov，Komov，1977）。后来，该小组又发表了关于未点火氢气射流（Shevyakov et al.，1980）和膨胀氢气射流点火（Shevyakov，Saveleva，2004）的研究结果，它们都是用俄语写成的。Shevyakov 等（1977，1980）对 L_F/D 和 $Fr=U_N^2/gD$ 进行总结，这可能是对静止空气中亚声速氢气射流火灾进行最多数量的实验（超过 70 次）。

$Fr>2\times10^6$ 时，亚声速氢气射流火灾达到动量控制极限 $L_F/D=220\sim230$（Shevyakov et al.，1977，1980）。该限值大大高于 Hawthorne 等人（1949）报告的值 $L_F/D=152$。数字尽管不同，但并不矛盾。事实上，Hawthorne 等人（1949）进行的两个实验，分别在喷嘴直径为 4.62mm 和 4.76mm（雷诺值分别为 2870 和 3580）的情况下进行，并处于浮力控制流动状态。在实验条件（如喷嘴直径和速度）相似时，Shevyakov 等人（1980）的研究几乎完全复制了 Hawthorne 等人（1949）实验中的无量纲火焰长度，下文将对此进行更详细的说明。

对于计算垂直亚声速氢气射流火焰的无量纲火焰长度，最有效的关联式可能是 Shevyakov 和 Komov（1977）提出、Shevyakov 和 Saveleva（2004）改进的关联式。L_F/D 和 $Fr=U_N^2/gD$ 存在相关关系，覆盖从浮力控制（低 Fr）到动量控制（高 Fr）的亚声速氢气射流火焰的各种条件。了解释动量控制极限从研究（Shevyakov，Komov，1977）中的 $L_F/D=220$ 保守增加到工作中的 $L_F/D=230$（Shevyakov，Saveleva，2004），并在整个 Fr 范围内实现相关性的线性连续分段，这里使用线性回归分析对原来的相关性方程修改为如下相关方程：

$$
\begin{aligned}
&L_F/D=15.8Fr^{1/5}\ (Fr<10^5);\\
&L_F/D=37.5Fr^{1/8}\ (10^5<Fr<2\times10^6);\\
&L_F/D=230\ (Fr>2\times10^6).
\end{aligned}
\tag{9-2}
$$

这一关联式可以用来解释不同文献测量的 L_F/D 实验数据的“分散”。例如，Hawthorne 等人（1949）的实验值 $L_F/D=147$ 远低于 Shevyakov 和 Saveleva（2004）工作中确定的实验极限

$L_F/D=230$。然而，这些结果是一致的。实际上，Hawthorne 等人（1949）的两个实验在式（9-2）中用弗劳德数得出圆形喷嘴的 $L_F/D=152$（实验弗劳德数 $Fr=92000$；在明室测得的 $L_F/D=134$）（Hawthorne et al.，1949），以及 $L_F/D=164$（实验弗劳德数 $Fr=158000$；暗室测得的 $L_F/D=147$）（Hawthorne et al.，1949）。式（9-2）相关系数将 L_F/D 测量值高估了15%。明室和暗室中氢气火焰长度相差10%，这与相关系数高估百分数的数量级相同。

近段时间，通过比较动量控制极限下的修正 Shevyakov 关联式和非反应膨胀射流中浓度衰减的相似定律（Chen，Rodi，1980），发现在火焰尖端位置等距处，非反应膨胀射流中的氢浓度约为8.5%（体积比）（Molkov，2009b）。这“令人惊讶地”接近于向下和球形传播的氢-空气预混合火焰的可燃性极限8.5%～9.5%。这一结果与 Sunavala 等人（1957）、Bilger 和 Beck（1975）和 Bilger（1975）先前发表的观点不一致，之前的观点认为可以通过将化学计量混合物（空气中氢气体积的29.5%）对应的浓度代入非反应射流轴向浓度衰减方程来计算火焰长度。

Baev 等人（1974a，1974b）及 Shevyakov 和 Komov（1977）发现，在浮力控制的情况下（在自然对流条件下），基圆直径较大的火焰会相当短（与动量控制极限相比，L_F/D 更小，见图9-2和图9-3），Becker 和 Liang（1978）对这一发现进行了验证。作者利用这一观察结果解释了 Blinov 和 Khudyakov（1957）观察到的大型盘状火焰。他们报告称，在强制对流极限下观察到的火焰比先前怀疑的亚声速释放火焰要长50%左右。通过这一推理，他们在 Hawthorne 等人（1949）提出的式（9-1）中将系数从5.3提高到11。这相当于火焰长度的增加比例超过了100%！尽管碳氢化合物的存在会严重影响空气中的氢气燃烧，但他们的实验中使用了体积纯度相对较低（99%）的氢气（Azatyan et al.，2009）。众所周知，在动量控制的情况下，碳氢化合物的火焰长度较长：甲烷喷射火焰约为氢喷射火焰长度的130%，丙烷约为200%（Heskestad，1999）。

Becker 和 Liang（1978）开发了整体火焰长度模型，并给出了从完全强制对流到完全自然对流在整个操作范围内预测火焰长度的一般关联式。关联式以理查森数（Ri）为基础，在热对流问题中，它代表了自然对流相对于强迫对流的重要性，并将特征源动量通量嵌入理查森数（Ri）。

Kalghatgi（1984）发表了70多个试验的实验数据，实验使用的喷嘴直径范围为1.08～10.1mm，包括亚声速氢气射流火焰和声速氢气射流火焰。测得的最大火焰长度与修正后的 Shevyakov 关联式吻合度较高。然而，所有数据均低于 Becker 和 Liang（1978）提出公式的建议值。Kalghatgi 指出，毫无疑问，他的结果与 Becker 和 Liang（1978）的预测不符。

图9-4所示为 Kalghatgi（1984）的原始实验数据。从 Kalghatgi 的实验研究中可以得出两个重要结论。结论对亚声速射流和声速射流均适用：①在固定直径（$D=$常数）下，火焰长度随质量流量的增加而增加；②在固定质量流量（$m=$常数）下，火焰长度随直径的增加而增加。这些结论使 Hawthorne 等人（1949）陈述的普适性受到质疑。仅通过对扩展亚声速射流的分析得出，射流火焰长度仅与喷嘴直径成正比，氢气流量不是影响因素。

Kalghatgi（1984）的结论可用于质疑最近提出的火焰长度与质量流量之间相关性的普适性（Mogi et al.，2005），后者显然没有考虑 Kalghatgi 实验中固定质量流量（$m=$常数）下喷嘴直径的影响。研究还表明，对于给定的气体，升空高度随射流出口速度的线性变化与燃烧器直径无关（Kalghatgi，1984）。

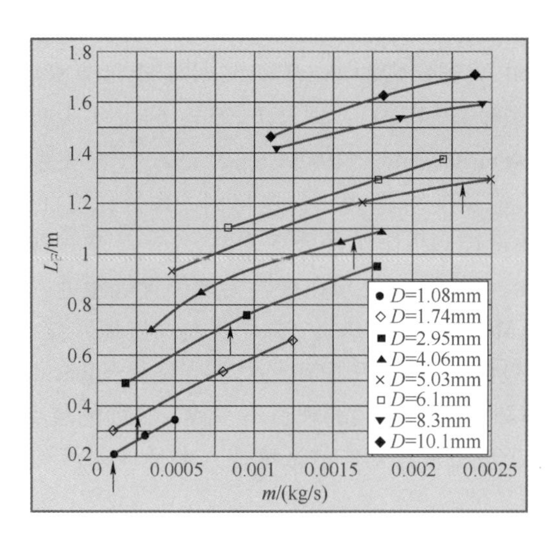

图 9-4　Kalghatgi（1984）关于不同喷嘴直径和不同质量流量下亚声速射流和声速射流火焰长度的原始实验数据，箭头表示从亚声速射流（箭头向左）到声速射流的过渡

质量流量受火焰高度影响意味着，改进喷射火焰长度关联式应考虑氢气在高压下的非理想行为。在这里，我们假设 Kalghatgi（1984）的实验装置中，储罐中的氢气温度为 273K，亚声速下喷嘴中的氢气密度为 $0.0899kg/m^3$。对于实验中的欠膨胀射流（Kalghatgi，1984），假设容器中的初始温度相同，即 273K，并使用第 5 章中描述的欠膨胀射流理论（Molkov et al.，2009）计算喷嘴出口处的氢气密度。

Chiou 和 Delichatsios（1993）研究了从浮力控制到动量控制的非预混湍流膨胀射流火焰的高度关系。与 Ricou 和 Spalding（1961）类似，研究应用了“火焰弗劳德数”。对于动量控制的极值，给出计算式 $L_F/D=23(S+1)(\rho_N/\rho_S)^{1/2}$，其中 S 表示空气与燃料的质量化学计量比。由此可得膨胀氢气射流进入静止空气的 L_F/D 最大值，即 $L_F/D=210(S=33.72)$，略低于 16 年前论文中提到的 L_F/D 值，即 $L_F/D=220\sim230$（Shevyakov，Komov，1977）。

Blake 和 McDonald（1993）的研究表明，对于向上湍流扩散火焰，无量纲火焰长度 L_F/D 是密度加权弗劳德数（逆理查森数）和火焰密度与环境密度比的函数。作者认为，在动量控制极限下，同源水平火焰与垂直火焰长度相同。在浮力控制极限下，水平方向喷射火焰的垂直尺寸近似于垂直火焰的长度。

Cheng 和 Chiou（1998）观察到，上升速度变快会增加上升高度，但不会显著改变氢气火焰的高度。例如，喷嘴直径为 1.8mm 时，当上升速度从 530m/s 增加到 1120m/s，火焰高度从 37cm 增加到 49cm。

Heskestad（1999）发表了一篇关于“湍流射流扩散火焰的高度数据整合”的论文。他的结论是，如果亚声速释放，氢气动量控制极限为 $L_F/D=175$。与 Baev 等人（1974）和 Shevyakov 等人（1977）得到的极限值 $L_F/D=220\sim230$ 相比（该极限值也在我们的研究中得到证实），这一极限值较低。

Mogi 等人（2005）研究了喷嘴直径为 0.1～4.0mm、超压为 0.01～40MPa 条件下的水平氢气射流火焰。实验测得的无量纲火焰长度随喷口压力（靠近喷嘴出口处测得的静压）的增加而增加，$L_F/D=524.5\times P^{0.436}$，其中 P 为压力，单位为 MPa。实验中表现出的这种关联关系说明，如果在动量控制的“平台”使用L_F/D与弗劳德数关系，将使实验数据变得较为发散（类似于先前对主膨胀射流的研究）。Mogi 等人（2005）提出的关联式给出了亚声速射流L_F/D的最大值，即$L_F/D=254$（喷嘴压力为0.19MPa），这略高于测得的膨胀射流最大值$L_F/D=230$。

由该关联式可得压力为70MPa时比值最大为$L_F/D=3344$（Mogi et al.，2005）。收敛喷嘴的特点是氢气气流损失较小，因此火焰预计更长。本研究中，喷嘴在地板上方1m处，距墙面也为1m。由于夹带空气的变化，射流靠近地板和/或墙壁会影响火焰长度。众所周知，与具有相同参数的自由羽流相比，沿壁面的羽流温度随距离的轴向衰减时间更长。

最近，Royle 和 Willoughby（2009）在实验中观察到，氢气射流在地面释放时火焰长度增加了1.8倍。射流释放表面对射流中浓度衰减的影响尚未通过工程学关联式完全解释并表达出来。

射流膨胀时，火焰在某些情况下无法维持自我稳定。例如，Mogi 等人（2005）没有观察到稳定的火焰。对于直径为0.1mm和0.2mm的喷嘴，尽管喷出压力增加到40MPa，火焰还是被吹灭。

Mogi 等人（2005）还假设不考虑喷嘴直径，火焰长度可以表示为质量流量的函数，即$L_F=20.25\times m^{0.53}$，与喷嘴直径无关。但是，从论文中的图5（Mogi et al.，2005）中容易看出，喷嘴直径影响下的实验数据分布与 Kalghatgi（1984）的数据分布完全相同。

Schefer 等人（2006b）研究了亚声速和声速（阻塞）条件下的明火垂直氢气射流，压力高达17.2MPa。他们证实了 Kalghatgi（1984）的结论，即火焰长度随着质量流量和喷嘴直径的增加而增加。Schefer 等人（2006b）提供了两组射流火焰数据：实验室规模的亚声速氢气释放（弗劳德数从过渡阶段4.1×10^5到动量控制6.5×10^6，雷诺数从层流1569到湍流6247），喷嘴直径为1.91mm；在初始压力为17.2MPa的情况下，通过直径为7.94mm的不锈钢管进行排放试验（弗劳德数$Fr=2.6\times10^6\sim1.9\times10^7$，湍流雷诺数$Re=1.9\sim9.8\times10^5\sim9.8\times10^5$）。值得注意的是，在气缸出口附近有一个内径为3.175mm的U形管，与直径7.94mm、长7.6m的直管相连。气流通道可能发生压力损失，因此这种设置可能缩短火焰长度。

两个49L储氢瓶的排空时间约100s（Schefer et al.，2006b）。Schefer 等人（2006b）试图在“无量纲火焰长度”与“弗劳德数”曲线图中给出膨胀和欠膨胀射流火灾的数据。他们采用与 Chiou 和 Delichatsios（1993）类似的方法定义无量纲火焰长度，即$L^*=L_F f_S/D^*$，其中射流动量直径$D^*=D_j(\rho_e/\rho_S)^{0.5}$，$\rho_e/\rho_S$表示喷射气体密度与环境气体密度之比，$D_j$表示射流出口直径，$f_S$表示化学计量条件下燃料的质量分数。使用的弗劳德数形式为

$$Fr_f=\frac{U_e f_S^{3/2}}{(\rho_e/\rho_S)^{1/4}[(\Delta T_f/T_S)gd_j]^{1/2}} \tag{9-3}$$

式中，U_e表示射流逸出速度；ΔT_f表示燃烧热引起的峰处火焰维度上升值；T_S表示环境空气温度。动量控制限制条件为$L^*=23$（$Fr_f>5$）。可惜的是，相关性的验证中仅处理了部分实验数据（Schefer et al.，2006b）。

由方程$L_F/L_{IR}=0.88$和$L_F/L_{UV}=0.78$（Schefer et al.，2006b）可知，红外火焰长度、可见火焰长度和紫外火焰长度之间存在相关性。在 Hawthorne 等人（1949）的研究中，将湍流射流火焰的火焰宽度估算为$0.17L_F$，略小于$0.21L_F$。

后来，Schefer 等人（2007）发表了在压力高达41.3MPa、喷嘴直径为5.08mm条件下进行实验的结果，与理想气体行为的偏离现象更加明显。作者指出，若考虑非理想气体行为，并将概念喷嘴直径和概念喷嘴出口处的射流特性代入基于弗劳德数的无量纲火焰长度低压工

程学关联式后，该关联式也适用于41.3MPa 的高压条件。这在我们的研究中没有得到证实（下文将予以说明）。两个容积为617L 的储氢罐在41.3MPa 的初始压力下，通过实验液压系统（包括缓冲室出口喷嘴直径为5.08mm）释放氢气，排空时间约为500～600s。

Schefer 等人（2007）首次在计算概念喷嘴出口参数时考虑了氢气在高压下的非理想行为。他们的方法与 Birch 等人（1987）类似，并使用了质量和动量守恒，假设了无黏性力、跨越概念喷嘴的环境压力和均匀速度分布、实际喷嘴射流出口处的声速（阻塞）流以及等熵流关系。Schefer 等人（2007）扩展了先前的火焰长度关联式（Schefer et al., 2006b），并应用了新的概念喷嘴方程 $D_{eff}=D(\rho_N U_N/\rho_{eff}U_{eff})^{0.5}$，其中 N 表示实际喷嘴出口参数，eff 表示有效（概念）喷嘴参数。值得注意的是，他们使用概念喷嘴出口处的射流特征建立 L^* - Fr_f关系图中火焰长度的相关性。

Imamura 等人（2008）进行了一系列实验，以了解氢气射流火焰的热力学危险，更具体地说，是为了了解下游区域热电流的温度场。他们使用的氢气释放系统由一个氢气瓶、一个截止阀、一个调节器、一个气动球阀和一个位于地面1m 处的喷嘴组成。实验研究了喷嘴直径为1mm、2mm、3mm、4mm 和喷射压力分别为0.5MPa、1.0MPa、1.5MPa、2.0MPa、2.5MPa 和3.0MPa 时火焰形状的变化规律。通过喷射氯化钠水溶液观察氢气火焰。在靠近喷嘴的压力传感器处测量喷出压力。假设容器中温度为273K，应用欠膨胀射流理论（Molkov et al., 2009）计算实际喷嘴处的射流特征，并添加了 Imamura 等人（2008）的实验数据于本章进一步介绍的火焰长度关联式中。

Proust 等人（2009）发表了水平氢射流火焰在1～90MPa 压力和泄漏直径分别为1mm、2mm、3mm 和10mm 下的实验结果。他们使用了一个容量为25L 的4 型瓶，通过一根内径为10mm、长10m 的管道（打开时间为0.1s），在喷嘴上游水平释放氢气，并由一个持续运行的丙烷-空气燃烧器点燃。实验装置安装在一个横截面为$12m^2$、长80m 的开放式廊道中，使用K型热电偶测量储氢瓶内的压力和温度，并根据数值称重装置推导出质量流量。不过所提供的质量流量的准确性存在疑问。因此，我们在此处使用 Proust 等人（2009）得出的压力和温度数据，根据第5 章描述的欠膨胀射流理论，计算实际喷嘴出口处的质量流量和其他流量参数。结果表明，质量流量的计算值与实验值吻合度较高。

Studer 等人（2009）发表了关于氢气射流火灾的实验研究结果。氢气储存在25L 的4 型瓶中，储存压力为10MPa，通过一根内径为15mm、长5m 的软管水平释放。释放处离地1.5m，释放后氢气立即被电火花点燃。在接管之前的管道中记录压力和温度，但论文中没有给出记录数据。对释放孔径为4mm、7mm 和10mm 的三种情况进行了研究，在其他论文中发表了历史压力、射流火焰长度和取样时间的实验数据（HYPER, 2008）。假设瓶内氢气温度为273K，采用第5 章描述的无损失欠膨胀射流理论计算了实际喷嘴出口处的流动参数。

9.3　基于弗劳德数的关联式的不足

几乎所有射流火焰长度的关联式都是基于各种形式的弗劳德数，包括最近由 Schefer 等人（2006b, 2007）提出的关联式。为了让无量纲关联式也适用于欠膨胀射流火焰，Schefer 等人（2006b）用有效（概念）喷嘴直径代替实际喷嘴直径。在他们随后的研究（Schefer et al., 2007）中，有效直径取上述形式的 $D_{eff}=D(\rho_N U_N/\rho_{eff}U_{eff})^{0.5}$，本文接受这一理念，并借其建立了图9-5 中的关联式。

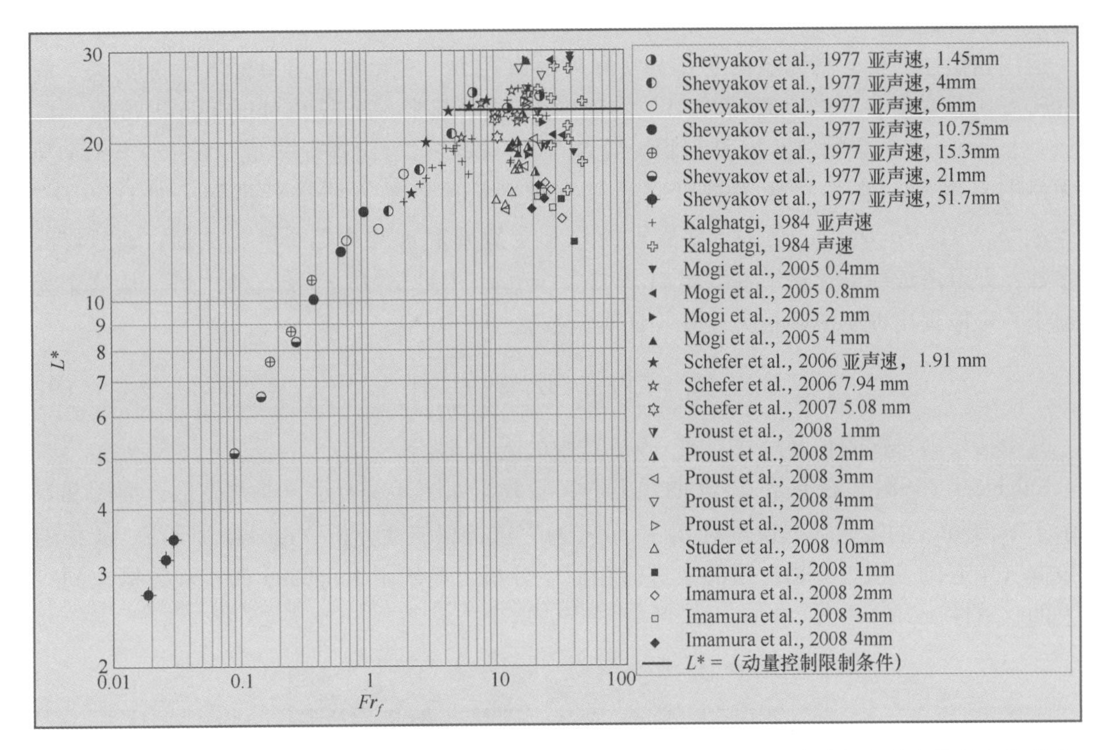

图 9-5 在欠膨胀火焰的实验数据扩大范围内（Schefer et al.，2007）**基于弗劳德数的火焰长度关联式**

遗憾的是该论文中只有部分关于欠膨胀射流火焰的实验被用来验证基于弗劳德数的关联式（Schefer et al.，2006b，2007）。在本节中，我们通过将不同作者报告的更广泛的实验数据纳入分析，研究了基于弗劳德数的高度欠膨胀氢射流火焰长度的预测能力（图 9-5）。

根据 Schefer 等人（2007）的方法，使用概念喷嘴出口处的参数建立图 9-5 中火焰长度的关联式。利用 Schefer 等人（2007）的欠膨胀射流理论计算了图 9-5 所示的相关性参数。关联式中的无量纲火焰长度和弗劳德数（图 9-5）与 Schefer 等人（2007）使用的相一致。

$$L^* = \frac{L_F f_S}{d_{eff}(\rho_{eff}/\rho_S)^{1/2}}, Fr_f = \frac{U_{eff} f_S^{3/2}}{(\rho_{eff}/\rho_S)^{1/4}[(\Delta T_f/T_S) g d_{eff}]^{1/2}} \tag{9-4}$$

类似于其他研究，引入 f_S 统一不同燃料的相关性。常数取值如下：$f_S = 0.0281$（气体中氢气体积比为 29.5%），$\rho_S = 1.2\text{kg/m}^3$，$\Delta T_f = 2092\text{K}$，$T_S = 298\text{K}$，$g = 9.82\text{m/s}^2$。

图 9-5 显示，弗劳德数较大时，在动量主导的关联区域中，火焰长度数据较为发散，且发散程度较高，这是高压氢气设备泄漏的典型特征。很明显，将火焰长度关联式简化为仅依赖于弗劳德数的函数关系，即忽略了理论预测和实验观察到的，火焰长度对雷诺数和马赫数的依赖性，在包含欠膨胀射流时，适用性并不是很好。

9.4 相似性分析和量纲关联式

Kalghatgi（1984）通过实验证明了氢气射流进入静止空气后，火焰长度受喷嘴直径和质量流量的影响。后来 Schefer 等人（2006b）的实验也证实了这一点，并表示仅考虑直径（Hawthorne et al.，1949）或仅考虑质量流量（Mogi et al.，1949）的射流火焰长度关联式缺乏物理推导。在本节中，我们将讨论一个量纲关联式，涉及喷嘴直径和质量流量对火焰长度的影响（Molkov，2009a）。

运用相似性分析，将火焰长度 L_F 与实际喷嘴直径 D、实际喷嘴出口处氢气密度 ρ_N、周围空气密度 ρ_S、黏度 μ_N 和实际喷嘴出口处的速度 U_N 联系起来。根据 Buckingham 提出的“Π 定理”，对于一个有 6 个物理参数和 3 个量纲的问题，这些量可以被安排成（6－3）=3 个独立的无量纲 Π 参数。这三个 Π 参数可以通过重复变量或其他方法进行推导，如 $\Pi_1 = D/L_F$，$\Pi_2 = \rho_N/\rho_S$，$\Pi_3 = \rho_N D U_N/\mu_N$。为了建立直径 D 和质量流量 $\dot{m}$ 与火焰长度相关性，通过修改部分参数，即可形成新的无量纲参数组 $\Pi_1 \times \Pi_3^{1/2} = (\dot{m} \cdot D)^{1/2}/[L_F \cdot (\pi\mu_N/4)^{1/2}]$。从这个无量纲组中，可以提出以下函数相关性来验证实验数据。

$$L_F = f\left[(\dot{m} \cdot D)^{1/2}\sqrt{\frac{4}{\pi\mu_N}}\right] \tag{9-5}$$

其中括号内参数的长度尺寸与式（9-5）中的 L_F 类似。

Kalghatgi（1984）在原始 L_F-m 曲线下的实验数据如图 9-4 所示，非常发散。而图 9-6 则显示了 Kalghatgi 的实验数据通过对 $L_F-(\dot{m} \cdot D)^{1/2}$ 进行相似性分析，以及对原始 L_F-$\dot{m}$ 中的相同数据（空心圆，横坐标轴在顶部）进行相似性分析，显示了 Kalghatgi 的实验数据在同一曲线上的收敛性。

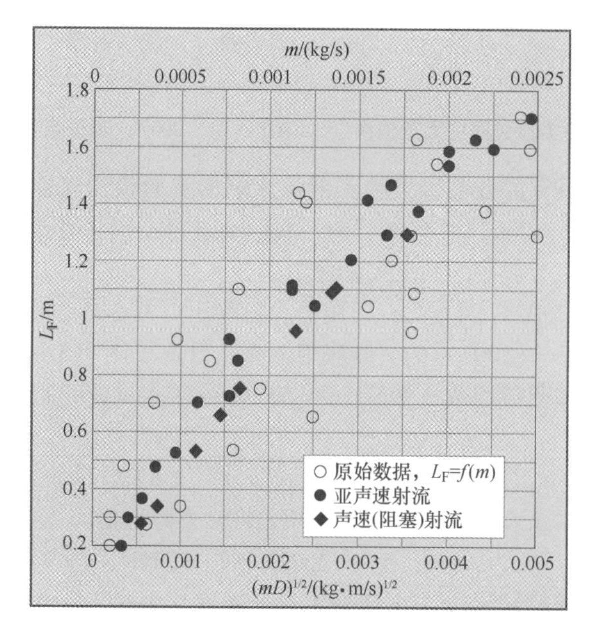

图 9-6 Kalghatgi（1984）**的实验数据：在原始 L_F-$\dot{m}$ 图像**（空心圆）**中发散，在 $L_F-(\dot{m} \cdot D)^{1/2}$ 图像**（黑圈表示亚声速射流，菱形表示声速射流）**中收敛**

使用新的相似组 $(\dot{m} \cdot D)^{1/2}$ 基本上改善了 Kalghatgi（1984）实验中亚声速和声速射流火焰长度数据的收敛性（图 9-6）。得到这一喜人的结果后，让我们扩大数据分析范围，并将 Kalghatgi（1984）的实验数据与其他研究人员获得的数据纳入其中，包括 Mogi 等人（2005）、Schefer 等人（2006b，2007）、Studer 等人（2009）、法国 INERIS 研究人员（Proust et al.，2009）获得的实验数据，以及通过 HYPER（2008）项目获得的实验数据。图 9-7 在 $L_F-(\dot{m} \cdot d)^{1/2}$ 图像中合并了 95 个氢气射流火焰长度的实验数据点，压力高达 90MPa，喷嘴直径 0.4～10.1mm（Molkov，2009a）。

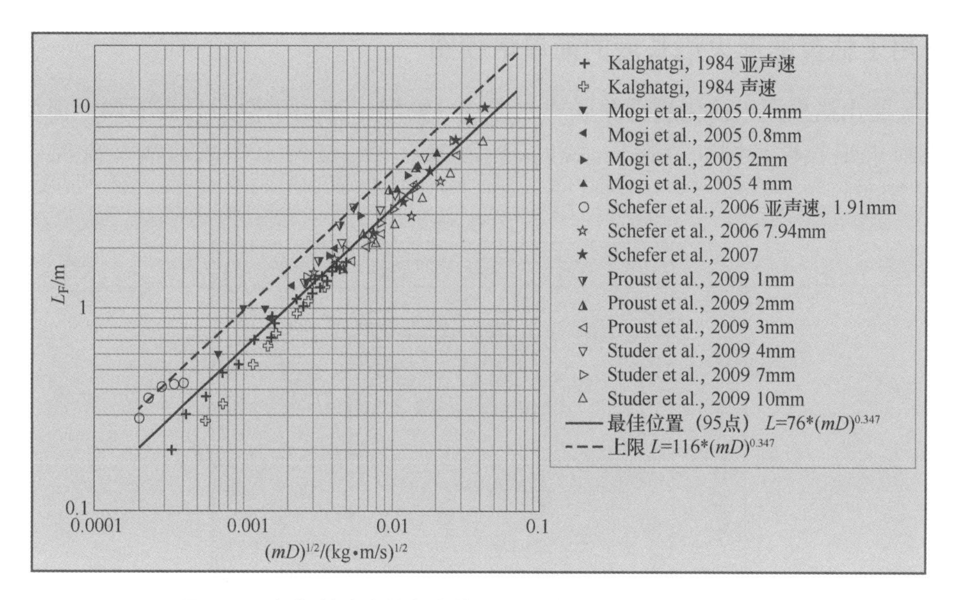

图 9-7 氢气射流火焰长度的量纲关联式（Molkov，2009a）

不同研究小组获得的实验数据被压缩到同一曲线上，图 9-7 中的最佳拟合线由以下量纲方程描述（L_F单位为 m）：

$$L_F = 76(\dot{m} \cdot D)^{0.347} \tag{9-6}$$

式中，D 代表实际喷嘴直径，单位为 m；$\dot{m}$ 代表质量流量，单位为 kg/s。该方程只需要知道实际泄漏直径和质量流量就可计算。质量流量可以用任何经验证的膨胀射流理论进行计算。这种方法的优点是不需要用概念喷嘴直径代替实际喷嘴直径。这避免了应用欠膨胀理论的特定假设时，概念喷嘴出口处参数的额外不确定性。亚声速、声速和超声速氢气射流火焰验证了该关联式（图 9-7）。

以下方程表示图 9-7 中实验火焰长度的上限曲线（保守估计）：

$$L_F = 116(\dot{m} \cdot D)^{0.347} \tag{9-7}$$

与式（9-6）中描述的最佳拟合线相比，这将导致火焰长度增长 50%。

式（9-6）和式（9-7）给出了火焰长度与喷嘴直径 L_F与 D 之间的线性关系。相比之下，关联式显示火焰长度与喷嘴内气体密度和速度的相关性较弱，$L_F \sim (\rho_N \cdot U_N)^{1/3}$。图 9-7 中的气体损耗对数据分散有一定的影响，预计每个实验装置的影响都有所不同。

图 9-7 中量纲关联式在预测大直径射流火焰（20%）时表现极佳，但是对于较小直径火焰，其预测准确度仅为 50% 左右，其中小直径火焰的特征峰值 $L_F/D = f(Re)$（图 9-2、图 9-3），这可能是实验数据中分散度较大的原因之一。虽然在氢安全工程中，大质量流量泄漏时，关联式相当方便可靠，但它并没有揭示关联的物理原理，以及在较小泄漏直径下关联式的预测能力较低。

应强调的是，在小直径泄漏时，使用关联式前务必需要谨慎考量。事实上，Mogi 等人（2005）、Okabayashi 等人（2007）在其他地方发表的实验表明，只有当泄漏尺寸超过特定储存压力的限值时，才有可能产生持续的氢气火焰。综上所述，Mogi 等人（2005）在喷嘴直径为 0.1 ~ 0.2mm、压力高达 40MPa 时未观察到稳定火焰。与此一致，如果孔板直径大于 0.3mm，则 35MPa 压力下可以存在稳定的射流火焰（Okabayashi et al.，2007）。

9.4.1 用于估算图形火焰长度的简单诺模图

图 9-8 给出诺模图以简化量纲关联式，即式（9-6）。使用诺模图只需要两个泄漏参数即可估算喷射火焰长度，例如存储压力和实际泄漏直径，这两个参数通常不需要任何计算（Molkov，2009a）。

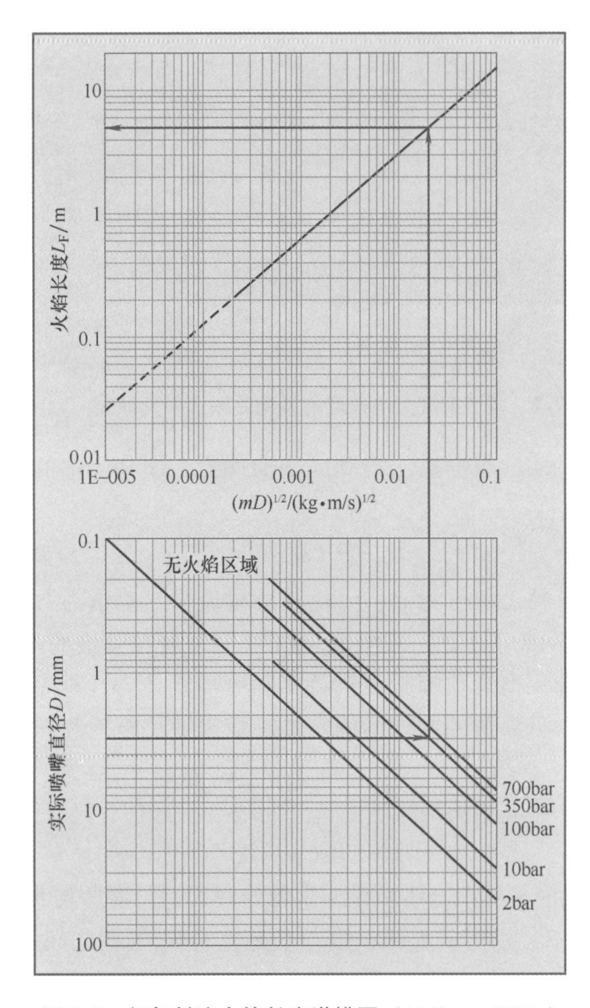

图 9-8 氢气射流火焰长度诺模图（Molkov，2009a）

诺模图由图 9-7 所示的火焰长度量纲关联式的最佳拟合线导出。图 9-8 中用带箭头的粗线演示了用诺模图计算火焰长度的方法。首先，选择实际喷嘴直径，例如本例中的 D=3mm，以及存储压力，如 35MPa；其次，从直径轴向右 3mm 处画一条水平线，直到它与压力线相交（35MPa）。然后，从交叉点向上画一条垂直线，直到与坐标［L_F，$(m \cdot D)^{1/2}$］中唯一可用的直线相交得到第二个交点。最后，为了得到火焰长度，从第二个交叉点向左画一条水平线，得到最后一个与表示“氢火焰长度 L_F”相交的点。在所考虑的示例中，压力为 35MPa 的氢气通过直径为 3mm 的孔口泄漏产生的火焰长度为 5m。如上所述，火焰长度的保守估计值应增加 50%，即 7.5m。

诺模图结合了 Mogi 等人（2005）、Mogi 和 Horiguchi（2009）、Okabayashi 等人（2007）和其他人的实验结果特征，即喷嘴直径为 0.1～0.2mm 时，尽管喷射压力高达 40MPa，但没有观察到稳定的火焰（图 9-8 中表示为“无火焰区域”）。例如，如果泄漏孔直径小于 0.3mm，则压力等于或低于35MPa时不可能存在稳定的喷射火焰。

必须注意的是，诺模图没有说明释放管道中的射流损失不能忽略的情况。在这种情况下，可用诺模图得到保守结果。如果考虑损失计算喷嘴出口处的气体密度，则可以更准确地预测存在摩擦和较小损耗的设备中的火焰长度。诺模图可用于快速估计氢气射流火焰长度。但建议使用新的无量纲火焰关联式以更精确地计算火焰长度（见下一节）。

9.5 射流火焰吹熄现象

图9-9（左图）显示了“释放压力-喷嘴直径”（Mogi，Horiguchi，2009）中的火焰喷射区域。吹熄意味着火焰在引燃器关闭后立即熄灭。作者观察到，当释放压力低于临界压力（即1.9倍大气压）时，火焰会被吹起（火焰升高），与喷嘴直径无关。每一周期中，吹熄压力的下限取决于喷嘴直径。但吹熄压力上限同时受释放压力和喷嘴直径的影响。吹熄压力的降低增加了在吹熄上限所需的喷嘴直径。直径为0.1～0.2mm时，无法观察到稳定火焰，即使喷射压力增加到40MPa，也会发生吹熄。任何压力下，喷嘴直径大于1mm（第一个没有火焰吹熄的实验点在直径略大于1mm处）不可能发生火焰吹熄。

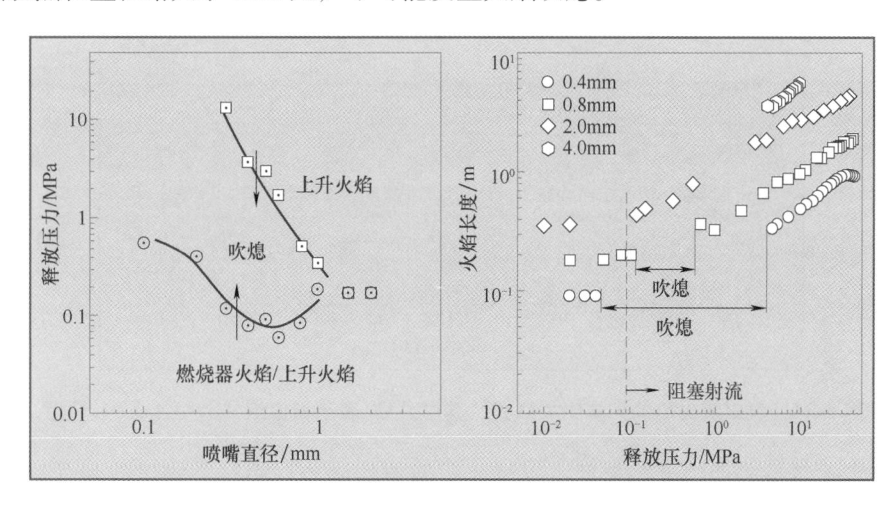

图9-9 氢射流火焰吹出区域（左）和火焰长度（右）与不同泄漏直径和释放压力的函数（Mogi，Horiguchi，2009）

图9-9（右图）显示了火焰长度（从喷嘴出口到可见火焰尖端的距离）与各种释放压力和喷嘴直径的函数关系。压力为4～10MPa时，测量喷嘴直径4mm。对于直径为4mm和2mm的喷嘴，无火焰喷出。直径为0.4mm和0.8mm的喷嘴存在吹熄区域。当释放压力低于临界压力时，无论释放压力如何，火焰长度基本保持恒定。当释放压力低于临界压力时，火焰长度与释放压力成正比。

图9-10显示了Okabayashi等人（2007）在高压和小直径下进行的更多实验。他们证实，即使释放压力非常高，直径小于0.1mm的喷嘴也不可能维持火焰稳定。

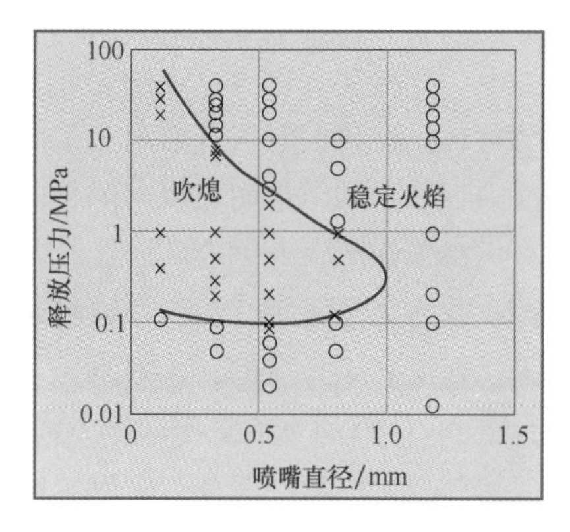

图9-10 火焰喷出区域和持续的氢气射流火焰（Okabayashi et al.，2007）

9.6 新型无量纲火焰长度关联式

实际上，之前所有火焰长度关联式都是基于弗劳德数的，并且建立在亚声速浮力射流/羽流火焰的实验数据上，这些实验数据涉及的动量控制的中等压力喷射火焰数量有限。图 9-11 显示，若包含大量关于欠膨胀喷射火焰的实验数据，基于弗劳德数的关联式缺乏物理通用性（所有数据都处于动量主导状态）。

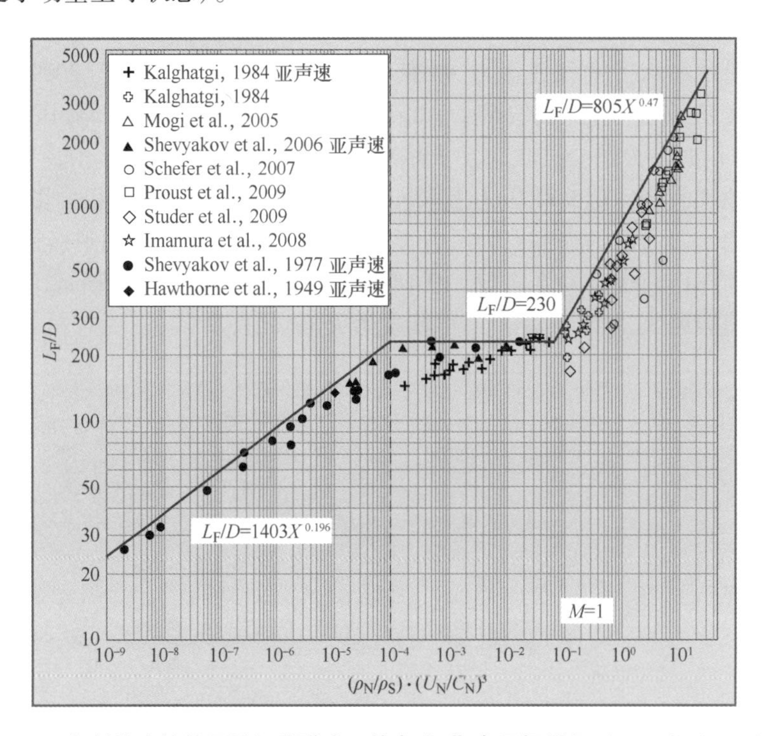

图 9-11　氢射流火焰的无量纲关联式，其中“X”表示相似组 $(\rho_N/\rho_S)(U_N/C_N)^3$

理论和实验结果表明，火焰长度不仅是弗劳德数的函数，而且是雷诺数和马赫数的函数。对以往研究的分析表明，仅仅基于这三个相似组中的某一个参数，不可能建立一个既适用于膨胀喷射火焰，也适用于欠膨胀喷射火焰的通用关联式。需要一种新的原理性方法来正确地将实验数据与物理基础联系起来。

上一节所述（图 9-7）的量纲关联式是方便的工程工具，但不能区分不同的喷射火焰。本节旨在促进我们对氢气射流火焰行为的理解，并探究非预混火焰的无量纲关联，以区分传统浮力控制、动量控制射流火焰，以及膨胀和欠膨胀射流火焰。

量纲关联式（9-6）可近似为 $L_F \propto (\dot{m}\cdot D)^{1/3}$。质量流量可定义为 $\dot{m} \propto D^2$。因此，在将 $\dot{m} \propto D^2$ 代入上述关系式后，可以得出结论，即量纲火焰长度 L_F/D 并不明显取决于直径 D。这是关于射流火焰长度的新无量纲关联式的一个基础假设，并与实验数据分析吻合。无量纲火焰长度 L_F/D 与质量流量中的“残余”参数唯一相关，即喷嘴出口处的密度 ρ_N 和速度 U_N。为了简单起见，假设这些参数是一致的。

密度和速度可分别归一化为 ρ_N/ρ_S 和 U_N/C_N，其中 C_N 表示喷嘴内气体条件下的声速，ρ_S 表示周围气体（空气）的密度。假设喷管出口处的动能通量为过程的守恒标量，则密度与速度在量纲群中的关系可表示为（ρ_N/ρ_S）（U_N/C_N）^{3}。

图 9-11 给出了一个新的无量纲氢气火焰长度关联式。在这个关联式中，火焰长度的实验数据用实际的（而非概念的）喷嘴直径标准化，并与无量纲密度比 ρ_N/ρ_S 和马赫数（实际喷嘴出口处的流速与声速之比）与 $M^3=(U_N/C_N)^3$ 相关。

该关联的优点之一是参数与概念喷嘴出口处无关。预测火焰长度所需的参数仅限于实际喷嘴出口处的参数：直径、氢气密度、氢气流速、喷嘴出口压力下的声速和温度。需要应用欠膨胀射流理论来计算这些参数。与概念喷嘴处的不确定性相比，实际喷嘴出口处的流动参数计算的不确定性较小。事实上，众所周知，在马赫盘的正下游，速度不均匀性较强，这与膨胀射流理论中概念喷嘴出口处速度均匀的假设不一致。根据这一事实，所制定的方法不应考虑使用概念喷嘴出口处的流量参数。

图 9-11 所示用于喷嘴出口处的氢气流量参数直接取自实验或根据欠膨胀射流理论计算得到（Molkov et al.，2009）。支持无量纲关联式的实验细节见 Molkov 和 Saffers（2011）的论文。新的关联式涵盖了氢泄漏反应的整个范围，包括层流和湍流火焰、浮力控制和动量控制火焰、膨胀（亚声速和声速）和欠膨胀（声速和超声速）射流火焰。

推导出的用于关联无量纲火焰长度的无量纲组可以用雷诺数和弗劳德数重新表示，例如：

$$\frac{\rho_N}{\rho_S}\left(\frac{U_N}{C_N}\right)^3=\frac{g\mu_N}{\rho_S C_N^3}ReFr \tag{9-8}$$

其中，黏度计算式为 $\mu_N=\mu_{293}\cdot[(293+K_{Suth})(T_N+K_{Suth})]\cdot(T_N/293)^{3/2}$（氢的苏斯兰德常数取 $K_{Suth}=72\text{K}$，动力黏度取 $\mu_{293}=8.76\times10^{-6}\text{Pa}\cdot\text{s}$），雷诺数和弗劳德数由实际喷嘴出口的氢气流量参数 $Re=(\rho_N\cdot U_N\cdot D)/\mu_N$ 和 $Fr=U_N^2(gD)$ 确定。

式（9-8）左侧无量纲组形式表示，对于亚声速射流，当马赫数 $M<1$，膨胀射流密度比 ρ_N/ρ_S 恒定（假设喷嘴中温度恒定）时，无量纲火焰长度仅与喷嘴马赫数有关。对于喷嘴出口的阻塞射流（$M=1$），无量纲火焰长度仅取决于喷嘴出口的氢气密度。随着储存压力增加和温度降低，氢气密度增大。

式（9-8）右侧的形式表明，在喷嘴出口氢气温度恒定的情况下（声速 C_N 恒定），无量纲火焰长度取决于弗劳德数和雷诺数。这与以往只基于 Fr 数的关联式相悖。

在图 9-8（从左到右）中，新的无量纲关联中有三个不同的部分：传统浮力控制、传统动量控制的“水平流”（膨胀射流）和新动量控制的欠膨胀喷射火焰“斜向流”对应。这三部分可以分别用以下方程（保守曲线）估算：

$$\begin{aligned}
&L_F/D=1403X^{0.196}, && X=\frac{\rho_N}{\rho_S}\left(\frac{U_N}{C_N}\right)^3<0.0001\\
&L_F/D=230, && 0.0001<X=\frac{\rho_N}{\rho_S}\left(\frac{U_N}{C_N}\right)^3<0.07\\
&L_F/D=805X^{0.47}, && X=\frac{\rho_N}{\rho_S}\left(\frac{U_N}{C_N}\right)^3>0.07
\end{aligned} \tag{9-9}$$

当实际喷嘴出口处的流速接近声速时，L_F/D 达到饱和。饱和极限值为 $L_F/D=230$，这再现了许多以前关于膨胀射流的研究结果。然而，在膨胀射流火焰作用下，无量纲火焰长度并不饱和。在最近的欠膨胀射流火焰实验（Proust et al.，2009）中，与膨胀射流的极限 $L_F/D=230$ 相比，欠膨胀射流火焰可达 $L_F/D=3000$，比值明显更高。

Schefer 等人（2006b）得出的一些实验数据在图 9-11 中低于其他数据。这被认为是由特定的实验装置造成的损失，这些损失没有被详细说明，以允许应用有损失的欠膨胀射流理论。实际上，损失会降低喷嘴出口处的氢气密度，并且这些点会沿着横坐标轴向左移动，更接近关联式。Schefer 等人（2007）的另一项研究中，实验装置的流动损失明显较小，而且给出的压力是在更接近喷嘴的位置测量的。

基于射流火焰行为的知识，图 9-11 中的关联式形状具有物理意义。例如，层流和过渡火焰（通常称为“浮力控制”区域，低雷诺数）的无量纲火焰长度 L_F/D 是增加的，过渡和充分发展的湍流扩张火焰（传统上称为“动量控制”区域，中雷诺数）几乎恒定，欠膨胀射流（膨胀射流状态下的动量控制，高雷诺数）也是增加的。在欠膨胀状态下，无量纲火焰长度的增长是因为无量纲火焰长度是通过实际喷嘴出口直径确定的，后者是一个常数，而实际上，欠膨胀射流在概念喷嘴出口处膨胀至空气压力，该压力随喷嘴处氢气密度的增加而增加。

图 9-12 显示了无量纲数雷诺数、弗劳德数、马赫数的变化，这三个无量纲数是相似组 $(\rho_N/\rho_S)(U_N/C_N)^3$ 的函数，用于建立无量纲关联式。对雷诺数、弗劳德数、马赫数函数与各量纲数的关系分析表明，对于欠膨胀射流，无量纲火焰长度增长实际上只与雷诺数有关。实际上，欠膨胀射流的喷嘴处存在射流阻塞，即局部马赫数 $M=1$，并且喷嘴处弗劳德数实际上也是恒定的（约一个数量级的喷嘴直径差异才可造成弗劳德数的散布）。

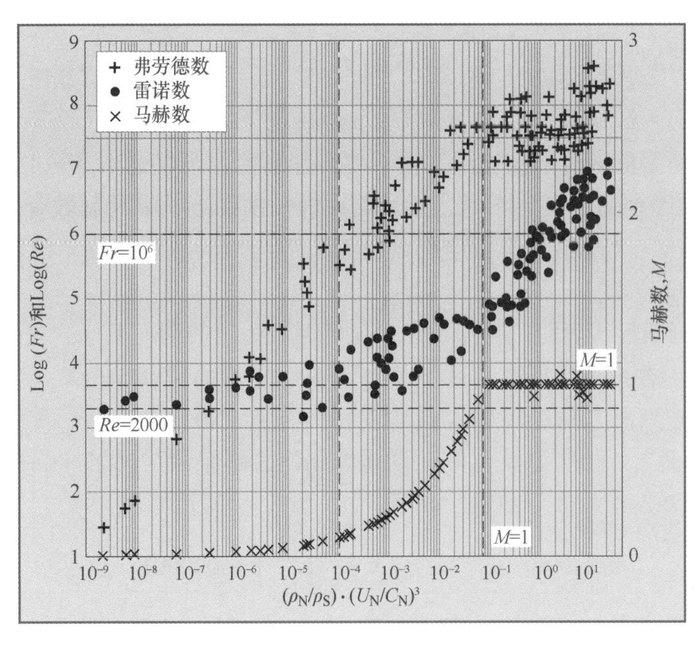

图 9-12　无量纲数雷诺数、弗劳德数、马赫数的变化，这三个无量纲数是相似组 $(\rho_N/\rho_S)(U_N/C_N)^3$ 的函数，用于建立无量纲关联式

图 9-12 中有五条粗虚线。$Re=2000$ 的虚线表示喷嘴处射流开始从层流过渡到湍流。在这条线附近（或正上方）有代表层流射流火焰和过渡区射流火焰的实验点。$M=1$ 水平线表示射流阻塞限制。亚声速膨胀射流马赫数 $M<1$，对于膨胀射流，喷管出口处的声速和超声速射流（后者仅与概念喷嘴射流有关）的马赫数 $M=1$。由于测量和数据处理错误，$M=1$ 附近有一些数据发散。$Fr=10^6$ 水平线是之前为膨胀射流建立的浮力控制射流（$Fr<10^6$）和动量控制射流

($Fr>10^6$) 之间的近似划分。相似性组 $(\rho_N/\rho_S)(U_N/C_N)^3=0.0001$ 的垂直线将浮力控制射流火焰（线左侧）和动量控制射流火焰（线右侧）分开。最后，表示马赫数 $M=1$ 的垂直线将亚声速射流（左侧）和声速射流或阻塞在喷嘴出口的射流（右侧）分开。

在图9-12中的对数坐标系中，对于膨胀射流火焰，弗劳德数与相似组 $(\rho_N/\rho_S)(U_N/C_N)^3$ 呈线性增加。在该新坐标系中，欠膨胀射流的弗劳德数几乎没有变化（发散主要是由于喷嘴尺寸的不同）。在具有相似组的浮力控制射流中，雷诺数有稍许增长，传统动量控制射流雷诺数略增，而均以动量控制的欠膨胀射流区雷诺数增长较大。

这种新的无量纲关联式在以下条件下得到了验证：储氢压力为接近大气压到90MPa之间，温度低至80K，喷嘴直径为0.4~51.7mm。这种无量纲关联的预测能力超过了仅基于弗劳德数的关联式，它清晰地区分了三种射流火焰模式，即浮力控制射流火焰、动量控制（膨胀）射流火焰、动量控制（欠膨胀）射流火焰。

9.7 火焰尖端位置和等效未点火射流浓度

Sunavala等人（1957）首次发表了一个不正确的观点，这一观点后来由Bilger和Beck（1975）和Bilger（1975）再次重申。这一观点认为，可以通过将化学计量混合物（空气中氢气体积的29.5%）对应的浓度代入非反应射流轴向浓度衰减方程来计算火焰长度。

实验数据表明，最长火焰（最危险火焰）与欠膨胀射流有关。这一点很重要，需要强调的是，关于欠膨胀射流火焰的所有实验数据都处于动量控制状态（高弗劳德数）。这是由于阻塞射流流速较高，且在压力高达100MPa下工作的设备管道直径相对较小。Chen和Rodi（1980）提出的圆形非点火膨胀动量控制射流轴向浓度衰减的相似律已被推广至欠膨胀氢气射流中，并得到了充分验证（Molkov，2009b）。

$$\frac{C_{ax}}{C_N}=5.4\sqrt{\frac{\rho_N}{\rho_S}}\frac{D}{x} \tag{9-10}$$

式中，C_{ax}表示距离喷嘴轴向距离x处气体的质量分数；C_N表示喷嘴中气体的质量分数（对于纯气体，$C_N=1$）；x表示与喷嘴的轴向距离；喷嘴出口处的气体密度ρ_N是唯一未知的参数。

可直接在膨胀射流轴向浓度衰减中应用相似律，即式（9-10），喷嘴中氢气密度恒定，例如，在常温常压下，$\rho_N=0.0838\text{kg/m}^3$。然而，对于欠膨胀射流而言，需要了解喷嘴出口密度$\rho_N$与储存压力和泄漏通道损耗之间的函数关系。喷嘴中的密度可以用第5章描述的欠膨胀射流理论计算。

图9-13显示了氢射流火焰尖端位置（火焰长度）与来自同源未点火射流中氢气浓度位置之间的关系。图9-13中的点表示无量纲实验火焰长度L_F/D。图中的对角曲线对应于无量纲距离x/D到轴向氢气特定浓度C_{ax}的位置，作为喷嘴出口密度ρ_N的函数（用大气中的储存压力p重新计算，如图9-13所示），并使用相似律进行计算。

从图9-13可以得出结论，对于动量控制的圆形射流火焰而言，火焰尖端位于同泄漏源的未点火射流中轴向氢气体积分数点的8%~16%之间，具体位置与实验条件有关。动量控制射流火焰长度的70个实验点的最佳拟合线接近未点火射流中氢气体积分数的11%。

这些浓度（8%~16%）远低于Sunavala等人（1957）、Bilger和Beck（1975）及Bilger（1976）先前所述的空气中氢气体积比为29.5%的化学计量浓度。喷嘴到这些浓度所在位置的

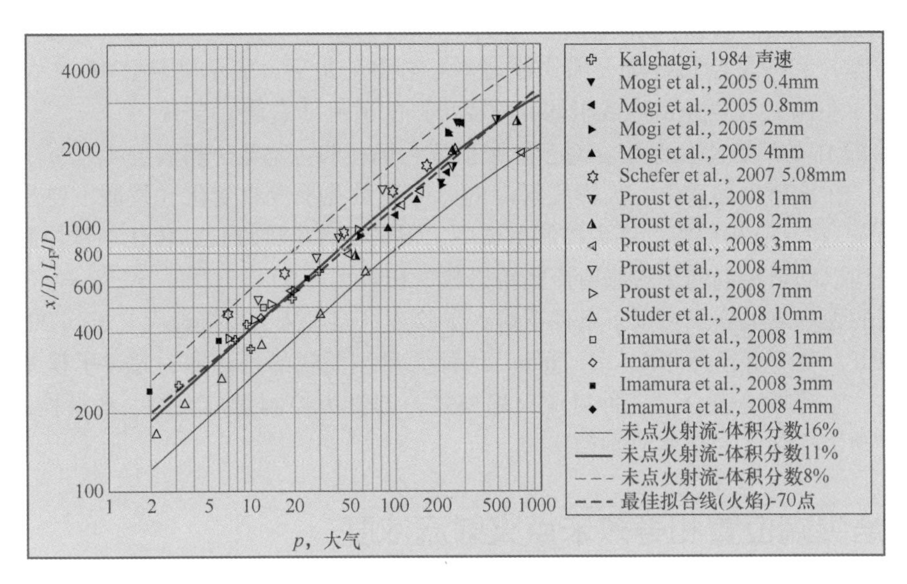

图 9-13 研究了不同储存压力 p 下，无量纲火焰长度 L_F/D 与同泄漏源的非反应射流中特定浓度的距离 x/D 之间的关系

距离是到轴向浓度 29.5%（氢气-空气化学计量混合物）距离的 2.2 倍（16%）到 4.7 倍（8%）。这显然会产生严重的安全问题和经济问题。

9.8 氢气泄漏的间隔距离

上文介绍了计算氢气射流火焰长度的不同工程工具，包括射流火焰长度的量纲关联式和无量纲关联式，以及通过计算未点火射流中氢轴向浓度衰减至 11% 体积分数以计算火焰尖端位置（火焰长度）的方法。但是，从对未点火射流和射流火焰危害的比较分析来看，与泄漏源的间隔距离问题尚未得到最终确定。

英国标准（BSI，2004）建议将 115℃ 作为温度阈值，人在超过这一温度的高温下暴露时间超过 5min 就会引起疼痛。这与先前公布的高温对居民影响的分类（DNV，2001）一致：在封闭空间中低于 70℃，除了身体感觉不适外无致命问题；在 70℃ 到 150℃ 之间，主要造成呼吸困难；高于 150℃，5min 内就会发生皮肤烧伤，这是逃生的极限温度。根据 DNV（2001）和 BSI（1997）推荐的方程式，可以估算丧失能力时间（单位 min）与空气温度（单位℃）间的函数关系。

$$t_{incap} = 5.33 \times 10^{8} T_{air}^{-3.66} \tag{9-11}$$

$$t_{incap} = 5 \times 10^{7} T_{air}^{-3.4} \tag{9-12}$$

温度为 115℃时，由式（9-11）可得丧失能力时间为 5min，由式（9-12）可得丧失能力时间为 15min。若考虑从氢气射流火灾产生的高温气流中逃出，此处假设温度为 115℃（在热空气中通常会引发疼痛的温度极限）。关于人类在高温空气下的生理反应的更多细节如下（Bryan，1986；DNV，2001）：127℃——呼吸困难；149℃——用口呼吸困难，为逃生温度极限；160℃——皮肤干燥，快速产生无法忍受的疼痛；182℃——30s 内产生不可逆伤害；203℃——皮肤潮湿时呼吸系统的耐受时间少于 4min；309℃——暴露 20s 即导致三度烧伤，暴露数分钟后将导致喉部烧伤，无法逃脱。

人的伤害标准可以用有害或死亡来表示（LaChance，2010）。可以定义“无害”标准，将可接受后果的水平限制在不会造成伤害的足够低的水平。本研究以温度70℃为“无害”标准。暴露于火焰、热空气或辐射热通量中可导致一度、二度或三度烧伤。造成的伤害程度取决于数个因素：暴露皮肤的面积和位置、伤患年龄、暴露时间、医疗速度和类型等。

图9-14显示了经测量的氢气火焰轴向温度（Barlow，Carter，1996；Imamura et al.，2008；LaChance，2010），作为与喷嘴距离 x 的函数，并通过火焰长度 L_F 进行归一化。此处水平线表示三个可接受的标准：70℃——“无害”温度极限；115℃——暴露5min产生疼痛的温度极限；309℃——暴露20s后导致三度烧伤的温度极限（“死亡”极限）。通过比较轴向温度分布与指定标准得到间隔距离：$x=3.5L_F$ 表示“无害”间隔距离（70℃），$x=3L_F$ 表示疼痛极限间隔距离（115℃，5min），$x=2L_F$ 表示三度烧伤对应间隔距离（309℃，20s）。

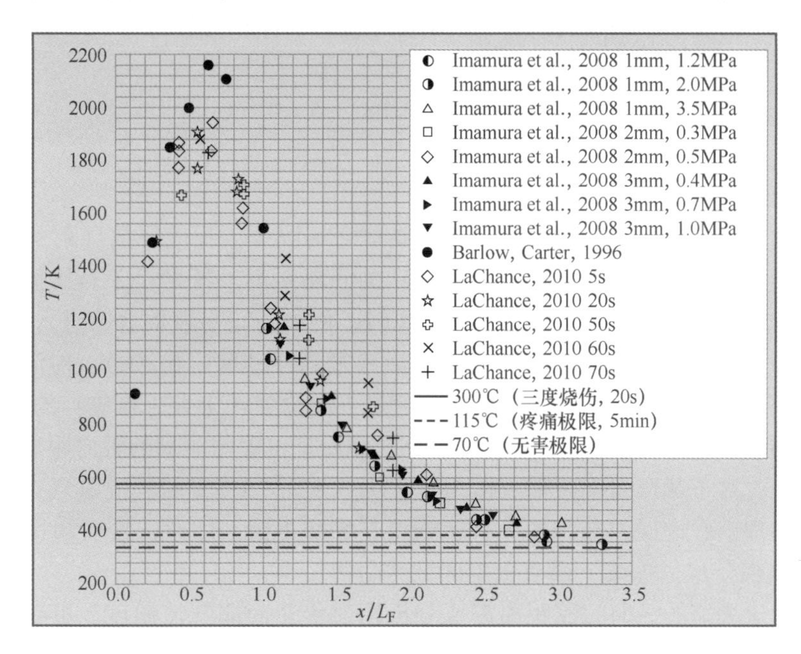

图9-14 测量轴向温度作为距离的函数，用火焰口径表示，以及射流火焰效应（线）的三个标准

对于同一泄漏源，我们将动量控制射流火焰的三个间隔距离与动量控制的未点火释放的间隔距离（空气中氢气体积比为4%的可燃下限距离）进行对比。上文表明，火焰长度的统计平均值等于从喷嘴到未点火射流中氢浓度衰减到11%的轴向位置的距离（数据分散在体积分数为8%～16%）。

未点火动量控制射流中浓度衰减的相似律需要使用氢气质量分数，而非某些已发表的文献中错误使用的体积分数。质量分数（C_M）可由体积（摩尔）分数（C_V）计算得到，计算公式为 $1/C_M=1+(1/C_V-1)M_S/M_N$，其中 M_S 和 M_N 分别表示周围气体和喷嘴气体的分子质量。对于氧气21%、氮气79%的空气，体积分数为4%的氢气质量分数为 $C_{ax}=0.002881$，体积分数为11%的氢气质量分数为0.008498（8%对应0.005994，16%对应0.013037），化学计量混合物的质量分数为0.0282（体积分数为29.5%）。

将两种浓度的相似律方程，即式（9-10）相除（假设相似律适用于化学计量浓度），可以估算出喷嘴到轴向浓度11%（按体积计，此研究中获得的正确火焰尖端位置）和轴向浓度

29.5%（按体积计，某些研究中建议的错误火焰尖端位置）之间的距离比，即 $x_{11\%}/x_{29.5\%} = C_{ax(29.5\%)}/C_{ax(11\%)} = 0.0282/0.008498 = 3.3$。与之前使用错误概念（将火焰长度尖端位置定为同源的未点火射流中体积分数29.5%处）相比，计算所得的火焰长度增加了一个数量级。

燃烧下限体积分数4%的距离和与平均火焰尖端体积分数11%的距离之比为（必须说明的是，火焰长度不等于火焰与火源的间隔距离）：$x_{4\%}/x_{11\%} = 0.008498/0.002881 = 2.95$（燃烧下限距离与最长火焰长度的比值为 $x_{4\%}/x_{8\%} = 2.08$，燃烧下限与最短火焰长度的比值为 $x_{4\%}/x_{16\%} = 4.53$）。因此，基于对反应氢气射流危害标准的选择，到燃烧下限（未点火射流）的距离与三个间隔距离的比值为（未点火射流中体积分数为11%时的平均火焰尖端位置）：$x_{4\%}/x_{T=70C} = x_{4\%}/(3.5x_{11\%}) = 2.95/3.5 = 0.84$；$x_{4\%}/x_{T=115C} = 2.95/3 = 0.98$；$x_{4\%}/x_{T=309C} = 2.95/2 = 1.48$。

但是，在保守情况下，未点火射流中火焰尖端位置的体积分数为8%，这三个比值将分别变为：

$x_{4\%}/x_{T=70C(8\%)} = 0.005994/0.002881/3.5 = 2.08/3.5 = 0.59$；

$x_{4\%}/x_{T=115C(8\%)} = 2.08/3 = 0.69$；

$x_{4\%}/x_{T=309C(8\%)} = 2.08/2 = 1.04$。

因此，可以分析得出一个“意外”结论：在保守情况下，反应释放（射流火焰）的三个间隔距离都不小于基于燃烧下限（未点火释放）的间隔距离。特别是，当从氢泄漏源到轴向浓度的间隔距离等于到燃烧下限位置的间隔距离时，例如防止易燃混合物进入建筑通风系统，实际上也就是等于反应释放的“死亡”间隔距离（暴露于309℃下20s）。射流火焰另两个间隔距离（“无害”极限和“疼痛”极限）比到燃烧下限位置（未点火释放）的间隔距离长。

8%体积分数的未点火氢气射流火焰尖端的“最长”位置与喷嘴的轴向距离实则是一个合理结果。事实上，对于球形向下传播、体积分数为8.5%～9.5%的预混氢气-空气火焰而言，该值在测量值和理论假设误差范围内，且达到了其燃烧下限。因此，任何超过这一距离（浓度较小）的燃烧都会与“连续”垂直火焰区域“分离”。

探究氢气射流火焰的径向间隔距离需要分析辐射传热而非气流温度，可在其他文献中找到相关信息（Schefer et al., 2007）。

9.9 喷嘴形状对火焰长度的影响

Mogi 和 Horiguchi（2009）在40MPa的释放压力下进行了一系列实验，研究了喷嘴形状对氢气火焰长度和宽度的影响。他们测试时使用了三个截面面积相同的喷嘴：直径为1mm的圆形喷嘴，$L \times W = 2\text{mm} \times 0.4\text{mm}$（长宽比AR = 5）的扁平喷嘴，和 $L \times W = 3.2\text{mm} \times 0.25\text{mm}$（长宽比AR = 12.8）的扁平喷嘴。图9-15显示了喷嘴照片（左）、三个喷嘴中各喷嘴的氢气火焰侧视图（中）和这些射流火焰的正视图。与许多其他实验一样，实验中圆形喷嘴火焰呈轴对称形状。由于浮力影响不明显，反应射流为动量控制射流。然而，来自扁平喷嘴的火焰在垂直长轴的方向上变平，这是由轴转换现象导致的（Makarov，Molkov，2013）。

测量得到的火焰长度和宽度均显示在图9-16中（Mogi，Horiguchi，2009）。对于扁平喷嘴，火焰长度约为相同截面面积圆形喷嘴火焰长度的一半，而最大火焰宽度约为圆形喷嘴的两倍。结果表明，扁平喷嘴的宽度（较短尺寸）对火焰长度有影响。宽度越小，火焰长度越短。另一方面，作者认为扁平喷嘴的长度（较长尺寸）会影响最大火焰宽度。

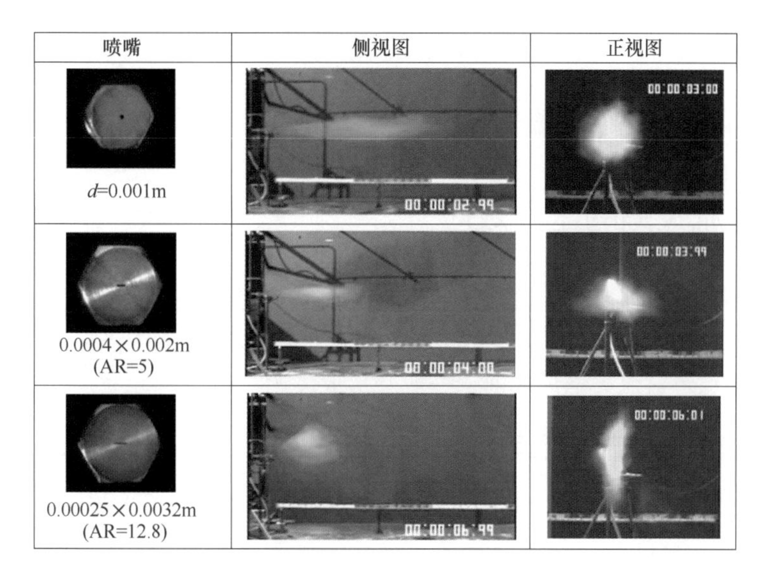

图 9-15　释放压力为 40MPa 的三个喷嘴形状（左）、各喷嘴的氢气火焰侧视图（中）和射流火焰正视图（右）

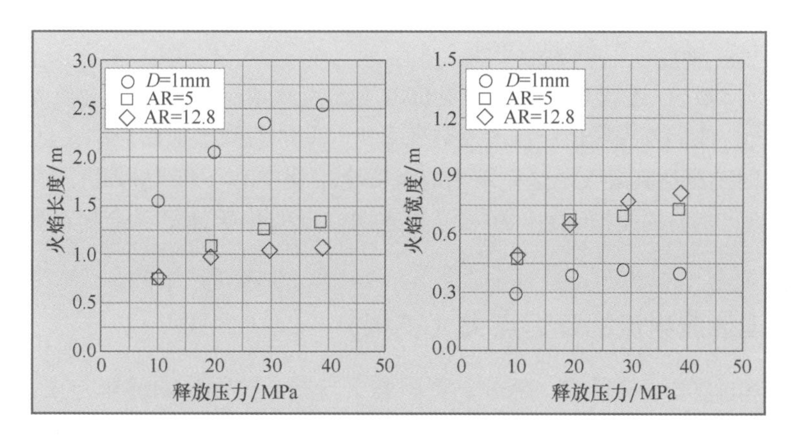

图 9-16　相同横截面积的三个不同喷嘴的火焰长度（左）和火焰宽度（右）：直径为 1mm 的圆形喷嘴，长宽比 AR = 5 的扁平喷嘴，和长宽比 AR = 12.8 的扁平喷嘴（Mogi，Horiguchi，2009）

9.10　附壁射流对火焰长度的影响

由消防安全科学可知，火源附着在壁面上时，火焰长度会增加；火焰位于角落时，影响更为显著。可以用空气夹带率的变化解释这一现象。

Royle 和 Willoughby（2009）测量了火焰附着在地面上引起的长度增加。在压力为 20.5MPa、喷嘴距地面 1.2m 时，不附着在任何表面的自由水平射流的火焰长度取决于喷嘴直径。喷嘴直径 D = 1.5mm 时，火焰长度为 3m；D = 3.2mm 时，火焰长度为 6m；D = 6.4mm 时，火焰长度为 9m；D = 9.5mm 时，火焰长度为 11m。喷嘴距地面仅 0.11m 时，射流附着于地面上，火焰长度增加如下：喷嘴直径 D = 1.5mm 时，火焰长度从 3m 增加到 5.5m；D = 3.2mm 时，火焰长度从 6m 增加到 9m；D = 6.4mm 时，火焰长度从 9m 增加到到 11m；D =

9.5mm 时，火焰长度从 11m 增加到到 13m。射流附着对火焰长度的影响随喷口直径的增大而减小。为解释这一实验观察结果，除了改变空气夹带条件外，可能还应考虑高速射流在附着表面发生的动量损失。

9.11 氢气射流火焰的压力效应

高压氢气设备发生泄漏后，射流在形成过程中存在不稳定阶段。在这一阶段形成的不稳定的高湍流态氢气-空气云的延迟点火和燃烧，在近场产生显著超压，从而对人体造成伤害。这一过程发生在准稳态射流火焰形成前，一般会形成爆燃。

9.11.1 非预混湍流射流的延迟点火（日本）

Takeno 等人（2007）研究了延迟点火和点火源位置对爆燃压力的影响，他们在存储压力介于 40MPa 到 65MPa 之间时，通过直径为 10mm 的喷嘴（喷嘴内的压力为 40MPa）释放氢气。露天情况下，火焰传播速度在约 4m 处超过 300m/s。当点火源位于距喷嘴 4m 处时，点火延迟从 0.85s 增加到 5.2s，导致近场（距离喷嘴约 2m）的最大爆燃超压从 90kPa 降至 15kPa。研究结果表明，点火延迟越短，超压越大。Takeno 等人（2007）还得出结论，相比泄漏量或预混体积，湍流对“爆炸性”的影响更大。

Tanaka 等人（2007）还调查了露天加氢机的射流点火情况。射流从直径为 8mm 的喷嘴喷出，在 4m 处点火。他们发现峰值超压的对数随点火时间的对数增加而减小，且呈线性关系；发现点火延迟 1.2s 时超压达到最大。这一结论与氢安全工程中心（HySAFER）对健康和安全实验室（HSL）延迟点火实验的模拟一致。仿真结果表明，近似化学计量混合物在释放约 1s 时形成最大体积。

9.11.2 非预混湍流射流的延迟点火（英国）

作为 HYPER（2008）项目的一部分，英国健康与安全执行局的健康与安全实验室进行了一系列高压氢气释放实验（总数超过 40 个），随后由 Royle 和 Willoughby（2009）发表了实验结果。实验研究了射流出口直径、点火延迟和点火位置对超压的影响。

氢气储存在两个 50L 的钢瓶中，存储压力为 20.5MPa。在储藏室和喷嘴出口间有内径为 11.9mm 的不锈钢管和一系列带 9.5mm 内孔的球阀。喷嘴中使用限流器来改变射流出口直径，所用限流器长度相同，均为 2mm，直径不同，有 1.5mm、3.2mm 和 6.4mm。氢气在离地 1.2m 处释放。射流由距地面 1.2m 的火柴点燃。点火点与释放点距离范围为 2 ~ 10m。除壁挂式外，压阻式传感器均指向上方。传感器位于离喷嘴轴向距离 2.8m 处，离轴线垂直距离 1.5m（然后是调整到轴向 +1.1m 处和垂直方向 +1.1m 处），高度距离为 0.5m。

完全打开阀门需要 260ms，氢气达到 2m 处需要 140ms，因此，不稳定射流可能的最短点火延迟为 400ms。压力为 20.5MPa 时，储存氢产生的射流主要受动量控制，即在燃烧下限以下时相对不产生浮力控制（Royle，Willoughby，2009）。

9.11.2.1 点火延迟和点火位置变化的影响

Royle 和 Willoughby（2009）研究了在喷嘴直径 6.4mm、点火位置距离喷嘴 2m 时，点火延迟产生的影响，见表 9-1，并得出结论：在接近射流云可燃极限区域的点火（点火延迟为 400ms）会导致燃烧相对缓慢，从而产生的超压较小。点火延迟 600ms 时，观察到超压达到最大，为19.4kPa。当点火时间与射流前沿最大紊流区达到点火点的时间一致时，观察到最大超压。

表9-1 点火延迟对爆燃射流产生的最大超压的影响（Royle，Willoughby，2009）

点火延迟/ms	最大超压/kPa
400	3.7
500	18.4
600	19.4
800	15.2
1000	11.7
1200	12.5
2000	9.5

选择直径为6.4mm的单喷嘴，释放压力固定为20.5MPa，点火延迟为800ms。点火位置距离范围为2～10m。最大超压可通过距离喷嘴2.8m和距喷嘴中心线1.5m的1号传感器观察得到，见表9-2。爆燃超压随着点火位置与射流源的距离增加而急剧减小，距喷嘴10m处射流未点燃。

表9-2 点火延迟对爆燃射流产生的最大超压的影响（Royle，Willoughby，2009）

点火位置/m	最大超压/kPa
2	15.2
3	5.0
4	2.1
5	2.1
6	不可记录
8	不可记录
10	无点火

9.11.2.2 喷嘴直径的影响

表9-3显示了对非稳态氢射流爆燃超压的实验测量，取两个点火延迟（400ms和800ms），喷嘴直径范围为1.5～9.5mm。喷嘴直径对点火射流产生的最大超压有显著影响。

表9-3 喷嘴直径和点火延迟对爆燃射流产生的最大超压的影响

喷嘴直径/mm	点火延迟/ms	最大超压/kPa
1.5	800	不可记录
1.5	400	不可记录
3.2	800	3.5
3.2	400	2.1
6.4	800	15.2
6.4	400	2.7～3.7
9.5	800	16.5
9.5	400	3.3～5.4

喷嘴直径为1.5mm时无超压。当射流到达喷嘴下游2m处的点火点时，400ms点火延迟产生的超压始终低于800ms点火延迟产生的超压，对应的是形成了较大的湍流易燃氢气-空气混合气云。值得注意的是，实验中喷嘴后面有一堵墙。记录中自由氢气射流的最大超压为16.5kPa。

通过这一系列实验，得到一个重要结论：对于应用特定的氢能与燃料电池技术时，在合理前提下，必须尽可能地减小泄漏直径。在氢气供应管线中加入限流器可降低火焰长度，从而缩短所需的安全距离。这一结果是由于质量流量和节流器上的压力损耗减少，从而降低了管道射流出口处的压力。

Royle 和 Willoughby（2009）得出结论：射流湍流和泄漏尺寸对爆燃压力的影响比氢气泄漏量更大。氢气泄漏总量并非在所有情况下都很重要，尤其是在露天环境中，浮力夹带空气会促进氢气稀释，直至达到可燃下限4%（体积分数）。因此，在许多实际情况中，开始时释放的部分氢气不会促进燃烧，因为它们形成了低于燃烧极限的气体云。

根据给出结果，可以假设，与延迟点火相比，扩散机制引起的氢气非计划释放的自燃会降低氢气直接自燃时产生的超压（在这种情况下，点火延迟被最小化）。值得注意的是，自燃是在爆破片爆裂情况下氢气突然释放时观察到的。另外，作者不了解在使用阀门启动高压氢气释放时，由扩散机制导致射流自燃的任何结果。

9.11.2.3　防火墙的影响

防火墙是缩短氢气火焰长度的常用缓解措施。但是，使用防火墙缩短氢气火焰长度会导致成本上升。例如，在使用垂直90°防火墙且存储压力为20.5MPa时，9.5mm 喷嘴湍流射流延迟点火（0.8s）后的爆燃超压峰值从自由射流的16.5kPa 增加到42kPa。

图9-17 显示了氢射流撞击90°防火墙延迟点火后的一系列快照（从上到下）。在喷射火焰达到准稳态条件（下图）之前，障碍物和地面之间的有限空间中会出现不均匀混合物爆燃（见上图和中图）。

防火墙倾斜角为60°时，超压进一步增加到57kPa。图9-18 显示了氢射流撞击60°防火墙延迟点火后的两个快照。

图9-17　氢射流（存储压力20.5MPa，喷嘴直径9.5mm）**撞击90°防火墙延迟点火**（0.8s）：**爆燃阶段**（上图和中图），**稳态冲击射流点火阶段**（下图）（HYPER，2008）

图9-18　氢射流（储存压力20.5MPa，喷嘴直径9.5mm）**撞击60°防火墙延迟点火**（0.8s）：**爆燃阶段**（上图），**稳态冲击射流点火阶段**（下图）（HYPER，2008）

9.11.2.4 对人体有害的压力效应

较大喷嘴直径下氢气射流延迟点火实验中记录的最高超压可能会致人重伤。实际上，超压峰值和室外人员受伤的对应如下（Barry，2003）：

1）8kPa——无人员重伤。

2）6.9~13.8kPa——造成皮肤裂伤。

3）10.3~20kPa——人员被压力波击倒。

4）13.8kPa——撞击障碍物，可能造成人员死亡。

5）34kPa——鼓膜破裂。

6）35kPa——死亡概率15%。

7）54kPa——致命头部损伤。

8）62kPa——严重肺部损伤。

9）83kPa——重伤或死亡。

9.12 结语

1）基于弗劳德数的关联式不适用于欠膨胀射流，因为它们无法表现雷诺数对无量纲火焰长度的显著影响。

2）与 Kalghatgi（1984）$L_F-\dot{m}\cdot D$ 的原始坐标图相比，应用质量流量和实际喷嘴直径相似组让坐标系中的 $L_F-\dot{m}\cdot D$ 亚声速和声速射流火焰的实验数据散射程度明显降低。研究氢气射流火焰长度量纲关联式 $L_F=76(\dot{m}\cdot D)^{0.347}$ 得到95组实验数据的最佳拟合线，这些数据是不同研究小组在压力高达90MPa、喷嘴直径高达10mm下进行实验取得的。火焰长度的保守方程为 $L_F=116(\dot{m}\cdot D)^{0.347}$（与最佳拟合线方程相比，火焰长度增加50%）。

3）给出了仅用存储压力和泄漏直径计算火焰长度的诺模图。该诺模图建立在量纲关联式的最佳拟合线基础上。诺模图包括 Mogi 等人（2005，2008）的"无火焰"区域研究和 Okabayashi 等人（2007）关于不同喷嘴直径和释放压力的火焰吹熄研究。

4）提出了欠膨胀射流理论，该理论考虑了氢气在高压下的非理想行为以及泄漏管道中的摩擦和轻微损耗。结果表明，损耗会对质量流量（喷嘴出口处的氢密度）产生显著影响，因此在氢安全工程必须考虑损耗。

5）在 $L_F/D-(\rho_N/\rho_S)\cdot(U_N/C_N)^3$ 坐标系中，建立并详细描述了静止空气中氢气射流火焰长度的无量纲关联式。在作者已知的最大压力范围0.1~90.0MPa，温度范围80~300K，泄漏直径范围0.4~51.7mm，运用层流火焰、非预混湍流火焰、浮力控制射流火焰、动量控制射流火焰、膨胀氢气射流火焰和欠膨胀氢气射流火焰的实验数据，验证了这一关联式。

6）确定了射流火焰的三种状态，从传统浮力控制对应的值较低的无量纲组 $(\rho_N/\rho_S)\cdot(U_N/C_N)^3$，到传统动量控制对应的中等值的"水平流"，再到欠膨胀射流火焰状态对应的值较高的动量控制 $(\rho_N/\rho_S)\cdot(U_N/C_N)^3$。

7）Sunavala 等人（1957）认为"在非反应射流轴向浓度衰减方程代入混合物对应的化学计量浓度即可计算得到火焰长度"，该说法被使用了五十年以上，并被重复提出，包括 Bilger 和 Beck（1975）的研究和 Bilger（1976）的研究。但事实证明，该说法对动量控制的非预混湍流无效。压力为0.2~90MPa时，氢气射流火焰尖端的平均位置确切所在点与未点火射流中平均轴向浓度为11%（空气中氢的体积分数）的线相对应（非反应射流轴向氢浓度体积分数为8%～16%范围内数据分散）。这些轴向浓度的位置距离喷嘴较远，而化学计量浓度位置（按体积计）为29.5%，之前是用化学计量浓度位置确定火焰尖端位置。这一结论具有重要的安全意义和经济意义，例如，从泄漏源到轴向浓度11%（按体积计）处距离是到轴向浓度29.5%（按体积计）处距离的3.3倍，是轴向浓度16%处距离的2.2倍、轴向浓度8%处距离的4.7倍（保守估计）。

8）射流火焰三大间隔距离为：温度70℃的“无害”间隔距离，约为火焰长度的3.5倍；“疼痛极限”（115℃，5min），是火焰长度的3倍；“死亡极限”（309℃，20 s），是火焰长度的2倍。

9）在保守情况下，未点火射流火焰尖端位于氢气体积分数为8%的位置时，非反应射流中4%体积分数（燃烧下限）位置与射流火焰三个间隔距离的比值分别为：$x_{4\%}/x_{T=70C(8\%)}=0.59$；$x_{4\%}/x_{T=115C(8\%)}=0.69$；$x_{4\%}/x_{T=309C(8\%)}=1.04$。因此，与同源非反应射流的间隔距离相比，反应射流的三个间隔距离均更长（对于“死亡”极限，误差在4%以内）。

10）给出了Mogi和Horiguchi（2009）关于喷嘴形状对火焰长度和宽度影响的研究结果。实验表明，截面面积相同，扁平喷管的火焰长度比圆形喷管的火焰长度短。

11）在Tanaka等人（2007）和Royle和Willoughby（2009）的研究之后，人们讨论了高压氢气膨胀射流延迟点火的压力效应。主要结论是，应尽可能减小潜在泄漏直径，在点火延迟小于1s时观察到最大超压。调查发现，实际释放中，超过10m的火源不会发生点火。

第10章 爆燃

10.1 爆燃和爆轰的一般特征

燃烧爆炸分为两种类型，即爆燃和爆轰。“爆炸”还有其他类型，例如，由于过量充装或反应失控等原因，压力超过规定限值，导致容器发生的“物理爆炸”等。“爆炸”一词并非专业术语，我们将尽可能避免在本书中使用它。有时，使用“爆炸”一词可能会引发误解。例如，在作者看来，有些标准中确实错误地引入了所谓的“爆炸极限”概念，与爆燃相关的“可燃极限”与“爆轰界限”（详见本节）之间可能存在显著差异。

下面简要概述气体爆燃和爆轰的一般特征。爆燃在未燃混合物中的传播速度低于声速，而爆轰传播速度则高于声速。爆燃锋面传播是通过燃烧产物带来的热量和活性自由基扩散到未燃烧的可燃混合物中。爆轰锋面传播原理却并非如此，正如 Chapman（1899）和 Jouguet（1905—1906）首次提出的那样，爆轰锋面传播是前导激波在激波反应区后发生的复杂耦合过程。

在直径为 20m 的半球形气云中，氢气-空气化学计量混合物火焰在开放静止大气中的传播速度达到 84m/s，近场爆炸超压约为 10kPa。爆炸波中的压力衰减与半径成反比，对于烈性炸药来说，压力衰减与半径的二次方成反比。在封闭容器中，爆燃压力与初始压力比值的最大值更高，为 8.15（BRHS，2009）。爆轰传播速度高于声速，氢气-空气化学计量混合物爆轰 CJ（Chapman-Jouguet）速度为 1968m/s，CJ 压力为 1.56MPa（BRHS，2009）。

爆轰是氢事故中最糟糕的情况。空气中氢的爆轰界限的体积分数范围为 11% ~59%（Alcock et al.，2001），与 4% ~75%（体积分数）的爆燃范围相比，爆轰体积分数范围相对较窄。值得注意的是，由于爆轰界限在很大程度上取决于用于测量的实验装置的大小，因此它不是混合物的基本特性。实际上，爆轰能传播的管道直径，约等于一个爆轰胞格尺寸。然而，越是接近爆轰界限，爆轰胞格的尺寸就越大。由此可见，实验装置的尺寸越大，爆轰下限越小（爆轰上限越大）。以下结论对实际应用有重要意义：等浓度的氢气-空气混合物的爆轰界限随可燃气云的尺寸增加而上升。这就解释了 Alcock 等人（2001）报告的氢气爆轰下限（11%）与国际标准（ISO/TR 15916：2004）中爆轰下限“低估”值（18%）之间存在差异的原因。实验中氢气-空气化学计量混合物的爆轰胞格尺寸范围为 1.1 ~2.1cm（Gavrikov et al.，2000）。

只要气体云足够大并达到爆轰界限，一旦引爆，爆轰就会开始传播。爆轰波由冯·诺依曼（1942）提出的压力尖峰引导，约为 CJ 压力的 2 倍，压力尖峰空间尺度较短，约为分子间距离的 1 倍。爆轰波前沿具有复杂的三维结构。图 10-1 显示了具有特征单元的爆轰流体动力学结构的示例（Radulescu et al.，2005）。

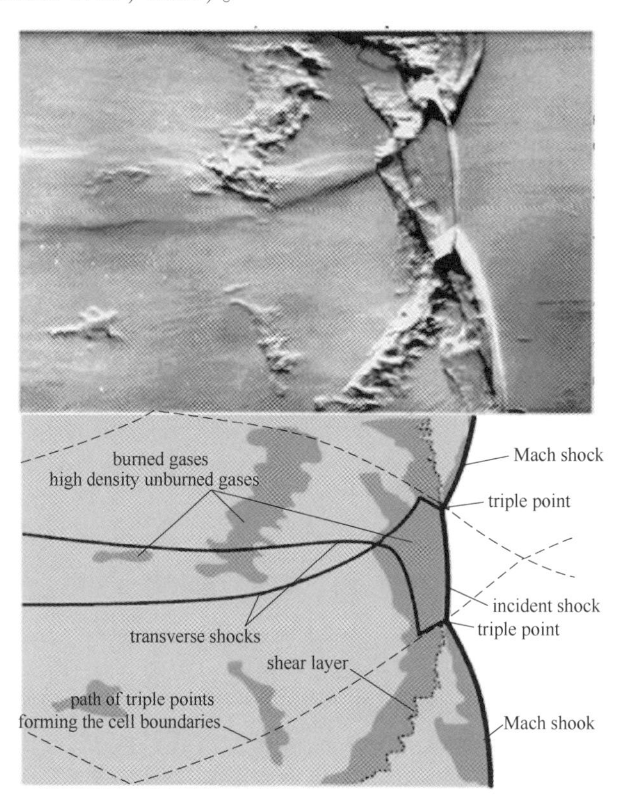

图 10-1　爆轰流体动力学结构的纹影照片（Radulescu et al.，2005）

爆轰胞格尺寸是混合物成分的函数。图 10-2 显示了 Lee 的经典工作结果，即爆轰胞格尺寸与空气中氢气浓度的关系（Lee，1982）。

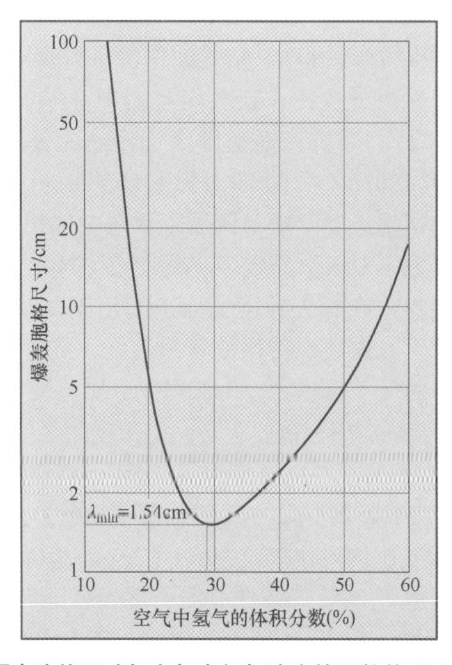

图 10-2　爆轰胞格尺寸与空气中氢气浓度的函数关系（Lee，1982）

10.2 关于氢气-空气混合气体中爆燃转爆轰现象的一些观察

氢气容易发生爆燃转爆轰（Deflagration-to-Detonation Transition，DDT）现象。爆燃转爆轰可在管道、封闭空间等不同环境中发生。

在管道中对化学计量的氢-空气混合物进行实验观察，发现爆燃转爆轰发生距离的长度直径比通常约为100。爆燃转爆轰现象仍然是燃烧研究中最具挑战性的课题之一。对于未燃的混合物，在火焰锋面不断加速，接近声速的过程中，不同的运行机制会产生不同速度的火焰锋面。这些运行机制不仅会影响未燃混合物的湍流、火焰锋面本身形成的湍流，还会影响流体力学方面的不稳定性、R-T界面不稳定性、R-M界面不稳定性、K-H界面不稳定性等各种不稳定性。然后，从最大爆燃火焰传播速度（接近化学计量的氢-空气混合物燃烧所达到的声速）急剧增加到爆轰速度。爆轰波是前导激波的复合体。而燃烧波以冯·诺依曼尖峰脉冲的速度传播，可在其他论文中找到相关描述（Zbikowski et al.，2008）。爆轰波阵面厚度是指爆轰波前导激波与达到CJ条件（声速面）的反应区末端的距离。

如果在管道中设置障碍物，则可以缩短爆燃转爆轰的发生距离。一般认为这是R-M界面不稳定性在爆燃转爆轰的瞬间发挥了重要作用。与R-T不稳定性的影响刚好相反，当受到压力梯度的影响时，只会发生单方向的变化（从较轻的燃烧产物到较重的未燃烧混合物加速流动）时，R-M界面不稳定性会导致穿过火焰前导激波两个方向上的火焰锋面面积增加。一般认为，爆燃转爆轰发生在所谓的热点区，这个热点区可能位于湍流焰流内部或焰流前面，例如，位于较强激波的反射焦点处。爆燃转爆轰机制的独特性对该过程之后产生的稳态爆轰波参数没有影响。

在用排气技术缓解封闭空间爆燃的过程中，人们观察到了爆燃转爆轰。Dorofeev等人（1995a）在库尔恰托夫研究所进行了爆燃观察实验。该房间装有一个带内置喷射头的相机，在其封闭空间内填充了30%的氢气-空气混合物，通风板最初封闭，由此导致的爆燃转爆轰产生了3.5MPa的超压。在通风板被毁后几毫秒内爆燃转爆轰开始。照片显示，封闭空间中面板附近形成气流，然后发生局部爆炸。没有观察到相机中出现的点火射流大小对起爆的影响。射流相机的体积大小也没有影响，这也表明了爆轰的局部特征。作者认为，爆轰与射流点火没有直接关系，而是与突然释放有关。事实上，正如Tsuruda和Hirano（1987）在实验中观察到的那样，释放气体可以诱导已燃烧表面形成针状结构火焰锋。火焰前锋的不稳定性，特别是R-T界面不稳定性，以及在通风板被破坏后传播到外壳中的稀疏波让未燃烧混合物和燃烧产物进一步混合，这有助于形成“热点区域”。在部分反应混合物中，这可能会产生诱导时间梯度，而形成爆燃转爆轰的发生条件，例如，可以通过SWACER压力波放大机制（Shock Wave Amplification by Coherent Energy Release，能量释放而形成激波或压力波的相干放大，Lee等人于1978年引入的术语），这一机制也得到了Zeldovich等人（1970）的理论预测。也不能排除相机射流燃烧产生的压力波在反射过程中引发爆燃转爆轰的可能性（这可能与通风板开始出现开口的时间“自然”吻合）。

Pfortner和Schneider（1984）在弗劳恩霍夫化学技术研究所（德国）进行的大规模实验中观察到爆燃转爆轰。实验装置包括一条“小路”（由两面高3m的平行墙构成，每面长12m，相距3m）和一个尺寸为$L \times W \times H = 3.0\text{m} \times 1.5\text{m} \times 1.5\text{m}$（体积$6.75\text{m}^3$）的封闭空间（驱动室）。“小路”排气口初始开口大小为0.82m×0.82m。“小路”和封闭空间填充相同的22.5%

氢气-空气混合物，使用塑料薄膜封口。由五个点火器在封闭空间后壁引发 22.5% 氢气-空气混合气爆燃，爆燃进入部分受限空间后，沿“小路”发生爆燃转爆轰。点火后 54.61ms，地面上的“小路”中发生爆燃转爆轰，从驱动室冒出的加速火焰与地面接触。

Ferrara 等人（2005）在实验室规模的研究中对 17% 氢气-空气爆燃中的起爆现象产生过程进行了实验观察。实验装置是一个容积为 $0.2m^3$（$L \times D = 1.0m \times 0.5m$）的圆柱形容器，通过直径为 16.2cm 的闸阀和排气管（$L = 1m$，$D = 16.2cm$）与容积约为 $50m^3$ 的倾倒容器相连。混合物仅由主容器中的分压混合。打开后壁的闸阀后，立即用 16J 的内燃机火花塞点火。火焰前锋离开容器导管后不久，仅在容器的压力瞬变中突然出现了 1.5MPa 的引爆峰值。据推测，从管道到容器的短暂回流产生了容器内燃烧的湍流，正如作者在研究中所证明的那样（Molkov et al.，1984）。Lee 和 Guirao（1982）的研究中提到，高速热气体夹带未燃混合气会导致剧烈点火，并在某些情况下引发爆炸。对于 0.1MPa 和 300K 下的 17% 氢气-空气混合物，爆轰胞格尺寸约为 15 ~ 16cm，在 400K 时减小到 4cm，以上数据来自 Breitung 等人（2000）的报告。这可能解释了直径为 16.2cm 的管道中没有发生爆轰，而在 50cm 的容器中发生了爆轰的原因，在该容器中未燃烧的混合物被爆炸压力预热到至少 400K（Ferrara et al.，2005）。Medvedev 等人（1994）报告了类似排气结构的主容器中出现的爆轰波，他们称，对于初始压力高于环境压力的高反应性混合物，爆轰波发生范围甚至可能更小。

10.3 爆燃泄放

10.3.1 压力峰值结构

自 20 世纪 50 年代开始研究以来，气体爆燃的双峰压力结构已得到了较好的证实，但长期以来，一直缺乏一个令人满意的理论基础来解释这一现象（Butlin，1975）。Yao（1974）、Pasman 等人（1974）、Bradley 和 Mitcheson（1978），以及 Molkov 和 Nekrasov（1981）的模型从理论上证明了爆燃过程中存在双峰压力结构。典型双峰结构实验压力瞬态如图 10-3 所示（Dragosavic，1973）。第一个峰值产生于排气口打开，第二个峰值产生于爆燃结束时的高燃烧率（大表面积）。

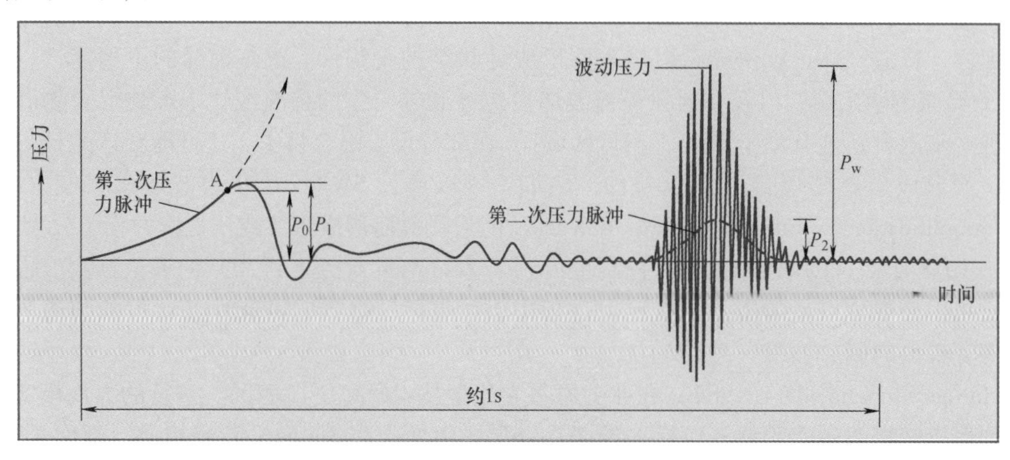

图 10-3 具有两个特征峰值 P_1 和 P_2 的典型实验，压力-时间曲线（Dragosavic，1973）。其中 P_0 为排气口开启压力

后来，Cooper 等人（1986）揭示了矩形封闭空间中在排气口释放压力极低时的更复杂四峰压力结构（见图 10-4，上部）。对胶片记录的分析表明，压力峰值 P_1 与排气口打开及未燃气体从封闭空间中排出有关（见图 10-4，顶部、中部、底部）。因为压降相同，热气流比冷气流的速度更高，所以当排气口开口压力高于 7.5kPa（见图 10-4，中部，底部）时，燃烧气体几乎在达到压力峰值 P_1 之后立即开始排放，从而显著地促进了爆燃阶段的压力下降。第二个峰值 P_2 是由于“外部爆炸”或从容器中排出的未燃烧混合物发生湍流高度燃烧所致。排气口开口压力较高时，外部燃烧并不重要，因为点火前只有少量未燃气体从封闭空间中喷出，并且在压力瞬变过程中不再出现第二个峰值。第三个峰值 P_3 的产生是由于火焰接触围墙后火焰前锋面积减小。Cooper 等人（1986）指出，当燃烧过程产生的压力波与容器的声学模式耦合、建立持续的压力振荡并符合瑞利准则时，就会产生第四个峰值 P_4（Rayleigh，1945）。P_3 和 P_4 峰值均出现在失效压力为 7.5kPa 时（见图 10-4，中部）。在排气口最大开启压力为 21.7kPa 时（见图 10-4，底部），只观察到两个峰值。第二个峰值显然由于声场强化燃烧（Cooper et al.，1986）。引发 P_4 的快速燃烧过程在火焰前锋与封闭空间内壁解除前就已发生，因此不再能观察到 P_3。

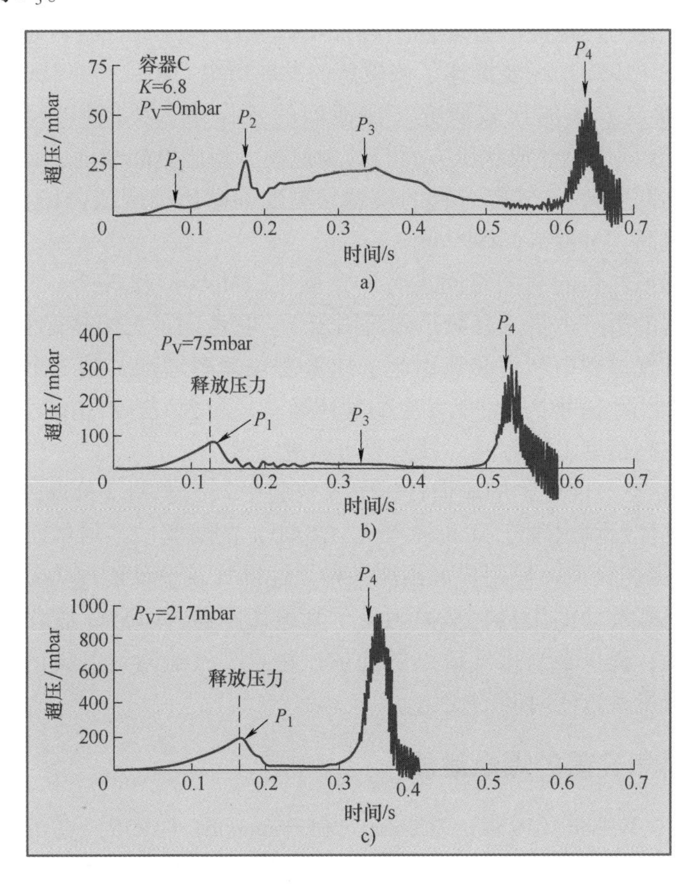

图 10-4 压力瞬变（Cooper et al.，1986）：**排气口开启压力较低**（顶部）**时有四个峰值，排气口开启压力居中**（中部）**时有三个峰值，在排气口开启压力较高**（底部）**时有两个峰值**

值得注意的是，若将泄压面板的失效压力增加到 7.5kPa 以上，观察到的压力-时间曲线的主要特征将变成两个压力峰（见图 10-4，中部和底部）。对于氢气-空气爆燃的压力峰值，

Cooper 等人（1986）在实验中使用其他可燃气体进行了确认。在许多工业应用中，都要求不在低失效压力下进行释放。在高失效压力下释放时存在四个压力峰值，但在图 10-4 所示的由 Cooper 等人（1986）确定的任何压力迹线上，四个峰值都无法找出。此外，第四个声学驱动峰值显著减小或完全消除的难度相对较低，这表明，在大多数实际情况下，声学增强压力的重要性几乎为零（Cooper et al.，1986；van Wingerden，Zeeuwen，1983）。

10.3.2 爆燃泄放的集总参数模型

既然有更强大的计算流体动力学工具，那为什么还要改进爆燃泄放的集总参数模型呢？Rasus 和 Krause（2001）给出的答案很是令人信服：出于实际目的，排气爆炸的详细建模（例如计算流体动力学代码建模）可能过于复杂和耗时，甚至不适用于几何形状过大或过于复杂的情况。

Yao（1974）和 Pasman 等人（1974）首次提出了排气爆炸动力学的集总参数理论。Bradley 和 Mitcheson（1978）发表了气体球形排气爆燃的详细理论。对 Molkov 和 Nekrasov（1981）提出的原始理论进一步研究，首次在模型中引入两个集总参数（湍流因子和流量系数）。多年来的研究已经证明，这一理论能够合理预测各种爆炸条件下封闭容器和通风容器中的气体爆燃动态过程。Molkov（1995）简要概述了该模型的发展历史。Rasus 和 Krause（2001）发表了对多种通风孔尺寸确定方法的比较研究。在他们的工作中，我们可以看到模型（Molkov，Nekrasov，1981）在预测爆燃泄放超压方面与其类似模型相比更加准确。在 90% 实验数据为可用数据的情况下，不同燃料-空气混合物的模型预测准确度比美国消防协会 NFPA 68（2002）标准中提供的方法更高（Molkov，1999a）。

随后，在对带无惯性盖的封闭空间进行的实验中，Molkov 和 Nekrasov（1981）的模型得到了成功应用。模型的第一个集总参数是湍流因子 X，它考虑了火焰前锋面积的增长、火焰前锋的不稳定性以及排气过程中产生湍流引起的质量燃烧速率增加。第二个集总参数是广义流量系数 μ，它考虑了封闭空间中所可能发生的气体运动，与大型容器中的小孔口相比，当容器内的气体速度可以在高精度下取零时，该系数可取更大值。

在针对不同燃料-空气混合物的非惯性排气盖实验中，该模型（Molkov，Nekrasov，1981）已得到广泛验证，具体示例出现于 Molkov 等人（2000）的研究中。阿尔斯特大学开发的 CINDY 程序包括了上述爆燃模型，使用户可预测各种惯性排气盖设计的压力动态，为安全工程师提供确定惯性盖通风孔尺寸的工具，从而满足了其迫切刚需。CINDY 程序的特点包括：提供多个排气盖打开机制；提供多个排气口以供选择；建立排气盖附近气流的原始模型；用户可以控制湍流因子和流量系数随时间的变化。

10.3.3 带惯性排气孔盖的爆燃泄放

20 世纪 50 年代，Wilson（1954）、Cubbage 和 Simmonds（1955）在英国首次研究了排气孔盖惯性对爆炸压力的影响。Korotkikh 和 Baratov（1978）认为，在大多数情况下，内部爆燃破坏建筑物的原因不是排气面积不足，而是排气孔盖惯性过大和释放压力较高。惯性盖设计中的一个重要问题是给定应用可能接受的惯性上限，超过上限，惯性盖可能无法充分打开，从而无法达到目的。为了忽略排气孔盖惯性的影响，在相关俄罗斯标准中，建议采用不同的值：从 $10kg/m^2$（Bartknecht，1978）到 $120kg/m^2$。Molkov 等人（2004a）总结了不同研究者对惯性效应的研究结果。

在本节中，我们将介绍下一步的发展，这种发展使得 Molkov 和 Nekrasov（1981）研究的集总参数模型能够考虑各种类型的惯性排气装置（Grigorash et al.，2004）。我们首先提出一个修正的控制方程，包括多个任意性质的排气孔同时作用；然后继续描述两种类型的惯性排气装置的模型：平移面板（包括弹簧加载阀）和铰链门；最后，我们根据 Höchst 和 Leukel（1998）在大型 $50m^3$ 筒仓中使用惯性盖（表面密度高达 $124kg/m^2$）进行的排气气体爆燃试验以及 Wilson（1954）用弹簧加载排气阀进行的试验，再现了对这两种类型盖子的验证结果。

10.3.3.1 模型假设与控制方程推导

假设均匀气体可燃混合物中的爆燃是由像火花一样释放能量低的点火源引起的。“低”意味着与混合物的内能相比可以忽略不计。点火源可位于任意形状、体积为 V 的封闭空间内的任何地方，其最长外形尺寸与最短外形尺寸之比不超过 5:1（当压力不均匀性和波动效应变得重要时）。初始压力和初始温度分别等于 p_i 和 T_{ui}。一般情况下，障碍物可以分布在整个封闭空间内。

在未燃混合物的时间温度 $T_u(t)$ 和压力 $p(t)$ 随燃烧速度 $S_u(T_u, p)$ 变化的条件下，预混火焰从着火点开始在整个混合物中传播。未燃混合物中火焰速度 S 和声速 c_u 的马赫数 S/c_u 不超过 0.1。这使得我们可以认为压力在整个封闭空间内是均匀的，并且只在时间上发生变化。采用湍流燃烧的小火焰模型将新鲜气体转化为燃烧产物。转化发生在薄到可以忽略的火焰前锋。与从热气到壁面和障碍物的特征传热时间相比，燃烧时间较短，故热损失被忽略不计。计算的绝热等容完全燃烧压力与实验值的差值约为 10%（Kumar et al.，1989）。气体的压缩和膨胀符合绝热方程，忽略马赫效应。事实上，以前的研究表明，温度在整个容器空间不均匀分布现象的影响可以忽略不计，即使是用定容炸弹技术测定燃烧速度（Metghalchi，Keck，1982）。这对于因为排气而压力更小的爆燃泄放来说更是如此。在爆燃过程中，未燃 γ_u 和已燃 γ_b 气体的比热容比是恒定的。未燃烧气体和燃烧气体的分子质量也是恒定的。假定气体本身是理想的。

排气可能是单个或多个单元，其无惯性或惯性质量为 m。在达到目标压力之前，可使用闭锁压力 p_v 来防止排气孔打开。一个无惯性排气孔瞬间打开时，由于惯性盖逐渐打开，带有惯性盖标号 j 的排气口的排气面积 F_j 随时间而变化。面积 F_j 被定义为盖子边缘和排气口之间的间隙面积，具体取决于盖子的类型（平移面板或铰链门）、尺寸以及形状（在盖子为铰链门时）。

对于单个无惯性排气装置情况下的爆燃泄放模型的推导，可在其他文献中找到（Molkov，Nekrasov，1981；Molkov，1995）。在这里，我们将演示以及推导这个模型在多个惯性排气装置的情况下是如何变化的。同时，我们会介绍所有必要的符号注释。

我们将任意时刻 t 下的真实火焰前锋面积 $F_f(t)$ 定义为半径为 r_b 的球体的表面积 $F_S(t) = 4\pi_0 r_b^2$。该球体的封闭空间内的燃烧气体可在同一时刻聚集到该表面积上，并根据以前已经形成的术语，将该比率称为湍流因子 $\chi(t) = F_f(t)/F_S(t)$。这里 π_0 表示圆周率。燃烧速度对温度和压力的依赖关系可以表示为，参见以下例子（Nagy et al.，1969；Bradley，Mitcheson，1978）：$S_u = S_{ui}(T_u/T_{ui})^m (p/p_i)^n$，其中下标“i”代表初始条件。根据绝热方程 pV^γ = 常数和理想气体状态方程，可以很容易地导出无量纲压力是容器内当前压力与初始压力之比

$$\pi = p/p_i$$

$$T/T_i = (p/p_i)^{(r-1)/\gamma} = \pi^{1-1/\gamma} \tag{10-1}$$

这个比例允许我们表示燃烧速度为

$$S_{\mathrm{u}} = S_{\mathrm{ui}} \pi^{\varepsilon} \tag{10-2}$$

其中，某些混合物的热动力系数 $\varepsilon = m + n - m/\gamma_{\mathrm{u}}$，以及初始燃烧速度 S_{ui} 可通过反问题法确定（即通过处理封闭球形炸弹中记录的压力瞬态），并制成表格（Molkov，1995）。$\sigma_{\mathrm{u}} = \rho_{\mathrm{u}}/\rho_{\mathrm{i}}$ 表示未燃气体的相对密度，其中 ρ_{i} 和 ρ_{u} 分别为初始和当前未燃气体密度。以 $p(m/\rho)\gamma = \mathrm{const}$ 形式写成的绝热方程，其中 m 是质量，对于初始密度和当前密度，可以看出

$$\sigma_{\mathrm{u}} = \pi^{1/\gamma_{\mathrm{u}}} \tag{10-3}$$

用 $n_{\mathrm{u}} = m_{\mathrm{u}}/m_{\mathrm{i}}$ 和 $n_{\mathrm{b}} = m_{\mathrm{b}}/m_{\mathrm{i}}$ 表示相对质量；$\omega_{\mathrm{u}} = V_{\mathrm{u}}/V$ 和 $\omega_{\mathrm{b}} = V_{\mathrm{b}}/V$ 表示未燃烧和燃烧气体的相对体积。气体中的体积守恒给出 $\omega_{\mathrm{u}} + \omega_{\mathrm{b}} = 1$。那么对于整个封闭空间内燃烧气体的平均相对密度，可以得出

$$<\sigma_{\mathrm{b}}> = \frac{<\rho_{\mathrm{b}}>}{\rho_{\mathrm{i}}} = \frac{n_{\mathrm{b}}}{\omega_{\mathrm{b}}} = \frac{n_{\mathrm{b}}\sigma_{\mathrm{u}}}{\sigma_{\mathrm{u}} - n_{\mathrm{u}}} \tag{10-4}$$

为了进一步简化推导，有必要设想（仅在数学意义上）我们处理的是在半径为 a 的球形容器中的球形火焰传播

$$a = \left(\frac{3V}{4\pi_0}\right)^{1/3} \tag{10-5}$$

那么我们想象中的球形火焰的无量纲半径可以计算为

$$r(t) = \frac{r_{\mathrm{b}}(t)}{a} = \left(\frac{V_{\mathrm{b}}}{V}\right)^{1/3} = \left(1 - \frac{V_{\mathrm{u}}}{V}\right)^{1/3} = \left[1 - \frac{n_{\mathrm{u}}(t)}{\sigma_{\mathrm{u}}}\right]^{1/3} = \left[1 - \frac{n_{\mathrm{u}}(t)}{\pi^{1/\gamma_{\mathrm{u}}}}\right]^{1/3} \tag{10-6}$$

根据湍流燃烧火焰模型，新鲜气体的燃烧速率为 $\mathrm{d}m_{\mathrm{u}}/\mathrm{d}t = -F_{\mathrm{f}}\rho_{\mathrm{u}}S_{\mathrm{u}}$。使用注释符号 χ 和式（10-2）、式（10-3）给出

$$\frac{\mathrm{d}m_{\mathrm{u}}}{\mathrm{d}t} = -4\pi_0 r_{\mathrm{b}}^2 \rho_{\mathrm{i}}\sigma_{\mathrm{u}}\chi S_{\mathrm{ui}}\pi^{\varepsilon} \tag{10-7}$$

上述公式表示容器内由于燃烧而产生的未燃气体质量的瞬时变化。这个质量的另一个变化是由于排气造成的。下面，我们来对此稍作解释。

为了区分未燃烧气体流出和燃烧气体流出，将在任何时刻被燃烧气体占据的排气口 j 的面积 $F_j(t)$ 的分数表示为 $A_j(t)$，未燃气体占 $F_j(t)$ 的 $[1 - A_j(t)]$ 分数。在最一般的爆燃泄放情况下，只有未燃气体在排气开始时从排气口流出，$A = 0$。之后，未燃气体和燃烧气体共同流出。在该过程结束时，流出只能通过燃烧气体完成，$A = 1$。一个例外情况是，在一个相对较小的排气孔附近点火，当燃烧气体从排气开始就占据整个排气横截面时，$A = 1$。

1997 年，作者分析了不同文献中的爆燃泄放运动图片，并指出，一般来说，$A = r^2$ 是对节流的合理估计。特别是，这个估计值比 Yao（1974）的估计值 $A = n_{\mathrm{b}}/(n_{\mathrm{b}} + n_{\mathrm{u}})$ 更接近实验结果。然而，应注意的是，在最大爆燃压力与排气口释放压力相当的特殊条件下，估算值 $A = r^2$ 给出的结果并不令人满意（以下表示为 p_{v}）。在阿尔斯特大学创建的 CINDY 程序中，使用者可以通过选择点火源相对于排气口的位置来控制 A 的估计值，可表示为

$$A = \begin{cases} 1, & \text{如果点火源离排气口很近} \\ 0, & \text{如果点火源离排气口很远} \\ r^2, & \text{如果点火源在封闭空间中间} \end{cases}$$

对于每个排气口，其他文献（Bradley，Mitcheson，1978）中的计算亚声速和声速状态下质量流量的孔板方程给出了未燃烧气体 $G_{j\mathrm{u}}$ 和燃烧气体 $G_{j\mathrm{b}}$ 的质量排放率。根据相对压力和密度表示法，可知任何气体的质量排放率为

$$G=\mu F p_{\mathrm{i}}^{1/2}\rho_{\mathrm{i}}^{1/2}R^{\#} \tag{10-8}$$

式中，$R^{\#}$是流出参数，由以下公式给出：

$$R^{\#}=\left\{\frac{2\gamma}{\gamma-1}\pi\sigma\left[\left(\frac{p_{\mathrm{a}}}{p_{\mathrm{i}}\pi}\right)^{2/\gamma}-\left(\frac{p_{\mathrm{a}}}{p_{\mathrm{i}}\pi}\right)^{(\gamma+1)/\gamma}\right]\right\}^{1/2}$$
$$R^{\#}=\left[\gamma\left(\frac{2}{\gamma+1}\right)^{\frac{\gamma+1}{\gamma-1}}\pi\sigma\right]^{1/2} \tag{10-9}$$

以上公式分别针对亚声速和声速。当压力超过临界值时，会发生从亚声速到声速排放的转变：

$$\pi\geqslant\left(\frac{p_{\mathrm{a}}}{p_{\mathrm{i}}}\right)\cdot\left(\frac{1+\gamma}{2}\right)^{\gamma/(\gamma-1)} \tag{10-10}$$

在式（10-9）和式（10-10）中代入未燃和燃态的 γ 和 σ，可得到 $R^{\#}$的未燃态和燃态版本以及临界压力。

考虑质量燃烧率的式（10-7），以及从 N 个排气口同时排放未燃气体和燃烧气体，未燃气体质量的变化率为

$$\frac{\mathrm{d}m_{\mathrm{u}}}{\mathrm{d}t}=-4\pi_0 r_{\mathrm{b}}^2\rho_{\mathrm{i}}\sigma_{\mathrm{u}}\chi S_{\mathrm{ui}}\pi^{\varepsilon}-\sum_{j=1}^{N}(1-A_j)G_{\mathrm{uj}} \tag{10-11}$$

此处，求和的极限在任何地方都是一样的，我们把它们从求和符号中去掉。使用式（10-3）、式（10-5）和式（10-6），并在式（10-11）中转换到相对质量和无量纲时间，得出

$$\frac{\mathrm{d}n_{\mathrm{u}}}{\mathrm{d}t}=-3\left[(1-n_{\mathrm{u}}\pi^{-1/\gamma_{\mathrm{u}}})^{2/3}\chi\pi^{\varepsilon+1/\gamma_{\mathrm{u}}}+\sum\frac{a(1-A_j)G_{\mathrm{uj}}}{3m_{\mathrm{i}}S_{\mathrm{ui}}}\right] \tag{10-12}$$

结合牛顿-拉普拉斯公式，在初始条件 $c_{\mathrm{ui}}=\sqrt{\gamma_{\mathrm{u}}p_{\mathrm{i}}/\rho_{\mathrm{i}}}=\sqrt{\gamma_{\mathrm{u}}RT_{\mathrm{ui}}/M_{\mathrm{ui}}}$下，用式（10-8）表示，这个公式很容易将式（10-12）中的排放项改写为

$$\sum\frac{a(1-A_j)G_{\mathrm{uj}}}{3m_{\mathrm{i}}S_{\mathrm{ui}}}=WR_{\mathrm{u}}^{\#}\frac{\sum(1-A_j)\mu_jF_j}{\sum\mu_jF_j} \tag{10-13}$$

式中，W 是瞬态排气参数，取决于变化的当前排气面积。

$$W=\frac{\alpha\sqrt{p_{\mathrm{i}}\rho_{\mathrm{i}}}}{3m_{\mathrm{i}}S_{\mathrm{ui}}}\sum_{j=1}^{N}\mu_jF_j=\frac{c_{\mathrm{ui}}\sum\mu_jF_j}{(36\pi_0)^{1/3}V^{2/3}S_{\mathrm{ui}}\sqrt{\gamma_{\mathrm{u}}}} \tag{10-14}$$

根据式（10-13）和式（10-14），式（10-12）可转变为

$$\frac{\mathrm{d}n_{\mathrm{u}}}{\mathrm{d}\tau}=-3\left[\chi\pi^{\varepsilon+1/\gamma_{\mathrm{u}}}(1-n_{\mathrm{u}}\pi^{-1/\gamma_{\mathrm{u}}})^{2/3}+WR_{\mathrm{u}}^{\#}\frac{\sum(1-A_j)\mu_jF_j}{\sum\mu_jF_j}\right] \tag{10-15}$$

通过类比推理得出燃烧气体质量变化率的方程为

$$\frac{\mathrm{d}n_{\mathrm{b}}}{\mathrm{d}\tau}=3\left[\chi\pi^{\varepsilon+1/\gamma_{\mathrm{u}}}(1-n_{\mathrm{u}}\pi^{-1/\gamma_{\mathrm{u}}})^{2/3}+WR_{\mathrm{b}}^{\#}\frac{\sum A_j\mu_jF_j}{\sum\mu_jF_j}\right] \tag{10-16}$$

式（10-15）和式（10-16）是这个模型的三个控制微分方程中的两个。描述相对压力变化的第三个方程是根据守恒定律得出的。

$$n_{\mathrm{b}}+n_{\mathrm{u}}+\int_0^t\sum\frac{A_jG_{\mathrm{bj}}+(1-A_j)G_{\mathrm{bj}}}{m_{\mathrm{i}}}\mathrm{d}t=1 \tag{10-17}$$

经过每个排气口的未燃气体的质量流量会通过逸出气体的内能和使该质量通过排气口横截面所需的功之和来减少系统的能量。因此，单位质量能量守恒给出以下公式：

$$u_{\mathrm{i}}=\int_{n_{\mathrm{b}}}u_{\mathrm{b}}\mathrm{d}n_{\mathrm{b}}+\int_{n_{\mathrm{u}}}u_{\mathrm{u}}\mathrm{d}n_{\mathrm{u}}+\int_0^t\left[\left(u_{\mathrm{b}}+\frac{p}{\rho_{\mathrm{b}}}\right)\sum\frac{A_jG_{\mathrm{bj}}}{m_{\mathrm{i}}}+\left(u_{\mathrm{u}}+\frac{p}{\rho_{\mathrm{u}}}\right)\sum\frac{(1-A_j)G_{\mathrm{uj}}}{m_{\mathrm{i}}}\right]\mathrm{d}t \tag{10-18}$$

未燃烧气体和燃烧气体单位质量的内能分别由于绝热压缩或膨胀而变化（Babkin，Kononenko，1967）。

$$\begin{aligned}u_{\mathrm{u}}&=u_{\mathrm{i}}+\frac{(T_{\mathrm{u}}-T_{\mathrm{ui}})c_{v\mathrm{u}}}{M_{\mathrm{ui}}}\\u_{\mathrm{b}}&=u_{\mathrm{bi}}+\frac{(T_{\mathrm{b}}-T_{\mathrm{bi}})c_{v\mathrm{b}}}{M_{\mathrm{bi}}}\end{aligned} \tag{10-19}$$

式中，c_v表示等容条件下每摩尔的比热容。因为燃烧是在恒定的初始压力下进行的，所以焓是守恒的：

$$u_{\mathrm{i}}+RT_{\mathrm{ui}}M_{\mathrm{ui}}^{-1}=u_{\mathrm{bi}}+RT_{\mathrm{bi}}M_{\mathrm{bi}}^{-1}$$

这导致

$$u_{\mathrm{b}}=u_{\mathrm{i}}+\frac{RT_{\mathrm{ui}}}{M_{\mathrm{ui}}}-\frac{RT_{\mathrm{bi}}}{M_{\mathrm{bi}}}+\frac{(T_{\mathrm{b}}-T_{\mathrm{bi}})c_{v\mathrm{b}}}{M_{\mathrm{bi}}} \tag{10-20}$$

将式（10-19）和式（10-20）代入能量方程式（10-18），然后使用质量守恒方程式（10-17）进行简化，由气体状态方程$p/\rho=RT/M$和比热容方程$c_p-c_v=R$，可得出

$$\begin{aligned}R\frac{T_{\mathrm{ui}}}{M_{\mathrm{ui}}}=&\;c_{p\mathrm{b}}\frac{T_{\mathrm{bi}}}{M_{\mathrm{bi}}}n_{\mathrm{b}}+c_{p\mathrm{u}}\frac{T_{\mathrm{ui}}}{M_{\mathrm{ui}}}n_{\mathrm{u}}-c_{v\mathrm{b}}\int_{n_{\mathrm{b}}}\frac{T_{\mathrm{b}}}{M_{\mathrm{bi}}}\mathrm{d}n_{\mathrm{b}}-c_{v\mathrm{u}}\int_{n_{\mathrm{u}}}\frac{T_{\mathrm{u}}}{M_{\mathrm{ui}}}\mathrm{d}n_{\mathrm{b}}+\\&\int_0^t\frac{c_{p\mathrm{b}}(T_{\mathrm{bi}}-T_{\mathrm{b}})}{m_{\mathrm{i}}M_{\mathrm{bi}}}\sum A_jG_{\mathrm{bj}}\mathrm{d}t+\int_0^t\frac{c_{p\mathrm{u}}(T_{\mathrm{ui}}-T_{\mathrm{u}})}{m_{\mathrm{i}}M_{\mathrm{ui}}}\sum(1-A_j)G_{\mathrm{uj}}\mathrm{d}t\end{aligned} \tag{10-21}$$

通过假设燃烧产物中温度均匀分布、理想气体状态方程，以及式（10-3）和式（10-4），可以得出

$$\int_{n_{\mathrm{b}}}\frac{T_{\mathrm{b}}}{M_{\mathrm{bi}}}\mathrm{d}n_{\mathrm{b}}=\frac{T_{\mathrm{ui}}}{M_{\mathrm{ui}}}\sigma_{\mathrm{u}}^{\gamma_{\mathrm{u}}-1}(\sigma_{\mathrm{u}}-n_{\mathrm{u}}) \tag{10-22}$$

将式（10-21）的两部分乘以M_{ui}，除以$c_{v\mathrm{b}}T_{\mathrm{ui}}$，并根据式（10-22）、式（10-1）、式（10-3），以及$\gamma=c_p/c_v$和$\gamma-1=R/c_v$，将结果简化，得到

$$\begin{aligned}\pi+\gamma_{\mathrm{b}}-1=&\;n_{\mathrm{u}}\frac{\gamma_{\mathrm{u}}-\gamma_{\mathrm{b}}}{\gamma_{\mathrm{u}}-1}\pi^{1-1/\gamma_{\mathrm{u}}}+\frac{\gamma_{\mathrm{u}}(\gamma_{\mathrm{u}}-1)}{\gamma_{\mathrm{u}}-1}\left[n_{\mathrm{u}}+\int_0^t(1-\pi^{1-1/\gamma_{\mathrm{u}}})\frac{\sum(1-A_j)G_{\mathrm{uj}}}{m_{\mathrm{i}}}\mathrm{d}t\right]+\\&\gamma_{\mathrm{b}}\left\{E_{\mathrm{i}}n_{\mathrm{b}}+\int_0^t\left[E_{\mathrm{i}}-\pi^{1-1/\gamma_{\mathrm{u}}}\left(\frac{\pi^{1/\gamma_{\mathrm{u}}}-n_{\mathrm{u}}}{n_{\mathrm{b}}}\right)\right]\frac{\sum A_jG_{\mathrm{bj}}}{m_{\mathrm{i}}}\mathrm{d}t\right\}\end{aligned} \tag{10-23}$$

用式（10-13）、式（10-15）和式（10-16）对该方程的相对时间τ进行微分，得到无量纲压力方程

$$\frac{\mathrm{d}\pi}{\mathrm{d}\tau}=3\pi\frac{\chi(\tau)Z\pi^{\varepsilon+1/\gamma_{\mathrm{u}}}(1-n_{\mathrm{u}}\pi^{-1/\gamma_{\mathrm{u}}})^{2/3}-\gamma_{\mathrm{b}}WR_{\Sigma}}{\pi^{1/\gamma_{\mathrm{u}}}-\dfrac{\gamma_{\mathrm{u}}-\gamma_{\mathrm{b}}}{\gamma_{\mathrm{u}}}n_{\mathrm{u}}} \tag{10-24}$$

其中，W由式（10-14）定义；R_{Σ}是流出贡献。

$$R_{\Sigma}=R_{\mathrm{u}}^{\#}\frac{\sum[1-A_j(\tau)]\mu_jF_j(\tau)}{\sum\mu_jF_j(\tau)}+R_{\mathrm{b}}^{\#}\left(\frac{\pi^{1/\gamma_{\mathrm{u}}}-n_{\mathrm{u}}}{n_{\mathrm{b}}}\right)\frac{\sum A_j(\tau)\mu_jF_j(\tau)}{\sum\mu_jF_j(\tau)} \tag{10-25}$$

Z是辅助量。

$$Z=\gamma_{\mathrm{b}}\left[E_{\mathrm{i}}-\frac{\gamma_{\mathrm{u}}}{\gamma_{\mathrm{b}}}\frac{\gamma_{\mathrm{b}}-1}{\gamma_{\mathrm{u}}-1}\right]\pi^{\frac{1-\gamma_{\mathrm{u}}}{\gamma_{\mathrm{u}}}}+\frac{\gamma_{\mathrm{b}}-\gamma_{\mathrm{u}}}{\gamma_{\mathrm{u}}-1}$$

因此，式（10-15）、式（10-16）和式（10-24）构成了控制方程组。在控制方程的积分（$\tau=0$）开始时，假设以下条件：$\pi=1$，因为压力等于p_i；$n_u=1$，$n_b=0$，并且还没有什么东西燃烧过。控制方程的积分可以用任何已知的常微分方程组的解法来完成。在任何给定时刻，可以通过以下简单公式得到若干个维度的爆燃参数：$t=\tau\times a/S_{ui}$表示爆燃时间，单位为 s；$p=\pi\times p_i$表示当前压力，单位为Pa；$S_u=S_{ui}\times\pi^{\varepsilon}$表示当前燃烧速度，单位为m/s；$r_b=r\times a$表示可想象球形火焰的当前半径，单位为m；$T_u=T_{u}^{i}\times\pi^{(\gamma_u-1)/\gamma_u}$表示当前温度，单位为K。

10.3.3.2 排气孔盖建模

以上式（10-15）、式（10-16）和式（10-24）取决于随时间变化的当前排气面积，但未规定这种变化的特征。这使得任何类型的排气盖都可“插入”计算，只要当前排气面积$F(t)$的值可以在每个积分步骤计算。对于任何排气盖，在压力随时间增加的情况下，在某个时刻t_{vj}，当内部爆炸压力等于预设的“闩锁释放”压力p_{vj}时，排气盖j释放，气体从封闭空间通过排气口j流出进入外部空间。根据排气盖类型，排气面积或立即等于标称排气面积F_N（非惯性或轻型排气盖，以及破裂膜），或随着排气盖在压力作用下移动而逐渐增大。两种常见的惯性排气装置是平移面板和铰链门，弹簧负载式排气盖是平移面板的一个子类。

（1）平移面板

平移面板是一个惯性盖，被建模为一个平面实体。垂直平移面板可以从起始位置向上或向下移动，而水平平移面板只能水平地远离起始位置。面板的平移既可以是不受限制的，也可以是受非弹性装置或线性弹簧约束的。

引起平移面板移动的减压力值得单独关注。用最简单的方法模拟排气盖位移，减压力$f(t)$为

$$f(t)=[p(t)-p_a]F_N \tag{10-26}$$

式中，F_N为标称排气面积。式（10-26）假设施加在排气盖整个内部压力$p(t)$和外部表面的压力p_a大小相同。应用CINDY程序，利用式（10-26）模拟Höchst和Leukel（1998）的实验中的压力和位移。结果表明，虽然超压成功匹配，但与实验数据相比，位移过快（Molkov et al.，2003）。

$$f(t)=\frac{[p(t)-p_a]\pi_0R_0^2}{2}=\frac{[p(t)-p_a]F_N}{2} \tag{10-27}$$

为了解释简单方法，即式（10-26）产生的过大位移，需要考虑已经离开排气横截面一段距离的排气盖。盖子阻挡气体从容器中逸出，使气体流动方向改变90°。因此，在排气孔释放后的一段时间内，在移动的排气孔盖下形成了射流。Molkov等人（2003）推导出了半径为R_0的圆形盖，考虑这种喷射效应将使初始压力值减半（见下一节）。

根据所开发模型编写的CINDY程序进行的模拟表明，考虑到式（10-27）中的喷射效应，模拟面板位移和压力瞬态与Höchst和Leukel（1998）的实验数据吻合良好。

总之，计算压力的步骤如下。如果有一个巨大的面板完全覆盖了排气口，那么必须克服重力或弹簧负载才能举起面板的静压力由式（10-26）给出。式（10-27）表示考虑喷射效应时的压力。假设，从式（10-26）的“压力”状态到部分打开排气口的式（10-27）的“喷射”状态的过渡是连续的。在没有相反证据的情况下，它与当前的排气面积成正比。“喷射分数”参数A_{jet}决定了标称排气面积F_N的分数，达到该值时，排气口处于“喷射”状态。

目前，在积分的每一步上，面板的运动都被视为均匀加速。CINDY代码根据力平衡计算面板加速度：

$$ma(t)=f(t)-kl-mg \tag{10-28}$$

式中，$a(t)$ 为排气盖加速度；$f(t)$ 为上述压力；m 为面板质量。重力加速度 g 是定向的，如果排气孔位于封闭空间的地面上，则式（10-28）可用负值 g；如果平移面板安装在封闭空间的墙上，则可通过设置 $g=0$ 忽略重力效应。如果存在弹簧载荷，则其贡献可通过线性弹簧（胡克）常数 k，单位为 N/m，而当前面板位移为 l，单位为 m。将排气面积计算为面板边缘和排气孔之间的间隙面积，即 $F=lp$，其中 p 为排气板周长。对于关闭的排气孔，该面积为零，并且允许增加，直到达到最大值（等于标称排气面积 F_N）。

（2）铰链门

铰链门是一种惯性盖，被建模为一个实心矩形，能够围绕其边缘之一（铰链）摆动，固定在封闭空间上（图 10-5）。b 表示铰链侧的长度，即门的长度；L 表示旋转侧的长度，即门的宽度。则排气孔的标称面积和铰链门的面积为 $F_N=bL$。

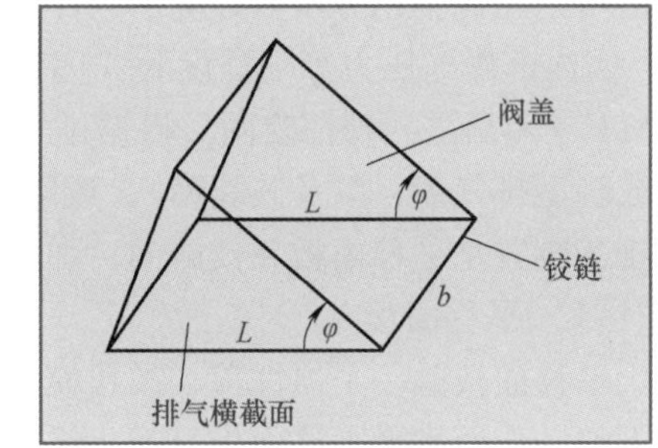

图 10-5　铰链门

设 φ 为排气孔与铰链门之间的角度，假设当前排气面积 $F(\varphi)$ 是盖子边缘和排气口之间的间隙面积。如图 10-5 所示，间隙由一个矩形区域（基于与铰链相对的门边缘）和两个三角形区域（基于门的旋转边缘）构成，则当前的排气面积是

$$F(\varphi)=2L\sin\frac{\varphi}{2}\left(b+L\cos\frac{\varphi}{2}\right) \tag{10-29}$$

对于封闭式排气孔（$\varphi=0$），该面积为零，并允许增加，直到其达到最大值（等于标称排气面积 F_N）。对于 $\varphi>\varphi_N$的角度，排气面积保持等于 F_N。在此假设门在 $\varphi=90°$时被无弹性地阻止。

为了计算作用在铰链门上的气体压力，我们考虑以下因素。当排气孔关闭时，整个门表面的压力均匀，确定为 $f=p(t)F_N=p(t)bL$。当排气孔开始打开时，情况就发生了变化。首先，移动气体在门上的压力小于封闭空间内部的压力。其次，沿门表面的压力不再均匀。

我们通过使用封闭空间内部、排气横截面和当前排气面积，即式（10-29）之间的气体流动的连续性定律来解决第一个问题。我们通过假设沿门表面的压力变化为门宽度上位置的线性函数来处理第二个问题。这就产生了下面表示气体静压力在铰链上转动门所应用的力矩的公式（Molkov et al.，2004b）：

$$T_{\text{pressure}}=\frac{bL^2}{6}[p(t)-p_a]\left[1-\frac{F^2(\varphi)}{(bL)^2}\right] \tag{10-30}$$

我们假设压力线性变化使得推导非常容易，至少接收了在铰链门上实际压力变化的一部分。然而，人们意识到真实的压力分布可能不是线性的；整个排气盖的顶推现象是三维的、非平稳的，并且取决于盖子和排气口的几何形状。到目前为止，我们还没有找到一个合适的理论来解释开门时的气体压力分布。因此，决定通过经验系数 C_{jet} 解决增强的线性分布，公式如下：

$$T_{\text{pressure}}=\frac{bL^2}{6C_{\text{jet}}}[p(t)-p_a]\left[1-\frac{F^2(\varphi)}{(bL)^2}\right] \tag{10-31}$$

C_{jet}将补偿铰链门运动的真实非线性、非平稳性和几何依赖性特征。请注意，当门关闭时，

$\varphi=0$，式（10-30）给出的值约为应有力矩值的1/3。

$$T_{\text{pressure,closed}}=\frac{bL^2}{2}[p(t)-p_a] \tag{10-32}$$

因此，必须对关闭的门或几乎关闭的门以及充分打开的门使用不同的公式：当门在某个小角度范围内关闭或打开时，应用式（10-32）；在一定角度以上，必须应用式（10-31）。与平移面板类似，将从式（10-32）的“内部压力”状态到式（10-31）的“喷射”状态的过渡假定为与$F(\varphi)$相关的线性关系，经验参数A_{jet}负责区分这两种状态。为了保持一致性，我们必须假设$C_{\text{jet}}>1/3$，因此对于相同的压力和盖子尺寸，式（10-31）不会产生大于式（10-32）的值。

式（10-31）的适用范围限于门打开的角度φ。该公式仅适用于当前排气面积$F(\varphi)$小于标称面积F_N的角度。在一定角度φ_N下，$F(\varphi_N)=F_N$时，通过封闭空间和排气盖之间间隙的流量面积等于来自相同面积的无限制排气孔的流量面积。当$\varphi>\varphi_N$时，排气孔被视为完全打开。门的持续打开不会影响容器内的压力动态。因此，在计算过程中，假设当开度大于φ_N时，只有重力在影响门的运动。

在得到上述压力力矩公式后，可根据以下力矩平衡方程来确定门的角加速度：

$$\frac{\alpha mL^2}{3}=T_{\text{pressure}}-\frac{mgL\sin\varphi}{2} \tag{10-33}$$

以上公式用于安装在墙上的排气口。

$$\frac{\alpha mL^2}{3}=T_{\text{pressure}}-\frac{mgL\cos\varphi}{2} \tag{10-34}$$

以上公式用于安装在天花板顶部的排气口。这些方程中的重力加速度g作用于门的打开。式（10-34）表示天花板上安装的排气孔，式（10-33）表示安装在墙上的排气口，门的顶部水平边缘用铰链连接。$g=0$表示安装在墙上的排气口，门在其垂直（侧面）边缘铰接。当重力有助于门打开时，以$g<0$来表示这种情况，则式（10-34）表示安装在地板上的向下打开的排气口。式（10-33）表示一个安装在墙上的排气口，在其底部水平边缘设置铰链，这种装置可以在一些文献（Zalosh，1978）里看到。

（3）与实验比较

前文所述的带有惯性排气盖的爆燃泄放模型依赖于经验参数A_{jet}以及铰链门的C_{jet}。为了找到这些参数的值，并检查模型的整体合理性，我们将其与排放甲烷-空气爆燃的大规模实验进行了验证（Höchst，Leukel，1998）。Höchst和Leukel（1998）的论文很珍贵，因为它包含了平移面板和铰链门的压力和位移研究。在下文中，“3-A”表示论文中第92页图3a中绘制的实验结果（Höchst，Leukel，1998），与之类似，“3-B”“3-C”和“3-D”对应于第92页图3b、3c和3d（Höchst，Leukel，1998）。所有实验都是在一个$50m^3$的筒仓中进行，筒仓顶部有一个排气装置。在3-A和3-C爆炸中，单个排气口的盖子是一个圆形平移面板，惯性分别为$89kg/m^2$和$42kg/m^2$，带有避雷器。爆炸3-B和3-D分别用一对惯性为$124kg/m^2$和$73kg/m^2$的矩形铰链门进行排气。爆炸3-A和3-B在最初静止的混合物中进行，3-C和3-D在风扇辅助湍流混合物中进行。

对于使用平移面板的排气，即情况3-A和3-C，有关文献（Molkov et al.，2003）对盖子尺寸、初始值以及模型与数据的匹配进行了详细描述。在这里，图10-6比较了我们的最佳匹配计算瞬态与实验结果。

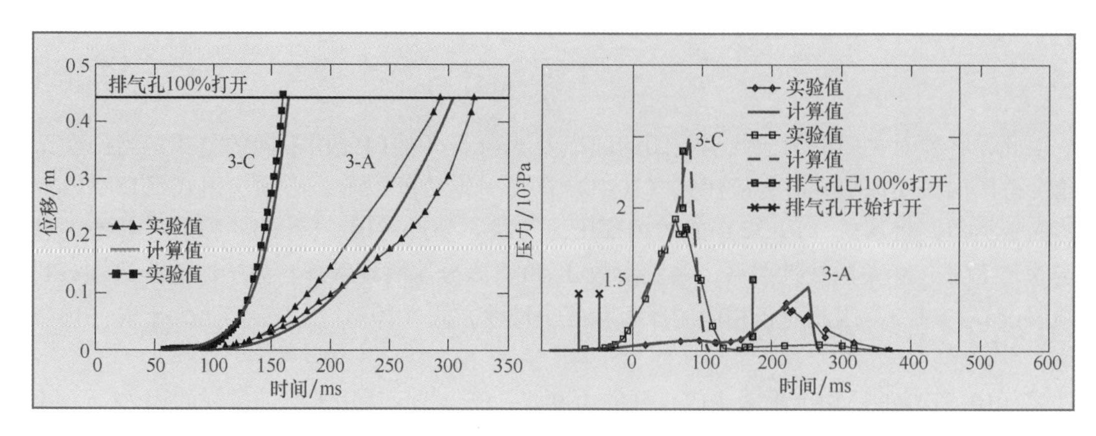

图 10-6 与 **Höchst** 和 **Leukel**（1998）平移面板的实验比较：位移（左）；压力（右）

Höchst 和 Leukel（1998）注意到他们在实验 3-A 中的平移面板在运动中倾斜了 3°。3-A 的位移曲线分别反映了面板较快边缘和较慢边缘的移动。实验 3-C 中没有发生面板倾斜。图 10-6 中的所有四条计算曲线均采用相同的排气盖经验参数值：$A_{jet}=0.1$。

Molkov 等人（2005）在论文中描述了他们对带有弹簧加载盖的情况进行的验证，与 Wilson 的实验 17A（1954）的位移和压力动态过程计算示例进行比较，如图 10-7 所示。结果表明，该模型与弹簧加载惯性盖的实验结果吻合良好，与上述平移面板的相似。实验 17A（Wilson，1954）在自由体积为 $1.72m^3$ 和带有单个弹簧加载活门（水平向外打开，直径为 0.46m）的装置中的主要细节为：体积分数为 2% 的戊烷空气混合物，40.1kg 排气盖（表面密度为 $244.5kg/m^2$）。

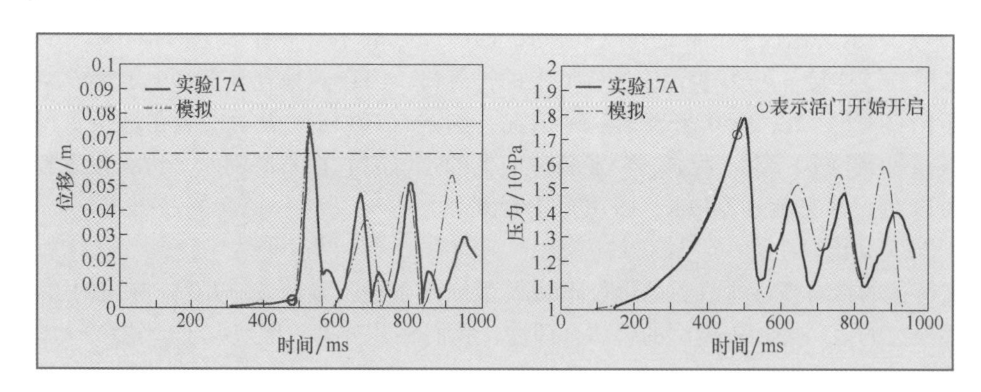

图 10-7 与 **Wilson** 的实验 **17A**（1954）的比较（Molkov et al.，2005）

对于铰链门排气，案例 3-B 和 3-D（Höchst，Leukel，1998）的初始数据如下。每一个测试都是用两个相同的门同时作用，表现出相同的行为。根据 Höchst 和 Leukel（1998）的实验数据，我们得出在 3-B 情况下，每个门的质量为 118.7kg，开启压力为 1.03×10^5 Pa；在 3-D 情况下，两个值分别为 69.88kg 和 1.02×10^5 Pa。其余参数均相同：$\gamma_u=1.39$，$\gamma_b=1.25$，$s=0.3$，$S_{ui}=0.38m/s$，$M_{ui}=27.24kg/kmol$，$T_{ui}=298K$，$E_i=7.4$，$V=50m^3$，$p_a=1.0\times10^5$ Pa，$b=1.383m$，$L=0.692m$。图 10-8 给出了与实验瞬态比较的最佳匹配计算曲线。模拟在没有未爆炸气体残留的情况下完成。在案例 3-B 中，这发生在门打开 70°之前。

对于铰链式排气盖，通过与实验 3-B 和 3-D 的 CINDY 代码预测进行匹配来确定 A_{jet} 和 C_{jet}。选择铰链盖的 A_{jet} 与选择平移盖的 A_{jet} 的原因相同：它代表一个阈值，低于该阈值时喷射

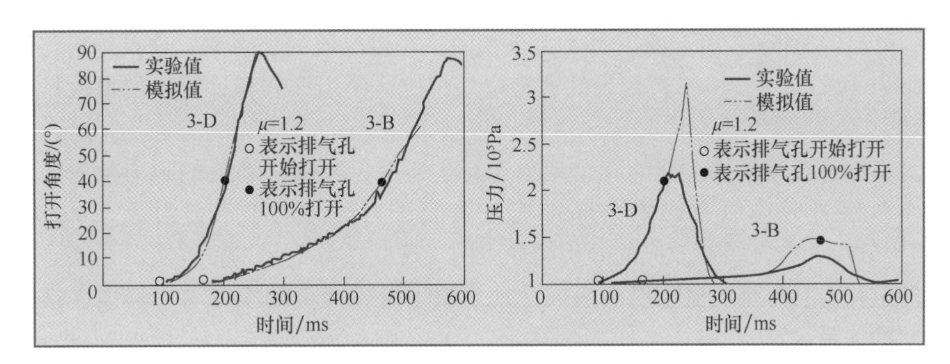

图 10-8 对比铰链门实验 3-B，3-D

流尚未完全建立。在给出了计算压力与实验的最佳拟合值条件下找到了 χ 和 μ 的值序列。然后将计算出的与实验的孔盖角位移进行比较，并根据需要选择新的 A_{jet}。当计算值与实验值吻合良好时，A_{jet} 值为 0.05。$C_{jet}=1.4$ 时，整体曲线拟合最佳。相关文献（Molkov et al.，2004b）对 A_{jet}、C_{jet} 经验值的优化进行了详细讨论。湍流因子 χ 随着计算的进行呈分段线性函数变化，两个实验的 χ 的最佳拟合值如图 10-9 所示。

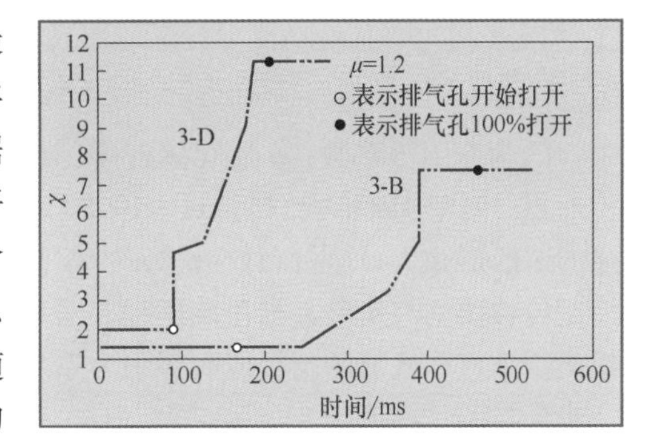

图 10-9 实验 3-B，3-D：γ

10.3.3.3 惯性排气盖喷射效应

这一节我们将证明，在排气盖下形成的逸出气体射流会极大地影响瞬态爆炸压力和排气盖移动。压力分布的数学模型，包括爆燃产物喷射流的影响，会产生传统的“直接”理论（在上一节中应用），以预测排气盖半体上的压力。通过与实验数据的比较，确定了当虚拟排气面积达到全通面积的 5% ~10% 时，惯性排气板上的喷射效应压力从全压变为降压。

薄爆破片和类似装置的缺点是它们对压力波动引起的疲劳敏感，还有与外部环境的隔热性差。这通常会导致一些问题，例如水凝结、意外“增加”其质量（例如由于积雪等）。为避免上述排气装置出现这些问题，可采用惯性防爆门或弹出式面板。如前一节所述，有多种类型的防爆门和类似的泄压元件，包括平移式、弹簧式、铰链式。在排气盖移动过程中，排气元件和容器之间的开口尺寸作为实际的排气区域。

平移压力释放装置在操作中会变得十分危险，因为在不受限制的情况下，它们可能会变成“导弹”。“导弹”碎片及其轨迹已经受到安全工程界的关注，例如 Efimenko 等人（1998）、Kao 和 Duh（2002）、Baker 等人（1983）均对此进行了研究。重要的问题是要准确模拟作用在通风口盖上的力，以预测不受约束的惯性通风元件可能产生破坏作用从而影响分离距离。

让我们来考虑一个典型的爆燃保护系统，当一个重型排气盖位于封闭空间顶部的排气孔上方时，例如 Höchst 和 Leukel（1998）使用的限制垂直平移盖。以下介绍最简单的“显而易见”的排气盖位移模型。由于内部（外壳内部瞬态爆炸压力）和外部（大气压力）表面上的压力差，就是施加在通风盖上的总压力。在简化的“未修正”方法中，压力为

$$f(t)=[p(t)-p_a]A$$

式中，A 是标称排气面积，单位为 m^2；$p(t)$ 是容器的瞬态爆炸压力，单位为 Pa；p_a 是大气压力，单位为 Pa；$f(t)$ 是施加在排气盖上的总压力，单位为 N。该方程假定施加在排气盖表面

整个内部，$p(t)$ 和外部表面上的压力 p_a 大小相同。在盖释放的那一刻，这是绝对正确的。然而，与 Höchst 和 Leukel（1998）记录的实验位移相比，使用该方程计算出的惯性排气盖位移过快。

人们对影响排气盖惯性位移的几个现象进行了研究，包括移动盖的阻力效应、排气盖对其约束的空气缓冲效应以及影响内部排气盖表面压力分布的排气盖射流（Molkov et al.，2003）。阻力效应和空气缓冲效应的分析结果表明，这些现象不足以解释实验观察到的圆形惯性排气盖的位移。只有排气盖喷射效应成功地模拟了爆燃产生的压力与平移惯性排气盖的运动行为之间的关系。

（1）牵引效应

牵引力 F 可以用以下公式来模拟：

$$F = -C_D \frac{\rho u^2}{2} A \tag{10-35}$$

式中，C_D 为牵引力系数；ρ 为气体密度，单位为 kg/m^3；u 为气体速度，单位为 m/s；A 为排气盖面积。对于 Höchst 和 Leukel（1998）的实验，当排气板垂直向上移动时，应用牛顿第二定律的一般形式 $f(t) = [p(t) - p_a]A - mg$，牵引力被加到式（10-35）的右边。研究发现，要使模型位移预测与实验数据正确匹配，需要牵引力系数 C_D 远远超过 1000。然而，相关文献明确指出，垂直于气流的圆板应有牵引力系数 C_D（Haberman，John，1988）。对现有文献的回顾进一步证实了这些值。

（2）空气缓冲效果

接下来需要估算排气盖和阻尼材料之间的空气缓冲效应（Höchst，Leukel，1998）。当盖的平移受到限制时，空气缓冲可能会影响平移盖的运动。如果盖子受到一个包括由固体材料组成的避雷器的框架的约束，那么盖子和框架之间的空气就可以起到缓冲作用，减缓盖子的速度，这已由 Höchst 和 Leukel（1998）的实验验证。

假设准稳态流动，欧拉方程如下：

$$\frac{dp}{\rho} + g dh + u du = 0 \tag{10-36}$$

式中，p 为局部压力，单位为 Pa；ρ 为气体密度，单位为 kg/m^3；h 为垂直高度，单位为 m；u 为气体速度，单位为 m/s。在不可压缩流体的近似中，当气体的特征速度远小于声速时，上述方程通过不可压缩流的伯努利方程积分得到。

$$\frac{p}{\rho} + gh + \frac{u^2}{2} = \text{const} \tag{10-37}$$

由于垂直距离很小，所以可以忽略与高度相关的项，即 gh。

图 10-10 显示了一个典型的平移排气盖和挡板/避雷器，其中 R_0 是圆形盖子的半径，单位为 m；$L(t)$ 是盖子和阻拦装置之间的距离，单位为 m；t 是时间，单位为 s；$u^e_{R_0}(t)$ 是盖子外部最外面直径处的气体速度，单位为 m/s。

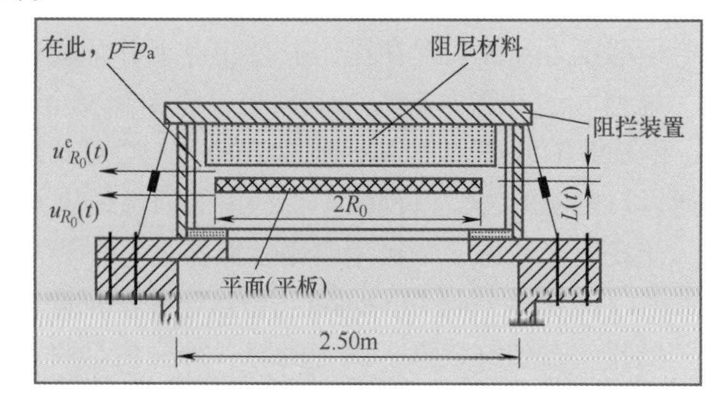

图 10-10 Höchst 和 Leukel（1998）实验中的被阻拦的平移排气口平板

盖子和约束框架之间的空间体积减小为

$$\Delta V(t)=\pi R_0^2\Delta L(t) \tag{10-38}$$

由盖子的最外半径定义的气缸侧流出盖和阻尼之间空间的气体体积可以用下式：

$$\Delta V(t)=2\pi R_0L(t)u_{R_0}^{\mathrm{e}}(t)\Delta t \tag{10-39}$$

基于气体不可压缩性的假设，最后两个方程给出的体积可以设置为相等，允许以下表达式：

$$u_{R_0}^{\mathrm{e}}(t)=\frac{R_0}{2L(t)}\frac{\Delta L(t)}{\Delta t}=\frac{R_0}{2L(t)}u_{\mathrm{L}}(t) \tag{10-40}$$

式中，$u_{\mathrm{L}}(t)$ 是排气盖在时刻 t 时的速度。式（10-40）中的关系对于任何半径 $r<R_0$ 和相应的气体速度保持正确的 $u_{\mathrm{r}}^{\mathrm{e}}(t)$。

$$u_{\mathrm{r}}^{\mathrm{e}}(t)=\frac{r}{2L(t)}u_{\mathrm{L}}(t) \tag{10-41}$$

将式（10-41）除以式（10-40）并重新排列结果得到

$$u_{\mathrm{r}}^{\mathrm{e}}(t)=u_{R_0}^{\mathrm{e}}(t)\frac{r}{R_0} \tag{10-42}$$

它与 $0<r\leqslant R_0$ 时的半径和气体速度有关。

在确定缓冲层中盖子上方的压力分布时，排气盖 R_0 边缘的压力为大气压力 p_{a}。根据伯努利方程，在某个半径 r 处，排气盖外表面上的压力 $p_{\mathrm{e}}(r, t)$ 相对于盖子外表面中心的值 $p_{\mathrm{e}}(0, t)$，为以下表达式：(其中速度等于零)

$$p_{\mathrm{e}}(r,t)+\frac{\rho[u_{\mathrm{r}}^{\mathrm{e}}(t)]^2}{2}=p_{\mathrm{e}}(0,t) \tag{10-43}$$

对于圆形盖的外边缘，其总压力（静态等于大气加上动态）与排气盖中心的总压力相同。

$$p_{\mathrm{a}}+\frac{\rho[u_{R_0}^{\mathrm{e}}(t)]^2}{2}=p_{\mathrm{e}}(0,t) \tag{10-44}$$

因此，空气缓冲作用对排气盖外表面的附加力为

$$\Delta f_{\mathrm{cushion}}=\int_0^{R_0}[p_{\mathrm{e}}(r,t)-p_{\mathrm{a}}]2\pi r\mathrm{d}r \tag{10-45}$$

求解 $p(r, t)$ 的方程式（10-43）和式（10-44），代替 $u_{\mathrm{r}}^{\mathrm{e}}(t)$：

$$\begin{aligned}p_{\mathrm{e}}(r,t)&=p_{\mathrm{a}}+\frac{\rho}{2}\{[u_{R_0}^{\mathrm{e}}(t)]^2-[u_{\mathrm{r}}^{\mathrm{e}}(t)]^2\}=p_{\mathrm{a}}+\frac{\rho}{2}\left\{[u_{R_0}^{\mathrm{e}}(t)]^2-[u_{R_0}^{\mathrm{e}}(t)]^2\frac{r^2}{R_0^2}\right\}\\&=p_{\mathrm{a}}+\frac{\rho[u_{R_0}^{\mathrm{e}}(t)]^2}{2}\left(1-\frac{r^2}{R_0^2}\right)\end{aligned} \tag{10-46}$$

将式（10-46）代入式（10-45）并通过积分得出

$$\begin{aligned}\Delta f_{\mathrm{cushion}}&=\int_0^{R_0}\left\{\frac{\rho\cdot(u_{R_0}^{\mathrm{e}})^2}{2}\left[1-\frac{r^2}{R_0^2}\right]\right\}2\pi r\mathrm{d}r=\pi\rho(u_{R_0}^{\mathrm{e}})^2\left[\frac{r^2}{2}-\frac{r^4}{4R_0^2}\right]\Bigg|_0^{R_0}\\&=\pi\rho(u_{R_0}^{\mathrm{e}})^2\frac{R_0^2}{4}\end{aligned} \tag{10-47}$$

通过代入式（10-40）和因子分解，可以得到

$$\Delta f_{\mathrm{cushion}}=\pi\rho\frac{R_0^2}{4}\frac{R_0^2}{4L^2(t)}u_{\mathrm{L}}^2(t)=(\pi R_0^2)\left[\frac{\rho u_{\mathrm{L}}^2(t)}{2}\right]\left[\frac{R_0^2}{8L^2(t)}\right] \tag{10-48}$$

其中，第一个系数是盖子面积；第二个系数是动态压力；最后一个系数可以表示为空气缓冲系数 C_{C}，类似于牵引力的牵引力系数 C_{D}。用 R_0 代替 $L(t)$，结果表明：当 $L\geqslant0.35R_0$（近似

值）时，$C_C \leqslant 1$。利用式（10-48）给出的 $0.1R_0$ 间隙距离的值，C_C 仅达到 12.5。事实上，仅当盖和阻尼器之间的间隙距离为 $0.01R_0$ 或更小时，C_C 才会达到原始修合所揭示的值，其在大约 $L=0.035R_0$ 时的值为 100。当 $L(t)=0.011R_0$ 时，C_C 仅在总可用行程的最后 3% 内达到 1000 或更大的值。在排气盖移动距离的大部分距离内，C_C 要低得多，只有当 $L=0.035R_0$ 时，C_C 才能达到 100。因此，在排气盖的大部分移动路径上，与缓冲效果相关的牵引力系数显著小于 1000。

因此，仅凭牵引力和空气缓冲效应不能解释观察到的排气盖位移行为。

（3）喷射效应

喷射效应的概念是，排气盖阻碍气体从容器中逸出，在排气孔开启后的一段时间内，在圆形盖下形成射流。因此，气体速度矢量的方向改变了 90°，作用在动盖上的压力 $f(t)$ 可通过积分求出。

$$f(t)=\int_0^{R_0}[p(r,t)-p_a]2\pi r\mathrm{d}r \tag{10-49}$$

式中，$p(r, t)$ 是作用在 t 时刻半径 r 处的排气盖底面上的压力；p_a 是大气压力；R_0 是排气盖半径。

使用伯努利方程，排气盖内表面（容器侧）任何一点的总压力可由静压 $p(r, t)$、推动排气盖和动态压力 $\rho u_r^2(t)/2$ 组成，其中，$u_r(t)$ 的矢量与排气盖表面平行，因为从容器中逸出的气体被旋转 90°以在盖子下方形成射流。在我们的模型中，排气盖中心的总压力等于封闭空间内的瞬态压力 $p(t)$，因为排气孔中心的速度等于零（停滞点）。排气盖底面的任何一点的总压力都是恒定的。因此，可以对排气盖的中心、边缘和任意半径 r 这三个点写下以下方程：

$$p(t)=p_a+\frac{\rho u_{R_0}^2(t)}{2}=p(r,t)+\frac{\rho u_r^2(t)}{2} \tag{10-50}$$

式中，$u_{R_0}(t)$ 是盖子最外面直径（盖子内缘）处的气体速度（图 10-10）。

求解任意半径下的静压 $p(r, t)$，并用类似于式（10-42）的关系代替 $u_r(t)$，可以得到

$$p(r,t)=p(t)-\frac{\rho u_r^2(t)}{2}=p(t)-\frac{\rho u_{R_0}^2(t)}{2}\left(\frac{r}{R_0}\right)^2 \tag{10-51}$$

根据式（10-49）和式（10-51），可得到

$$f_P(t)=\int_0^{R_0}\left[p(t)-p_a-\frac{\rho u_{R_0}^2(t)}{2}\left(\frac{r}{R_0}\right)^2\right]2\pi r\mathrm{d}r \tag{10-52}$$

然而，根据伯努利方程，即式（10-50），可得到

$$\frac{\rho u_{R_0}^2(t)}{2}=[p(t)-p_a] \tag{10-53}$$

将式（10-53）代入式（10-52），并对结果进行积分（Molkov et al., 2003），可得到

$$\begin{aligned}f_P(t)&=\int_0^{R_0}[p(t)-p_a]\left[1-\left(\frac{r}{R_0}\right)^2\right]2\pi r\mathrm{d}r=[p(t)-p_a]2\pi\left[\frac{r^2}{2}-\frac{r^4}{4R_0^2}\right]\Bigg|_0^{R_0}\\&=[p(t)-p_a]2\pi\left(\frac{R_0^2}{4}\right)=[p(t)-p_a]\frac{\pi R_0^2}{2}\end{aligned} \tag{10-54}$$

结果表明，考虑到排气盖下形成的射流的物理性质，从简化的“显而易见的”考虑得出，惯性排气盖运动方程 $f(t)=[p(t)-p_a]A$ 中的压力比实际压力大 2 倍。因此，在不可压缩流假

设下，考虑喷射效应的理论压力为

$$f(t)=[p(t)-p_a]\frac{A}{2} \tag{10-55}$$

因此，我们可以得出结论，当形成射流时，盖子上的压力仅为没有喷射效应的压力的一半，例如在排气盖释放后立即施加的压力。在计算爆炸碎片（“导弹”）可能从事故现场飞出的距离时，必须考虑到这种现象。

10.3.3.4　排气盖惯性的定标

自20世纪50年代开始研究以来，泄压板开孔压力大于7.5kPa时的气体爆燃产生的双压峰现象已得到很好的证实。Cubbage和Simmonds（1955）率先提出了排气板惯性（至少在其实验条件范围内）对第二个压力峰值没有影响的论述。Zalosh（1978）通过在$0.19m^3$容器中进行具有相同排气面积但不同排气释放压力的实验证明，尽管第一个峰值相差2.5倍，第二个峰值压力几乎相同。

本文从理论上解释了这一现象（Molkov，1999b）。Zalosh（1978）的上述结论只有在爆燃完成前排气盖完全打开的情况下才是正确的。在后壁点火的小规模管道中的爆燃泄放实验结果表明，在第一个压力峰值上第二个压力峰值的独立性并不总是有效的（Ibrahim，Masri，2001）。这里考虑的是在最小尺寸与最大尺寸之比小于1:3的封闭空间的中心点火情况。在进一步的计算中，我们将利用排气盖释放压力的第二个压力峰值独立的现象。

Cubbage和Marshall（1973）提出了一个关于在惯性排气盖释放后出现的第一个压力峰值处的最大爆炸压力的公式：

$$p_1=p_v+0.023S_u^2Kw/V^{1/3} \tag{10-56}$$

式中，K为排气面积系数（封闭空间横截面面积与泄压面积之比）；w为排气盖惯性，单位为kg/m^2。该公式基于使用各种燃料气体在最大容积达$30m^3$的燃烧室进行的实验，旨在最大限度地扩大燃烧速度的范围。与Cubbage和Simmonds（1955）提出的关于自由放置的水平卸压面板的公式不同，后一种相关性是通过实验设计出来的，泄压板是正固定的，且必须会被超压物理破坏，以形成一个开口（p_v大于约2kPa）。

超压与燃烧速度的二次方S_u^2成正比而不是S_u的事实导致了$S_u>0.5m/s$的混合物的爆燃压力被高估。根据对这种混合物的实验，英国天然气公司（British Gas）建议将相关系数从0.023降低到0.007（1990）。甚至有一种观点认为，可以放心地将该公式（Cubbage，Marshall，1973）应用于容积高达$200\sim300m^3$的空房间（Lautkaski，1997）。

让我们考虑封闭空间能够承受不超过1bar的内部超压的情况。这意味着可以使用两个爆燃泄放方程（Molkov，2001b）中的第一个来计算第二个压力峰值。因此，对于封闭空间中等于大气的初始压力，我们可以认为

$$p_2=1+5.65p_v^{2.5}Br_t^{-2.5}(Br_t\geqslant2) \tag{10-57}$$

式中，Br_t是湍流布拉德利数（符号注释见“排气口尺寸技术”一节）。当第二个峰值处的超压<1bar时，湍流布拉德利数必须≥2。

据作者所知，并没有合理的方程来计算取决于封闭空间容积、排气孔尺寸、混合特性和排气产生的湍流的盖子惯性上限。一个具有成本效率的爆燃缓解系统设计意味着排气面积等于其下限，惯性可能等于其上限。第一个压力峰值（取决于排气盖惯性）必须等于或小于第二个峰值（取决于排气面积）。

通过上述两个方程的简单计算，可以从这一假设中得出排气盖的惯性上限，并以此形式

给出

$$w \leqslant \frac{V^{1/3}(F/A_{cs})}{0.023 S_u^2 \chi^2}\left\{1 + p_v\left[\frac{5.65(36\pi_0)^{5/6}}{Br^{2.5}(E_i/\gamma_u)^{5/4}} \cdot (\chi/\mu)^{2.5} p_v^{1.5} - 1\right]\right\} \tag{10-58}$$

式中，燃烧速度 S_u 乘以湍流因子 χ，作为保守测量值。

让我们计算以下模型条件下容积分别为 $0.1m^3$、$10m^3$、$100m^3$ 和 $1000m^3$ 的不同封闭空间的排气盖惯性上限。为了简单起见，我们假设封闭空间为立方体，泄压板仅安装在一侧，其面积足以确保减压 30kPa。假设对于所有的封闭空间，排气盖释放压力为 $p_v = 1.03$bar，而且近似化学计量的丙烷-空气混合物被用作燃料（$S_u = 0.31$m/s；$E_i = 7.9$；$\gamma_u = 1.365$；$c_{ui} = 335$m/s）。

这些减压值和排气孔释放压力已被用于两个保守形式的排气孔尺寸关联式（Molkov，2001b）中的第一个方程，以确定湍流布拉德利数 $Br_t = 3.4$ 的值。湍流布拉德利数对所有情况都是一样的。通过相应的相关性计算 DOI 数，χ/μ（见 10.3.4 节）。湍流因子的值是根据 DOI 数计算的，所有封闭空间的排放系数特征值 $\mu = 0.6$。通过应用 10.3.4 节中详细描述的排气孔尺寸相关性的保守形式（Molkov，2001b），计算出排气孔面积 F，以及相应的比值 F/A_{cs}。一般初始数据和中间数据以及不同封闭空间排气盖惯性上限的计算结果见表 10-1。

表 10-1　不同容积和 30kPa 减压封闭空间内丙烷爆燃泄放的排气盖惯性的一般初始数据、中间数据和上限（适用条件）

V/m^3	F/m^2	F/A_{cs}	Br	χ/μ	χ	$w/(kg/m^2)$
0.1	0.04	0.20	31	4.5	2.7	<0.31
10	1.76	0.38	59	8.6	5.2	<16
100	11.62	0.54	84	12.3	7.4	<113
1000	77.70	0.78	122	17.7	10.6	<782

表 10-1 所列的计算结果表明，排气盖惯性的上限很大程度上取决于封闭空间容积（在这种特殊情况下，对于相同的 30kPa 的降低爆燃压力）。然而，所有的排气盖都是 100% 的“效率”，即在封闭空间内的爆燃燃烧结束前完全打开。相同的排气盖材料，对于小型容器是“重”的，而对于大型封闭空间则是“轻”的。例如，玻璃的密度约为 $2470 \sim 2560kg/m^3$，因此厚度在 2 ~ 5mm 范围内的窗格玻璃的惯性构成为 $5 \sim 13kg/m^2$。在没有初始湍流的空室尺寸和较大体积的封闭空间中，这种惯性实际上对第一个压力峰值的值没有影响。但是，玻璃不能用作容积约为 $0.1m^3$ 或更小的封闭空间的排气盖材料。另一方面，即使是保守估计，我们也已经计算出体积约为 $1000m^3$ 的大型封闭空间中排气盖的惯性上限约为 $800kg/m^2$。这一数值远高于正在讨论被纳入国际标准的 $0.5 \sim 20kg/m^2$ 的数值。

10.3.3.5　小结

Molkov 和 Nekrasov（1981）提出的带有非惯性排气盖或初始打开的排气口气体爆燃的理论模型被扩展到包括多个排气口。这些排气口既可以是惯性的，也可以是无惯性的。本节推导出了修正的爆炸动态无量纲控制方程，以平移面板、弹簧盖和铰链门的不同情况对惯性排气装置的运动模型进行了演示，碳氢化合物-空气的爆燃泄放实验数据重现良好，但目前还没有关于带有惯性排气盖的氢气-空气爆燃的实验数据。

最初发现的用于平移面板的排气盖喷射效应也进一步在铰链门上得到了证实。在考虑了逸出气体对排气盖表面的喷射效应后，任何情况均获得了令人满意的模型预测结果。计算的爆炸超压瞬变和盖子位移瞬态与 Höchst 和 Leukel（1998）、Wilson（1954）的实验值吻合良好。对所确定的经验系数 A_{jet} 和 C_{jet} 均假定合理值，从而证实了带惯性排气盖的爆燃泄放动力学模型是合理的，CINDY 程序可以作为安全工程的预测工具。

10.3.4　排气口尺寸技术

爆燃泄放是最广泛也最具成本效益的“爆炸”缓解技术。在爆燃过程中，它通过一个或多个足够面积的排气孔将气体从封闭空间中排出，从而将爆燃产生的压力降低到可接受的水平。爆炸排气孔的设计可以基于排气孔尺寸相关性或计算流体动力学的应用。

一般来说，美国消防协会 NFPA 68 标准（2007）及其欧洲版本欧洲标准协会 EN 14994 标准（2007）的通风孔尺寸公式不适用于氢气，因为氢气的 K_G 指数较高。实际上，美国消防协会标准和欧洲标准采用的排气孔尺寸公式仅适用于不大于 550bar · m/s 的 K_G 值。在美国消防协会标准 NFPA 68（2007）的附录 C 中图 C.1 显示，氢的 K_G 指数随体积增加而增加。例如，氢气的 K_G 指数从 0.005m^3 的 550bar · m/s 上升到 10m^3 的 780bar · m/s。这意味着美国消防协会 NFPA 68（2007）氢气-空气混合物的排气孔尺寸确定方法不适用于大于 5L 的体积。

Molkov（1995）首次提出了排气气体爆燃的无量纲关联式，并在对碳氢化合物-空气和氢-空气混合物的更广泛实验进行验证后对之多次更新（Molkov，1995；Molkov et al.，1997a；Molkov et al.，1997b；Molkov，1999a；Molkov et al.，1999；Molkov et al.，2000；Molkov，2001；Molkov，2002；Molkov et al.，2008a）。该列表包括在升高的初始压力下的碳氢化合物-空气爆燃泄放的相关性（Molkov，2001a）。

相关性的保守形式（Molkov，2001b）是为了满足 CEN/TC 305 专家组的要求而创建的。该专家组由 Kees van Wingerden 领导，他起草了欧洲标准 EN 14994（2007）。然而遗憾的是，不知何故，这种新颖的技术没有写在欧洲标准 EN14994（2007）的最终版本中。后来，创新的氢气-空气爆燃排气孔尺寸确定方法（Molkov et al.，2008a）已被纳入《欧洲氢和燃料电池固定应用安装许可指南》（HYPER，2008）和《氢安全双年度报告》（BRHS，2009）。

本书介绍的 Molkov 等人（2008a）提出的技术仅适用于氢气爆燃泄放。在本节中，将对氢气-空气爆燃的实验数据与创新的排气口尺寸技术（Molkov et al.，2008a）和美国消防协会标准 NFPA 68（2007）的预测结果进行比较。美国消防协会标准 NFPA 68（2007）的预测值使用 K_G =550bar · m/s 进行计算。实验装置包括球形和圆柱形容器以及一个隧道，氢体积分数为 10% ~30%。与容积为 1m^3（Pasman et al.，1974）和 6m^3（Kumar et al.，1989）的封闭空间内排气爆炸的实验数据进行比较，更新了此前已得到验证的排气孔尺寸确定方法，以包括 78.5m 长隧道中 40m^3 体积氢气-空气爆燃的新实验数据（Sato et al.，2006）。

10.3.4.1　美国消防协会标准 NFPA 68（2007）排气孔尺寸确定标准及其限制

值得注意的是，这两个标准，即美国消防协会标准 NFPA 68（2007）和欧洲标准 EN 14994（2007）都使用了 Bartknecht（1993）提出的公式。由于该公式与适用于整个可能爆燃条件的排气口尺寸技术（Molkov et al.，2008a）相悖，所以适用范围有限。

高强度封闭容器，即能够承受 0.1bar 以上减压（通风容器中的爆燃压力减去大气压力）的封闭空间的方程式如下（Bartnecht，1993）：

$$F=\{[0.127\log_D K_G-0.0567]P_{red}^{-0.582}\}V^{2/3}+[(0.175)P_{red}^{-0.572}(P_{stat}-1)]V^{2/3} \quad (10\text{-}59)$$

式中，F 是排气面积，单位为 m^2；K_G 是爆燃指数，单位为 bar · m/s；P_{red} 是减压，单位为 bar；

V是封闭空间的体积，单位为m^3；P_{stat}是静态排气激活压力，单位为bar。我们之所以使用这个方程，而不是低强度封闭空间的方程，是因为所有可用于不同排气口尺寸技术间比较的实验数据都将减压设为0.1bar以上。

式（10-59）（Bartnecht方程）的适用范围非常有限。它仅适用于减压大于0.1bar小于2bar，静态排气激活压力小于0.5bar，点火前初始压力小于0.2bar，长径比小于或等于2，爆燃指数K_G低于550bar·m/s的情况。美国消防协会标准NFPA 68（2007）中没有关于对式（10-59）如何在1000m^3的体积下进行验证的信息。

由于$K_G \leqslant 550$bar·m/s的限制，严格来说，Bartknecht的方程不适用于氢-空气混合物，因为所有可用的氢K_G值都高于550bar·m/s（见NFPA 68：2007中的图C.1）。目前将美国消防协会标准NFPA 68（2007）应用于氢气的“共识”是使用美国消防协会标准NFPA 68（2007）的表E1，其中氢气的值为$K_G = 550$bar·m/s，以便使用Bartknecht方程计算排气面积。很明显，这种方法忽略了K_G对封闭空间容积的强烈依赖性，因此不能解释排气面积对混合物反应性（即氢浓度）的依赖性。在许多情况下，对排气孔尺寸或减压的预测将被大大高估，因此会影响爆燃缓解系统的成本。

10.3.4.2 创新的排气口尺寸技术

图10-11显示了排气气体爆燃（Molkov，2001b）普遍关联的保守形式。

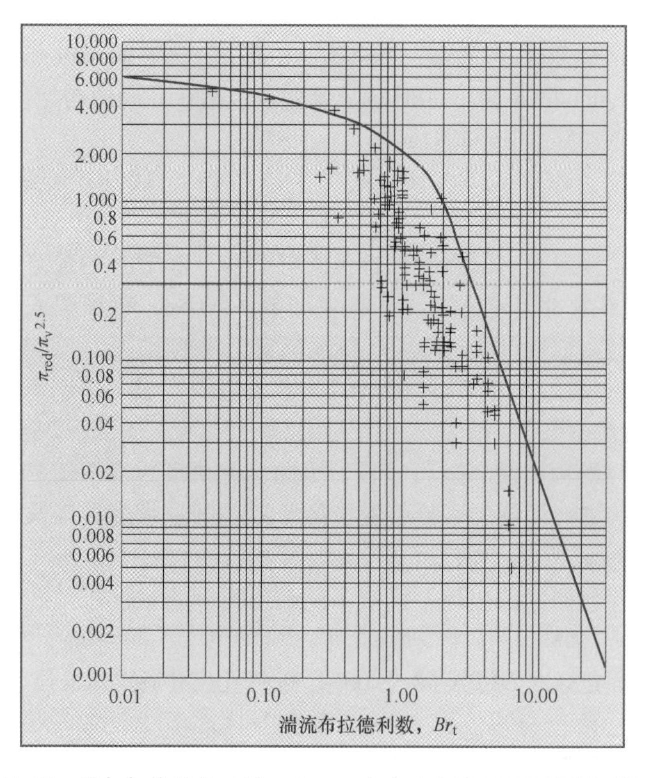

图10-11 排气气体爆燃（线）和139个实验点的相关性的保守形式，由符号“+”表示（Molkov，2001b）

如图10-11所示，相关性是保守的，因为它高于所示的所有实验点。分别建立亚声速爆燃和声速爆燃的关联式如下：

$$\frac{\pi_{red}}{\pi_v^{2.5}}=5.65Br_t^{-2.5}\left(\frac{\pi_{red}}{\pi_v^{2.5}}\leqslant 1;Br_t\geqslant 2\right)$$

$$\frac{\pi_{red}}{\pi_v^{2.5}}=7.9-5.8Br_t^{0.25}\left(\frac{\pi_{red}}{\pi_v^{2.5}}>1;Br_t<2\right) \tag{10-60}$$

式中，$\pi_{red}=P_{red}/P_i$是无量纲减压；P_i是封闭空间内的初始压力，单位为Pa；$\pi_v=(P_{stat}+P_i)/P_i$是无量纲静态激活压力。在式（10-60）中，湍流布拉德利数由以下关系式给出：

$$Br_t=\frac{\sqrt{E_i/\gamma_u}}{\sqrt[3]{36\pi_0}}\cdot\frac{Br}{\chi/\mu} \tag{10-61}$$

式中，E_i是燃烧产物的膨胀系数；γ_u是未燃烧混合物的比热容比；π_0是“pi”数；χ/μ是爆燃流出数（见下文）。布拉德利数为

$$Br=\frac{F}{V^{2/3}}\cdot\frac{c_{ui}}{S_{ui}\ (E_i-1)} \tag{10-62}$$

式中，c_{ui}是爆燃初始条件下的声速，单位为m/s；S_{ui}是初始条件下的燃烧速度，单位为m/s。

创新的排气口尺寸技术的第二个组成部分是爆燃流出相互作用（Deflagration Outflow Interaction，简称DOI）数（χ/μ）的相关性。该相关性可在初始大气压下以表格形式表示氢气-空气混合物（Molkov，2001b）。

$$\chi/\mu=\left[\frac{(1+eV_{\#}^{g})(1+0.5Br^{0.8})}{1+\pi_v}\right]^{0.4} \tag{10-63}$$

式中，$V_{\#}$是无量纲体积，$V_{\#}=V/(1m^3)$。经验系数$e=10$和$g=0.33$的“旧”值是根据容积为$1m^3$（Pasman et al.，1974）和$6m^3$（Kumar et al.，1989）的封闭空间中的氢气-空气爆炸实验数据进行校准而得出的（Molkov，2001b）。

后来Molkov等人（2008a）对DOI数相关性进行了升级，以适用于进一步的测试，如Kumar等人（1989）的测试和更大规模的在78.5m长的隧道中心进行的长10m、容积$37.4m^3$均匀氢-空气混合物爆燃试验（Sato et al.，2006）。将这些新实验纳入验证集后，仅通过修改两个经验系数（即“新”值$e=2$和$g=0.94$）来影响DOI数相关性，即式（10-63），以符合Sato等人（2006）的更大规模实验。

计算充满静止氢气-空气混合物的封闭空间或障碍物影响不大的封闭空间的通风面积的规程如下：

1）计算无量纲降低的爆炸超压$\pi_{red}=P_{red}/P_i$。

2）确定无量纲静态激活压力$\pi_v=(P_{stat}+P_i)/P_i$。

3）利用步骤1）和步骤2）的数据计算无量纲压力复合体$\pi_{red}/\pi_v^{2.5}$。

4）根据上述无量纲压力复合体$\pi_{red}/\pi_v^{2.5}$的值，使用以下两个方程之一计算湍流布拉德利数Br_t的值：

① 如果$\pi_{red}/\pi_v^{2.5}\leqslant 1$，则使用方程式$\pi_{red}/\pi_v^{2.5}=5.65Br_t^{-2.5}$；

② 如果$\pi_{red}/\pi_v^{2.5}\geqslant 1$，则使用方程式$\pi_{red}/\pi_v^{2.5}=7.9-5.8Br_t^{0.25}$。

5）使用图10-12，确定氢气-空气混合物的层流燃烧速度和膨胀率的适当值（通过空气中氢气的体积分数）。例如，对于常温常压下的化学计量氢-空气混合物，可使用以下值来确定排气口的尺寸：$E_i=6.88$，$S_{u0}=1.96m/s$（Lamoureux et al.，2003；Tse et al.，2000）。初始温度对层流燃烧速度的影响可以从公式中外推

$$S_{ui} = S_{u0}(T_i/298)^{m_0}$$

式中，m 是温度指数，对于接近化学计量比的氢气-空气混合物，可以取 $m=1.7$（Babkin，2003）；S_{u0}是 298K 下的层流燃烧速度，T_i是封闭空间内的初始温度。

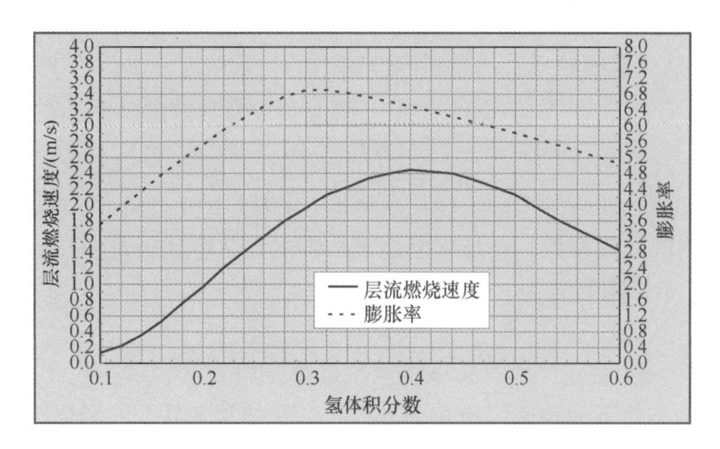

图 10-12　常温常压下氢气-空气混合物的层流燃烧速度和膨胀率与空气中氢气体积分数的关系

6）通过数值求解下列超越方程（通过改变面积 A 直到方程的右侧等于左侧）来确定排气孔面积。

$$\frac{Br_t \sqrt[3]{36\pi_0}\, V^{2/3}}{c_{ui}\sqrt{E_i/\gamma_u}} = \frac{F(1+\pi_v)^{0.4}\cdot\left\{1+0.5\cdot\left[\frac{F}{V^{2/3}}\cdot\frac{c_{ui}}{S_{ui}(E_i-1)}\right]^{0.8}\right\}^{-0.4}}{(1+2V^{0.94})^{0.4}S_{ui}(E_i-1)} \tag{10-64}$$

10.3.4.3　创新的排气口尺寸确定技术与 Bartknecht 方程的对比

与美国消防协会标准 NFPA 68（2007）和欧洲标准 EN 14994（2007）中使用的 Bartknecht 经验公式相比，创新的排气口尺寸确定技术（Molkov et al.，2008a）没有固有限制，特别是它可以计算封闭容器内从接近零到最大爆燃超压的范围内的减压。该技术适用于不同燃料-空气组成的混合物。

比较了两种排气口尺寸确定方法与三组实验氢气-空气爆燃的预测能力。第一组实验（表 10-2 中的“K”系列）由 Kumar 等人（1989）进行，实验使用了直径 2.3m、容积 6.85m³的球形容器，并通过长 3m、直径 45cm 的管道排气。容器和管道都填充了氢-空气混合物。在管道末端安装一个直径为 15cm 或 25cm 或 45cm 的初始关闭排气孔，以将可燃混合物与大气分离。报告的排气孔泄压超压小于 10kPa，该值可用于校准相关性。氢体积分数保持在 6%～20%范围内。然而，实验的重现性只有在氢浓度超过 10%（体积比）时才较好。点火源位于容器中心，靠近或远离通风管道。实验在接近大气的初始压力和 22℃的温度下进行。

第二组两个实验（表 10-2 中的“P”系列）由 Pasman 等人（1974）进行，实验使用了一个 0.95m³圆柱形容器，其直径 0.97m，长度 1.50m。一个法兰位于容器的背面，以容纳防爆膜。氢气-空气混合物在容器中心被点燃。使用化学计量比（29.6%）的氢-空气混合物进行实验，两个不同的排气面积分别为 0.3m²（直径 0.62m）和 0.2m²（直径 0.50m）。容器内初始压力为 101.8kPa，温度为 281K。

第三组实验（表 10-2 中的“SRI”系列）在长为 78.5m、高度为 1.84m、横截面面积为 3.74m²的马蹄形隧道中进行（Sato et al.，2006）。在无障碍隧道的中部制备体积为 37.4m³

（长10m的云）的15%、20%和30%的均匀氢气-空气混合物。该混合物在隧道中心的地面处被点燃。30%、20%和15%氢气-空气云中的氢含量分别为1kg、0.667kg和0.5kg。

Sato等人（2006）在30%氢气-空气混合物的条件下进行了一项附加的障碍物试验。将尺寸为$L \times W \times H = 940\text{mm} \times 362\text{mm} \times 343\text{mm}$的模拟“车辆”用作障碍物。障碍物之间的间隔距离等于“车辆”长度。这种障碍物的阻碍率为0.03。Sato等人（2006）根据实验观察得出结论，在无障碍物和有障碍物的隧道内，氢气-空气爆炸产生的最大超压之间没有差异。隧道内的均匀混合气爆燃被认为是泄放爆燃，其解释如下：将均匀的氢气-空气混合物的体积作为“封闭空间体积”，这种“通风空间”的“排气面积”等于隧道的双横截面积。

表10-2给出了实验与Bartknecht方程根据当前标准和排气口尺寸技术（Molkov et al., 2008a）所做预测之间的比较。与使用美国消防协会标准NFPA 68（2007）和欧洲标准EN 14994（2007）的预测相比，创新的排气口尺寸技术在整个可用实验数据范围内保持保守性，预测出的排气口尺寸和降低的压力值明显更接近于实验。用Bartknecht方程所做的预测有时会导致实验数据被大大高估。事实上，对于实验K10-15R，排气口面积高估了25倍（2435%），而降低的压力值被显著高估了228倍（22807%）。在其他情况下，例如实验P1-C，标准中采用的方法显示出非保守特性，并低估了45%的排气面积和64%的减压值。

排气口尺寸技术（Molkov et al., 2008a）证明了其在均匀初始静止的氢气-空气混合物的排气燃爆过程中预测爆炸压力方面的先进能力。它不仅适用于容器内的情况，还适用于具有通风管道的容器和大型隧道中，包括存在堵塞比较小的障碍物的情况。在所有情况下，预测的实验数据都比当前发布的标准好，见表10-2。

表10-2　通过排气口尺寸相关性和Bartknecht方程对实验和预测进行比较（NFPA 68, 2007）

实验	ϕ_{H_2}（%）	V/m^3	F/m^2	排气面积 F/m^2					减压 P_{red}					美国消防协会[c]使用情况
				VST	%[a]	NFPA	%[a]	Exp[b]	VST	%[a]	NFPA	%[a]	Exp[b]	
K10-15-C	10	6.85	0.0177	0.0780	342	0.362	1948	0.0177	3.67	126	260.00	15900	1.625	(+)
K10-15-R	10	6.85	0.0177	0.1070	506	0.448	2435	0.0177	3.67	224	260.00	22807	1.135	(+)
K10-15-N	10	6.85	0.0177	0.0890	405	0.391	2116	0.0177	3.67	158	260.00	18171	1.423	(+)
K10-25-C	10	6.85	0.0191	0.1188	142	0.514	947	0.0491	4.47	396	46.90	5111	0.900	(+)
K10-25-R	10	6.85	0.0191	0.1693	245	0.746	1420	0.0491	4.47	829	46.90	9657	0.481	(+)
K10-25-N	10	6.85	0.0191	0.1555	217	0.682	1291	0.0491	4.47	701	46.90	8305	0.558	(+)
K10-45-C	10	6.85	0.1590	0.2214	39	0.986	521	0.1590	0.54	79	6.49	2063	0.300	(+)
K10-45-R	10	6.85	0.1590	0.3500	120	1.584	897	0.1590	0.54	298	6.49	4707	0.135	(+)
K10-45-N	10	6.85	0.1590	0.4843	205	2.212	1292	0.1590	0.54	598	6.49	8340	0.077	(+)
K15-15-C	15	6.85	0.0177	0.0753	326	0.223	1163	0.0177	5.34	46	260.00	6985	3.670	(-)
K15-25-C	15	6.85	0.0191	0.1002	104	0.238	384	0.0491	4.20	27	46.90	1321	3.300	(-)
K15-45-C	15	6.85	0.1590	0.2378	50	0.311	95	0.1590	2.68	27	6.49	209	2.100	(-)
K15-45-R	15	6.85	0.1590	0.4534	185	0.454	185	0.1590	2.68	141	6.49	485	1.110	(+)
K15-45-N	15	6.85	0.1590	0.4139	160	0.422	165	0.1590	2.68	113	6.49	417	1.255	(+)

（续）

实验	ϕ_{H_2}（%）	V/m^3	F/m^2	排气面积 F/m^2					减压 P_{red}					美国消防协会[c]使用情况
				VST	%[a]	NFPA	%[a]	Exp[b]	VST	%[a]	NFPA	%[a]	Exp[b]	
K20-15-C	20	6.85	0.0177	0.0536	203	0.185	947	0.0177	6.14	22	260.00	5069	5.030	（-）
K20-25-C	20	6.85	0.0191	0.0819	67	0.196	300	0.0491	5.13	13	46.90	931	4.550	（-）
K20-45-C	20	6.85	0.1590	0.1643	3	0.222	40	0.1590	3.74	1	6.49	75	3.700	（-）
P1-C	29.6	0.95	0.20	0.2132	7	0.110	-45	0.2000	1.35	8	0.45	-64	1.250	（+）
P2-C	29.6	0.95	0.30	0.4176	39	0.233	-22	0.3000	0.74	85	0.26	-35	0.400	（+）
SRI-30F	30	37.4	7.48	11.95	60	1.112	-85	7.48	1.72	33	0.05	-96	1.300	（-）
SRI-20F	20	37.4	7.48	11.82	58	2.434	-67	7.48	0.78	122	0.05	-85	0.280	（-）
SRI-15F	15	37.4	7.48	7.48	0	3.127	-58	7.48	0.23	0	0.05	-77	0.220	（-）

注：1. 符号含义：ϕ_{H_2}表示氢气体积分数；C—中央点火；R—后部到排气口点火；N—靠近排气口点火；F—地面点火；VST—排气口尺寸技术。

2. 上角标字母含义：

a—预测值与相应实验值的偏差，计算公式为 $100\times(A_{pred}-A_{exp})/A_{exp}$，其中 A 为减压或排气面积；b—实验数据；c—美国消防协会标准 NFPA 68（2007）预测特定实验的适用性：最后一列中的（+）表示 Bartknecht 方程适用，（-）是指 Bartknecht 方程规定适用范围之外的实验条件。

10.3.5 反问题方法

在对气体爆燃的早期研究中（Yao，1974；Pasman et al.，1974），为匹配实验压力-时间曲线，仅使用一个参数，即湍流因子χ来“调整”理论压力瞬变。由于这种“限制”，在许多情况下，实验数据的再现很差，而且无法解释。这反过来又使得爆燃泄放过程中产生的湍流实验数据无法一般化。

作者关于排放气体爆燃的第一篇论文（Molkov，Nekrasov，1981）已经证明，如果第二个事先未知的理论参数，即广义流量系数μ，能在实验压力-时间曲线中跟随湍流因子χ进行“调整”，那么理论压力瞬变和实验压力瞬变能更加合理地吻合。

我们的研究广泛应用了反问题方法，用于寻找适合特定实验条件的χ和μ参数。反问题方法是研究无法直接评估的宏观和微观现象的唯一可用技术。将不同的χ和μ参数程式化地应用到反问题方法中，直到获得与记录压力最匹配的数据。在某一特定的爆燃过程中，χ和μ两个可调参数都是常数，这种近似方法通常效果很好。

广义流量系数μ不只是标准孔板方程中一般意义上的流量系数。从爆燃泄放实验数据的处理过程中得出，孔口的广义流量系数μ可以大于1或小于普遍接受的0.6。事实上，这一“奇怪”现象很容易解释。包含了流量系数的标准孔板方程，是在容器内速度为零的假设下得出的。这适用于大容器中的小孔，但不适用于通风面积与通风容器的横截面面积相当的情况。在孔板方程不能严格应用的时候，为了补偿不足，使用反问题方法得出的广义流量系数μ高于通常接受的值，甚至高于1。相反，如果在爆燃缓解系统中使用通风道，采用反问题方法产生的广义流量系数可能小于0.6。

经证明，爆燃超压不仅与湍流因子χ相关，而且与爆燃流出相互作用数，χ/μ相关。在体积为$4000m^3$的无障碍封闭容器中，初始静止的碳氢化合物-空气混合物排气爆燃得到的燃爆-流出相互作用值大约可达到20～30（Molkov et al.，2000）。

10.3.6 爆燃泄放的Le Chatelier-Brown模拟原理

本节将详细讨论由Molkov等人（1993）首次提出爆燃泄放的Le Chatelier-Brown基本模拟原理。爆燃泄放的Le Chatelier-Brown模拟原理显示，在通风容器中燃烧的气体动力学对过程的外部变化做出响应，从而削弱了外部影响的作用。尽管碳氢化合物-空气和氢气-空气混合系统的热力学和动力学参数之间存在差异，但是两者都遵守相同的爆燃泄放一般规律，包括Le Chatelier-Brown原理模拟和爆燃-流出相互作用值关联的形式（Molkov et al.，2000）。

将零等斜线法应用于描述爆燃泄放现象的控制方程系统中，可以很容易地得到无量纲减压与燃烧速度、湍流因子、广义流量系数和通风面积的关系式。

$$\pi_{red} \propto \left[S_{ui} \frac{\chi}{\mu} \cdot \frac{1}{F} \right]^2 \tag{10-65}$$

这个理论推导的方程实际上再现了爆燃泄放的经验关联式，唯一的区别是，指数是“2”不是“2.5”。需要说明的是，这个一般原则适用于碳氢化合物-空气和氢气-空气混合系统，安全工程师在设计可靠的防爆系统时，以及在调查设备和建筑物中的气体爆燃事故时，应该考虑到这一点。

从式（10-65）可以明显看出，通风面积F增至2倍，爆燃减压π_{red}会减小至原来的1/4。然而，应用式（10-65）来估算爆燃超压π_{red}，并不像建议的那样直截了当。根据Le Chatelier-Brown模拟原理，随着通风面积F的增加，爆燃-流出相互作用值χ/μ会一直跟随着变大，从而削弱外部影响（即通风面积的增加）的作用。

例如，Pasman等人（1974）的丙烷-空气混合物实验中，通风面积增加了2倍，使得χ/μ增加了1.57倍（Molkov et al.，2000）。在类似条件下的氢气-空气混合物实验中，通风面积增加1.5倍，其χ/μ会增加1.25倍；在Kumar等人（1989）的实验中，通风面积增加9倍，10%氢气-空气混合物的χ/μ增加2.79倍，20%氢气-空气混合物的χ/μ增加2.93倍。

此外，Harrison和Eyre（1987）在$30.4m^3$密闭空间中的实验得出，实际上排气口面积增加2.06倍，χ/μ会增加1.87倍对其进行补偿。造成这一现象的可能原因是，在Harrison和Eyre（1987）的实验中，随着排气面积的增加，外部爆燃对内部爆燃湍流因子χ和广义流量系数μ的影响加强。受到Le Chatelier-Brown模拟原理的影响，本实验中通风面积的有效增加量等于$F/(\chi/\mu)$往往比预期的要小得多。在这种特殊情况下，通气面积的有效增加量仅为$2.06/1.87=1.1$（仅为10%），而不是2.06。我们认为，这个例子解释了为什么在工程实践中，增加排气口面积并不总能有效地减轻爆燃，从而将压力降到封闭容器可以承受的压力水平。

火源位置和排气释放压力等爆燃泄放参数，通常没有显著的影响，除外部爆燃影响较大或排气盖惯性很重要的情况外。

Le Chatelier-Brown模拟原理的其他例子还有，在Kumar等的实验中，由于排气管道损失的影响，随着排气管直径从15cm增加到45cm，广义流量系数μ变为原来的$\frac{1}{2.25}$，同时湍流因子χ变为原来的$\frac{1}{1.12}$。另一方面，在Yao（1974）的实验中，湍流因子χ增加1.5倍，广义流量系数μ则增加1.25倍，对其进行部分补偿。

Le Chatelier-Brown 模拟原理普遍存在的另一个例子与燃烧速度有关。当空气中氢的体积分数从10%增加到20%时，初始燃烧速度 S_{ui} 增加了6倍，湍流因子 χ 虽略有下降，但仅仅下降为原来的 $\frac{1}{1.15}$。对于爆燃泄放的 Le Chaterlier-Brown 模拟原理，其重要特征来自于上面给出的例子，同时必须特别强调：补偿作用通常比主要作用弱。

本节讨论的原理的基础是非常简单的一般物理概念。实际上，很容易理解，在其他条件相同的情况下，增加通风面积会增加火焰前锋的湍流运动，从而增加湍流因子 χ 的值。湍流因子 χ 的增加，会提高排气口的流速，从而提高广义流量系数 μ 的值（众所周知，流量系数随流速的增大而增大）。同样，由于流出速度的相对下降，广义流量系数 μ 减小，湍流因子 χ 减小。

经研究证明（Molkov et al.，1997b），该原则也适用于阻塞的密封容器。这突出了 Le Chatelier-Brown 模拟原理在爆燃泄放中的普适性。

10.4 大型爆燃的大涡模拟

与三维计算流体动力学（CFD）模型相比，上述集总参数模型是一维的，在预测气体爆燃动力学方面存在局限性。这些限制包括爆燃发生的封闭容器几何形状复杂、长径比大、内部有障碍物等。当外部爆燃的作用不能被忽略时，应用一维模型来模拟封闭系统、一系列容器或连续爆燃中的爆燃动力学是非常困难的（Molkov et al.，2006b）。由于一维模型不能识别真实的火焰前锋相对于容器壁和障碍物的位置，复杂的形状尤其难识别，所以一维模型在描述容器壁热量损失时存在局限性。最后，集总参数模型不能用于模拟爆燃转爆轰等过渡燃烧过程。

CFD 是公认的对氢气安全的基本和应用问题进行建模和模拟的强大工具。硬件和软件性能的不断提高使得计算流体动力学的作用越来越强。然而，将计算流体动力学应用于实际，需要对数值模拟与实验数据进行彻底的验证（AIAA，1998）。

大涡模拟（Large Eddy Simulation，LES）有望用于爆燃模拟，因为它避免了时间平均，可以更好地预测高度非各向同性湍流和大规模火焰-流动相互作用（Vervisch，Veynante，2000；Hawkes，Cant，2001）。大的长度和小的火焰拉伸率是偶然气体爆燃的特征，而在工业燃烧室和熔炉、内燃机等其他工程应用中，其特征是出现许多湍流火焰（Bradley，1999）。

大涡模拟模型没有预先假设整个计算区域都是各向同性的湍流，也不需要求解湍流参数的附加微分方程。大涡模拟模型能够在几个单元的尺度上部分解决火焰前锋的起皱问题，其余的必须在亚网格尺度上建模。

氢安全工程需要计算流体动力学等当代的工具，这样才能够在几十米的真实尺度上模拟问题，并通过大规模实验进行彻底验证。通常认为大涡模拟技术比雷诺平均 N-S 方程更强大。而相比于传统大涡模拟，雷诺平均 N-S 方程（Reynolds Averaged Navier-Stokes，RANS）的生命力主要在于，在实际应用中，其计算成本较低，容易负担。从简单的代数模型到先进的微分雷诺应力传输模型，已有数百种雷诺平均 N-S 方程被开发出来了。希望创造出普遍适用的雷诺平均 N-S 方程湍流模型，无论该模型多复杂，只要能适用于任意湍流都可以。但是现在创造出来这个模型的可能性比以往任何时候都要低（Strelets，2003）。原因是人们意识到，在大多数具有实际意义的湍流中，观察到的“连贯”结构至关重要。大涡模拟无反应流动中，相关的传输过程受到大尺度运动的影响，并且有一个能量级联，主要从已解的大尺度到统计上各向同性和普遍的小尺度。与雷诺平均 N-S 方程相比，大涡模拟可以提供更可靠的湍流模型。在存在大尺度非定常运动的情况下，尤为如此。对无反应的流动，相关的量和速率控制过程是由大尺度运动确定的。在高雷诺数和达姆克勒数的湍流燃烧中，情况完全不同（Pope，2004）。分子混合和化学反应的基本速率控制过程，发生在比分辨率小得多的最小尺度上（Peters，2000）。因此，必须对这些流程进行建模。

10.4.1　物理要求

根据燃料和混合物的性质，向外传播的球形火焰前锋在半径为几厘米的范围内保持层流状态；然后在火焰表面出现微孔结构，再之后火焰起皱。波长不稳定的宽光谱，从几毫米到火焰前锋半径，都会引起分形状火焰褶皱（Bradley，1999）。微孔结构的出现使得火焰前锋面积扩大，进而加快燃烧速率，并最终通过褶皱火焰向自湍流的火焰前锋传播。在化学计量初始静止的氢气-空气混合物中，距离火源 1.0 ~ 1.2m 的地方，火焰传播会从层流过渡到自相似的完全发展的湍流状态（Gostintsev et al.，1988）。因此，火焰前锋的特性和结构，在最初静止的混合物中传播，随火焰半径的变化而变化（Bradley，1999）。

选择性扩散、流体动力和其他预混燃烧不稳定性对火焰传播速度的影响，通常发生在与层流火焰相当的尺度上，厚度为毫米级。由于在大计算域中网格尺寸的限制，所以这些现象无法在数米到数百米大尺度运动问题的计算流体动力学模拟中解决。这些燃烧不稳定性的影响必须加以模拟，而不是通过分解进行解决。在我们的例子中，通过湍流燃烧速度模型来解释这些不同的物理现象。

大涡模拟是模拟反应流的数值模拟方法，它提供了瞬时解析场，明确计算了流动的大结构，对湍流-燃烧相互作用进行更好的描述（Hawkes，Cant，1999；Poinsot，Veynante，2001；Chakravarthy，Menon，2001）。

最初，大涡模拟是为无反应流动而开发的。值得注意的是，基于雷诺平均 N-S 方程方法或大涡模拟的亚网格尺度的各种燃烧反应速率模型具有很强的相似性（Vervisch，Veynante，2000）。

在无反应流动中，经典的随涡流大小衰减的各向同性湍流谱不适用于大规模燃烧问题。典型的氢安全问题主要发生在几十厘米网格的大小级别下。而许多影响湍流燃烧速度的物理现象，例如火焰前锋本身产生的湍流和选择性扩散，其发生作用的尺度比典型的氢安全问题小得多。此外，这种小尺度现象极大地影响了火焰前锋总面积的增长，但是现代计算机的计算能力有限，目前还无法在几十米和几百米的实际事故规模下解决这些小尺度现象问题。唯一的方法是用亚网格尺度对小尺度现象进行建模。

10.4.2　数值要求

通过火焰或激波等任何数值“锋面”的最小计算单元数都是有数值要求的。Catlin 等人（1995）推荐火焰前锋厚度至少为 4 个控制体积的矩形网格。对于四面体非结构化网格，可以在等于四面体控制体积的 2 ~ 3 个边缘的距离处“收集”整个火焰锋面厚度的 4 ~ 5 点。这意味着大涡模拟可以解析大于四面体至少 4 ~ 6 条边的火焰前锋结构元素。较小的亚网格结构只能通过建模进行分析。

Jansen（1997）研究了大涡模拟在四面体非结构网格上的性能，发现最简单的滤波器，即顶帽结构滤波是最成功的。Kaufmann 等人（2002）推荐在复杂几何图形中应用大涡模拟时采用非结构化网格。阿尔斯特大学使用的大涡模拟模型是数值类型的，正如 Pope（2004）在大涡模拟滤波器和单元格大小相等的情况下所定义的那样。该模型在过程变量方程的源项中不包括一些大涡模拟模型中应用的人工参数，即非物理参数变量（Pope，2004）。

可惜的是，通常认为“标准”大涡模拟，特别是反应流的大涡模拟，是为了解决几十米大小的大尺度涡流的问题，所以用于解决 80% 湍流尺度的问题是不可行的。事实上，物理尺度的差异至少有 5 个数量级，而目前在（基于计算域 106 ~ 109 中相同大小的控制体积的数量）模拟中只有 2 ~3 个数量级的最大尺度分辨率是可行的。

10.4.3 流体流动控制方程

大涡模拟的控制方程，是通过过滤以下可压缩牛顿流体的质量、动量和能量的三维瞬时守恒方程得到的（Makarov，Molkov，2004）：

$$\frac{\partial\rho}{\partial t}+\frac{\partial}{\partial x_j}(\rho u_j)=0 \tag{10-66}$$

$$\frac{\partial\rho u_i}{\partial t}+\frac{\partial}{\partial x_j}(\rho u_j u_i)=-\frac{\partial p}{\partial x_i}+\frac{\partial}{\partial x_j}\tau_j+\rho g_i \tag{10-67}$$

$$\frac{\partial}{\partial t}(\rho E)+\frac{\partial}{\partial x_j}[u_j(\rho E+p)]=\frac{\partial}{\partial x_j}\left(-J_{j\mathrm{E}}-\sum_m h_m J_{jm}+u_i\tau_j\right)+S_{\mathrm{E}} \tag{10-68}$$

式中，ρ 为密度，$\rho=pM/(R_\mu T)$，其中 M 指分子质量，$M=\sum_m V_m M_m$，V_m 指第 m 种物质的体积分数，p 为压力，R_μ 为通用气体常数，T 为温度；t 为时间；$u_{i,j,k}$ 为速度分量；$x_{i,j,k}$ 为空间坐标；τ_{ij} 为应力张量；$\boldsymbol{g}$ 为重力加速度；E 为总能量，$E=h-p/\rho+u^2/2$，其中 h 为焓，u 为速度；$J_{j\mathrm{E}}$ 为第 j 个方向的分子热流密度，$J_{j\mathrm{E}}=-\left(\frac{\mu c_p}{Pr}\right)\frac{\partial T}{\partial x_j}$，其中 μ 指动态黏度，c_p 指混合物比热容，$c_p=\sum_m c_{p_m}Y_m$，Pr 指普朗特数，$Pr=\mu c_p/k$，k 指分子传热系数；J_{jm} 指第 m 个物种在 j 方向上的分子扩散通量，$J_{jm}=-\left(\frac{\mu}{Sc}\right)\frac{\partial Y_m}{\partial x_j}$，其中 Y_m 指第 m 个物种的质量分数，Sc 为施密特数，$Sc=\mu/\rho D$，其中 D 指扩散系数；S_{E} 指能量守恒方程中的源项；i、j、k 指空间坐标指标，m 指种类指标。

相应的大涡模拟过滤和质量加权过滤量引入如下（Poinsot，Veynante，2001）：

$$\bar{\phi}(x,t)=\int_V \phi(x',t)G(x,x')\mathrm{d}^3x' \tag{10-69}$$

$$\bar{\rho}(x,t)\tilde{\phi}(x,t)=\int_V \rho(x',t)\phi(x',t)G(x,x')\mathrm{d}^3x' \tag{10-70}$$

过滤式（10-69）、式（10-70）将全流场 $\phi(x,t)$ 分解为已解析（过滤）分量 $\bar{\phi}$、$\tilde{\phi}$，亚网格尺度以及未解析分量 ϕ'、ϕ''：$\phi=\phi+\phi'$ 和 $\phi=\tilde{\phi}+\phi''$。这里，物理空间中的大涡模拟滤波器被定义为 $G(x,x')=1/V_{CV}$，在其他地方则被定义为 $G(x,x')=0$。该滤波器是通过有限体积离散化隐式引入的。对式（10-66）~式（10-68）进行过滤得到以下一组方程：

$$\frac{\partial\bar{\rho}}{\partial t}+\frac{\partial}{\partial x_j}(\bar{\rho}\,\tilde{u}_j)=0 \tag{10-71}$$

$$\frac{\partial\bar{\rho}\,\tilde{u}_i}{\partial t}+\frac{\partial}{\partial x_j}(\bar{\rho}\,\tilde{u}_j\,\tilde{u}_i)=-\frac{\partial\bar{p}}{\partial x_i}+\frac{\partial}{\partial x_j}(\bar{\tau}_j)-\frac{\partial}{\partial x_j}(\overline{\rho u_j u_i}-\bar{\rho}\,\tilde{u}_j\,\tilde{u}_i)+\bar{\rho}g_i \tag{10-72}$$

$$\frac{\partial}{\partial t}(\bar{\rho}\,\tilde{E})+\frac{\partial}{\partial x_j}[\,\tilde{u}_j(\bar{\rho}\,\tilde{E}+\bar{p})\,]=\frac{\partial}{\partial x_j}\Big(-\bar{J}_{j\mathrm{E}}-\sum_m\overline{h_m J_{jm}}+\overline{u_i\tau_j}\Big)-\frac{\partial}{\partial x_j}[\,(\overline{\rho u_j E}-\bar{\rho}\,\tilde{u}_j\,\tilde{E})+(\overline{u_j p}-\tilde{u}_j\bar{p})\,]+\bar{S}_\mathrm{E} \tag{10-73}$$

未解析的湍流亚网格尺度动量通量的表达式 $\tau_{j,\mathrm{SGS}}=-(\overline{\rho u_j u_i}-\bar{\rho}\,\tilde{u}_j\,\tilde{u}_i)$ 类似于非反应流的标准模型（Poinsot，Veynante，2001；Chakravarthy，Menon，2001）

$$\tau_{ij,\mathrm{SGS}}=2\mu_\mathrm{t}\,\tilde{S}_{ij}=\mu_\mathrm{t}\left(\frac{\partial\tilde{u}_i}{\partial x_j}+\frac{\partial\tilde{u}_j}{\partial x_i}\right)$$

式中，S_{ij}是应变张量率；下角 t 表示紊流值；下角 SGS 表示亚网格尺度。在 Makarov 和 Molkov（2004）的论文中忽略了火焰前锋的层流膨胀项 $-\frac{2}{3}\mu\frac{\partial u_k}{\partial x_k}\delta_{ji}$（$\delta_{ji}$代表克罗内克符号）。该项在火焰前锋附近接近于零，并且认为其比湍流火焰前锋区的亚网格尺度应力张量小。

此外，发生气体膨胀的数值火焰前锋厚度比真实的层流火焰前锋厚度要宽，而且数值火焰（层流或湍流）前峰内的模拟参数也不真实。结合层流张量和亚网格尺度张量，得到的有效应力张量为

$$\bar{\tau}_{ij,\mathrm{eff}}=\bar{\tau}_{ij}+\tau_{ij,\mathrm{SGS}}=2(\mu+\mu_\mathrm{t})\,\tilde{S}_{ij}=2\mu_\mathrm{eff}\,\tilde{S}_{ij}=\mu_\mathrm{eff}\left(\frac{\partial\tilde{u}_i}{\partial x_j}+\frac{\partial\tilde{u}_j}{\partial x_i}\right)$$

未解析的亚网格尺度和分子能量通量用同样的方法描述为

$$\bar{J}_{j\mathrm{E,eff}}=\bar{J}_{j\mathrm{E}}+J_{j\mathrm{E,SGS}}=-\frac{\mu_\mathrm{eff}c_p}{Pr_\mathrm{eff}}\frac{\partial\tilde{T}}{\partial x_j}$$

$\overline{u_j\tau_{ij}}$和 $-\sum_m\overline{h_m J_{jm}}$，两者与黏性加热和因不同种类涡流扩散引起的能量源有关。它们的建模假设为

$$\overline{u_i\tau_{ij}}=\tilde{u}_i\bar{\tau}_{ij,\mathrm{eff}}=\tilde{u}_i\mu_\mathrm{eff}\left(\frac{\partial\tilde{u}_i}{\partial x_j}+\frac{\partial\tilde{u}_j}{\partial x_i}\right)$$

$$-\sum_m\overline{h_m J_{jm}}=-\sum_m\tilde{h}_m\,\tilde{J}_{jm,\mathrm{eff}}=-\sum_m\tilde{h}_m\left(-\frac{\mu_\mathrm{eff}}{Sc_\mathrm{eff}}\frac{\partial\tilde{Y}_m}{\partial x_j}\right)$$

最终，本研究中使用的过滤后的控制流体流动方程是

$$\frac{\partial\bar{\rho}}{\partial t}+\frac{\partial}{\partial x_j}(\bar{\rho}\,\tilde{u}_j)=0 \tag{10-74}$$

$$\frac{\partial\bar{\rho}\,\tilde{u}_i}{\partial t}+\frac{\partial}{\partial x_j}(\bar{\rho}\,\tilde{u}_j\,\tilde{u}_i)=-\frac{\partial\bar{p}}{\partial x_i}+\frac{\partial}{\partial x_j}\left[\mu_\mathrm{eff}\left(\frac{\partial\tilde{u}_i}{\partial x_j}+\frac{\partial\tilde{u}_j}{\partial x_i}\right)\right]+\bar{\rho}g_i \tag{10-75}$$

$$\frac{\partial}{\partial t}(\bar{\rho}\tilde{E})+\frac{\partial}{\partial x_j}[\,\tilde{u}_j(\bar{\rho}\tilde{E}+\bar{p})\,]=\frac{\partial}{\partial x_j}\left[\frac{\mu_\mathrm{eff}c_p}{Pr_\mathrm{eff}}\frac{\partial\tilde{T}}{\partial x_j}-\sum_m\tilde{h}_m\left(-\frac{\mu_\mathrm{eff}}{Sc_\mathrm{eff}}\frac{\partial\tilde{Y}_m}{\partial x_j}\right)+\tilde{u}_i\mu_\mathrm{eff}\left(\frac{\partial\tilde{u}_i}{\partial x_j}+\frac{\partial\tilde{u}_j}{\partial x_i}\right)\right]+\bar{S}_\mathrm{E} \tag{10-76}$$

能量方程的源项与化学反应速率 $S_\mathrm{E}=\Delta H_\mathrm{c}\cdot S_\mathrm{c}$有关，将在燃烧模型部分考虑。

有效黏度是根据重整化群（renormalization group，简称 RNG）理论计算的。该理论能够模

拟层流和高雷诺数流动状态下的流体流动（Yakhot，Orszag，1986）。

$$\mu_{\mathrm{eff}}=\mu\left[1+H\left(\frac{\mu_{\mathrm{s}}^{2}\mu_{\mathrm{eff}}}{\mu^{3}}-100\right)\right]^{\frac{1}{3}}$$

其中，$\mu_{\mathrm{s}}=\bar{\rho}(0.157V_{CV}^{1/3})^{2}\sqrt{2\tilde{S}_{ij}\tilde{S}_{ij}}$；$H(x)$ 指亥维赛函数。

Makarov 和 Molkov（2004）的研究将分子普朗特数设为 $Pr=0.7$。由 Yakhot 和 Orszag（1986）用 RNG 理论推导得出的有效普朗特数被用于非反应流体建模。

$$\left|\frac{1/Pr_{\mathrm{eff}}-1.3929}{1/Pr-1.3929}\right|^{0.6321}\left|\frac{1/Pr_{\mathrm{eff}}+2.3929}{1/Pr+2.3929}\right|^{0.3679}=\frac{\mu}{\mu_{\mathrm{eff}}} \tag{10-77}$$

RNG 模型类似于 Smagorinsky（1963）的模型，但不包含可调或临时参数。该模型不仅能够描述湍流，还能描述过渡流和层流状态：在层流中，亥维赛函数参数为负，有效黏度恢复分子黏度，$\mu_{\mathrm{eff}}=\mu$。

10.4.4 过程变量方程和梯度法

预混合燃烧系统的组分传输方程通常以过程变量方程的形式重算（Libby，Williams，1993）。

$$\frac{\partial}{\partial t}(\rho c)+\frac{\partial}{\partial x_{j}}(\rho u_{j}c)=\frac{\partial}{\partial x_{j}}(-J_{jc})+S_{\mathrm{c}} \tag{10-78}$$

式中，c 为过程变量，如标准产物质量分数，未燃烧混合物中 $c=0$，燃烧产物中 $c=1.0$；J_{jc} 为过程变量扩散通量；S_{c} 为源项。

在层流小火焰体系中，化学动力学仅通过对燃烧速度 S_{u} 的影响进入燃烧系统，火焰-湍流相互作用是纯粹的运动学，可以省略详细的化学建模（Bray，1996）。

燃烧反应速率的各种模型具有很强的相似性（Vervisch，Veynante，2000），局部质量燃烧速率可以用 Prudnikov（1967）首次提出并且在今天广泛应用的梯度燃烧法来描述，例如 Oran 和 Boris 提出的（1987）$S_{\mathrm{c}}=\rho_{\mathrm{u}}S_{\mathrm{u}}|\mathrm{grad}\ c|$（下标 u 代表未燃烧混合物）。梯度法保证了规定的质量燃烧速率 $\rho_{\mathrm{u}}S_{\mathrm{t}}$ 的发生，因为过程变量梯度积分在垂直于火焰前锋的方向上总是等于 1，与整个数值火焰前锋厚度的胞格数量和大小无关。

$$\int_{V}\bar{S}_{\mathrm{c}}\mathrm{d}V=\int_{V}\rho_{\mathrm{u}}S_{\mathrm{t}}|\nabla\tilde{c}|\mathrm{d}V=\int_{A}\rho_{\mathrm{u}}S_{\mathrm{t}}\mathrm{d}A\int_{c=0}^{c=1}\frac{\partial c}{\partial x}\mathrm{d}x=\int_{A}\rho_{\mathrm{u}}S_{\mathrm{t}}\mathrm{d}A\int_{c=0}^{c=1}\mathrm{d}c=\int_{A}\rho_{\mathrm{u}}S_{\mathrm{t}}\mathrm{d}A=\rho_{\mathrm{u}}S_{\mathrm{t}}A$$

另外，该方法对火焰前锋运动和界面合并的效应进行了自然处理，没有额外的计算成本。

大涡模拟明确解决了网格尺度上的火焰前锋褶皱。然而，在亚网格尺度（Sub-Grid Scale，SGS）上，影响湍流燃烧速率的燃烧不稳定性的未解决效应需使用亚网格尺度“湍流”因子 Ξ_{SGS} 来计算，它是层流燃烧速度的乘数，从定义上包括影响预混合燃烧的不同物理机制的效应。显然，使用的控制体积尺寸越小，在模拟中明确解决的火焰前锋褶皱的部分越大，因此亚网格尺度湍流因子越小。在足够细小的网格和小尺度问题的限制下，亚网格尺度的褶皱因子可以设为 $\Xi=1.0$（直接数值模拟）。

对式（10-78）进行过滤，并引入分子和亚网格尺度扩散通量的建模表达式为

$$\bar{J}_{jc}+J_{jc,\mathrm{SGS}}=-\overline{\frac{\mu}{Sc}\frac{\partial c}{\partial x_{j}}}+(\overline{\rho u_{j}c}-\bar{\rho}\tilde{u}_{j}\tilde{c})=-\frac{\mu_{\mathrm{eff}}}{Sc_{\mathrm{eff}}}\frac{\partial\tilde{c}}{\partial x_{j}}$$

过程变量方程具有以下形式：

$$\frac{\partial}{\partial t}(\bar{\rho}\tilde{c})+\frac{\partial}{\partial x_{j}}(\bar{\rho}\tilde{u}_{j}\tilde{c})=\frac{\partial}{\partial x_{j}}(-\bar{J}_{jc})-\frac{\partial}{\partial x_{j}}(\overline{\rho u_{j}c}-\bar{\rho}\tilde{u}_{j}\tilde{c})+\bar{S}_{\mathrm{c}} \tag{10-79}$$

分子施密特数（Makarov，Molkov，2004）取值为 $Sc=0.7$，有效施密特数的计算与有效普朗特数按重整化群（Renormalization Group，RNG）理论方程的计算类似式（10-77）。反应速率的计算忽略了 $\tilde{c}$ 和 $\bar{c}$ 之间的差异，类似于以下公式（Weller et al.，1998）：

$$\overline{S}_c=\rho_u S_u \Xi_{SGS}\cdot|\text{grad}\,\tilde{c}|$$

假设除密度和压力之外，所有变量的质量加权过滤值将进一步省略上画线 - 和波浪符 ~。

为了缩小过程变量在网格胞格上的分布范围，建议对梯度法以及过程变量和能量守恒方程中的源项进行以下修改：

$$S_c=\rho_u S_u|\text{grad}c^N|\Xi_{SGS} \tag{10-80}$$

$$S_E=H_c S_c=H_c\rho_u S_u|\text{grad}c^N|\Xi_{SGS} \tag{10-81}$$

其中，N 的选择出于对火焰前锋厚度的考虑（$N\geqslant 1$）。由于过程变量值变化较快，所以这种方法有可能降低火焰前锋厚度。然而由于不论 N 值如何，梯度 c^N 在火焰前锋厚度上的积分始终一致，因此保持了总质量燃烧速率。需要记住的是，在选择 N 值时，N 值过高可能会导致不可接受的薄火焰前锋和求解过程中数值不稳定。

对两种 N 值进行模拟，并对结果进行了比较（Makarov，Molkov，2004）：$N=1$（标准梯度法）和 $N=2$（修正梯度法）。在所有模拟中，将亚网格尺度褶皱因子设为 $\Sigma_{SGS}=1.0$，因为混合物最初是静止的，故在采用的集总参数模型（Molkov et al.，2000）的 S_{ui} 和 ε 值中已经考虑了火焰前锋褶皱。

10.4.5 大型密闭容器爆燃的大涡模拟

在直径为 2.3m、容积为 6.37m³ 的球形密闭容器中，模拟了中心点火后（Kumar et al.，1983）化学计量的氢气-空气（体积分数为 29.5%）爆燃的动态过程。初始温度和压力分别为 373K 和 97kPa。本实验的燃烧速度是预先用反问题方法（Molkov et al.，2000）确定的，公式为 $S_u=S_{u0}(p/p_0)^{\varepsilon}$，其中温度为 373K 时，初始燃烧速度等于 $S_{u0}=4.15\text{m/s}$，总热动力学指数 $\varepsilon=1.0$。氢气-空气混合物和燃烧产物的分子质量分别等于 $M_u=20.9\text{kg/kmol}$ 和 $M_b=20.9\text{kg/kmol}$。初始压力下未燃烧和已燃烧的混合物密度分别为 $\rho_{u0}=0.65\text{kg/m}^3$ 和 $\rho_{b0}=0.12\text{kg/m}^3$，计算出膨胀系数为 $E_0=\rho_{u0}/\rho_{b0}=5.3$。

需要指出的是，作为集总参数模型对实验压力-时间曲线的处理结果，燃烧速度 S_{u0} 和总热动力学指数 ε 包含了燃烧不稳定性对燃烧速度的所有影响。同时，火焰锋面的胞格结构（起皱）将在大涡模拟中得到部分显式解析。这意味着胞格结构对燃烧速率的影响将用“过量”来说明。因此，在接受给定的 S_u 和 ε 值的情况下，模拟的爆燃动态过程预计可能会比实验的压力瞬变更快。遗憾的是，在 100℃ 的初始温度升高的情况下，无法获得化学计量的氢气-空气混合物的 S_u 值和 ε 值。

燃烧混合物的成分是在等容条件下，即内能不变的情况下，利用热力学平衡模式（Kee et al.，2000）计算出来的，考虑了 21 种组分。在模拟中使用了整个爆燃过程中“平均”的反应热定值（Makarov，Molkov，2004）。它被确定为实验初始温度下未燃烧混合物和燃烧产物的内能之差：

$$\Delta H_c=(e_u-e_b)|_{T_0=373\text{K}}=2.92\times10^6\text{J/kg}$$

混合物的比热容近似为温度的分段多项式函数，多项式系数根据组分的质量加权混合律计算。新鲜和燃烧混合物的分子黏性都是根据空气黏性的 sutherland 定律计算的。在模拟中，假设混合物组分和上述特性与压力无关。使用 FLUENT 软件进行模拟，该软件基于控制体积和有限差分法。求解器采用显式线性化控制方程，对流项采用二阶精度迎风格式，扩散项采用中心差分二阶精度格式，并采用龙格-库塔算法对线性方程组进行求解。时间步长由柯朗-弗里德里希斯-列维（Courant-Friedrichs-Lewy，CFL）条件决定：

$$\Delta t=(\mathrm{CFL}\cdot\Delta)/(a+u)$$

其中，CFL 数等于 0.8，以确保稳定性。

利用非结构化四面体网格的几何弹性优势对球形计算域进行网格化。四面体边缘的平均尺寸是 $\Delta=0.07\mathrm{m}$（沿球体直径含约 33 个控制体积）。将它与靠近火焰前锋的悬挂节点解法自适应网格相结合，其中需要更高的空间分辨率来降低模拟的火焰前锋厚度。使用了一级网格细化，在高过程变量梯度区域提供了$\frac{1}{2}$平均边缘尺寸（$\Delta=0.035\mathrm{m}$）的胞格。网格细化的标准为 $c\geqslant0.001$。规定去细化的标准为 $c\geqslant0.090$ 和 $S_c\leqslant10$ 的结合。计算过程中的胞格数量从 116586 个（无网格细化）到 306000 个（有网格细化）不等。胞格边缘 $\Delta=0.035\mathrm{m}$ 的均匀网格将由大约 100 万个控制体积组成。

从 Bradley 等人（2001）的实验观察中获得了大规模爆燃中胞格结构的数据，即在半径 1~3m 处观察到甲烷-空气和丙烷-空气混合物的胞格尺寸在 15~45cm 之间。

在初始时刻，$\tau=0\mathrm{s}$，流体静止，$u=0\mathrm{m/s}$。在第一次模拟中（Makarov，Molkov，2004），球体中心开始燃烧，在半径 $R\leqslant0.04\mathrm{m}$ 的区域内过程变量值 $c=1.0$，其他地方使用分布 $c=\exp\lfloor-(R-0.04)^2/0.08\rfloor$，这使过程变量曲线的平滑斜率为零，并确保了数值稳定性和近球形的初始火焰核。初始时刻的温度分布为 $T=T_{u0}+c(T_{b0}-T_{u0})$，其中未燃烧的混合物温度等于实验的 $T_{u0}=373\mathrm{K}$，用接受的反应热 ΔH_c从热力学上得到燃烧的混合物温度是 $T_{b0}=2280\mathrm{K}$。

在容器壁上采用了无滑移边界条件的速度（$u=0$）。在能量方程中采用了绝热边界条件（$\partial T/\partial n=0$），在过程变量方程中采用了零通量边界条件（$\partial T/\partial n=0$）。

本研究考虑了 4 种不同的案例，即式（10-80）源项中有两种不同的 N 值、式（10-81）中有无网格细化。

1）案例 1：$S_c=\rho_u S_u|\mathrm{grad}c|$，无网格细化，$N=1$

2）案例 2：$S_c=\rho_u S_u|\mathrm{grad}c|$，解法自适应网格细化，$N=1$

3）案例 3：$S_c=\rho_u S_u|\mathrm{grad}c^2|$，无网格细化，$N=2$

4）案例 4：$S_c=\rho_u S_u|\mathrm{grad}c^2|$，解法自适应网格细化，$N=2$

10.4.5.1 模拟火焰前锋结构和厚度

图 10-13 为 t 分别为 9.8ms、20.1ms、32.7ms、44.4ms 四个时刻的模拟火焰前锋（案例 4，确定为等值面 $c=0.5$）截面图。

图 10-13 表明火焰前锋截面具有胞格结构。在案例 1~3 中模拟了类似的火焰结构。可见尽管球体尺寸很大，但浮力并不影响火焰前锋形状。这与之前得到的结果一致：当弗劳德数小于临界值，即 $Fr\leqslant0.11$ 时，浮力会影响火焰的球形传播（Bobkin et al，1984）。在所考虑的实验中，整个爆燃过程的弗劳德数大于 21。

根据 Groff（1982）的研究，对于化学计量的丙烷-空气爆燃，当火焰半径为 0.56m、火焰雷诺数约为 10^4时，由于流体力学不稳定性而出现胞格结构。如果这个临界值被认为是普遍的，并且对氢气-空气火焰有效，那么胞格结构将在火焰前锋半径 $R_{ff}=(Re\mu_u)/(S_u\rho_u)=0.084\mathrm{m}$ 处出现。需要注意的是，稀氢气-空气混合物可以通过选择性扩散现象（氢气扩散度较高，导致靠

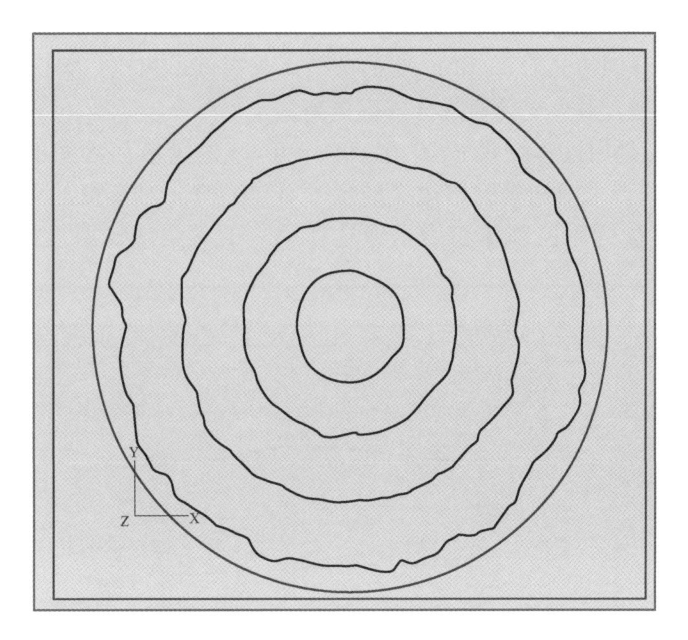

图 10-13 容器剖面的模拟火焰前锋截面图：案例 4，t 分别为 9.8ms、20.1ms、32.7ms、44.4ms

近褶皱火焰前锋的空气中氢气浓度的局部重新分布）提前“起皱”。

在具有较小控制体积尺寸的模拟中获得了更高的分辨出的褶皱因子：案例 2 和案例 4 中，$\Delta=0.035$m。分析图 10-13 可以得出结论，解析胞格的尺寸随时间而增长，这与实验观察一致（Bradley et al.，2000）。成熟胞格结构（案例 4，$t=44.4$ms）的三维数字快照如图 10-14 所示。现阶段解析胞格的特征尺寸达到 0.35m，平均火焰前锋半径约为 1.05m。

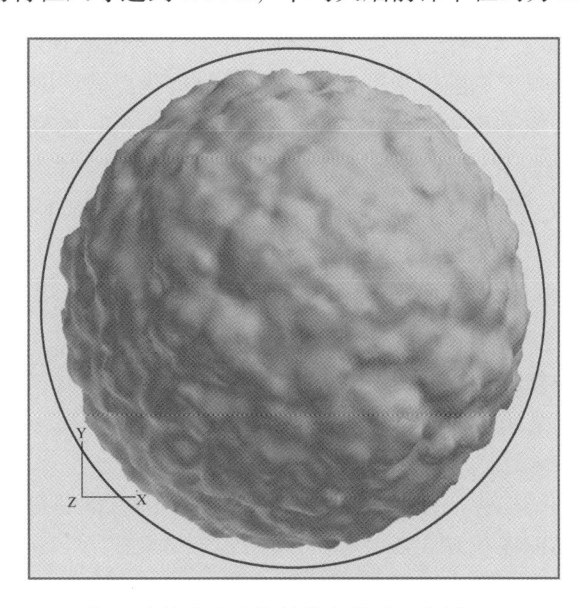

图 10-14 解析火焰胞格结构的数字快照：案例 4，$t=44.4$ms

解析胞格结构在模拟中的形成会导致火焰前锋面积的增加，从而导致质量燃烧速率的增加。解析起皱因子可计算为：$\Xi=F_{c=0.5}/F_b$，其中 $F_{c=0.5}$ 为等值面 $c=0.5$ 时的面积，F_b 为与模

拟等值面 $c=0.5$ 时内容积相同的虚球面积。模拟中的解析火焰前锋褶皱因子随时间而增长，在案例 1 和案例 2 中分别达到 1.03 和 1.09 的数值。与案例 1 相比，案例 2 的褶皱因子更高，这显然是由于网格更细，对火焰前锋的分辨率更高。

模拟火焰厚度 Δ_{ff} 是用过程变量 $c=0.01$ 和 $c=0.99$ 的等值面之间的体积除以等值面的面积 $c=0.5$ 来计算的。采用初始胞格边缘的尺寸 $\Delta=0.07\mathrm{m}$ 对模拟的火焰前锋厚度进行归一是很方便的。用等量的原控制体积表示像这样归一的火焰前锋厚度的变化，如图 10-15 所示。

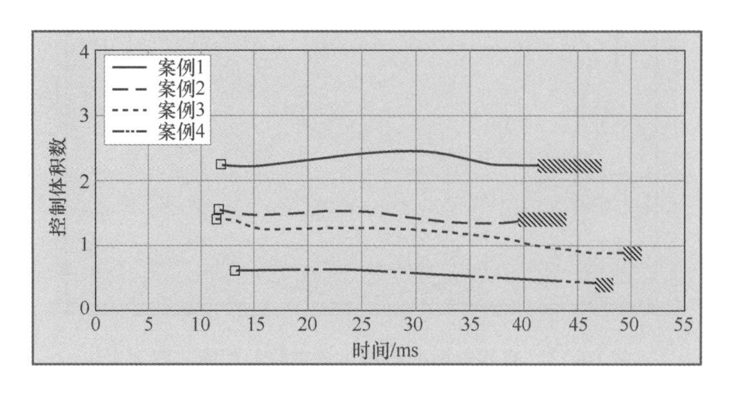

图 10-15 按控制体积边缘尺寸（$\Delta=0.07\mathrm{m}$）归一后的火焰前锋厚度与时间的关系，图中□表示点火后火焰传播稳定的时刻，▨表示从等值面 $c=0.01$ 首次接触壁面的时刻到容器内燃烧完成的时刻

在模拟中，燃烧不是像实验中那样从点火源开始，而是由近球形预燃区开始，这意味着模拟结果应利用火焰通过预燃区的传播时间进行调整。初始时刻的火焰前锋半径在理论上为零，而在燃烧的初始阶段，当燃烧速度与压力上升的相关性可以忽略时，火焰前锋速度不变，等于 $S_{u0}E_0$（E_0为膨胀系数，$E_0=\rho_u/\rho_b$），火焰前锋半径呈线性增长。校正时间是在火焰从预燃区分离后，通过控制模拟火焰前锋半径与其相关性分析获得的。因此，在案例 1 ~ 4 中，分别在原来的模拟时间上增加了 3.75ms、4.0ms、3.75ms 和 4.5ms 的额外时间。

对火焰前锋厚度的分析只有从点火后建立数值火焰传播的时刻到等值面 $c=0.01$ 首次接触壁面的时刻才有意义。图 10-15 表明，采用一级解法自适应网格细化，即特征控制体积的尺寸减小为原来的 1/2 时，可使模拟火焰前锋厚度按预期减小为原来的 1/2 左右。应用修正梯度法（$N=2$）可使火焰前锋厚度进一步减小为原来的 1/2 左右，接近原控制体积的边缘尺寸。

火焰前锋厚度减小会导致一些结果。特别是从等值面 $c=0.01$ 接触容器壁到燃烧完成之间的时间，分别从 5.7ms（案例 1）和 4.4ms（案例 2），均为 $N=1$，变为 1.5ms（案例 3）和 1.9ms（案例 4），均为 $N=2$。

值得一提的是，在非结构化四面体网格中，计算胞格的方向是随机的，即使是修正梯度法（$N=2$），模拟的火焰前锋仍然占据了大约四个控制体积。在 Catlin 等人（1995）的研究中，解析预混合湍流火焰需要不少于四个计算胞格。可以推测，如果模拟的火焰前锋厚度降低到这个值以下，即与“不连续”传播模拟的主要数值要求之一一致，则会导致火焰前锋传播变慢。这可以解释为，对于“尖锐”的数值火焰前锋，由于 c 曲线不够平滑，横跨数值火焰前锋的积分（grad c）将低于 1。图 10-16 和图 10-17 的结果也证明了这一点。

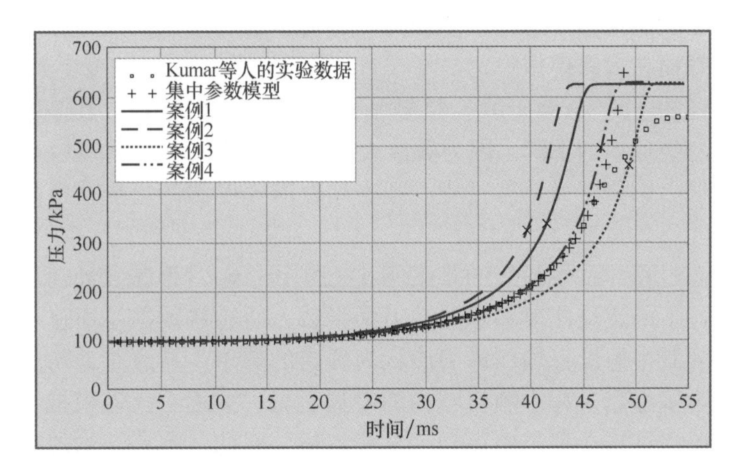

图 10-16　实验（Kumar et al.，1983）和模拟压力动态过程的比较：×表示的时刻是当等值面 $c=0.01$ 首次接触容器壁的时刻

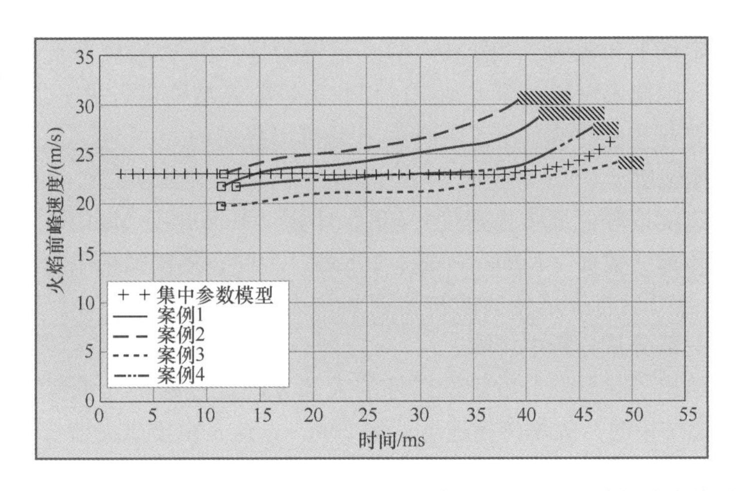

图 10-17　火焰前锋传播速度的模拟结果：□表示点火后火焰传播稳定的时刻，▨表示从等值面 $c=0.01$ 首次接触壁面到混合物燃烧完成之间的时间

10.4.5.2　压力瞬变

实验压力动态过程（Kumar et al.，1983）和数值压力瞬变与研究（Molkov et al.，2000）中的集总参数模型计算结果如图 10-16 所示。集总参数模型压力-时间曲线是通过反问题方法得到的，即通过调整 S_{ui} 和 ε 得到实验压力瞬变的最佳拟合度（Kumar et al.，1983）。因此，除了在最后一部分中实验压力因容器壁的热损失而下降外，集总参数模型与实验压力-时间曲线的一致性最好，这并非“奇迹”。这使得我们可以使用在 $t=0\sim46\text{ms}$ 的区间内用集总参数模型获得的数据，针对未在实验中测量的数据来验证大涡模拟模型。

在所有考虑到的案例中，大涡模拟获得的最大爆炸压力在 625.5～627.8kPa 之间。这与密闭容器（$p=623\text{Pa}$）中按热力学平衡模式计算的爆燃压力理论值一致，略低于按集总参数模型（$p=648.4\text{Pa}$）计算的最大压力。这种密切的一致性是由于采用的反应热是在等容条件下计算的，而等容条件下的反应热低于等压过程的反应热

$$H_c^{p_0}=(h_u-h_b)\big|_{T_0=373\text{K}}=3.13\times10^6\text{J/kg}$$

在 $t=46\text{ms}$ 后，实验压力瞬变的二阶导数符号由正转负，因为热量损失到了容器壁上。在

集总参数模型计算和大涡模拟中忽略了热损失。这就是集总参数模型计算中的二阶压力导数总是正数的原因。然而在大涡模拟中，二阶压力导数在燃烧完成时改变了其符号。原因如下：一旦厚数值火焰前锋的前缘（$c=0.01$）接触到壁面（见图 10-16），其厚度就会随时间而减小。这导致了质量燃烧速率的下降，因为数值火焰前锋剩余部分的（grad c）积分现在低于 1。质量燃烧速率的降低会影响压力动态过程。观察到标准梯度法的火焰前锋附着在容器壁上的时间较早（$N=1$）。

与实验压力动态过程一致性最好的是案例 4（图 10-16）。但是，如前所述，大涡模拟模型使用的是初始条件下的燃烧速度和总热动力学指数，而这些数据是通过反问题方法从同一实验数据中得到的，其中假设火焰前锋的形状为理想的球形。这意味着初始燃烧速度和总热动力学指数的值隐含了爆燃过程中胞格结构的发展。另一方面，大涡模拟结果已经证明，至少有部分火焰前锋胞格结构在模拟中得到了显式解析。因此，胞格结构的影响被计算了不止一次。这意味着在图 10-16 中，大涡模拟压力瞬变必须移到实验曲线的左边。

更细的网格将提供胞格结构中更小部分的数值分辨率。由于火焰表面较大，因此这将使火焰传播速度更快，模拟压力曲线也进一步向实验压力记录的左侧移动。这一说法得到了模拟结果的支持，如案例 1 和案例 2（图 10-16）。遗憾的是，由于 2004 年此类模拟对所需的计算机资源要求很高，因此不可能对压力动态过程和火焰前锋结构进行进一步的网格细化研究。最后，模拟压力瞬变与实验的偏差小于 10%，这是可以接受的。

10.4.5.3 火焰传播速度

火焰前锋传播速度按等值面传播速度 $c=0.5$ 计算（Makarov，Molkov，2004）。从实验中没有得到关于火焰传播的数据（Kumar et al.，1983）。为此，将模拟结果与集总参数模型的结果进行比较（图 10-17）。将火焰传播的初始期和从火焰前锋（$c=0.01$）接触容器壁到混合物燃烧完成的最后一部分从分析中排除。

集总参数模型给出了除爆燃最后阶段以外的大部分燃烧过程中几乎恒定的火焰前锋传播速度 23m/s。在爆燃结束时，火焰传播速度达到 26m/s，这是由于压力增长导致的层流燃烧速度增加和火焰接近壁面时传播速度降低相互竞争的结果，最终传播速度趋于和燃烧速度相等。在密闭容器中，压力积聚对近似化学计量的氢气-空气混合物爆燃燃烧速度的影响要大于靠近容器壁时火焰减速的影响。

数值模拟的火焰前锋传播速度与集总参数模型的结果定性一致，即在燃烧的最后阶段，火焰传播速度增大。与集总参数模型得到的结果相比，大涡模拟火焰前锋传播速度增长较快（图 10-17），这可以用发展中的火焰胞格结构的显式部分解析来解释。

10.4.6 大型预混合火焰的胞格结构

本节描述了在一个直径为 2.3m 的大型球形容器（Kumar et al.，1983）中，从初始化学计量比氢气-空气爆燃，从中心点火源传播的胞状结构发展规律，从碳氢化合物-空气混合物实验中观察到的由于流体力学不稳定性导致的胞格尺寸随火焰增长这一现象，在氢气-空气混合物中得到了数值再现。

模拟中解析的火焰胞格最小尺寸（Molkov et al.，2004c）是模拟火焰前锋厚度的顺序，约为 3 个控制体积边缘。在火焰前锋周围的模拟中使用 3.5cm 大小的网格，允许解析小到 10cm 左右的胞格。起皱火焰前锋表面的“解析”分形维数不断增长，在爆燃结束时数值达到 2.15，接近实验中观察到的分形维数的下限。

对于正常温度和压力下的氢气-空气火焰，在燃料当量比高于大约0.7时，可以观察到稳定的优先扩散条件（Aung et al.，1997）。随着压力的增加，中性优先扩散条件向浓燃料条件转变（Aung et al.，1998）。当压力超过4atm（1atm = 101.325kPa）时可能会导致优先扩散不稳定性的发展，此时预期会出现混乱的不规则表面。但是，由于燃烧速度随温度的升高而增加，因此可以假设温度增长具有稳定效应。这可以弥补压力增加带来的不稳定影响。

在我们的大涡模拟模型中，通过燃烧速度的值将优先扩散的影响考虑在内。模拟中火焰前锋褶皱的唯一原因是流体力学不稳定性。

由大涡模拟解析的火焰前锋褶皱如图10-18所示，包括四个不同时刻：点火后6.6ms、13.6ms、27.3ms和36.6ms。容器壁呈现为外侧的薄圆圈。可以清楚地看到，火焰前锋具有随时间演变的胞格结构。此刻 t = 6.6ms，火焰前锋半径约为26cm，胞格还不够明显。如图10-18中箭头所示，从这两个随机选取的胞格发展过程中可以很容易地观察到火焰表面出现分形结构和其随时间发生的演变，这证明它们是按照理论预测发展然后分离的。

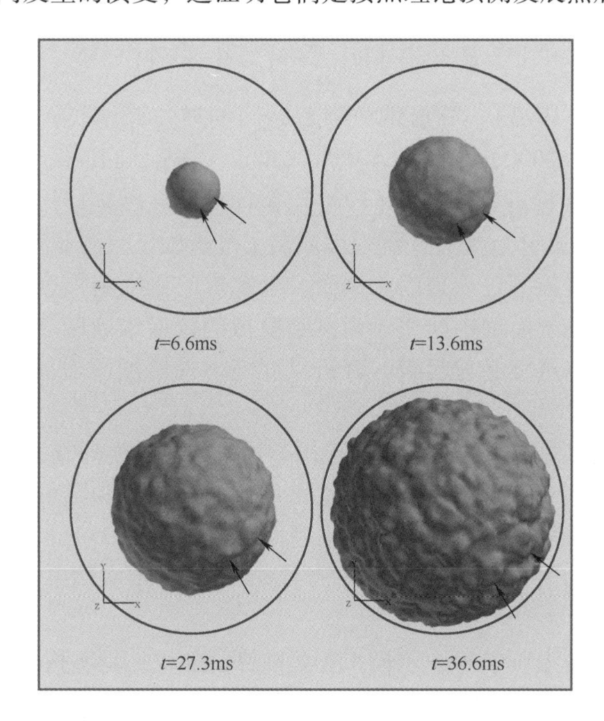

图10-18 在直径为2.3m的球体中，解析化学计量的氢气-空气火焰的大涡模拟胞格结构随时间推移的发展。箭头指向两个正在发展的胞格，展示它们发展然后分离的过程

图10-18显示，胞格的尺寸随时间增长而增长，与此同时，在初生胞格表面又产生了更多体积较小的胞格，从而产生了类分形的火焰起皱。尽管大涡模拟滤波器下面的真实火焰前锋的小型扰动没有解决，但在图10-18中可以识别不同胞格尺寸的级别。这一数值结果与Bradley（1999）的分形理论和火焰稳定性分析是一致的。

数值火焰前锋褶皱因子是模拟火焰前锋厚度的函数。火焰前锋越薄，解析的褶皱就越少。胞格尺寸谱的解析分数随着火焰前锋半径的增加而增加，预计在爆燃结束后，模拟结果将更加可信。

表10-3给出了平均网格尺寸 Δ_{CV} = 0.035m（自适应网格）的模拟结果，包括四个不同时

刻的火焰前锋半径、解析火焰前锋褶皱因子和分形维数的各自值。在 6.6 ~ 36.6ms 的时间跨度内，解析火焰前锋褶皱因子随时间变化，从 1.01 增长到 1.09。这种模拟趋势与大型爆燃火焰自加速的实验观察和分形理论的结论相对应。

表 10-3 解析火焰锋褶皱因子和分形维数

时间指数 i	时间/ms	火焰前锋半径 R_{ff}/m	解析火焰前锋褶皱因子 Ξ	分形维数 D
1	6.6	0.26	1.01	—
2	13.6	0.50	1.025	2.02
3	27.3	0.79	1.04	2.04
4	36.6	1.07	1.09	2.15

由于这个问题中火焰前锋的球形对称，分形维数可以通过褶皱因子随半径的变化计算出来（Molkov et al.，2000）。

$$D_i = 2 + \left[\ln\left(\frac{\Xi_i}{\Xi_{i-1}}\right) \Big/ \ln\left(\frac{R_i}{R_{i-1}}\right)\right] \tag{10-82}$$

其中，i 为时间指数（表 10-3）。分形维数随着时间的增长而增长，并达到一个值约为 $D=2.15$。这与 Gulder 等人（2000）报告的本生灯（Bunsen-type burners）中湍流预混燃烧的分形维数值 $D=2.14 \sim 2.24$ 接近。Gulder（1990）在各种预混燃烧应用中引用了范围较宽的分形维数实验值 $D=2.11 \sim 2.36$。尽管大涡模拟限制了解析低于滤波器宽度的火焰前锋起皱，但燃烧结束时得到的分形维数值是合理的。然而，未解析的亚网格尺度火焰前锋起皱需要在大涡模拟亚网格尺度的燃烧子模型中建模。观察到模拟的分形维数随着时间推移，即随着火焰前锋半径的增加而增加，这可能与起皱的解析尺度随半径增加而增加的部分有关，而不是一种物理现象。

图 10-19 给出了模拟中解析的胞格尺寸范围。通过 3 次独立的专家测量，从火焰前锋数值快照中得到胞格尺寸，然后进行加权平均。胞格尺寸的最高值和最低值之间的散点用垂直的实线表示。不难看出，模拟火焰前锋胞格结构遵循 Bradley（1999）的理论结论，即截面外侧的胞格尺寸随火焰半径的增大而增大，而截面内侧的尺寸（本案例中约为三个控制体积大小）实际上保持不变。

图 10-19 中用“正方形”符号表示模拟火焰前锋的加权平均胞格尺寸，在半径约 1m 处发展到 20cm。作者尚未得知任何关于氢气-空气火焰传播的大型实验结果，对火焰前锋胞格尺寸进行了分析。图 10-19 表明，氢气-空气混合物的大涡模拟结果与大型半球形甲烷-空气和丙烷-空气爆炸火焰所获得的胞格尺寸的实验数据定性一致（Bradley et al.，2001）。该实验（Bradley et al.，2001）是壳牌海上大型排气爆炸（Shell Offshore Large Vented Explosions，简称 SOLVEX）研究计划的一部分，在容积为 547m^3 的船上进行。实验得到的甲烷-空气和丙烷-空气混合物在火焰半径为 1 ~ 2.5m 时的胞格尺寸都很接近，在图 10-19 中分别用三角形和圆形表示。Bradley 等人（2001）认为，当火焰前锋半径达到约 $R_{ff}=2.5$m 时，则不能再认为火焰前锋传播是非排气和半球形的，平均胞格尺寸急剧下降。

氢气-空气混合物的模拟胞格尺寸与 Bradley 等人（2001）在实验中观察到的完全不同的化学过程和细火焰前锋结构的胞格尺寸相似，这一事实可能证明，流体力学不稳定性是大型爆炸火焰自加速的原因，而非其他效应。这一结论支持将大涡模拟模型应用于更大型的意外燃烧模拟。

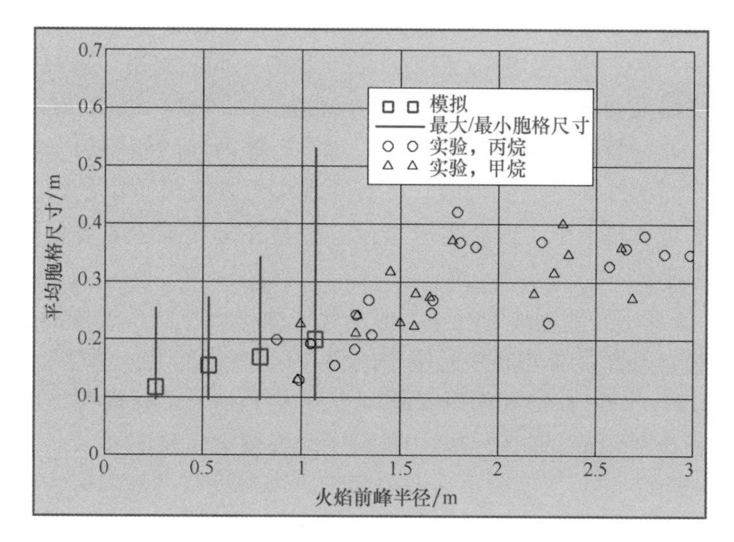

图 10-19　火焰前锋胞格尺寸与半径的相关性实验（甲烷-空气和丙烷-空气）**和模拟**（氢气-空气），**垂直线表示模拟中解析的胞格尺寸范围**（Bradley et al.，2001）

10.4.7　相干爆燃的特性

本节分析了通风容器-大气系统内相干爆燃现象的特性。这项工作基于 SOLVEX 程序对 547m³空心通风容器的实验观察以及大涡模拟对测试进行的分析。通过模拟和实验过程中压力瞬变以及封闭空间内部和外部火焰前锋传播的动态过程的比较，可以深入了解封闭空间内部和外部同时发生的流动、湍流和燃烧之间的复杂相互作用（相干爆燃）的特性。用大涡模拟处理实验数据的结果表明，预混燃烧的大幅强化只发生在空的 SOLVEX 容器外部，会导致内外爆燃的相干压力急剧升高。外部的强湍流预混燃烧不影响封闭空间内的燃速。大涡模型中只有一个特定参数，可用于解释封闭空间外火焰表面密度的未分辨亚网格尺度增加。利用大涡模型模拟空的 SOLVEX 装置中的相干爆燃，理论和实验结果之间有较高的匹配度。本节讨论了大气中燃烧强化的假想机理，并给出了模型特定参数的定量估计。

由于在可压缩湍流中的燃烧过程变化非线性且涉及时间尺度的范围问题，因此对爆燃进行计算流体动力学模拟极其困难（Hjertager，2002）。爆燃泄放过程中的内部预混燃烧与所谓“外部爆炸”（易燃混合物在点火后被推出容器，部分被接触面上的大气稀释后产生）之间的相互作用的特性，仍然悬而未决（Molkov et al.，2006b）。

10.4.7.1　外部爆炸

1957 年，瑞典科学家首次进行了相关的实验研究，强调外部爆炸在爆燃泄放过程中的重要作用（爆炸测试委员会报告，1958）。根据报告，在某些情况下，203m³容器外部的最大爆炸超压会超过容器内部的最大超压。

Solberg 等人（1980）进一步强调了外部爆炸引发的危险。他们经过观察发现，35m³的容器内发生爆燃泄放时，火焰前锋在垂直于排气口轴线方向上的传播速度可达 100m/s。尽管容器只有 4m 长，火焰仍会蔓延至排气口外 30m 处。Cooper 等人（1986）讨论了外部爆炸如何会使容器内达到压力峰值及其产生的作用。Harrison 和 Eyre（1987）得出的结论是，对于“排气口较大的情况，内部产生的压力较低，外部爆炸可能是影响内部压力的主要因素”，这种影响“对于建筑物或海上模块等大体积低强度的结构非常重要”。

Harrison 和 Eyre（1987）以及 Swift 和 Epstein（1987）同时提出，外部爆炸会对内压动态过程产生影响，即降低通过通风孔的质量流量。Molkov（1997）以 Harrison 和 Eyre（1987）的实验数据为基础，通过数据处理和理论分析证实，容器内部的湍流因子实际上不会受到外部爆炸的影响。在不同的外部燃烧试验中，反而发现集总参数模型中的广义流量系数显著降低，从而导致质量流量大幅下降。因此得出结论：容器外排气减少主要是因为容器外部燃烧导致了排气口压降减小。

Catlin（1991）研究了外部爆炸的规模。他发现外部超压与从排气口涌出的燃烧产物的速度成正比，燃烧产物会点燃容器外起始涡流中的燃料-空气混合物。后来，Catlin 和他的同事们（1993）又在 Catlin（1991）之前的研究基础上开发了一个工程模型，用于评估外部爆炸的危险性，并在体积达到 91m³ 的封闭空间中进行了大规模实验验证。

Puttock 等人（1996）进行了实验，在有内部障碍物和没有内部障碍物的条件下分别观察了 SOLVEX 装置的外部爆炸。根据最终报告，“在没有内部障碍物的情况下，外部爆炸造成的影响尤其明显，会在压力瞬变时最终达到最大压力，使内部压力达到前一个峰值压力的 4 倍左右”。外部爆炸的有效中心，即在排气口前测得最大压力时的火球中心，仅位于排气口前方 5m 处。该结果与 Solberg 等人（1980）以及 Harrison 和 Eyre（1987）的观察结果相似，他们发现外部爆炸的中心非常靠近排气口。

之前通过计算流体动力学，在有内部障碍物条件下对 SOLVEX 测试进行模拟得出的结果（Watterson et al.，1998）与实验数据相比，最大压力预测值高出两个数量级，而达到峰值压力的预测时间又低了两个数量级。Fairweather 等人（1999）强调需要“提高对容器外部燃烧过程建模的准确性”。

10.4.7.2 SOLVEX 甲烷-空气爆燃分析

SOLVEX 装置（图 10-20）是一个体积为 547m³ 的大型容器，尺寸参数为高 × 宽 × 长 = 6.25m × 8.75m × 10.0m，排气口参数为高 × 宽 =4.66m × 5.86m，且位于墙（高 × 宽 =6.25m × 8.75m）的中心位置。实验开始时容器内盛有静态甲烷-空气混合物（甲烷占 10.5%），点燃位置位于排气口对面墙壁的中心处（Puttock et al.，1996）。点火前，周围大气没有发生特殊的空气搅动，在点火前拆下排气盖。模拟时选择在容器内部没有障碍物的条件下进行 SOLVEX 测试。实验的复测正确度很高，因此可以作为验证大涡模型的可靠数据来源。

图 10-20　用于爆燃泄放研究的 SOLVEX 装置，体积 547m³

图 10-21 展示了外部爆炸的实验快照，在帧 A ~ H 中，白色线条代表容器和排气口。

图 10-22 显示了容器内部和外部的压力瞬变，图 10-21 中的帧 A ~ H 以点火后时间为依据，图 10-22 中的时间点分别对应点火后某时刻的爆燃快照图，以图中的字母 A ~ G 分别标记（H 超出了横坐标的上限，因此未在图 10-22 中显示）。容器的内部压力由水听器记录，水听器安装在容器底部，距离后壁 2.2m。外部压力由位于排气口前方 6.1m 处的水听器记录。

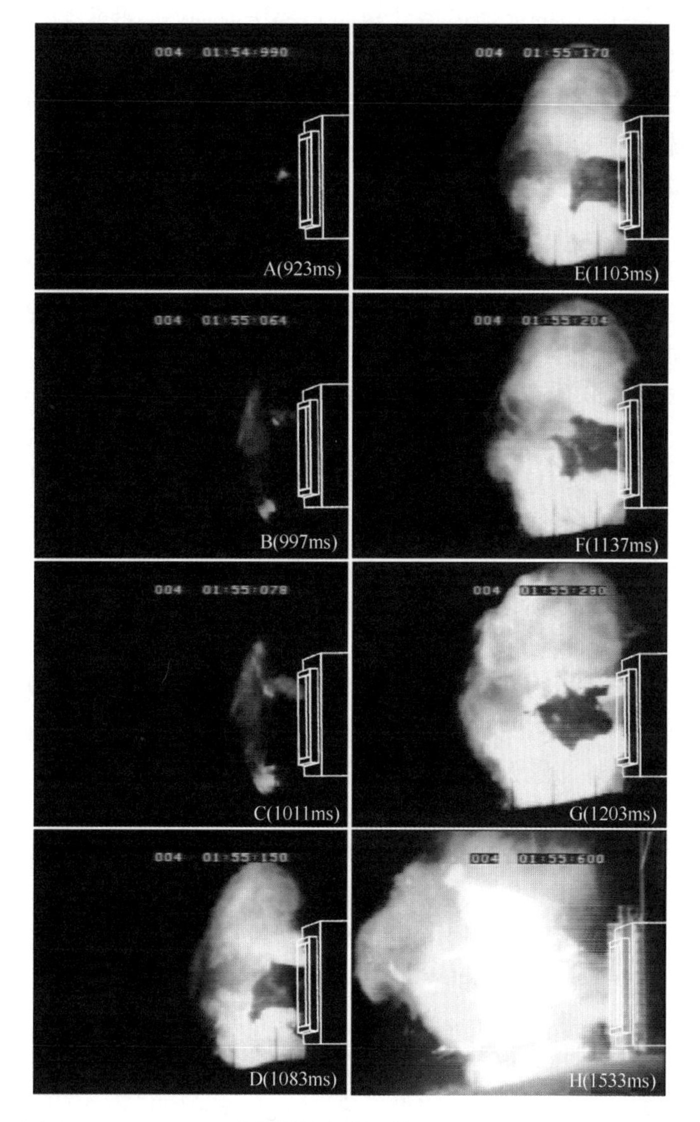

图 10-21　**SOLVEX** 装置的外部爆燃快照（Molkov et al., 2006b）

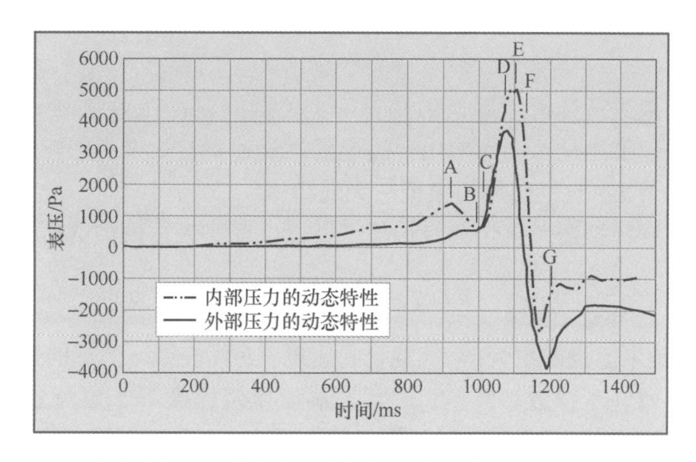

图 10-22　实验过程中容器内部和外部的压力瞬变（Molkov et al., 2006b）

为了便于比较实验和模拟的火焰传播（快照）和压力动态，我们假定排气口出现的火焰前锋（图 10-21 中的帧 A）对应于内部压力-时间曲线（$t=923\text{ms}$）的第一个压力峰值。事实上大家都知道容器内部产生的第一个压力峰值（对应于图 10-22 中的时间 A）源于开始排放燃烧产物（高温气体的排放与低温气体的排放相比，能够更有效地降低压力，高温气体指燃烧产物，低温气体指未燃烧混合物）。

排气口第一次出现火焰前锋的时间（图 10-21 中的帧 A）可以大致确定。由于一块用来覆盖排气口、能够遮住火焰的塑料薄片是在点火前不久才被取下的，因此图 10-21 中的帧 *A* 的第一个火焰出现的位置离排气口有一定的距离。通过图 10-21 中的快照可以很容易地识别出塑料薄膜的运动轨迹。

图 10-21 的帧 A 到帧 B 代表一开始容器外的燃烧比较温和。容器喷出的火焰到达排气口边缘后，燃烧瞬间加剧（帧 B 到帧 C 的瞬间）。燃烧加剧后仅过了 70ms 左右，外部压力就在短时间内达到了最大值（帧 D）。在 1103ms（帧 E）之后不久，容器内达到最大压力。在 1137ms（帧 F）时，压力动态特性进入衰减阶段。在 1203ms（帧 G）处，爆燃已处于负压阶段，压力接近其最小值。此刻的实验视频记录表明，排气口顶部仍然存在剧烈的湍流燃烧。帧 H 表明，在爆燃过程的最后阶段，容器内的燃烧仅在下壳部位继续进行。数值模拟也证实了这一事实。

与之前甲烷-空气混合物的大量排放相比，当燃烧产物的排放变得更加有效时，容器内的压力随之开始降低（图 10-21 和图 10-22 中时间接近 A 的时候），同时由于容器外部的易燃混合物进入湍流燃烧阶段，外部压力开始迅速升高（图 10-22 中 A 至 B）。

这种现象被称为相干爆燃，此时容器内部的压力与大气压力同时上升。通过此阶段的视频记录可以看到，容器外部排气口边缘后形成湍流尾流，其中的燃烧迅速加剧（图 10-22 中的时间点 C）。

根据视频记录，当前容器内部还没有出现燃烧情况。仅通过分析实验数据，并不能明显地观察出通风容器内部和大气中发生的相干爆燃的特性。Harrison 和 Eyre（1987）指出，“人们普遍认为，任何无法用简单的排气理论预测的内压升高都应归因于燃烧室内燃烧速率的提升”，然而“如果用该普遍论断来解释外部爆炸造成的峰值是不对的”。这意味着 Harrison 和 Eyre（1987）、Swift 和 Epstein（1987）以及后来的 Molkov（1997）在处理实验时，通过排气口的压降减少是一个主要现象。然而 Catlin 等人（1993）指出“容器外部的燃烧可形成超压和一定速率，燃烧一旦接触到排气口，便可与容器内部的火焰发生相互作用，导致燃烧速度显著提升”。

在对实验观察结果进行分析之后，仍然有一个关键问题：在对空的 SOLVEX 装置进行测试时，大气中燃烧快速加剧是否会影响内部爆燃的燃烧速率？如果有影响，程度如何？

10.4.7.3 SOLVEX 甲烷-空气爆燃的模型与大涡模拟

采用过程变量方程模拟爆燃火焰前锋传播，并以梯度法表达模型的质量燃速：

$$\frac{\partial}{\partial t}(\rho c)+\frac{\partial}{\partial x_j}(\rho u_j c)=\frac{\partial}{\partial x_j}\left(\frac{\mu_{\text{eff}}}{Sc_{\text{eff}}}\frac{\partial c}{\partial x_j}\right)+\rho_u S_t\left|\text{grad}c\right| \tag{10-83}$$

式中，ρ 是密度；ρ_u是未燃烧的甲烷-空气混合物密度；u_j代表沿 x_j坐标的速度分量；μ_{eff}和 Sc_{eff}分别为有效黏度和有效施密特数；$S_t=S_u\Xi$ 代表湍流燃烧速度等于层流燃烧速度与湍流因子 Ξ 的乘积，层流燃烧速度 S_u是压力和温度的函数，即 $S_u=S_u\pi^{\varepsilon}$。

为了解决容器外部甲烷-空气混合物不均匀燃烧的问题，利用空气浓度守恒方程对大涡模拟模型进行扩展（Molkov et al.，2006b）：

$$\frac{\partial}{\partial t}(\rho Y_{\mathrm{a}})+\frac{\partial}{\partial x_j}(\rho u_j Y_{\mathrm{a}})=\frac{\partial}{\partial x_j}\left(\frac{\mu_{\mathrm{eff}}}{Sc_{\mathrm{eff}}}\frac{\partial Y_{\mathrm{a}}}{\partial x_j}\right)-\frac{Y_{\mathrm{a}}}{Y_{\mathrm{f}}+Y_{\mathrm{a}}}\rho_{\mathrm{u}}S_{\mathrm{t}}\,|\,\mathrm{grad}c\,| \tag{10-84}$$

式中，Y_{a}代表空气浓度；Y_{f}代表可燃混合物的初始浓度。

模拟中的层流燃烧速度和反应热取决于可燃混合物中的甲烷浓度。燃烧产物的组成不会随甲烷浓度而变化，与初始浓度的甲烷-空气混合物（甲烷浓度 10.5%）的燃烧产物完全相同，因此模型内的分子质量和比热容误差可以忽略不计。

计算域如图 10-23 所示。计算域由容器本身和容器周围较大的半球形区域（$R=60\mathrm{m}$）组成，可以排除边界条件对外部燃烧的影响，同时能够容纳相干爆燃产生的发散式压力波。计算域使用非结构化四面体网格进行网格划分，该网格可对任意复杂的计算域进行网格划分，还可以局部研究关注领域内的控制体积，减少所研究控制体积的总数。与结构化网格相比，非结构化网格没有优先方向。在发生燃烧的容器内外，控制体积的平均边缘尺寸为 0.8m。在其余区域中，特征控制体积的大小均匀地增至 23m。控制体积的总数为 87156 个，考虑到问题涉及复杂几何体以及范围，该数量相对适中。

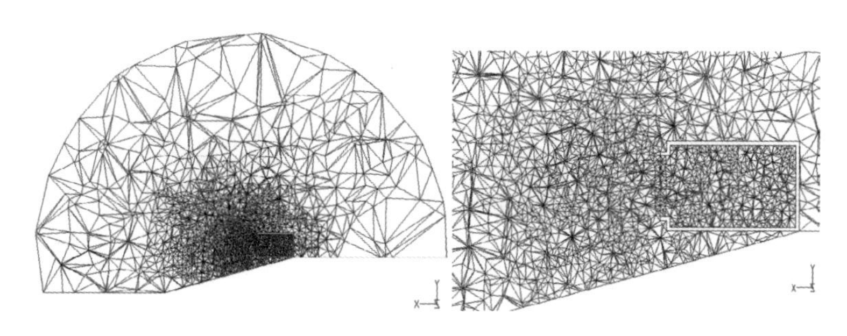

图 10-23　非结构化四面体网格划分的计算域：整体图（左），靠近容器的区域放大图（右）

用于模拟的边界条件包括：所有壁面和地面无滑移、不可渗透且处于绝热状态，同时大气区域边界满足非反射且无流动的条件。在初始条件下，容器内部的可燃混合物和大气中的空气处于静止状态，压力等于大气压，即 $p=101325\mathrm{Pa}$，温度 $T=285\mathrm{K}$。容器内部的初始值分别为：$c=0$，$Y_{\mathrm{f}}=0.061$，$Y_{\mathrm{a}}=0.939$，大气中的初始值为 $c=0$，$Y_{\mathrm{f}}=0$，$Y_{\mathrm{a}}=1$。燃烧是由后墙中心处的一个控制体积在最初的 50ms 内过程变量缓慢增加引起的。

直接应用大涡模型模拟空 SOLVEX 装置发生的相干爆燃（湍流因子 $\Xi=1$），无法再现实验过程中容器内外不同位置的压力动态特性。经过数值实验可以证明，只需在模型中引入一个特殊参数，即可解决容器外部起始涡流区内难以分辨的燃速增加问题，因而可以再现实验过程中相干爆燃的压力瞬变过程（容器内外同时发生预混燃烧）。

以下是数值模拟的结果，根据该模型，在排气口边缘出现火焰前锋之后的 100ms 内，容器外部区域的湍流因子 Ξ 从默认值 1 线性增长到 2。在排气口边缘后的湍流尾流区域引入这个特殊起皱因子的原因显而易见：要解决该区域产生的小尺度涡流，需要采用的网格要比燃烧区使用的网格（平均网格尺寸为 0.8m）更加精细。

图 10-24 显示了爆燃火焰前锋传播的模拟情况以及容器外部可燃混合物的位置和甲烷浓度。

根据实验过程容器内外的相应位置完成压力瞬变模拟，如图 10-25 所示。图 10-24 中的快照 A′～H′对应于图 10-25 中的时间 A′～H′。

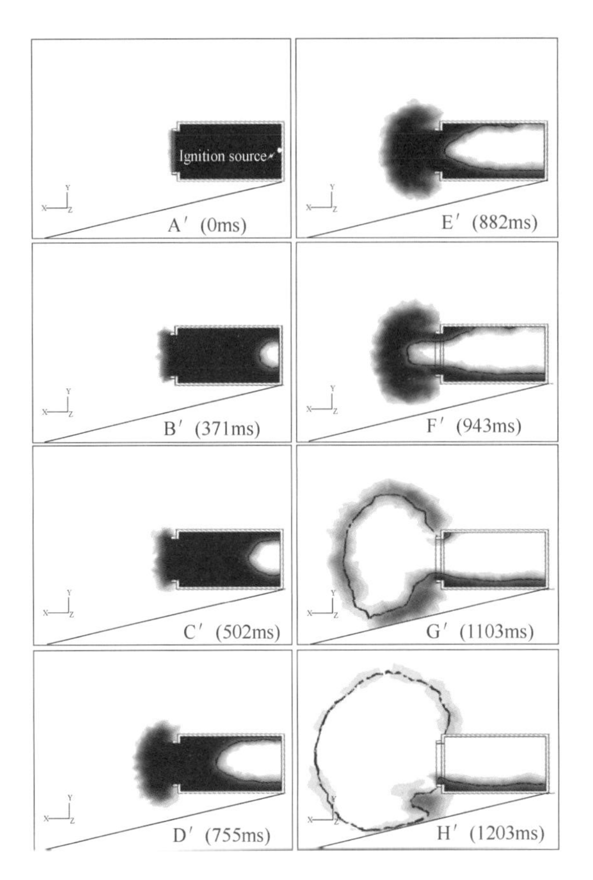

图 10-24　火焰前锋的位置模拟（黑线，$c=0.5$），
可燃混合物的位置和中心线横截面的甲烷浓度（黑/灰颜色比例）

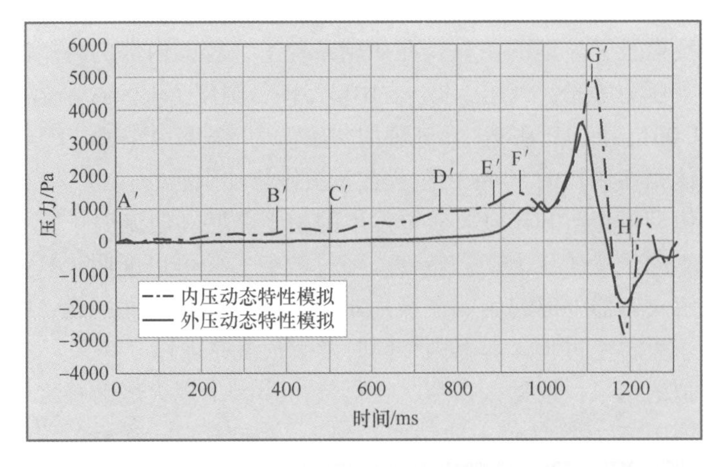

图 10-25　容器内部和外部发生相干爆燃的压力瞬变模拟

容器外部湍流燃烧区的模拟情况（图 10-24）与实验观察到的结果相似（图 10-21）。在燃烧的最后阶段（图 10-24 中的 H′帧），外部爆炸的几何中心距排气口约 5 ~ 6m，该结果与 Puttock 等人（1996）的实验观察一致。在图 10-24 中，可以清楚地看到可燃混合物通过排气口流入大气中后形成的旋涡结构。

图 10-25 中相干爆燃的压力动态模拟与实验时的压力瞬变相吻合（图 10-22）。火焰到达排气口的时间也与实验得出的时间非常接近。

大涡模型再现了整个相干爆燃发展过程中的内部爆燃过程，没有引入任何特殊参数来描述容器内部流动、湍流和燃烧之间复杂的相互作用。

对整个燃烧过程的模拟再现了内压动态特性，包括燃烧产物从箱体开始流出时产生的第一个压力峰值，外部与内部爆燃同时发生产生的第二个压力峰值，以及与“外部爆炸”的膨胀产物的动量有关的负压峰值。外部爆炸模拟产生的负压峰值幅度约为实验值的一半，位置在容器外 6.1m 处。

时间为 1203ms 时（图 10-21 中的帧 G 和图 10-24 中的帧 H′）排气口顶部的燃烧并不明显，但图 10-24 的模拟表明此时容器顶部仍然存在可燃混合物。出现这一现象可能是因为，图 10-24 显示的是中线垂直截面的过程快照，而实验视频记录是从容器顶角的角度进行拍摄，从而得到排气口上方的燃烧快照。

最后，容器底部出现了“残留物”燃烧（图 10-24 中 H′帧对应的时间 1203ms 之后），因此在出现负压峰值之后，容器内部的压力要高于外部压力。

容器内部和外部发生的相干爆燃会产生向外传播的压力波。可用压力表测量 SOLVEX 容器外部的压力，压力表沿容器中心线进行安装，离排气口的距离分别为 6.1m、30.3m 和 53.9m。图 10-26 比较了 6.1m 处的实验压力动态特性与模拟压力动态特性，以及 30.3m 和 53.9m 处的实验最大压力与相应位置的模拟压力。模拟结果与实验数据基本吻合。

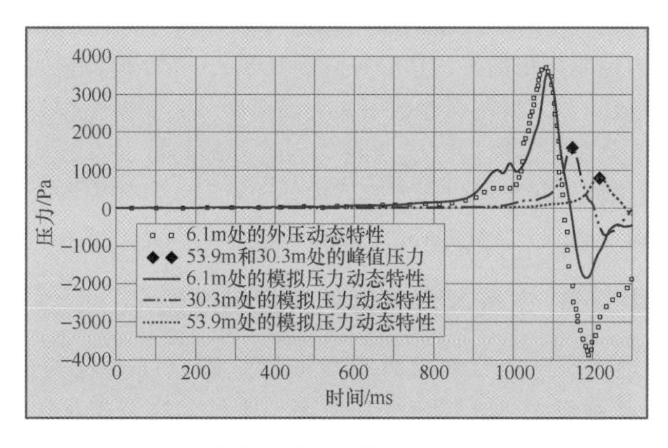

图 10-26　容器外部的实验与模拟压力动态特性和压力峰值

图 10-27 显示了火焰沿容器中线轴的到达时间的模拟结果，并与 Bradley 等人（2001）报告的实验数据进行比较。图 10-27 中的火焰前锋位置与过程变量（$c=0.5$）的值有关。在模拟的初始阶段，火焰前锋轮廓（至少需要 3 ~4 个计算控制体积）才刚刚形成，并且未出现在半径小于 1m 的区域。在半径 1m 之外的范围内，起皱火焰前锋的传播模拟与实验记录以及 Bradley 等人（2001）的理论预测基本吻合。

10.4.7.4　小结

本节对空的 SOLVEX 装置-大气系统的相干爆燃现象进行了实验分析和数值分析。利用大涡爆燃模型对容器内部和外部的实验压力瞬变过程进行处理，为相干爆燃的特性提供了重要结论。在内部爆燃阶段，可燃混合物被推出容器并形成湍动漩涡是容器外部湍流燃烧加剧的前提条件。

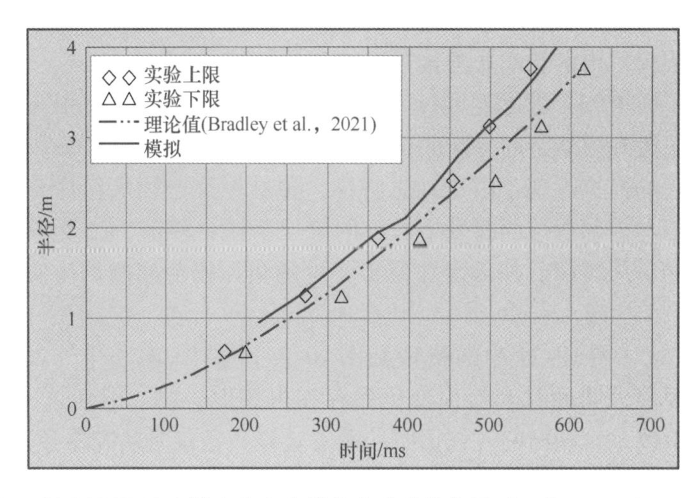

图 10-27 沿 SOLVEX 容器内部中心线的火焰前锋位置（Molkov，Makarov，2006c）

容器外部燃速加快的时刻并非火焰前锋到达排气口的瞬间，而是在火焰前锋到达排气口边缘之后开始。这种情况出现之后，可以观察到容器内外的压力同时出现突然升高的情况。大气中压力升高是因为容器外部出现了剧烈的湍流爆燃。同时，容器内部的燃速并没有加快。由于排气口前排出的可燃混合物发生剧烈燃烧，导致排气口压降降低，进而导致从容器到大气的质量流量下降，因此容器内部的压力升高。

由于排气口下游区域产生的小尺度涡流结构会导致容器外部的燃烧速率增加且该过程无法模拟（燃烧区网格内控制体积的平均边缘尺寸为 0.8m，若要模拟该过程，网格必须更加精细），因此，为了解决该问题，将特殊参数引入大涡模型。大涡模型很好地再现了容器内外不同位置的实验压力，以及在外部燃烧完成期间（容器外部的特别参数从默认值 1 逐渐增加到 2）大气中发生的爆燃过程。在容器内部或容器内外同时引入特殊参数会导致最终得到的相干爆燃动态特性不够准确（Molkov，Makarov，2006c）。

10.4.8 开放空间中氢气-空气混合气体的大规模爆燃

针对能源应用的燃烧研究与针对意外事故的燃烧研究（如氢安全）关注点不同。大多数燃烧装置都有流动湍流大、火焰应变速率高、不均匀区域相对较小等特征，而这些特征与大规模意外爆燃完全不同。意外事故中火焰传播的初始阶段通常发生在静止或稍有搅动的混合物中，呈准层流模式。燃烧研究主要关注如何在火焰行为方面提高燃烧效率，而氢安全研究则侧重于减少爆燃。意外事故中火焰自由传播的规律和物理现象可能与稳定火焰（例如燃烧器火焰）不同，因此用于设计燃烧装置的传统模型可能不适合分析大规模爆燃。

Zeldovich 等人（1980）的理论认为火焰前锋的不稳定性和加速度会导致自由球形预混燃烧发生爆燃转爆轰。Makeev 等人（1983）对开敞空间中氢气-空气混合气体的爆燃现象进行实验研究。用能量为 1J 的火花点燃初始体积分别为 35m^3（直径约 4m）和 86m^3（直径约 5.5m）的装满混合气体的橡胶气球中心。在直径为 4m 的气球中进行的实验表明，在氢气体积分数为 35% 的氢气-空气混合气体中，火焰以 38m/s 的速度传播，在燃烧初始阶段停止加速。在直径为 5.5m 的气球中进行的实验表明，在混合气体具有相同的氢气体积分数时，火焰持续加速，最大速度为 105m/s。作者得出结论，最大速度随着初始气体云直径的增加而增加，如果初始气体云体积大于 $500m^3$、直径大于 10m，就可能发生爆燃转爆轰（Makeev et al.，1983）。同年，研究人员在德国针对体积高达 $2094m^3$ 的半球中氢气-空气混合气体的大规模爆燃进行了实验研究（Pförtner，Schneider，1983，1984；Pförtner，1985；Becker，Ebert，1985）。在直径达 20m 的氢气-空气半球体近似化学计量混合气体云中，用能量为 10 ~ 1000J 的点火源进行了实验，未记录到爆燃转爆轰。

开放空间中的爆燃产生的爆炸波与烈性炸药产生的爆炸波不同。例如，气体爆炸正相产生的近场超压比烈性炸药小得多，但正相持续时间要长得多。远场中，爆燃产生的压力波的衰减速度随着其与起爆源的距离的增大而变慢，因此无法用 TNT 当量概念描述（Gorev，1982；Dorofeev et al.，1995b）。对于气体爆炸的负相振幅大于正相振幅（Gorev，1982）的情况，用 TNT 当量概念也无法描述。

Bradley 认为（1999），大规模爆燃火焰"长度标度较大，拉伸率低，与许多工程应用情形中的湍流火焰不同，其火焰拉伸率通常会降低燃烧速率，因此运用分形分析可能有效"。这一说法与 Gostintsev 等人（1988）对 20 次开敞空间气体爆燃的分析结果一致。他们将球形湍流预混火焰的传播行为描述为一个自相似过程，其中火焰前锋总面积的增长速度是相同半径球体表面的 $R^{1/3}$ 倍（理论分形维数 $D=2.33$）。

根据分形理论，湍流火焰前锋面积 A_t 与平滑层流球形火焰面积 A_{u0} 之比等于 $A_t/A_{u0}=S_t/S_u=(\lambda_o/\lambda_i)^{(D-2)}$（Gouldin，1987），其中 S_u 代表层流燃烧速度，S_t 代表湍流燃烧速度。记住，对于自由传播火焰，外部临界值 λ_o 与火焰锋面半径 R 成比例增长，内部临界值 λ_i 可认为是常数，湍流燃烧速度 S_t 是平均火焰锋面半径 R 的函数：$S_t/S_{t0}=(R/R_0)^{(D-2)}$，其中 S_{t0} 表示半径 R_0 处的湍流燃烧速度。Gostintsev 等人（1988）报告称，对于近化学计量比的氢气-空气混合物，火焰传播的自相似区域位于临界半径 1.0 ~ 1.2m 范围内。超出临界半径，湍流火焰前锋发生扭曲，可以应用分形理论。

分形维数 D 有不同的取值。Gouldin（1987）采用了 Abdel-Gayed 等人（1984）的分形维数 $D=2.37$。Gulder（1990）在预混燃烧实验中引用了分形维数 $D=2.11 \sim 2.36$ 的多个实验值。Bradley（1999）认为理论上自由传播的火焰分形维数值应取 $D=2.33$。Gostintsev 等人（1999）提出，自相似自由传播火焰的分形维数值为 $D=2.2 \sim 2.33$。Gulder 等人（2000）报告称本生灯湍流预混燃烧的分形维数取值范围为 $D=2.14 \sim 2.24$。

本节希望进一步发展和验证大规模爆燃的大涡模拟模型，测试了两个燃烧子模型，一个基于重整化群理论，另一个基于分形理论。数值模拟结果将与在开放空气里、直径 20m 的半球中进行的氢气-空气混合气体爆燃实验 GHT 34（人类进行的最大规模实验）进行比较（Pförtner，Schneider，1983）。比较量包括距离点火源不同距离处的火焰半径、火焰形状和压力瞬变（Molkov et al.，2006a）。

10.4.8.1 空气环境中规模最大的氢气-空气混合气爆燃试验

1983 年，Pförtner 和 Schneider 在弗劳恩霍夫炸药研究所（Fraunhofer Institute for Fuels and Explosive Materials）进行了一系列开放大气环境下的氢气-空气近化学计量混合气爆燃实验。实验条件和观察到的最大火焰速度见表 10-4。实验主要目的是研究氢气-空气云大小对火焰传播速度的影响。混合物在聚乙烯（PE）薄膜制成的外壳内的地面上点燃，以排除反射压力波的影响。气体云的燃尽大体发生在两个初始直径处，这两个初始直径约等于产品膨胀系数的立方根。

表 10-4　不同试验的条件和结果（Pförtner，Schneider，1983）

试验编号	ϕ_C（%）	T_i/K	p_i/kPa	Ei_{gn}/J	V/m^3	半球半径/m	最大火焰速度/(m/s)	S_{ui}^{exp}/(m/s)
GHT 23	29.1	282	98.1	10	7.5	3.06	43	2.31
GHT 26	29.2	281	99.1	1000	7.5	3.06	43	2.32
GHT 39	29.4	279	98.5	1000	50	5.76	50	—
GHT 40 *	29.5	279	98.5	150	50	5.76	54	—
GHT 11	31.0	281	100.7	314	262	10.0	60	2.50
GHT 13	25.9	283	100.9	314	262	10.0	48	1.94
GHT 34 *	29.7	283	98.9	150	2094	20.0	84	2.39

注：1. * 表示实验中在半球形气球上铺设菱形绕丝网（在试验 GHT 34 中，菱形绕丝网被铺设在气球上，以抵消约 7500N 的浮力）。

2. ϕ_C 表示 C 的体积分数。

燃尽后，爆燃超压峰值以正相压力波和负相压力波形式衰减。对于任何给定尺寸的气球，正相和负相的持续时间与距离无关。负相超压峰值的振幅通常略大于正相，但持续时间较短。Pförtner 和 Schneider（1983）在研究球形声速波时引用了 Landau 的一个理论结果，即在任何距离处，超压对时间的积分应等于零。这一理论结果与燃烧区域外向外传播的压力波实验记录相符（见下文距点火点 35m 和 80m 处的压力瞬变）。

处理火焰传播的视觉图像后，发现火焰传播速度不断增加，直到达到最大值，最大值在云的初始半径 R_{hsph} 和 1.5 倍的 R_{hsph} 距离处达到。对于初始静态氢气-空气化学计量混合物，假设 Pförtner 和 Schneider（1983）基于 Damkohler 和 Karlovitz 的简单湍流燃烧模型的方法有效，则可估算火焰传播速度最大值为 125m/s，峰值超压为 13kPa。实验结果表明，随着云层尺寸的增大，火焰传播速度接近最大值。

试验 GHT 34 中，在直径 20m 的半球体里，氢气-空气混合物中氢气体积分数为 29.7%，最大火焰传播速度为 84m/s，Pförtner 和 Schneider（1983）估算的初始燃烧速度为 2.39m/s（在可燃混合物密度为 0.8775kg/m^3，声速为 397.3m/s 时，燃烧产物的膨胀系数为 7.26）。在不考虑火焰传播中某些不对称性的情况下，速度测量的误差为 +5%。在体积为 2094m^3 的半球实验（GHT 34）中，在半球形气球上铺设了菱形绕丝网，并通过 16 个固定点将气球固定在地面上以抵消浮力。

为使氢气-空气火焰在白天可见，填充过程结束时，将研磨后的氯化钠粉撒入气球内，以产生黄色火焰。通常使用 10～12 个奇石乐（Kistler）压阻式压力传感器（压力范围 100kPa，固有频率 14kHz）。将压力传感器安装在质量为 20kg 的钢制外壳上，压敏表面与地面齐平，并在薄膜上覆盖一层 2mm 厚的硅脂，以消除温度和热辐射的影响。此外，使用多层塑料复合板保护距点火源 5m 的传感器，塑料复合板固定在钢制外壳上，中间开一直径为 4mm 的小口。试验 GHT 34 中，在与主传感器轴线成直角的位置上增设一个压力传感器，将之安装在 1m^2 的垂直木墙上（正面测量）。

在距离起爆点 2.0m、3.5m、5.0m、6.5m、8.0m、18m、25m、35m、60m 和 80m 处测量爆燃压力。混合物由总点火能量为 150J 的烟火型火药点燃。负压阶段后，除了安装在 5m 处的传感器，燃烧产物中的其他传感器压力瞬变未归零。这可能是由于在爆炸过程中传感器温度上升至高温状态所致。由于它们没有保持在校准时的温度，因此它们不再维持校准状态，也没有回到基线。这表明实验者在传感器上采取的绝缘措施不够，不足以完成这项大型试验。

图10-28显示，火焰传播时形状近似半球形。气球外壳首先稍微向外伸展，直到火焰达到气球初始半径的一半，即$0.5R_0$时才发生爆裂。

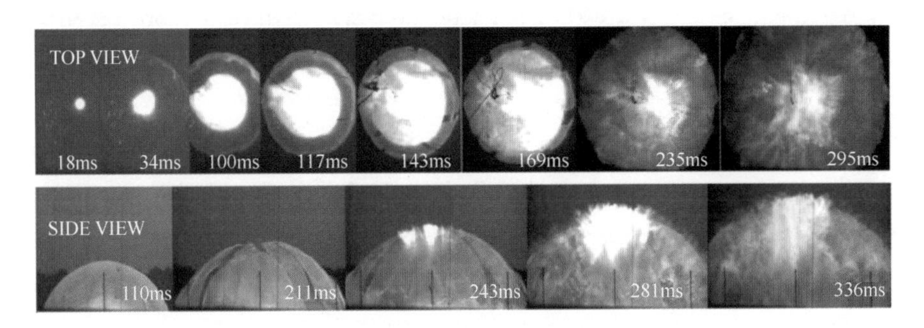

图10-28　试验GHT 34的试验快照，半球体直径为20m（Molkov et al.，2006a）

试验GHT 34中，在气体云范围内，爆炸超压均在6kPa左右。火焰传播开始后，压力瞬变过程中出现约10kPa的高压峰值Δp_F。这可能是来自高温和气体动力学效应，或者可以假设，当火焰通过压力传感器时，它点燃了传感器和开孔直径为4mm的多层塑料复合板之间的气体，从而发生部分约束爆炸，从而产生高压峰值Δp_F，这与通风容器中压力峰值的产生过程类似（如上所述，开孔直径为4mm的多层塑料复合板可视为带有通风口的容器壁）。

10.4.8.2　建模和大涡模拟（重整化群-卡尔洛维茨子模型和分形子模型）

在可燃云与大气接触面上，环境空气对氢气-空气混合物的稀释作用与我们之前研究中的情况类似。对源项$\overline{S}_c=\rho_u S_t|\nabla\tilde{c}|$用梯度法处理，使用过程变量方程模拟火焰传播。梯度法可以在湍流质量燃烧率等于$\rho_u S_t$的物理要求和模拟火焰前锋占据4~5个控制体积的数值要求同时满足的前提下进行解耦，并且不受网格尺度和问题规模的影响。实际上，使用火焰前锋数值厚度的源项积分即可计算出给定单位面积质量燃烧速率的物理正确值，即$\rho_u S_t$，与火焰前锋数值厚度无关。

使用梯度法处理后，对火焰前锋传播和压力动态变化的模拟都不会受明显影响，但数值火焰前锋的结构和尺寸都与真实火焰前锋的实际特征存在差异。此外，用数十至上百米的尺度来处理实际问题，不可能解决真实湍流火焰前锋结构相关问题，如湍流火焰产生的湍流在与毫米级层流火焰层厚度相当的尺度上起作用。但是，根据物理规律，火焰前锋的能量释放是可行的，因此降低火焰前锋结构的分辨率可以合理再现数值火焰前锋前后的流体动力学、整体火焰传播和爆燃压力变化过程。

（1）层流燃烧速度与温度和压力的关系

在大涡模拟模型中，燃烧速度与氢气浓度Y_{H_2}、温度T和压力p的关系式如下（在近似绝热压缩和膨胀的情况下，热动力学指数$\varepsilon=m+n-m/\gamma_u$）：

$$S_u(Y_{H_2},T,p)=S_{ui}(Y_{H_2})\left(\frac{T}{T_{ui}}\right)^{m(Y_{H_2})}\left(\frac{p}{p_i}\right)^{n(Y_{H_2})}=S_{ui}(Y_{H_2})\left(\frac{p}{p_i}\right)^{\varepsilon(Y_{H_2})}\tag{10-85}$$

式中，m和n分别代表燃烧速度与温度和压力关系式中的温度指数和压力指数；S_{ui}代表初始条件下的燃烧速度。方程$S_u\propto kp^n\exp(-E/2RT_b)$是燃烧速度理论公式的一个便于使用且应用广泛的近似形式，其中k表示指前因子，E表示活化能，R表示普适气体恒量，T_b表示燃烧产物温度。T_{bi}表示初始条件下燃烧产物温度，T_{be}表示燃烧结束时燃烧产物温度。实验证明，在T_{bi}到T_{be}这一相对较窄的温度范围中，近似误差不超过15%（Babkin et al.，1966）。

在以前的模拟（Molkov et al.，2006b）中，用线性函数$f(Y_{H_2})$解释氢气浓度对燃烧速度的影响，该函数在化学计量混合物中等于1（氢气体积分数为29.7%），在可燃下限中等于0（氢气体积分数为4%）$S_{ui}(Y_{H_2})=S_{ui}^{Stoich}\cdot f(Y_{H_2})$。对于氢气体积分数为29.7%的氢气-空气混合物，广义（拉伸）层流的初始燃烧速度$S_{ui}=1.91\text{m/s}$（Lamoureux et al.，2003）。

（2）重整化群-卡尔洛维茨子模型

第一个模型应用了湍流燃烧速度，模型基于Yakhot（1988）提出的重整化群预混湍流燃烧模型和Karlovitz等人（1951）关于自湍流化火焰的理论分析。根据Karlovitz等人（1951）的分析，若假设$S_t\approx u'$有效，则在高水平湍流条件下，可以估算由火焰前锋产生的湍流导致的皱曲系数最大值，计算公式为$\chi_K^{max}=(E_i-1)/\sqrt{3}$，其中$E_i$表示燃烧产物的皱曲系数，是氢气体积分数的函数。对于氢气-空气化学计量混合物，其值为$\chi_K^{max}=3.6$。

利用亚网格尺度火焰皱曲系数与火焰前锋半径之间的相关性，在火焰从层流向充分发展的湍流过渡过程中，对火焰前锋产生湍流导致面积逐渐增大的过程进行模拟。

$$\chi_K(R)=1+(\chi_K^{max}-1)\left[1-\exp\left(-\frac{R}{R_0}\right)\right] \tag{10-86}$$

式中，R_0是火焰传播向自相似湍流区域转变的特征半径。Gostintsev等人（1988）报告称，氢气-空气化学计量混合物火焰传播开始进入自相似湍流区域的特征半径为$R_0=1.0\sim1.2\text{m}$，此处取$R_0=1.2\text{m}$。

基于重整化群湍流理论，将修正后的Yakhot（1988）湍流预混燃烧公式以超越方程的形式引入大涡模拟模型，即可解释多尺度湍流和火焰前锋自身产生的亚网格尺度湍流（这种湍流在与火焰前锋厚度相当的尺度上产生，即尺度比模拟大规模问题所用的计算网格尺寸小）对湍流燃烧速度产生的联合影响。

$$S_t=[S_u\cdot\chi_K(R)]\exp\left(\frac{u'}{S_t}\right)^2 \tag{10-87}$$

与原Yakhot公式不同，修正后的公式使用了亚网格尺度湍流燃烧速度［$S_u\cdot\chi_K(R)$］，而非层流燃烧速度S_u。这是为了解释大涡模型中，在亚网格尺度下，对由火焰前锋本身产生的湍流物理现象的模拟尚未解决的问题。

（3）分形燃烧子模型（$R>R_0$）

2006年作者研究大涡模拟模型时应用了第二个燃烧子模型，该模型由Makarov等人（2007a）给出描述，模型基于对自由传播预混火焰的分形分析，主要用于模拟露天环境下氢气-空气预混气体爆燃。根据分形理论，建立燃烧速度模型为

$$S_t=S_t^{R_0}f(Y_{H_2})\left(\frac{R}{R_0}\right)^{D-2} \tag{10-88}$$

式中，$S_t^{R_0}$表示火焰传播在自相似（分形）区域开始的临界半径R处的燃烧速度；D表示分形维数。火焰传播的自相似（分形）区域发生在火焰半径大于临界半径$R>R_0$处。因此，只有在这一位置之后使用分形燃烧子模型才较为可信。

值得注意的是，爆燃过渡阶段（火焰半径$R\leqslant R_0$）的模拟借助了重整化群-卡尔洛维茨子模型。$R=R_0$时，通过以下步骤计算，从重整化群-卡尔洛维茨子模型中提取的用于分形子模型的式（10-83）中的燃烧速度值$S_t^{R_0}=6.44\text{m/s}$。在任何时刻，模拟火焰前锋的位置由所有控制体积的坐标系平均值确定，过程变量值范围为$c=0.01\sim0.99$。当火焰前锋半径等于R_0时，计算火焰前锋的总质量燃烧速率。然后，用质量燃烧率除以可燃混合物密度与半径为R_0的半

球面积的乘积，得到燃烧速度。计算可得燃烧速度 $S_t^{R_0}=6.44$，是初始层流燃烧速度（氢气-空气混合物中氢气体积分数为29.7%）的3.37倍，即 $\chi=6.44/1.91=3.37$。燃烧速度的增大来自于火焰前锋本身产生的湍流和流动湍流。半径 $R>R_0$ 时，用分形燃烧子模型方程，即式（10-88），而非重整化群-卡尔洛维茨子模型方程，即式（10-86）和式（10-87）计算燃烧速度的增大。

（4）模拟参数

实验中，初始温度和压力分别取283K和98.9kPa。氢气-空气混合物和环境空气在点火时刻是静止的，故 $u=0$。整个域中过程变量均设置为 $c=0$。氢气-空气云内的空气浓度为 $Y_a=0.9713$（$R\leqslant R_{hsph}$），云外空气浓度为 $Y_a=1.0$（$R>R_{hsph}$）。地面设置为无滑移不透水绝热地面。代表空气中远场的边界被设置为非反射边界。

在 $\Delta t=22$ms 的时间段内，通过将一个控制体积中的过程变量从 $c=0$ 增加到 $c=1$，对点火进行建模，将 $\Delta t=22$ms 设置为火焰通过球形控制体积传播的时间，该时间与在四面体体积中点火对应的时间相等。29ms前，保持点火控制体积中过程变量 $c=1$。该规程中不需要在时间上对模拟结果进行调整（压力瞬态沿时间轴的偏移）。

建立 $L\times W\times H=200\text{m}\times200\text{m}\times100\text{m}$ 的计算域，以用于模拟火焰前锋和压力波的传播。火焰传播区（$R\leqslant22$m）的四面体控制体积特征尺寸约为1m，其余区域（$R\leqslant30$m）的六面体控制体积特征尺寸为4m。对过渡区（$22\text{m}<R<30\text{m}$）采用控制体积尺寸为1～4m的四面体网格进行划分。控制体积总数为294296个。

对重整化群-卡尔洛维茨燃烧子模型进行了网格敏感性分析。在火焰传播面积分别为1.0m和0.5m处使用了两个具有特征控制体积尺寸的相似网格。火焰前锋传播动态的差异，即火焰前锋半径随时间的增长，约为5%。这一差异是由于流体动力具有不稳定性，火焰前锋皱曲需要更好的分辨率，网格越精细，质量燃烧速率越大，火焰传播越快。

采用FLUENT 6.2.16求解器作为大涡模拟模型的实现平台。使用双精度求解器，选择并行选项，控制方程选择显式线性化处理。对流项采用二阶迎风格式，扩散项采用中心差分格式。时步采用四阶龙格-库塔（Runge-Kutta）格式。为了确保稳定性，柯朗-弗里德里希斯-列维数取CFL=0.8。在工作站IBM630（12GB内存，1.2GHz Power 4处理器2个，SPECfp=961处理器1个）上实时模拟0.63s的爆燃和压力波传播大约需要6天时间。

（5）模拟结果：火焰形状

图10-29给出了实验GHT 34中的模拟火焰前锋传播。由于流体动力的不稳定性，火焰前锋出现了明显的大范围褶皱。大涡模拟过滤器尺寸（即数值大涡模拟方法中的胞格尺寸）上方的特征褶皱塌陷为1m（Pope，2004），与实验观察到的氢气-空气混合气火焰褶皱尺寸相似（Pförtner，Schneider，1983）。

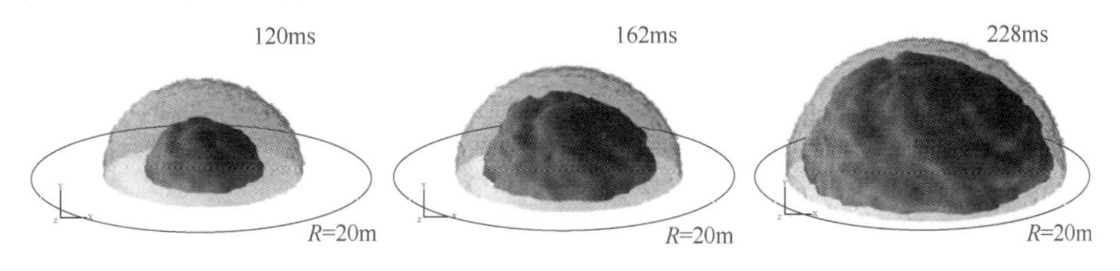

图10-29　试验GHT 34中火焰前锋传播的数值模拟快照：深灰色——火焰前锋等值曲面 $c=0.5$，浅灰色——未燃烧的氢气-空气混合物（Molkov et al.，2006）

（6）模拟结果：火焰前锋传播和压力动态过程

图 10-30～图 10-32 显示了实验结果（测试 GHT 34）与数值模拟之间的对比，以及火焰传播动态变化的实验数据。图 10-30 和图 10-31 分别表示火焰前锋前端的时间位置变化。模拟火焰前锋的厚度如图 10-30a 所示，阴影区域的前缘用实线表示。在爆燃的最后阶段，模拟火焰前锋厚度约为 4m，与实验观测值接近（Molkov et al.，2007a）。

两个考虑的燃烧子模型都再现了爆炸最后阶段火焰的减速。减速是因为环境空气稀释了初始氢气-空气混合物，从而降低了燃烧速率（图 10-31a）。模拟火焰前锋的减速比实验结果更为明显。这可能是由于在混合物非均匀性模拟中使用了尺寸明显较大的胞格。在氢浓度较大的梯度区域进行自适应网格模拟，可以提高模型在爆燃最后阶段的预测能力。

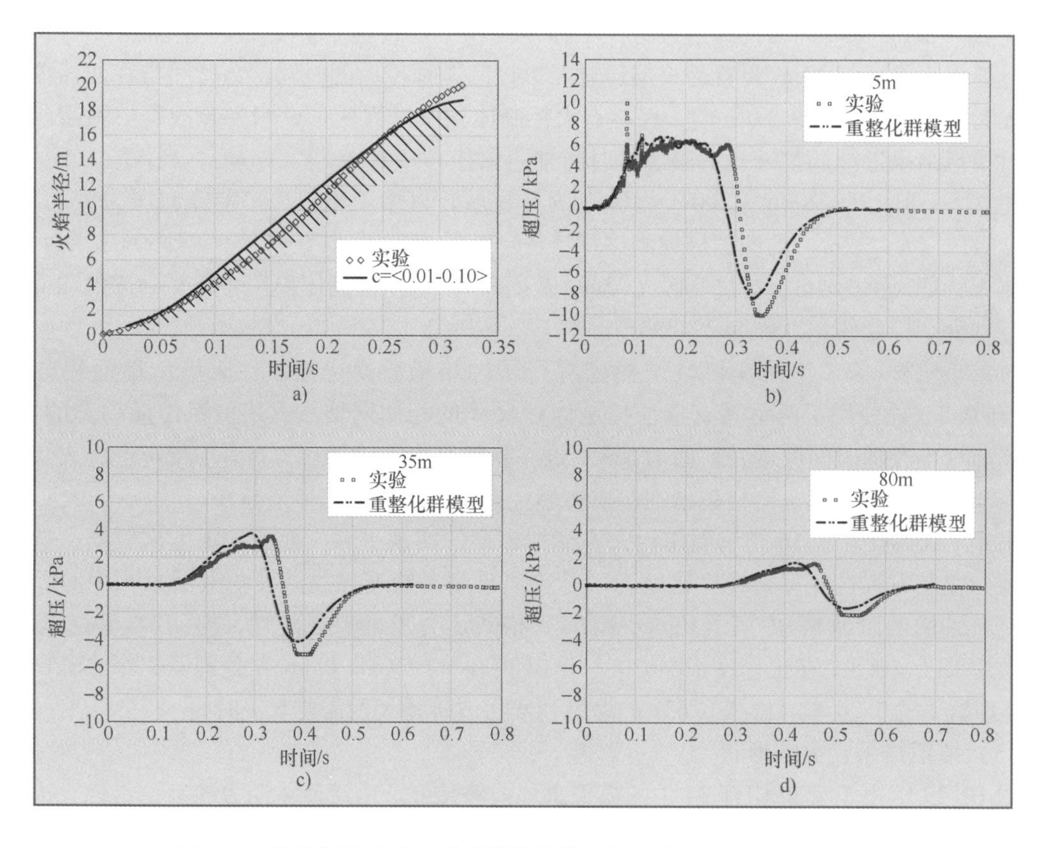

图 10-30　重整化群-卡尔洛维茨燃烧子模型的实验结果与数值模拟对比

a）火焰前锋传播动态变化：实线表示火焰前锋（通过控制体积平均，过程变量范围为 0.01～0.10），阴影区表示数值火焰前锋厚度

b）、c）、d）距点火源距离 $R=5m$、$R=35m$ 和 $R=80m$ 处的压力瞬变

在重整化群-卡尔洛维茨燃烧子模型中，模拟的火焰前锋与实验火焰前锋的最大偏差不超过 1m。由于大涡模拟模型与实验之间明显的“良好”一致性，仅在爆燃的初始阶段呈现真实火焰前锋的加速度。初始阶段后，模拟中火焰传播速度恒定（图 10-30a）。

模拟压力瞬态（图 10-30b～d）接近 5m、35m 和 80m 处正常运行传感器测得的实验压力瞬态。对压力波的正负相位都通过数值实验再现，包括压力波的到达时间、持续时间和随距离衰减。在远场中正相压力波的振幅模拟结果与实验一致，但负相振幅比实验测得的振幅小

30%。由于爆燃结束时，模拟的火焰前锋减速明显快于实验真实减速，模拟中正相超压波的后波面位置比实验中靠前。

图10-31a给出了分形维数 $D=2.33$ 和 $D=2.22$ 两种情况下火焰前锋传播的模拟结果。分形子模型中，火焰前锋传播速度的逐渐升高，与实验一致。爆燃超压动态过程如图10-31b～d所示。理论分形维数 $D=2.33$ 的模拟明显高估了火焰传播和超压的动态过程。模拟实验中发现，分形子模型火焰传播动态过程的最佳拟合值为 $D=2.22$。这在Gostintsev等人（1988）报告的 $D=2.20\sim2.33$ 范围内。修合分形维数 $D=2.22$ 低于理论值2.33的可能原因之一是，大涡模拟对火焰前锋褶皱结构进行了部分分解。事实上，人们发现，对于球形火焰，分解的分形维数范围为2.02～2.15（Molkov et al.，2004c）。

分形子模型在预测压力波负相振幅方面具有良好的一致性，对正相振幅预测的准确率高达50%。分形模型预测正压峰值准确性如此之高，原因尚不清楚。可能与聚乙烯气球对压力波的影响有关。事实上，气球可以“消耗”实验中压力波的部分能量。后期，聚乙烯气球的作用减弱，对负相振幅的影响变小。

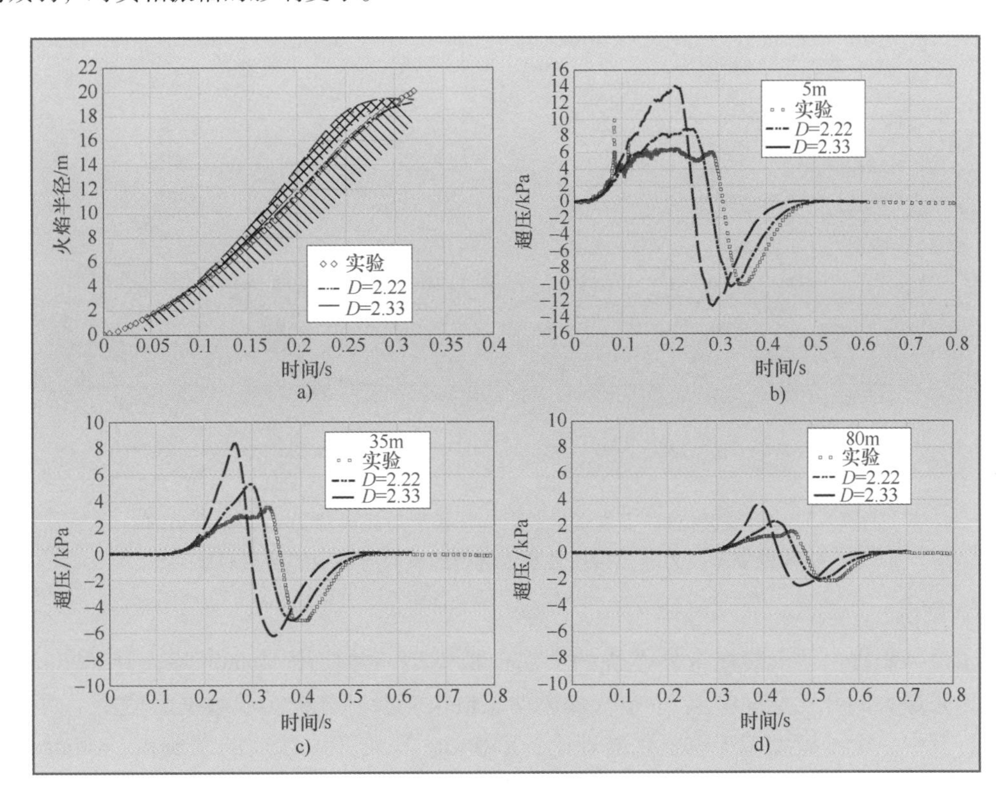

图10-31　分形燃烧子模型的实验结果与数值模拟对比，分形维数取 $D=2.33$ 和 $D=2.22$：

a）火焰前锋传播动态过程，实线表示火焰前锋（通过控制体积平均，度变量范围为0.01～0.10），阴影区表示数值火焰前锋厚度（仅重现 $D=2.33$ 的情况）

b）、c）、d）距点火源距离 $R=5$m、$R=35$m 和 $R=80$m 处的压力瞬变

燃烧区内传感器位于压力波正相，即2m、5m、8m和18m处，如图10-32所示。位于距点火源距离2m、8m和18m处的传感器受燃烧产物的影响，因为它们的瞬时压力在爆炸后没有恢复到大气压。但是，在火焰到达之前，可以用这些传感器的压力读数进行爆炸分析。

火焰传播后的压力动态变化过程中，高压峰值 Δp_F 非常明显，约为 10kPa（图 10-32b～c）。模拟再现了火焰前锋到达传感器位置时的超压峰值。实验中压力峰值出现的时间比模拟结果稍早。这与实验数据（Pförtner，Schneider，1983）一致，在报告的实验数据中，火焰沿压力测量轴向的扩散速度比其他方向快得多。当火焰达到气球原始半径的一半（$0.5R_0$）左右时，气球外壳爆裂，燃烧加剧，这可以解释 5m 和 8m 处传感器发现的 Δp_F 升高。可能存在 R-T 界面不稳定性等物理现象，当气体变重，火焰前锋加速存在不稳定性。

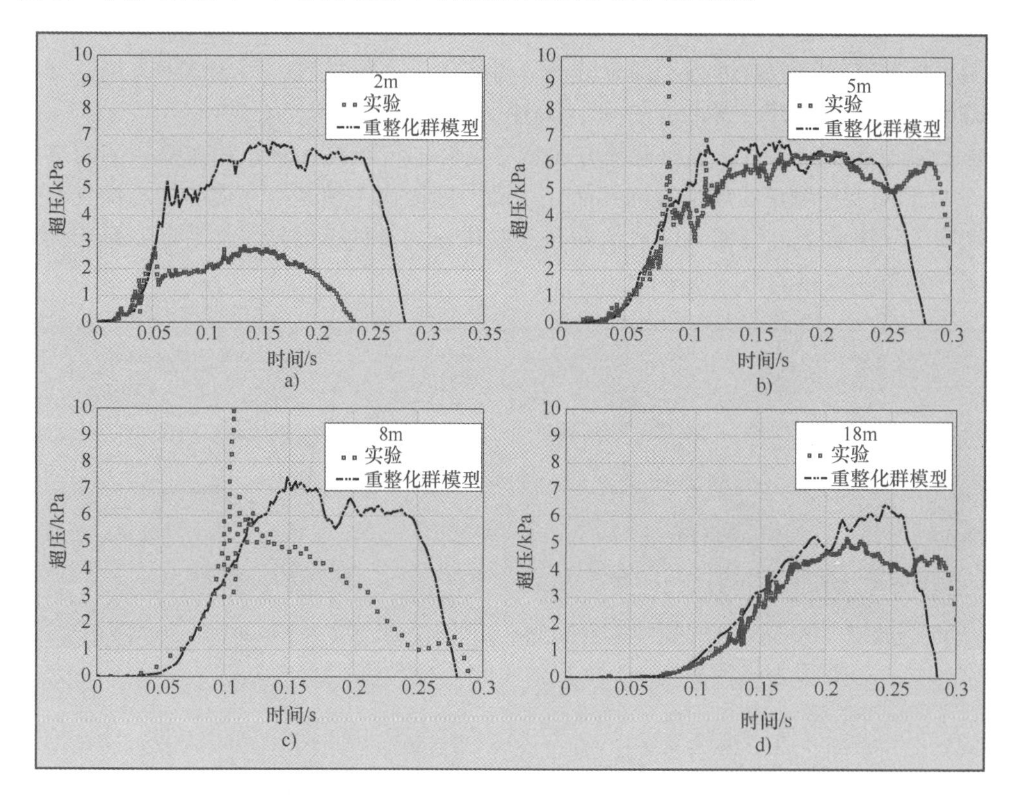

图 10-32 用重整化群-卡尔洛维茨燃烧子模型对距火源 2m、5m、8m 和 18m 处爆炸压力波正相压力瞬变进行的实验与模拟的结果对比

（7）结语

本节进一步提出了大规模意外燃烧的大涡模拟模型，并应用 Molkov 等人（2006a）完成的有史以来最大的开发空间中氢气-空气爆燃动态模拟实验。分析实验数据时使用了两个燃烧子模型，其中一个子模型基于重整化群理论、Karlovitz 等人（1951）的发现和 Gostintsev 等人（1988）的发现，另一个子模型则基于分形理论。

在不同网格上，大涡模拟模型均表现出良好的收敛性。对于两个特征胞格尺寸相差 2 倍的非结构四面体网格，模拟结果相差不到 5%。

模拟再现了压力波的形成和衰减过程，包括实验观察到的负相比正相持续时间更短、振幅更高这一现象。

与实验结果相比，爆燃结束时，模拟火焰前锋减速更明显。这一现象被认为与网格较粗有关，并对压力波正相的持续时间有轻微影响。在氢气浓度梯度区域的自适应网格模拟可以更好地再现实验数据。

在重整化群-卡尔洛维茨燃烧子模型中，采用 Yakhot（1988）提出的湍流预混火焰传播速度方程，考虑了湍流对湍流燃烧速度的影响。重整化群-卡尔洛维茨燃烧子模型再现了初始火焰加速度，但之后火焰前锋传播速度几乎恒定。重整化群-卡尔洛维茨子模型在预测正相时更接近实验结果，但对负相振幅的预测准确度不足30%。

在临界半径R_0前，使用重整化群-卡尔洛维茨燃烧子模型，临界半径后使用分形燃烧子模型，这一子模型在分形维数取$D=2.22$时，在Gostintsev等人（1999）报告的大规模开敞空间爆燃分形维数范围2.20~2.33内，对实验火焰传播的拟合最好。在分形维数取$D=2.22$时模拟计算准确再现了爆燃全过程中实验观测到的火焰前锋加速度、爆炸压力波的负相，正相估值比实际高出50%。模拟结果中正相压力峰值高于实验值，可能与聚乙烯气球有关。分形维数$D=2.22$的模拟明显高估了火焰传播和压力的动态变化。

数值模拟部分解决了流体动力不稳定性引起的火焰前锋褶皱问题。这对火焰传播速度的贡献约为1.1倍。重整化群子模型中的湍流对湍流燃烧速度的贡献约为1.15倍。分形使分形子模型中的火焰表面积增加了$(R/1.2)^{0.22}$级因子，这与火焰前锋半径有关，例如，半径$R=15\text{m}$时，分形增加了1.74。然而，湍流燃烧速度增加的主要原因是火焰前锋本身产生的湍流（Karlovits et al., 1951），该速度为氢气-空气化学计量混合物初始层流燃烧速度的3.6倍（Molkov et al., 2006a）。

两个子模型再现了实验火焰前锋传播动态（最大直径40m）和压力动态（最大可用80m），即氢安全工程问题的特征标度，模拟结果与实际情况非常贴合。数值模拟与实验数据的一致性证明了大涡模拟模型在大规模意外预混燃烧中的优越性。

10.4.8.3　开放大气中的一系列爆燃

将上述改进后的大涡模拟模型用于模拟Pförtner和Schneider（1983）在不同半径半球形气球（1.53m、5.00m和10.00m）中进行的一系列氢气-空气近化学计量混合物爆燃实验。所用大涡模拟模型的主要特征在其他发表文献中有提及（Molkov et al., 2007b）。

采用修正的Yakhot（1988）超越方程模拟了湍流对湍流燃烧速度的影响：

$$S_t = S_u^w \exp\left(\frac{u'}{S_t}\right)^2 \tag{10-89}$$

将原始层流燃烧速度S_u替换为亚网格尺度褶皱火焰速度S_u^w，以解释模拟中未解决的影响湍流燃烧速度的物理机制，如火焰前锋自身产生的湍流、湍流火焰前锋的分形结构等。

亚网格尺度褶皱火焰燃烧速度可以写成层流燃烧速度$S_u(Y_{H_2}, T, p)$，它是空气中氢气浓度、可燃混合物温度和压力、卡尔洛维茨湍流系数χ_K和导致火焰前锋增加的分形结构系数χ_f的函数。

$$S_u^w = S_u \chi_K \chi_f \tag{10-90}$$

为模拟由于火焰锋面本身产生的湍流（Karlovits et al., 1951），亚网格尺度上未解决的湍流燃烧速度增加，建议使用以下方程：

$$\chi_K = 1 + (\Psi \chi_K^{Max} - 1)\left[1 - \exp\left(-\frac{R}{R_0}\right)\right] \tag{10-91}$$

式中，Ψ是经验系数，表示卡尔洛维茨湍流系数χ_K可以达到其理论最大值$\chi_K^{Max} = (E_i - 1)/\sqrt{3}$。使用足够细的网格（足以解析火焰传播至过渡临界半径R_0）的模拟表明，对于氢气-空气近似化学计量混合物，经验系数可取典型值$\Psi=0.7$。对于氢气-空气近似化学计量混合物，从点火源到临界半径的火焰传播过渡半径可取$R_0=1.2\text{m}$（Gostintsev et al., 1988）。

假设内部临界值不变，湍流火焰分形表面随其外部临界值（火焰半径）的增大而增大，

大气中实际恒压燃烧的有效条件可能是

$$\chi_f = \left(\frac{R}{R_0}\right)^{D-2} \tag{10-92}$$

因此，在火焰传播到临界半径 $R_0 = 1.2\text{m}$ 的过渡期间，采用以下超越方程计算湍流燃烧速度：

$$S_t = S_u(Y_{H_2}, T, p)\chi_K \exp\left(\frac{u'}{S_t}\right)^2 \tag{10-93}$$

对层流燃烧速度与氢气浓度、压力和温度的关系进行处理，同时模拟了接触面上环境空气对可燃混合物的稀释作用。

在过渡阶段结束时，卡尔洛维茨皱曲系数恒定，其值为 $\chi_K = \{1 + (\Psi \cdot \chi_K^{max} - 1)[1 - \exp(-1)]\}$。$R > R_0$时，应用分形燃烧模型模拟了亚网格尺度火焰表面积的进一步增长，进而模拟了湍流燃烧速度：

$$S_t = S_u(Y_{H_2}, T, p)\{1 + (0.7 \cdot \chi_K^{max} - 1)[1 - \exp(-1)]\}\chi_f \exp\left(\frac{u'}{S_t}\right)^2 \tag{10-94}$$

这种湍流燃烧速度燃烧模型与上述简单分形模型的不同之处在于是否在应用分形模型时使用考虑湍流流动的 Yakhot 公式。这与大涡模拟模型在处理大尺度问题时对湍流火焰前锋分形结构的分辨率不够有关。因此，可以用分形子模型在亚网格尺度处理未解决物理现象，即式（10-92）定义的项是 Yakhot（1988）湍流燃烧速度超越方程中层流燃烧速度的乘数。

（1）实验

本节中描述的大涡模拟模型被用于模拟 Pförtner 和 Schneider（1983）的以下实验：GHT 23、GHT 26、GHT 11、GHT 13、GHT 34 *。实验参数见表 10-4。压力的最大正峰值在约 $2R_b$ 尺寸的燃烧区内是恒定的，在该区域外与距离成反比下降。远场中，压力波以正相和负相的形式和持续时间传播，传播形式和时间与气球尺寸无关。

实验人员在压力波的正相区识别到三个压力峰值。气球外壳稍微向外伸展，直到火焰到达 $0.5R_b$距离处发生爆炸。气球外壳破裂时刻达到第一个压力峰值 Δp_1。由于爆破过程发生泄压，因此气球内的压力传感器记录到明显的峰值 Δp_1。气球外壳破裂后，火焰前锋加速，使输出压力波压力上升达到峰值 Δp_2。试验报告表明，火焰前锋在接近弹片时减速，随后压力降低。

之后，火焰再次加速，并观察到压力峰值 Δp_3。对实验记录的分析表明，可能是未燃混合物在气球壳碎片外的燃烧导致出现了第三个峰值 Δp_3。安装在燃烧区域内的压力传感器记录到，在火焰通过压力传感器的瞬间，产生附加压力峰值 Δp_f。在本节的图 10-38 中，进一步展示了试验 GHT34 观察到的典型实验压力峰值 Δp_f、Δp_1、Δp_2和 Δp_3。

（2）模拟参数和点火规程

用四面体控制体积划分计算区域内的燃烧区域，用六面体控制体积划分出口压力波区域。模拟 1.53m 爆燃的数值网格与 5.0m 爆燃的数值网格基本相同，并通过因子 3.268 进行放缩（图 10-33）。表 10-5 给出了模拟使用的计算域和网格的详细信息。初始温度和压力指实验中的温度和压力，见表 10-4。混合物最初静止，$u = 0$，任意情况下，气球区域内（即 $R \leqslant R_0$）的氢气质量分数为 $Y_{H_2} = 0.0287$（相当于体积分数 29.7%），气球区域外（即 $R > R_0$）$Y_{H_2} = 0$。本研究中，初始燃烧速度为 1.91m/s。模拟地面边界为防滑、绝热、不透水的表面；模拟大气边界为非反射边界条件。

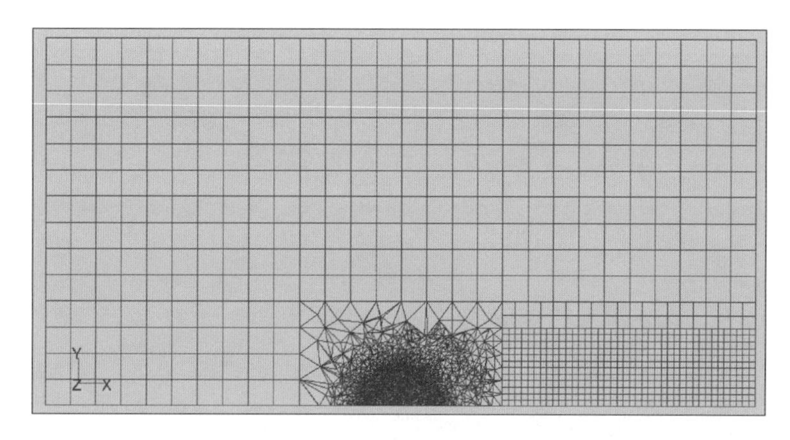

图 10-33　直径 1.53m 和 5.0m 半球爆燃模拟的计算域和数值网格截面

表 10-5　模拟中使用的计算域和数值网格的详细信息（Molkov et al., 2007b）

参　数	半球半径/m			
	1.53	5.0	10.0（粗网格）	10.0（细网格）
域尺寸 $L\times W\times H$/m×m×m	70×70×35	228×228×114	200×200×100	200×200×100
控制体积数目	149159	149159	353422	最大 2×10^6
燃烧区域控制体积尺寸/m	0.25	0.8	0.8	0.4
外部区域控制体积尺寸/m	2.5	8.2	4	4
点火位置控制体积尺寸/m	0.253	0.826	0.770	0.385
数值点火时间/s	0.009	0.029	0.028	0.014
CPU 时间/h	10	10	66	192

在位于半球中心的一个控制体积中，建模使进程变量从 0 线性增加到 1。层流火焰传播超过点火控制体积边缘一半的时间被计为过程变量增加的持续时间，即 $\Delta t_{ign}=1/2[\Delta_{CV}/(S_uE_0)]$。表 10-5 给出了每次数值实验的点火控制体积和相应点火时间。

借助过程变量在控制体积的平均值（范围 $c=0.01\sim0.10$），可由火焰面前沿确定火焰前锋的模拟位置，这一方法与 Molkov 等人（2006a）的方法类似。模拟火焰前锋半径初始为一个胞格大小，并点火。所有模拟中，化学计量比为 29.7%，初始燃烧速度为 1.91m/s，分形维数均取 $D=2.20$（Lamoureux et al., 2003）。

利用 FLUENT6.2 作为计算流体动力学引擎实现了该模型。对流项采用二阶迎风格式，扩散项采用中心差分格式。采用显式时间推进耦合求解。柯朗-弗里德里希斯-列维数取 CFL = 0.8。计算是在连接了 6 个 CPU 的 p650 IBM 服务器上进行的，每个模拟所需的特征 CPU 时间见表 10-5。

（3）实验与模拟对比

试验 GHT 23 和 GHT 26 中，半径为 1.53m 的半球发生爆燃，在距离点火源 2.07m、2.87m 和 4.95m 处，试验和模拟的火焰前锋传播和压力的动态过程如图 10-34 所示。例如，可以预测负压幅度，以解释燃烧产物中的一小部分水蒸气与来自高温产物的冷空气相遇混合时发生的辐射损失。实验（GHT26）实测压力峰值和模拟压力峰值 Δp_2 和 Δp_3 之间的对比如图 10-35 所示。

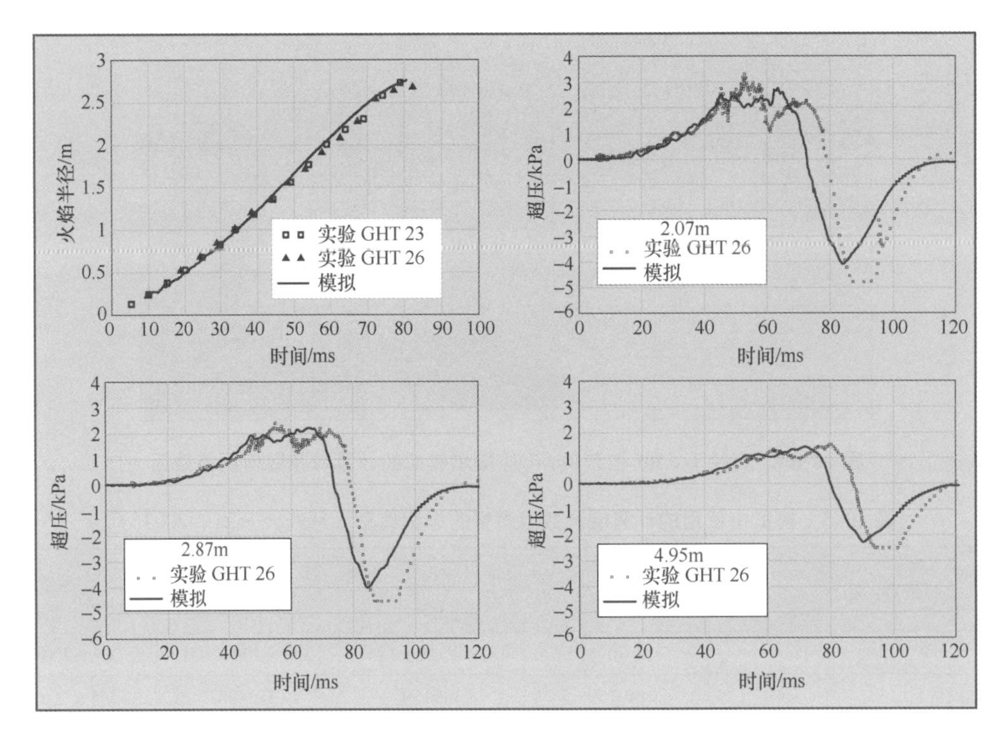

图 10-34　对比半径为 1.53m 的半球形气球实验结果（GHT 23 和 GHT 26）与模拟结果：火焰前锋半径（左上）；距点火源不同距离处的压力动态 2.07m（右上）、2.87m（左下）、4.95m（右下）

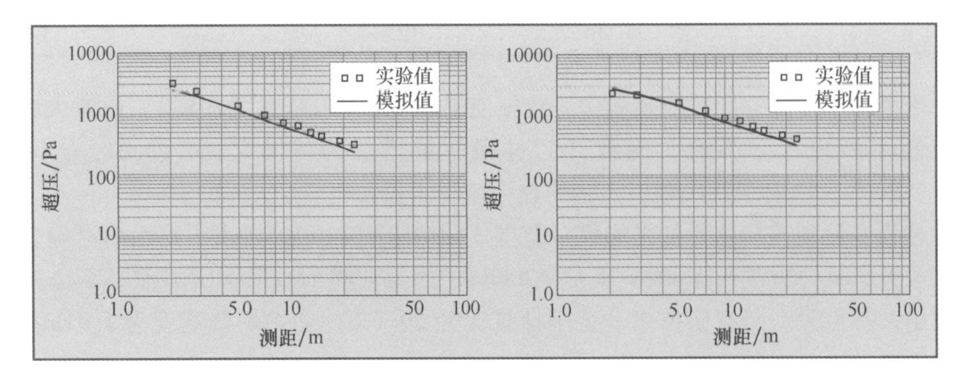

图 10-35　对比实验（GHT 26）的与模拟的压力峰值实测压力峰值：实测压力峰值 Δp_2（左）和模拟压力峰值 Δp_3（右）

图 10-36 和图 10-37 显示了直径 5.0m 的气球中，试验 GHT 11 的火焰前锋传播和压力的动态过程模拟结果和实验结果（也显示了试验 GHT 13 的实验火焰传播动态过程）。在距火源 6.85m、8.79m 和 10.8m 处记录了压力动态过程。与实验 GHT 11（31% 的氢气-空气混合物）相比，模拟中的燃烧速度（29.7% 的氢气-空气混合物）较小，导致对正相压力峰值和负相压力峰值的预测不准。

对于在直径为 10.0m 的半球体进行的已知最大氢气-空气爆燃实验（试验 GHT 34），将实验结果与模拟进行对比（Molkov et al.，2007b），如图 10-38 和图 10-39 所示。图 10-38 所示为距点火源 5m、35m 和 80m 处记录的压力动态。对实验 GHT34 的模型网格灵敏度进行研究。

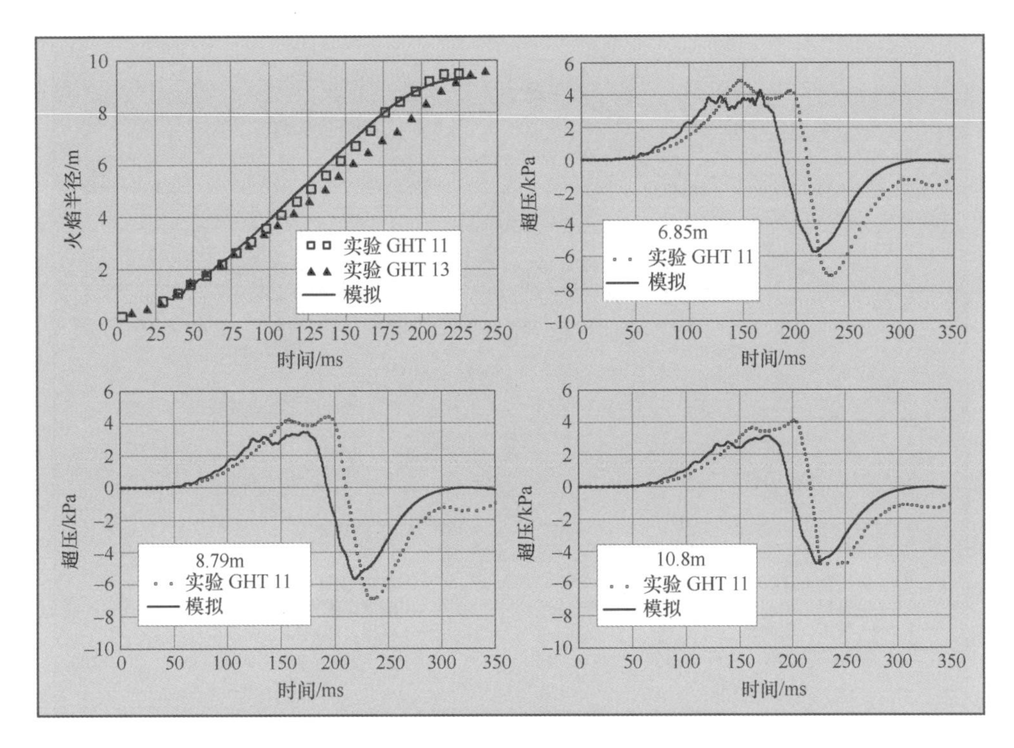

图 10-36　对比半径为 5.0m 的半球形气球实验结果（GHT 11）与模拟结果：火焰前锋半径（左上）；距点火源不同距离处的压力动态 6.85m（右上）、8.79m（左下）、10.8m（右下）

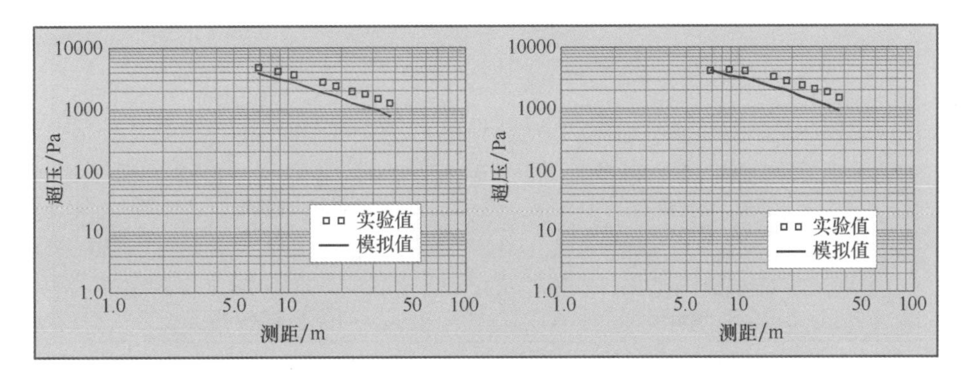

图 10-37　对比实验（GHT 11）的与模拟的压力峰值实测压力峰值：实测压力峰值 Δp_2（左）和模拟压力峰值 Δp_3（右）

然后在火焰前锋附近对用于模拟的原始网格进行调整（加粗网格，353422 个控制体积），以将控制体积数目缩小 1/2。该模型可以模拟火焰在两个网格上的传播动态过程，胞格大小之比为 2，误差在 10% 以下。这符合大涡模拟模型在不同网格上的性能要求（Pope，2004）。

（4）结语

大规模气体爆燃的大涡模拟模型（Molkov et al.，2007b）综合三种机制，即火焰前锋自身产生的湍流、湍流火焰表面积随尺度的分形增长和流动湍流，建立了湍流燃烧速度燃烧子模型。修正后的 Yakhot（1988）湍流燃烧速度超越方程使用了亚网格尺度起皱速度（而非层流燃烧速度）以及解析水平上的脉动速度。

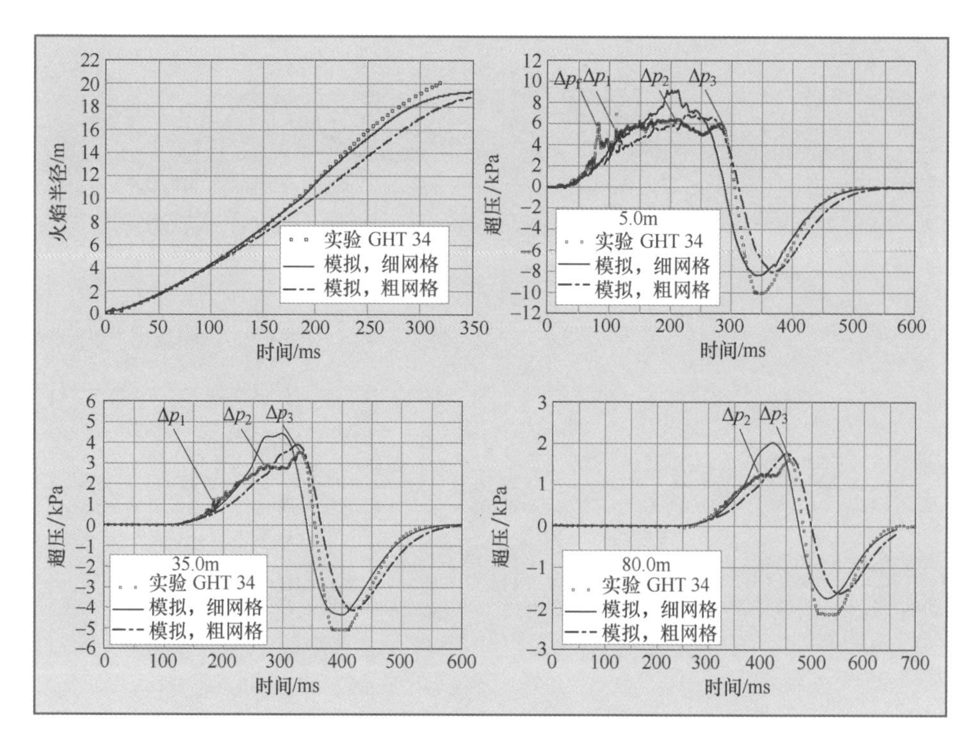

图 10-38　对比半径为 10.0m 的半球形气球实验结果（GHT 34）与模拟结果：火焰前锋半径（左上）；距点火源不同距离处的压力动态 5m（右上）、35m（左下）、80m（右下）

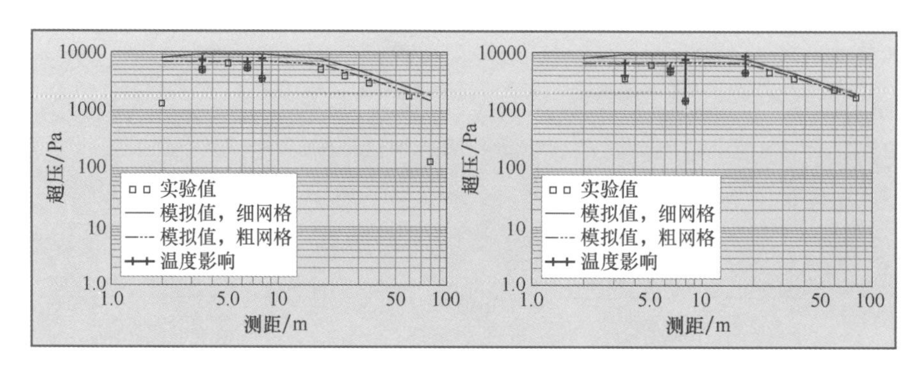

图 10-39　对比实验（GHT 34）的与模拟的压力峰值实测压力峰值：实测压力峰值 Δp_2（左）和模拟压力峰值 Δp_3（右）

将大涡模拟模型的结果与一系列不同半径半球形聚乙烯气球（1.53m、5.00m 和 10.00m）中氢气-空气近化学计量混合物爆燃实验结果进行比较。所有模拟分形维数取 $D=2.20$，该分形维数与先前报告的分形维数值高度相符。考虑到所有模拟中初始燃烧速度均为 1.91m/s 和分形维数均为 2.20，因此大涡模拟预测与实验数据接近。

模拟再现了实验观察到的压力峰值 Δp_2 和 Δp_3，实验研究员将其归因于聚乙烯气球的影响（Pförtner，Schneider，1983）。实际上，实验峰值 Δp_2 略大于模拟值，这证实了聚乙烯壳层爆炸对火焰加速的影响。尽管如此，依旧应该理解模拟中 Δp_2 的存在意义。

10.4.8.4 大气中的冲击波超压

大气中的气体爆燃会产生向外的压力波。声学理论可以应用于爆燃产生的压力波。冲击波压力可估算为（Gorev et al.，1980）

$$\frac{p(t,R_{\mathrm{w}})-p_{\mathrm{i}}}{p_{\mathrm{i}}}=\frac{\gamma(E_{\mathrm{i}}-1)}{[1+r_{\mathrm{b}}(t)/c_0t]E_{\mathrm{i}}c_0^2}\frac{r_{\mathrm{b}}(t)}{R_{\mathrm{w}}}\left[2w^2+r_{\mathrm{b}}(t)\frac{\mathrm{d}w}{\mathrm{d}t}\right] \tag{10-95}$$

式中，$r_{\mathrm{b}}(t)$ 表示时刻 t 时的火焰半径，单位为 m；R_{w} 表示估算压力 p 的距离，单位为 m；c_0 表示声速，单位为 m/s；w 表示火焰前锋传播速度，单位为 m/s。公式关键结论是，压力波峰值与火焰传播速度和火焰加速度有关，尤其是半径较大的情况下。火焰前锋的减速会导致压力波的压力下降。这个公式也说明压力波的衰减与至点火源的距离成反比。实验 GHT 34 对该公式的验证留给读者自行进行。

10.4.9 78.5m 隧道内氢气-空气爆燃的大涡模拟研究

本节应用先前经一系列开放大气爆燃实验（包括已知最大直径为 20m 的爆燃实验）验证的大涡模拟模型，重现 78.5m 长隧道中部 20% 和 30% 氢气-空气爆燃的实验数据（Groethe et al.，2005）。该模型对爆燃动态过程进行瞬态建模，建模考虑层流火焰燃烧速度随混合物成分、压力和温度的变化。采用 Yakhot 预混燃烧超越方程计算湍流燃烧速度。对 Yakhot 方程进行了本质上的修正，以解释由火焰前锋本身产生的湍流过渡现象，以及不可分辨的亚网格尺度上湍流火焰表面的分形结构。

大涡模拟模型（Molkov et al.，2008b）再现了无障碍和有障碍隧道中混合物的实验数据。模拟使我们深入了解了火焰传播的动态过程和隧道内外的压力累积。大涡模拟模型能够分析实验研究中未体现的现象。例如，由于事件后期障碍物侧面发生压力波反射，在障碍物附近观察到最大爆炸超压显著增加。

氢经济已经成为我们日常生活的一部分。为了预防或减少事故，首先必须了解与不同类型氢气应用相关的特征危害。氢燃料公共汽车和私人轿车已经得到应用，氢能汽车和相关基础设施的安全性，包括车库、维修车间、停车场和隧道的安全性，是一个值得关注的话题。乘用车的典型车载储氢量约为 6kg，客车的储氢量为 40kg。在隧道内发生事故时，有一种可能的事故情况是，氢动力车辆释放出数千克氢气，随后发生点火，从而导致爆燃。这种情况下，计算爆燃产生的压力和冲量时应选取合适的精度，以便进行危险和风险评估。必须研究清楚障碍物（即车辆）对隧道爆燃动态过程的影响。Gamezo 等人（2007）最近在一个含有氢气-空气混合物的阻塞小尺度管中进行了一项关于爆燃转爆轰的数值研究，发现了一个值得深入研究的物理现象。作者证明，激波向爆轰转变的原因之一是发展中的激波在障碍物上的重复反射，包括 R-M 界面不稳定性。

10.4.9.1 实验概述

Groethe 等人（2005）在真实尺寸 1/5 的风洞中进行了大规模氢气-空气爆燃实验，风洞长 78.5m，高 1.84m，马蹄形截面面积为 3.74m^2。在无障碍隧道中部，制备体积为 37.4m^3（长度 10m）的均匀氢气-空气混合物，氢气体积分数分别为 20% 和 30%，并在地面水平的隧道中心点燃。氢气体积分数为 30% 的氢气-空气近似化学计量混合气体云中的氢气质量为 1kg。仅对氢气体积分数为 30% 的混合气体进行一项附加的障碍物试验。使用尺寸为 $L\times W\times H=$ 940mm × 362mm × 343mm 的模拟车辆作为障碍物，障碍物之间的间隔距离等于“车辆”长度。这种障碍物的阻塞率为 0.03。

所有三次试验中沿隧道的最大超压、一次瞬时压力测量和无障碍隧道试验中30%氢气-空气混合物在距离点火源34m处的脉冲是报告的全部实验数据（Groethe et al., 2005）。除了与点火源的距离外，没有关于实验中使用的压力传感器的确切位置的信息报告。其他实验人员得出结论，在无障碍物和有障碍物的隧道内，氢气-空气混合物爆炸产生的最大超压之间没有差异。

10.4.9.2　大涡模拟模型与数值细节

用于隧道爆燃的大涡模拟模型（Molkov et al., 2008b）与我们最近的研究（Molkov et al., 2007b）几乎完全相同，但有一点不同，即在没有任何关于隧道等几何体分形维数信息的情况下（如隧道），取理论分形维数 $D=2.33$。

计算域尺寸为 $L\times W\times H=300\text{m}\times150\text{m}\times75\text{m}$。计算域包括隧道和周围环境，尽量减少边界条件的影响，并模拟压力波从隧道向外传播到大气中的情形。隧道内采用非结构四面体网格，平均控制体积尺寸约0.3m。隧道外部，部分计算区域使用控制体积尺寸为4.0m的结构化六面体网格进行网格划分，以尽可能缩短计算时间。一个网格用于无障碍隧道，控制体积总数为166502；另一个网格用于有障碍隧道，控制体积总数为125884。对无障碍隧道的网格进行了部分细化，以提高爆炸波在隧道外传播的模拟精度。整个计算域和有障碍隧道的数值网格如图10-40所示。

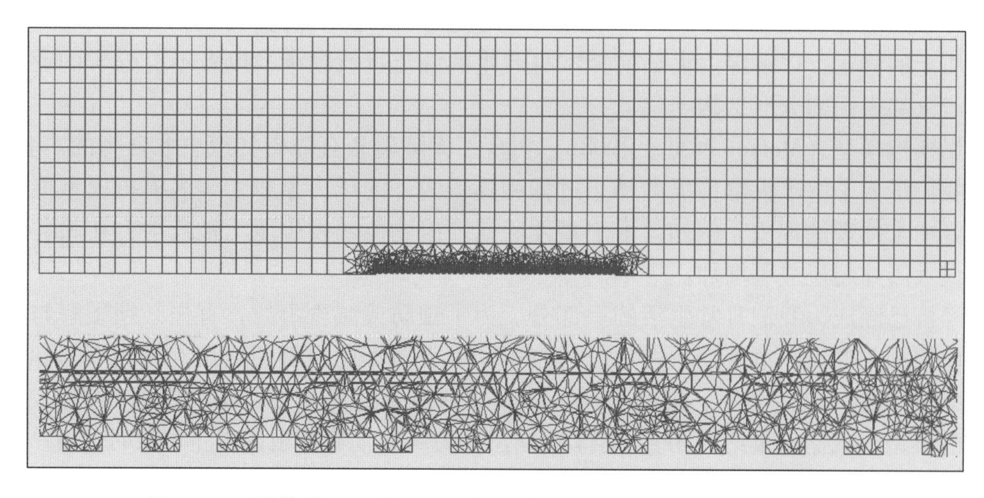

图10-40　计算域（上图）及其在有障碍隧道段（下图）的数值网格

前文对大涡模拟模型的网格敏感性的探讨表明，控制体积尺寸减小1/2会导致特定时间内最大压力增加5%～10%，这来自于更高分辨率的火焰前锋皱曲和更高的质量燃烧速率。

初始压力和温度与实验记录相同：$T=295\text{K}$，$p=101.325\text{kPa}$。所有的壁面和表面均模拟为绝热不透水表面。空气边界设置为非反射压力远场边界条件。使用FLUENT 6.2作为计算流体动力学引擎实现了大涡模拟模型。取CFL=0.8，使用方程组显式下线性化的耦合可压缩解算器。对流项采用二阶迎风格式，扩散项采用中心差分格式。利用CHEMKIN软件（Kee et al., 2000）计算氢气-空气混合物和燃烧产物的热力学性质。

10.4.9.3　结果与讨论

图10-41对比了所有三个实验的实验最大超压和模拟最大超压。侧向障碍物超压仅适用于数值模拟。模拟中，对最大超压的预测在所有情况下都有很好的一致性，预测不准确性不显著。这一结果对验证大涡模拟模型非常有利，因为模型是针对差异较大的开敞空间爆燃条件“校准”的。

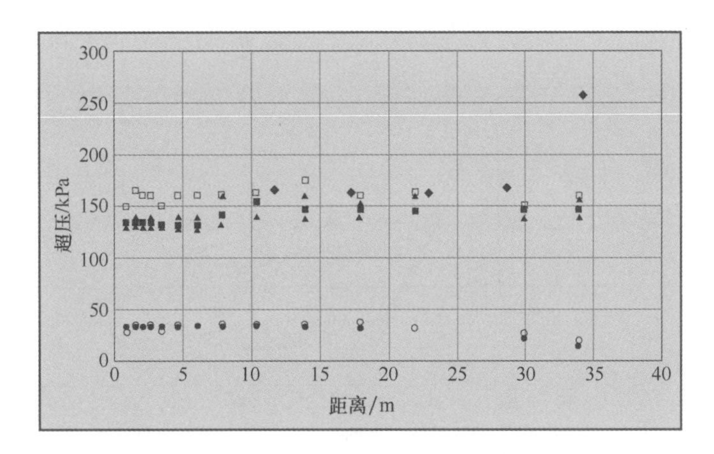

图 10-41 沿隧道的最大爆燃超压（距隧道中心的距离一定）：氢气体积分数为 20％的氢气-空气混合气（○—实验；●—模拟）；氢气体积分数为 30％的氢气-空气混合气，无障碍隧道（△—实验；▲—模拟）；氢气体积分数为 30％的氢气-空气混合气，有障碍隧道（□—实验；■—模拟，天花板；◆—模拟，障碍物）

对隧道内无障碍和有障碍情况的大涡模拟分析表明，与在天花板水平测量的超压（图 10-41 中的■）相比，障碍物表面（图 10-41 中的◆）上的爆燃产生的超压明显更高。实际上，与实验数据一致，障碍物水平的模拟最大超压与有障碍和无障碍情况下的实验测量值相同。但是，随着与点火源的距离增加，障碍物侧边的静态超压与天花板的静态超压差值增大。这表明燃烧产生的初始压力波形成激波，在刚性“车辆”表面反射，从而增大了停滞区的静压。

对于反射激波的压力 p_3，可根据初始压力 p_1 和入射冲击波压力 p_2，使用以下公式进行估算（Landau，Lifshits，1988）：

$$\frac{p_3}{p_2}=\frac{(3\gamma-1)p_2-(\gamma-1)p_1}{(\gamma-1)p_2+(\gamma+1)p_1} \tag{10-96}$$

式中，$\gamma=1.4$；$p_1=1\text{bar}$；$p_2=2.5\text{bar}$，此时比热容比约为 $p_3/p_2=2.2$。由于激波的形成尚未完成，反射也不完全正常，所以模拟的比热容比低于理论值，仅为 $p_3/p_2=1.5$。在模拟中，任何数值上要求 3～5 个控制体积的“不连续”模拟，也可能导致这种差异。

在距点火源 34m 处模拟的冲击波结构再现的瞬时压力和冲量非常接近实验中测得的压力和冲量（图 10-42）。模拟的冲击波到达时间与实验值基本吻合。在图 10-42 中可以观察到模拟振荡压力波的到达时间更快。这可能是由于模拟中燃烧产物的较高声速所导致的。实际上，该模型未考虑燃烧产物的热损失，而这将导致温度降低，从而降低声速。

图 10-43 显示了沿隧道距点火源不同距离处的模拟压力动态变化。在爆燃过程中，由初始倾斜形状的压力波形成具有陡峭面的激波，沿隧道的最大超压几乎相同。激波并不存在随距离衰减的趋势，因此考虑到在实验中观察到并在模拟中重现的超压大小，在所考虑的情况下，预计隧道内的生命和财产可能会受到严重伤害。

图 10-44 显示了沿隧道的天花板和障碍物侧面超压的动态变化差异。激波在隧道的末端形成。瞬时压力在隧道横截面的不同位置具有相似的动力学特性。存在一个例外情况，即压力-时间曲线中接近最大超压的一部分，它受到激波反射的缺失（天花板）或存在（障碍物侧边）的影响。目前还没有关于隧道内火焰传播的实验数据。在模拟中，火焰前锋存在明显的加速阶段和减速阶段（图 10-44）。点火后约 270ms，火焰前锋到达隧道右端。

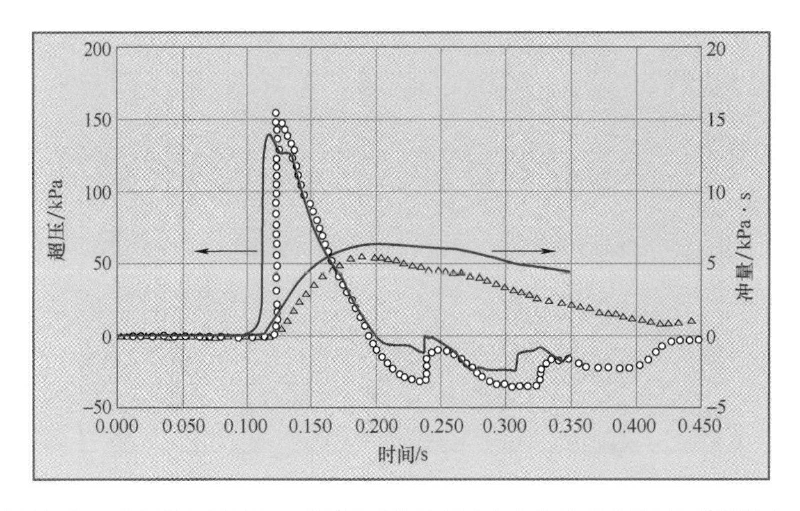

图 10-42 对比距点火源 34m 处的压力和冲量动态变化的实验结果与模拟结果：实验压力动态变化（圆形）和冲量（三角形）、模拟压力动态变化和冲量（实线）

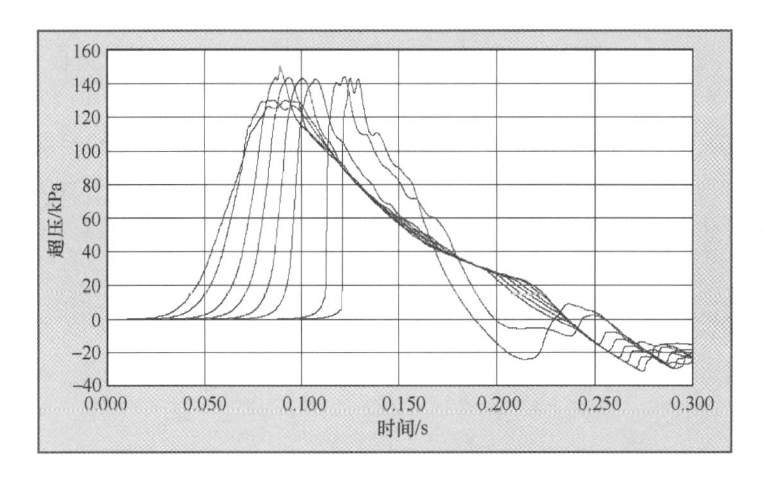

图 10-43 压力波沿隧道（天花板）传播时形成激波模拟距点火源 2.8m、6.2m、10.5m、14m、18m、22m、30m 和 34m 处的压力动态变化

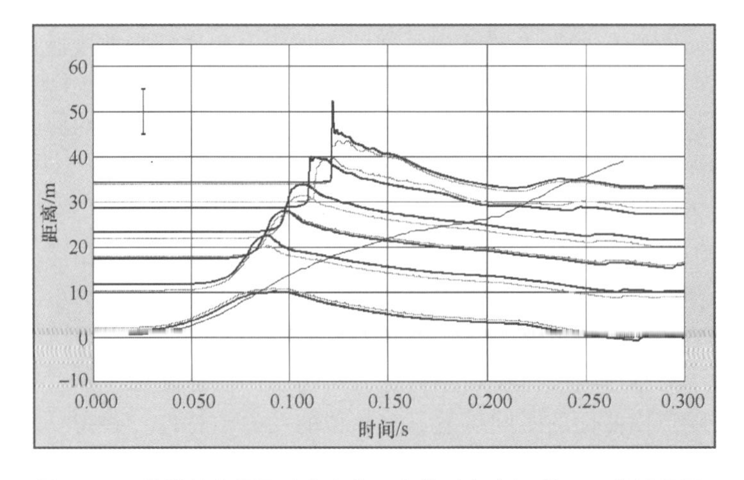

图 10-44 模拟静态超压动态变化：虚线（灰色）线—天花板超压；实线—障碍物侧边超压；可从纵轴读取计算压力计的位置和火焰传播动态变化（各时间点火焰在隧道中心线上的位置）

为了更详细地了解隧道内爆燃的动态过程，对模拟结果进行了分析，如图10-45（左栏）所示，图10-45（右栏）展示了空气中氢气浓度数据。

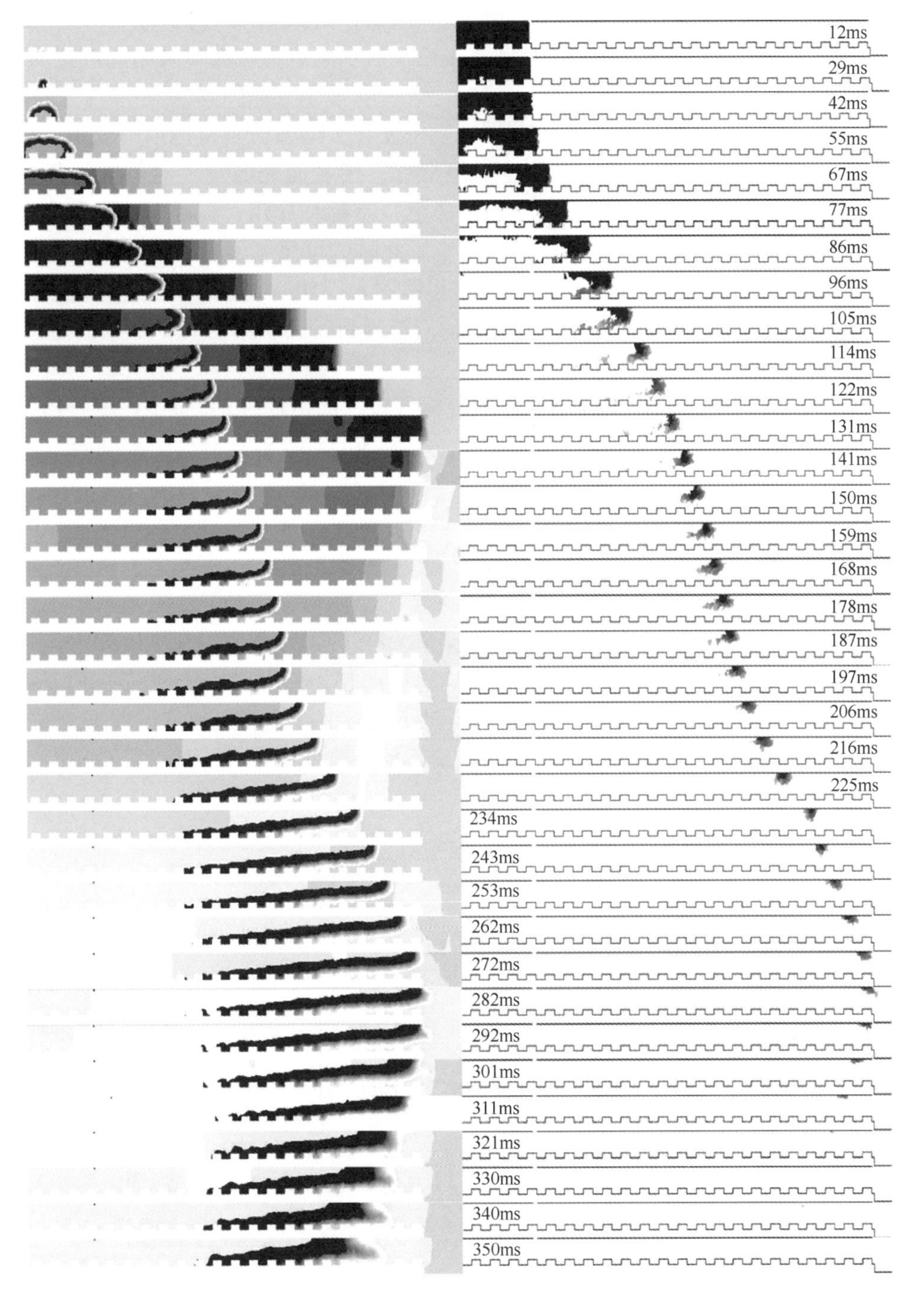

图10-45　左栏：压力波和稀疏波，火焰前锋（$c=0.1\sim0.9$，$t<270\text{ms}$），**燃烧产物**（$c=0.1\sim0.9$，$t>270\text{ms}$）。**右栏：易燃氢气-空气混合物在隧道内传播**（黑色表示空气中氢气体积分数为30%，灰色表示空气中氢气体积分数为4%）；**点火后时间同时适用于两列**

图10-45（左栏）显示了与湍流火焰前锋位置（$c=0.1\sim0.9$）重叠的隧道内超压场的计

算机可视化图形随时间的变化。这确认了火焰在初始阶段加速，然后减速，然后再次加速，直至点火后约270ms，火焰前锋离开隧道。激波随时间的形成过程清晰可见。可以识别障碍物压力较高的区域。激波在约131ms时离开隧道，此时火焰只经过了隧道的一半。冲击波离开隧道后，隧道内传播的是稀疏波，如图10-45（左栏）所示。该稀疏波以及由此产生的气流，导致了火焰二次加速。

图10-45（右栏）显示了可燃氢气-空气混合物浓度在火焰各位置范围内的变化：从氢气初始浓度30%下降到4%的燃烧下限。随着时间推移，接触面处的空气对氢气体积分数为30%的氢气-空气混合物（见图10-45，右图中为黑色）有稀释作用，该混合物最初为均匀混合物。大约140ms时，可燃混合物的体积明显缩小。此时的可燃气云位置高于障碍物。浓度接近燃烧下限的氢气-空气混合物缓慢燃烧，一直持续到$t=350$ms。140ms后，燃烧不再对流体的动态变化产生显著影响，相反，压力波引起的气流导致了火焰第二次“加速”，且290ms后火焰反向移动回隧道中心。

从图10-45（左栏）和图10-45（右栏）的分析可知，点火后约140ms，在障碍物上方的通道顶部发生预混燃烧，燃烧产物和空气形成了一个大的混合层。这有助于评估隧道内的热危害。

从图10-45可以看出，火焰在大约80~90ms时开始减速。火焰减速有两个主要原因：其一是火焰前锋瞬时总面积变小；其二是小火焰层流燃烧速度的降低。实际上，在约85ms时，火焰接触天花板，火焰表面积开始变小。

我们分析了爆燃过程中层流燃烧速度$S_u(Y_{H_2}, T, p)$的时态行为。在本研究中，对于氢气体积分数30%的氢气-空气混合气体，层流燃烧速度的初始值取$S_{ui}=1.96$m/s（Lamoureux et al.，2003）。图10-46显示了爆燃期间数值火焰前锋胞格中层流燃烧速度的数据分布情况。从图10-46可以看出，点火后约50ms内，火焰前锋不同胞格的层流燃烧速度几乎相同，不存在数据发散。

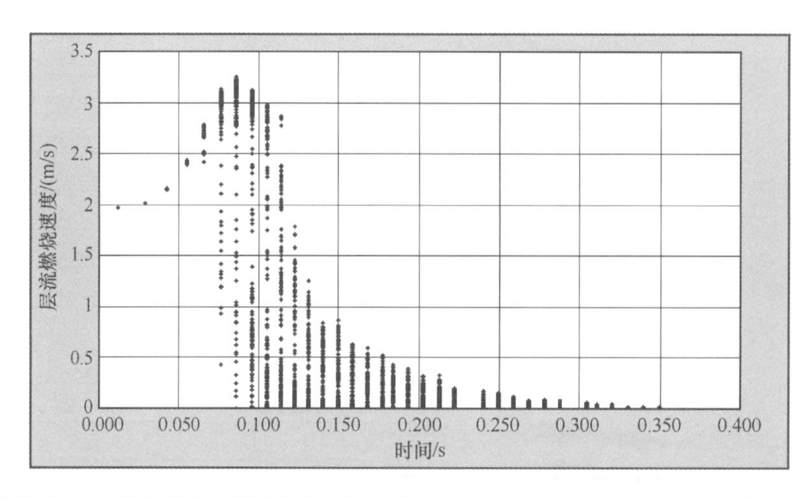

图10-46　火焰前锋内层流燃烧速度的发散（$c=0.1\sim0.9$），作为点火后时间的函数

根据方程$S_u(Y_{H_2},T,p)=S_{ui}(Y_{H_2})(T/T_i)^{m(Y_{H_2})}(p/p_i)^{m(Y_{H_2})}=S_{ui}(Y_{H_2})(p/p_i)^{\varepsilon(Y_{H_2})}$，绝热压缩使层流燃烧速度略有增加。其中，$S_{ui}=1.96$为氢气体积分数30%的氢气-空气混合气体对应的层流燃烧速度的初始值；T_i和p_i分别表示初始温度和压力；T和p分别表示未点火混合物的瞬时温度和压力；m和n分别表示与温度和压力有关的温度指数和压力指数；$\varepsilon=0.565$，

表示热动力学指数。表 10-6 列出了热动力学指数 ε（Babkin，2003）、温度指数 m（Drell，Belles，1958）和压力指数 n（Manton，Milliken，1956）的值，以及已知 ε 和 n，利用公式 $m=[(\varepsilon-n)\gamma_u]/(\gamma_u-1))$ 计算出的温度指数 m，计算值在括号中列出（Verbecke，2009）。

表 10-6　氢气-空气层流燃烧速度的温度、气压和热动力学指数，作为常温常压下氢气浓度的函数

$\phi_{H_2}^{①}$（%）	15	20	25	29.5	35	40	43	45	50	55	60	65	70
m^{*}	(2.6)	(2.2)	(1.9)	1.7	(1.5)	(1.45)	1.4	(1.4)	(1.45)	(1.5)	1.7	(1.9)	(2.2)
n^{**}	−0.05	0.01	0.05	0.09	0.1	0.1	0.1	0.1	0.1	0.08	0.06	0.03	0
ε^{***}	0.68	0.63	0.58	0.57	0.52	0.51	0.49	0.49	0.51	0.50	0.54	0.56	0.61

注：* 表示 Drell 和 Belles（1958）；** 表示 Manton 和 Milliken（1956）；*** 表示 Babkin（2003）；括号内的值为内插值或外推值（Verbecke，2009）。

① ϕ_{H_2} 表示氢气的体积分数。

点火后约 60ms，可以观察到不同火焰前锋位置的层流燃烧速度值发生发散。在点火后约 85ms，发散程度最大。此时，与层流燃烧速度最大值相关的压力效应和与散射数据中最小值相关的稀释效应都相当显著。这一时刻后，接触面周围的空气对氢气-空气混合物主要发挥稀释作用，层流燃烧速度在约 350ms 内单调下降至零。此时，隧道中没有氢气浓度高于燃烧下限的氢气-空气混合物（见图 10-45，右栏）。

隧道末端和隧道外两个位置的压力动态变化如图 10-47 所示。压力下降速度很快，在隧道外约 1 倍直径处达到约 5kPa。

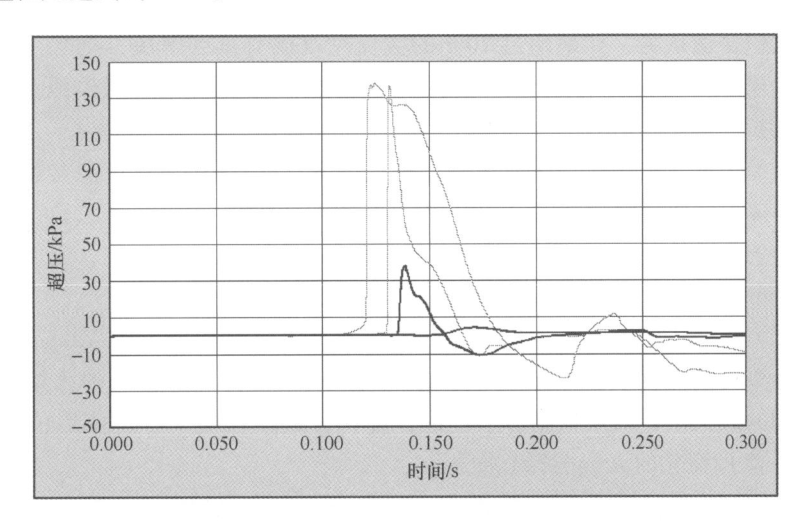

图 10-47　模拟压力动态变化：虚线（灰色）线—隧道内距火源 34m 和 39m 处的天花板超压（隧道内，距隧道末端分别为 5.25m 和 0.25m）；实线—从地面水平距点火源 40m 和 42m（隧道外，分别距离 0.75m 和 2.75m）

10.4.9.4　结语

本节对大涡模拟模型进行预先校准，以预测露天大气中大规模氢气-空气爆燃混合气动态变化，在一个 78.5m 长的隧道（一个完全不同的环境中）进行了氢气-空气爆燃实验，验证了大涡模拟模型的准确性。模拟结果再现了氢气体积分数分别为 20% 和 30% 的氢气-空气混合气爆燃的实验结果，包括了无障碍隧道和有障碍隧道中发生的爆燃。

与露天大气中的爆燃相比，非开敞空间内的氢气-空气爆燃具有更严重的危害和更高的风

险。实际上，在隧道中，氢气质量为1kg的氢气-空气近似化学计量混合物在爆燃过程中被记录到的超压范围为150～175kPa（Groethe et al.，2005）。这基本高于在露天大气中含大量氢气（55.5kg）的氢气-空气化学计量混合物在爆燃过程中记录的超压范围6～10kPa（Pfortner，Schneider，1983）。

模拟结果证实了实验观察到的结果：阻塞率为0.03的障碍物，按照所测试的结构，对除障碍物附近范围以外的隧道内区域最大爆炸压力无显著影响。实验结果和数值模拟结果均表明，沿隧道的最大超压变化很小。基于大涡模拟的分析结果表明，由于爆燃过程中隧道内形成的冲击波反射，障碍物侧面超压会显著增加。应通过数值实验，应用已经验证过的大涡模型来评估真实隧道中氢气释放的后果。必须对潜在的意外泄漏进行“优化”，以排除形成可能危及生命的氢气-空气云。例如，大部分释放的氢气应与低于或接近燃烧下限的空气发生混合。应预估冲击转爆轰的可能性，以评估与隧道内氢燃料车辆事故相关的潜在风险。在此之后，应模拟由真实氢气释放和扩散造成的不均匀混合物爆燃情景，以获得实际危险相关信息。

10.4.10 氢气-空气稀混合气燃烧与不均匀爆燃

大多数数值研究都是针对均匀气体爆燃。氢气安全工程要求预测实际情况下的压力负荷，实际情况通常包括不均匀可燃混合物的形成和随后的燃烧。如果考虑将计算流体动力学模型作为可靠的预测工具，就必须通过再现真实条件的大规模实验进行验证。对于非反应流体，大涡模拟中感兴趣的量由分解的大尺度决定。在湍流燃烧中，分子混合和化学反应的基本速率控制过程发生在比分辨率小得多的尺度上（Pope，2004）。因此，必须对这些亚网格尺度过程进行建模。人们普遍认为，如果超过20%的湍流尺度没有得到解决，则必须建模，这种方法被称为超大涡模拟（Very Large Eddy Simulations，VLES），而不是大涡模拟。不过，我们将继续使用大涡模拟一词。

大涡模拟模型之前已被用于预测大规模开敞环境氢气-空气化学计量混合物的爆燃，以及78.5m长隧道中体积分数范围为20%～30%的氢气-空气爆燃。为再现高5.7m、直径1.5m的圆筒形容器中均匀和非均匀（梯度）氢气-空气贫预混气燃烧的动态变化，人们又进一步发展了该模型（Molkov，2009c；Verbecke et al.，2009）。

与之前的研究相似，湍流燃烧速度模型包括三种相互作用机制：由Yakhot（1988）预混湍流燃烧方程计算的湍流；根据Karlovitz等（1951）的理论，计算得到的火焰前锋自身产生的湍流演变达到的最大值；以及根据分形理论，随积分火焰尺度（外部临界值）和火焰前锋厚度（内部临界值）变化的火焰前锋总面积。

在大涡模拟模型中引入一个附加机制——领先点概念，该机制由Kuznetsov和Sabelnikov提出，并由Zimont和Lipatnikov实现。数值模拟的结果再现了大型容器内氢气浓度分别为12.8%、14%、16%和20%时，氢气-空气混合气体中火焰传播的实验数据。该模型被进一步应用于非均匀氢气-空气混合气体爆燃过程的数值模拟：容器顶部氢气体积分数为27%，底部氢气体积分数为2.5%，平均值为12.6%。只有在大涡模拟模型中引入第四种机制，即基于选择性扩散现象的领先点概念，才能使压力和火焰传播动态过程的模拟与实验数据取得很好的一致性。模拟对分形子模型也进行了修正，引入了作为燃烧速度和r.m.s.速度函数的分形维数，而非常值分形维数（North，Santavica，1990）。

10.4.10.1 实验概述

实验在一个高5.7m、内径1.5m的密封圆筒形容器中进行。所有实验使用温度为25℃ ±

3℃的干燥氢气-空气混合物。点火源位于容器顶部下方15cm处。沿容器轴线两侧安装了数个细丝（直径75μm）热电偶，用于检测容器内的火焰位置。热电偶在穿过轴线的平面上垂直间隔0.55m。沿圆柱轴线不等距安装数个压电传感器。

为得到均匀的氢气-空气混合物，使用三个风扇使混合物均匀化。对于氢气浓度为12.8%、14%、16%和20%的氢气-空气均匀混合物，只有沿圆柱轴线的火焰传播数据可用（Kumar，Bowles，1990）。

为建立浓度梯度，氢气和空气在进入气缸顶部之前首先在一个小腔室中预混，然后通过不断引入氢气增加容器中氢气浓度。在逐个试验的基础上预先确定氢气增加率，以产生期望的浓度梯度。建立浓度梯度后，在垂直取样位置测量氢浓度（Whitehouse et al.，1996）。对于氢气平均体积分数为12.6%的不均匀混合气，沿容器轴的氢气分布为（Whitehouse et al.，1996）：容器顶部27%，容器底部衰减到2.5%。将12.6%梯度体积分数的氢气-空气混合物中的压力和火焰传播动态变化，与含有等量氢气的体积分数为12.8%的均匀混合物中的压力和火焰传播动态变化进行对比（Kumar，Bowles，1990）。

10.4.10.2　大涡模拟模型（2009年版）

（1）选择性扩散与领先点概念

燃烧不稳定性，包括优先扩散热和流体动力学，会搅动层流火焰，从而形成胞状火焰结构，产生火焰起皱，在很多文献，包括Bradley（1999）、Bradley等人（2001）、Lipatnikov和Chomiak（2005）、Lipatnikov（2007）、Dorofeev（2008）、Ciccarelli和Dorofeev（2008）中均有介绍。

选择性扩散现象破坏了氢气-空气稀混合气层流火焰前锋的稳定性。与凹面皱褶相比，未点火混合物的突出（凸面）皱褶的传播速度更快，这是由于氢气在这些皱褶附近发生了再分配。事实上，由于氢气扩散率较高，其在凸面皱褶处的浓度会增加，而在凹处的浓度则会降低。因此，燃烧速度将相应增大或减小，这将导致皱褶幅度的增加。选择性扩散效应取决于褶皱曲率，即半径的倒数。

选择扩散对质量燃烧速率的影响中，影响最大的是皱褶曲率。因为一个真实火焰有一系列不同曲率的褶皱，从最大燃烧速率曲率的角度来看，火焰前锋就是具有这种最佳曲率的褶皱点的集合。这些褶皱将负责火焰前锋的传播，称为“领先点”。领先点的概念首先由Zeldovich提出，然后得到进一步发展。因此，火焰速度的增加是由于蜂窝状结构发展和主要火焰结构（即领先点）共同作用的结果（Kuznetsov，Sabelnikov，1990；Bradley，1999；Bradley et al.，2001）。

Kuznetsov和Sabelnikov（1990）指出，湍流火焰速度是由这些领先点处小火焰的燃烧速度控制的，其中，由于燃料和氧化剂的扩散率不同，混合物成分局部改变，即发生优先扩散。基于临界应变结构的假设，燃料和氧化剂的扩散系数不同，他们推导出了领先点燃烧区内混合物成分局部变化的模型如下：

如果$\alpha_{lp} \geqslant 1$，则$\alpha_{lp} = \dfrac{\alpha_0(1+C_{st})d+d-1}{d+C_{st}}$；如果$\alpha_{lp}<1$，则

$$\alpha_{lp} = \frac{\alpha_0(C_{st}+d)}{1+\alpha_0 C_{st}+C_{st}\cdot(1-\alpha_0\cdot d)} \tag{10-97}$$

式中，$\alpha_{lp}=1/\phi_{lp}$表示领先点处当量比ϕ_{lp}的倒数；α_0表示原始混合物中当量比ϕ的倒数；$d=\sqrt{D_{ox}/D_f}$，其中D_{ox}和D_f分别表示氧化剂和燃料的分子扩散系数；C_{st}表示质量化学计量系数。

为了解释弯曲氢气火焰的优先扩散效应，Kuznetsov 和 Sabelnikov（1990）提出领先点概念，并由 Zimont 和 Lipatnikov（1995）实现，通过对 Karpov 和 Severin 提供的实验数据进行线性插值，确定了领先点处的氢浓度并找到了相应的燃烧速度，并将其应用于大涡模拟模型（Verbecke，2009）。图 10-48 显示了由领先点现象引起的燃烧速度增加。图 10-48 显示了由领先点现象引起的燃烧速度增加，即 χ_{lp}。贫混合气均受这种机制的影响。例如，对于 10% 的氢气-空气混合物，层流燃烧速度必须乘以系数 2.4。

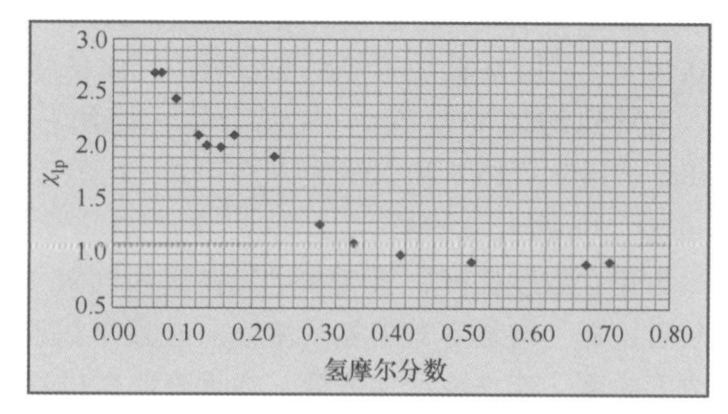

图 10-48　作为氢摩尔分数函数的领先点因子

在氢气-空气贫混合气中，优先扩散效应与火焰曲率耦合明显，在预混燃烧模型中必须考虑附加“领先点”湍流因子。湍流燃烧速度增强的第四种机制导致在这些前沿小火焰附近的火焰扰动无法在通过应用于大尺度问题的网格解决，因此必须在亚网格尺度上进行建模。在燃烧模型中引入了领先点火焰起皱因子 χ_{lp}，对亚网格尺度燃烧速度进行修正。假设领先点湍流系数随半径线性变化，在临界半径 R_0 的一半处达到最大值（图 10-48）。之后保持不变，即 $\chi_{lp}=\chi_{lp}^{max}$。

（2）分形子模型更新（2009）

随着火焰传播，佩克莱数 Pe（火焰半径与火焰厚度之比）增加，超过第二临界佩克莱数 Pe_{cl}，由此开始火焰变为自相似、自湍流火焰（Bradley，1999；Bradley et al.，2001）。当 $Pe \geqslant Pe_{cl}$，此时的燃烧特性被称为分形火焰皱曲，这是湍流燃烧速度进一步增加的原因。Gostintsev 等（1988）提出，对于氢气-空气近似化学计量混合物，在临界半径 1.0～1.2m 处，存在从胞状火焰向自相似火焰传播状态的转变，即在临界佩克莱数约 100000 处，火焰厚度估算为 a/S_u，其中 a 代表热扩散率。Bradley（1997）报告称，在前面提到的转变发生后，在每种情况下，燃烧速度大约是层流燃烧速度的三倍。

根据分形理论，体积为 R（外部临界值）的表面测量面积取决于面积测量标度 ε^2，即 $A_t \approx \varepsilon^{2-D}R^D$，其中 D 表示分形维数，ε 表示内部临界值（Gouldin，1987）。火焰区，湍流与层流燃烧速度之比 S_t/S_u 等于湍流火焰前锋面积与层流火焰面积之比 A_t/A_l（Damkolher，1940）。对于球形火焰，层流火焰前锋面积 $A_l \propto R^2$。由上可知，$S_t/S_u=A_t/A_l \propto (R/\varepsilon)^{D-2}$。然后，在其有效范围内应用分形理论，即当表面在湍流火焰（非层流火焰）中发生扭曲时，排除求比例系数的问题，可以很容易地得到 $S_{t1}/S_{t2}=(R_1\varepsilon_2/R_2\varepsilon_1)^{D-2}$。

分形理论的发展为描述高度扭曲表面提供了一种工具。在火焰区完全发展的湍流火焰可以被认为是这种表面。如果 R_0 是球形火焰的临界半径，在该半径处，火焰传播从层流转变为湍流自相似区域，根据 Gostintsev 等（1988）的研究，对于氢气-空气近似化学计量混合物，$R_0=1.0\sim1.2$m。然后，根据湍流火焰的分形结构，应用以下公式计算半径 R 处湍流燃烧速度的增加：

$$S_t/S_{tR_0}=(R\varepsilon_{R_0}/R_0\varepsilon)^{D-2} \tag{10-98}$$

式中，S_{tR_0} 表示半径 R_0 处的湍流燃烧速度；ε_{R_0} 和 ε 分别表示半径 R_0 和 R 处的内部临界值。

火焰分形维数的实验值范围较广。Gouldin（1988）认为，对于低强度湍流，分形维数低于 7/3，并且发现对于强度非常低的湍流，$D=2.11$。Murayama 和 Takeno（1988）获得了分形

维数在 $D = 2.2 \sim 2.35$ 范围内变化的数据，对于露天大气湍流火焰，平均值约为 2.26。Gostintsev 等人（1999）报告了自由传播的预混火焰的相似取值范围 $D = 2.2 \sim 2.33$。Bradley（1997）建议理论值取 $D = 2.33$。Gulder 等人（2000）报告的分形维数范围为 $D = 2.14 \sim 2.24$。

上述范围较大，从中选择分形维数并不明确。为了使大涡模拟模型更具普适性，分形子模型必须尽可能排除可由用户进行参数调整的部分。North 和 Santavicca（1990）通过使用经验参数将分形维数定义为波动速度与层流燃烧速度之比的函数，即 u'/S_u。

$$D = \frac{2.05}{u'/S_u + 1} + \frac{2.35}{S_u/u' + 1} \tag{10-99}$$

式中，$D = 2.05$ 对应气流低强度极限；$D = 2.35$ 对应高强度湍流。

Verbecke 等人（2009）假设内部临界尺度 ε 与层流火焰厚度成正比，即 $\varepsilon \approx \delta_L$，与 Fureby（2005）的理论类似。假设 $\delta_L = \nu/S_u = \mu/(\rho S_u)$，则可计算：$\varepsilon_{R_0}/\varepsilon = (\rho S_u \mu_{R_0})/(\rho_{R_0} S_{uR_0} \mu)$。结合绝热压缩和膨胀假设 $S_u/S_{R_0} = (p/p_{R_0})^{\varepsilon}$，$\rho/\rho_{R_0} = (p/p_{R_0})^{\frac{1}{\gamma}}$，$T/T_{R_0} = (p/p_{R_0})^{\frac{\gamma-1}{\gamma}}$，以及萨瑟兰气体黏度计算公式 $\mu/\mu_{R_0} = (T/T_{R_0})^{\frac{3}{2}}(T_{R_0} + S)/(T + S)$，得出

$$\frac{\varepsilon_{R_0}}{\varepsilon} = (p/p_{R_0})^{\frac{5}{2\gamma} + \varepsilon - \frac{3}{2}} \left[T_{R_0} (p/p_{R_0})^{\left(\frac{\gamma-1}{\gamma}\right)} + S \right] \Big/ (T_{R_0} + S) \tag{10-100}$$

式中，$S = 110.56\text{K}$，是空气在温度 293 ~ 473K 范围内的萨瑟兰常数。

（3）湍流燃烧速度模型

湍流燃烧速度模型可概括如下。对于火焰从层流到完全湍流（$0 < R < R_0$）的过渡阶段，该模型考虑了流动湍流（Yakhot 超越方程）、火焰前锋本身产生的湍流（卡尔洛维茨湍流）和领先点机制的影响。

$$S_t = S_u \chi_p \chi_K \exp\left(\frac{u'}{S_t}\right)^2 \tag{10-101}$$

对于自相似充分发展的湍流燃烧区（$R > R_0$），有

$$S_t = S_u \chi_p \chi_K \left(\frac{\varepsilon_{R_0}}{\varepsilon} \frac{R}{R_0}\right)^{D-2} \exp\left(\frac{u'}{S_t}\right)^2 \tag{10-102}$$

值得注意的是，是在整个火焰传播过程中模拟卡尔洛维茨湍流，这与之前的大涡模拟模型不同。

$$\chi_K = 1 + (\Psi \chi_K^{\max} - 1)\left[1 - \exp\left(-\frac{R}{R_0}\right)\right] \tag{10-103}$$

应使用 North 和 Santavicca（1990）对分形维数进行经验参数化，见式（10-99）。公式中只有一个经验常数，即 Ψ，该参数可用于校准大涡模拟模型。对于稀混合气和标准化学当量混合气，临界直径均存在保留值 R_0。

（4）数值细节

根据设施描述规范（Kumar，Bowles，1990；Whitehouse et al.，1996；AECL，2008），设计计算域，并用平均尺寸 $\Delta_{CV} = 0.08\text{m}$ 的四面体控制体积进行网格划分，控制体积总数为 157352 个。图 10-49 显示了该区域的总体视图、尺寸和表面网格。

初始压力和温度与实验值相同：$T = 295\text{K}$，$p = 101.325\text{kPa}$。壁面模拟为防滑绝热不透水表面。在一个控制体积中，模拟进程变量从 0 线性增加到 1。在与层流火焰传播相等的时间内模拟点火过程：$\Delta t_{ign} = 1/2[\Delta_{CV}/(S_u E_0)]$。

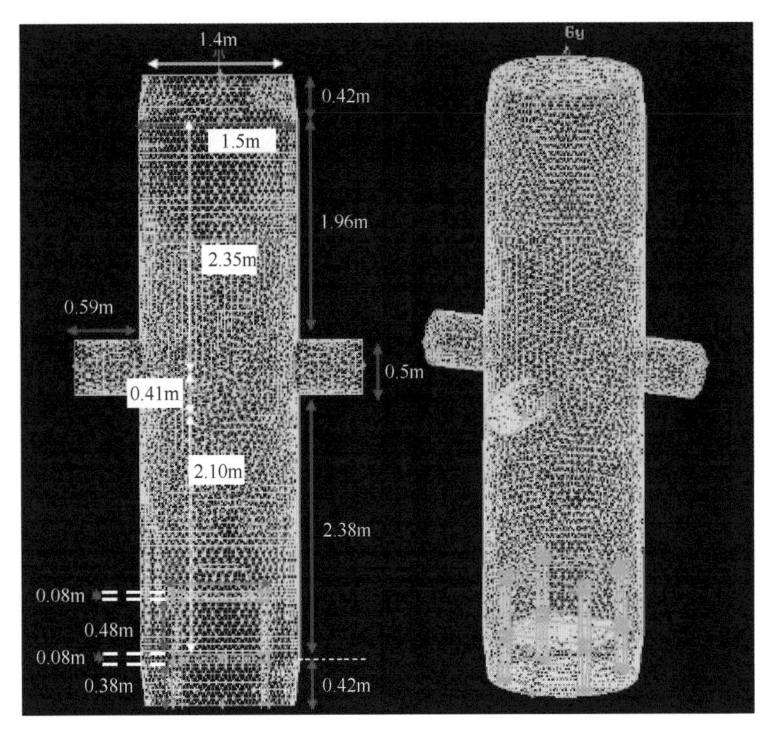

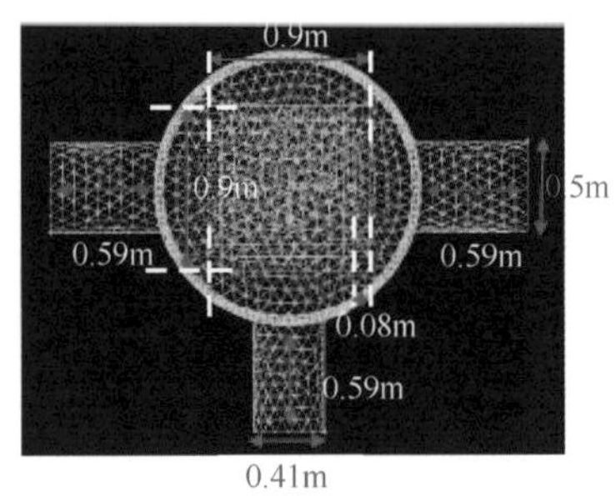

图 10-49 计算域和曲面网格

使用 FLUENT 6.3 作为计算流体动力学引擎实现了大涡模拟模型。取 CFL = 0.8，使用方程组显式线性化的耦合可压缩解算器。对流项采用二阶迎风格式，扩散项采用中心差分格式。

（5）结果与讨论

图 10-50 对比了在氢气浓度分别为 12.8%、14%、16% 和 20% 的均匀氢气-空气混合物中，沿容器轴的火焰传播实验结果和数值模拟。对于校准常数 $\psi = 1$ 的所有混合物，实验与模拟均一致性较好。值得注意的是，对于大规模开放空间中氢气-空气近似化学计量混合气爆燃和 78.5m 长隧道中的氢气体积分数为 20% 和 30% 的氢气-空气混合物爆燃，使用与本节中描述完全相同的大涡模拟模型，当 $\psi = 0.5$ 时，与实验结果一致性最好（Verbecke，2009）。这可能归因于不稳定性，例如火焰前锋与声波的相互作用，这种不稳定性在大型容器中尚未解决，也尚未在亚网格尺度水平被建模。封闭室内的火焰传播会产生声波，这些声波经过墙壁反射后，会与火焰前锋相互作用并产生火焰扰动，参见 Dorofeev（2008）、Ciccarelli 和 Dorofeev（2008）中的示例。

模拟研究证实了实验结果，即在变化的压力场中，火焰前锋皱曲的增强与斜压效应产生的涡度有关（Liu et al.，1993；Batley et al.，1996）。Bradley 和 Harper（1994）指出，R-T 界面不稳定性是涡度方程中斜压项 $\nabla p \times \nabla \rho / \rho^2$ 引起湍流的最可能原因。反过来，火焰和声波的相互作用产生了涡量，涡量扭曲火焰，并进一步增加了火焰表面积。大涡模拟模型尚未对此机制解析或建模。

对于氢气-空气贫混合气中的 ψ 从接近化学计量比的取值 0.5 增加到 1，另一个可能的原因是，在缓慢燃烧的贫混合气中，火焰前锋本身产生的湍流接近理论最大值，燃烧速度较小，褶皱“闭合”较慢。

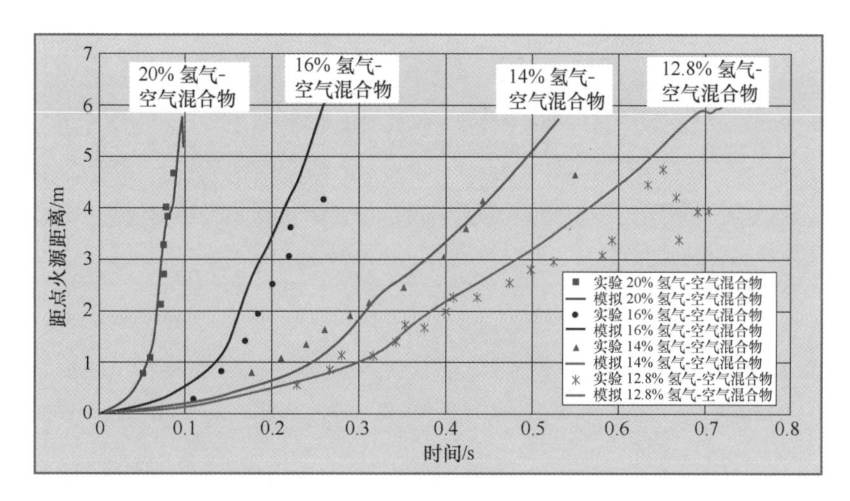

图 10-50　氢气体积分数分别为 12.8%、14%、16%和 20%的均匀氢气-空气混合物中，对比火焰传播动态过程的实验结果和数值模拟（Verbecke et al.，2009）

如图 10-51 所示，领先点机制对于模拟氢气-空气稀混合气爆燃至关重要。湍流燃烧速度模型中，由于没有引入领先点因子，火焰传播速度估值远小于实验值。事实上，对于氢气体积分数为20%的氢气-空气混合物，火焰传播速度在距点火源1m处等于44m/s，在3m处等于162m/s，而在未经修正的湍流燃烧模型中，在1m和3m处的火焰传播速度仅为22m/s和50m/s。在氢气浓度为20%的均匀氢气-空气混合物中，模型修正后，1m处火焰速度为7.7m/s，无修正时仅为2.95m/s。

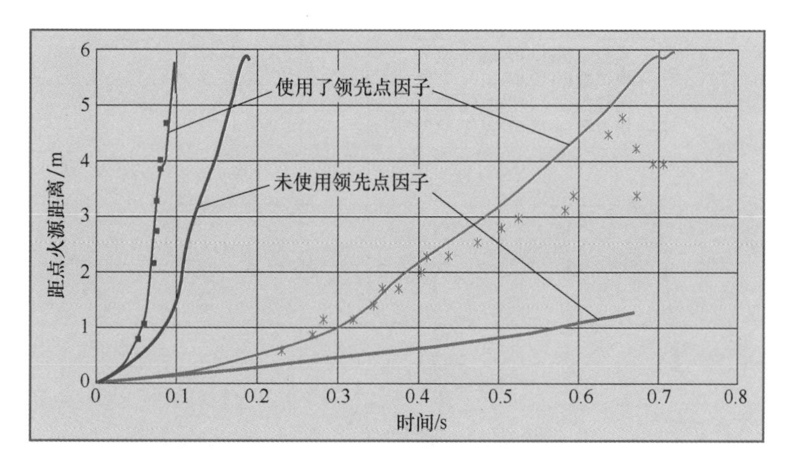

图 10-51　氢气体积分数为 12.8%和 20%的均匀氢气-空气混合物，在经过领先点校正和未经领先点校正的情况下，火焰传播的实验情况与模拟情况

图 10-52 显示了均匀（氢气体积分数为 12.8%）和梯度（氢气平均体积分数为 12.6%）氢气-空气混合物的火焰传播动态过程。在氢气释放量基本相同的情况下，在梯度浓度下的混合物火焰传播更快。这可以用梯度混合物中，点火源位置处氢气浓度较高来解释，即接近化学计量比的氢气体积比为 27%。距火源 1m 和 3m 处，氢气平均体积分数为 12.6%的梯度氢气-空气混合物的火焰速度分别达到57m/s和209m/s。对于氢气体积分数为 12.8%氢气-空气均匀混合物，相同位置的火焰速度分别仅为 7.7m/s 和 9m/s。

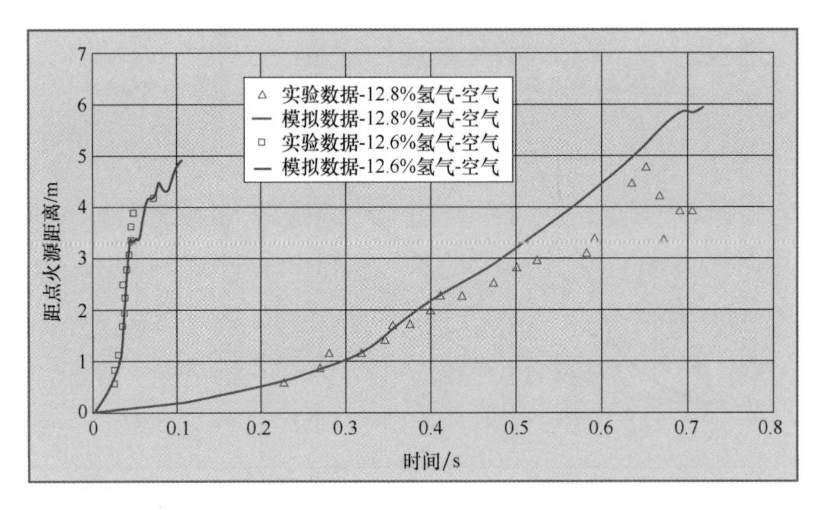

图 10-52　氢气体积分数为 12.8%的混合气和氢气平均体积分数为 12.6%的梯度混合气的实验结果和模拟结果

对于氢气浓度为 12.8% 的均匀氢气-空气混合物和氢气平均体积分数为 12.6% 的梯度混合气，图 10-53 对比了实验结果和模拟结果。与均匀混合气相比，梯度浓度混合气的压力上升更快。这与火焰速度和顶部点火实验研究（Whitehouse et al.，1996）的观察结果一致：梯度浓度混合物达到峰值超压的时间比相同氢量的均匀混合物更短，因为点火点处的氢气浓度更高。

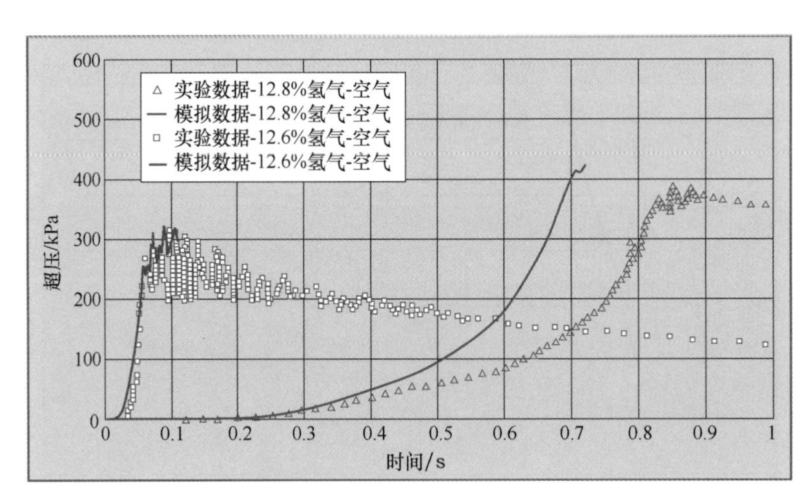

图 10-53　氢气体积分数为 12.8%的氢气-空气均匀混合物和非均匀（氢气平均体积分数 12.6%）氢气-空气梯度混合物的压力动态过程实验结果和模拟结果

值得注意的是，对于浓度范围为 12.8% ~20.0% 的所有氢气-空气均匀贫混合物，最佳拟合爆燃模拟应取 $\psi=0.7$，而对于氢气-空气梯度混合物（平均体积分数为 12.6%），应取 $\psi=1$。原因可能在于，梯度混合气中，着火区的氢浓度接近化学计量比（体积分数 27%），通常 ψ 值较低。这可能与稀薄火焰更明显的内在特征有关，该特征能产生更接近理论最大值的卡尔洛维茨湍流。

非均匀混合气的模拟压力与实验结果接近。相反，对于均匀混合物，模拟压力比实验压力变化更快。可以采用以下解释，即模拟中没有考虑从热燃烧产物到壁面的热损耗，热损耗随时间增长。

（6）结语

大涡模拟模型之前已被用于预测大规模开敞环境氢气-空气化学计量混合物的爆燃，以及78.5m长隧道及露天大气中的氢气-空气爆燃。为再现高5.7m、直径1.5m的密闭容器中均匀和非均匀氢气-空气燃烧的动态变化，人们又进一步发展了该模型。

湍流燃烧速度模型涉及影响湍流燃烧速度的四种机制。除前几代模型中采用的三种机制，即流动湍流、火焰前锋自身产生的湍流和火焰前锋面积的分形增长机制外，该模型还采用了第四种机制，即所谓的“领先点机制”对模型进行修正，这种机制通过优先扩散不稳定性和不同曲率火焰光谱的协同作用影响质量燃烧速率（Kuznetsov，Sabelnikov，1990；Zimont，Lipatnikov，1995）。通过引入爆燃压力和温度的内部临界值，即火焰前锋厚度，以及North和Santavicca（1990）提出的分形维数“通用”方程，对分形子模型进行修正。

修正后的大涡模拟模型能够再现在空气中氢含量范围为12.8%~20%的氢气-空气均匀贫混合气的火焰传播和压力动态变化的实验数据。结果表明，在不采用优先扩散因子修正湍流燃烧速度的情况下，氢气-空气贫混合物（体积分数为12.8%~20%）的火焰传播动态变化明显低于预测值。

利用大涡模拟模型再现了氢气-空气梯度混合物（平均体积分数12.6%）火焰传播和压力动态变化的实验数据。与实验结果完全一致，与氢含量几乎相同的均匀混合物相比，梯度混合气中的压力上升速度和火焰传播要快得多。

本节简要讨论了封闭圆筒中火焰与声波相互作用导致增强的R-T界面不稳定性，该不稳定性导致模型系数唯一标定参数ψ增大。结果表明，与近似化学计量混合气相比，燃烧较慢的氢气-空气稀混合气火焰产生的湍流更接近卡尔洛维茨湍流的理论最大值。但是需要更多研究，以探讨爆燃参数对ψ的影响。

10.4.11　爆燃的多现象湍流燃烧速度模型

2002年以来，阿尔斯特大学一直在研究大规模爆燃的多现象湍流燃烧速度模型。本节简要总结了该模型。最新的模型没有对任何参数进行调整（Molkov，2009c；Verbecke et al.，2009）。该模型近期已被成功应用于模拟小型封闭管道中的扭曲郁金香状火焰（Xiao et al.，2012）。

通过对三维质量、动量、能量守恒方程和过程变量方程进行过滤，得到了可压缩控制方程，并采用了由Yakhot和Orszag（1986）提出的重整化群理论推导得出的亚网格尺度湍流模型。重整化群模型是纯理论模型，不包含任何经验参数。该模型能再现层流、气流转变过程和湍流。

本节采用过程变量方程对火焰前锋传播进行了模拟，质量燃烧率用梯度法描述（Prudnikov，1967）。梯度法保证了模拟中质量燃烧速度$\rho_u S_t$与网格分辨率无关。梯度法的数值要求是模拟火焰厚度分布在4~5个控制体积上。

该模型建立在对预混湍流燃烧火焰区的假设上，该模型被认为适用于较大尺度和中等尺度湍流的意外燃烧。在该模型中，质量燃烧率一般被定义为火焰面局部燃烧速度与受不同不稳定性等因素影响的火焰表面积的乘积。

10.4.11.1 压力、温度和浓度对燃烧速度的影响

可在相关文献中找到氢气可燃全范围的层流燃烧速度值（Zimont，Lipatnikov，1995；Tse et al.，2000；Lamoureux et al.，2003）。模拟爆燃过程中温度和压力对层流燃烧速度的影响时，使用了与先前研究类似的绝热压缩和膨胀假设（Molkov，Nekrasov，1981）。

$$S_u = S_{ui} \cdot \left(\frac{T}{T_{ui}}\right)^m \left(\frac{p}{p_i}\right)^n = S_{ui} \cdot \left(\frac{p}{p_i}\right)^\varepsilon \tag{10-104}$$

式中，S_{ui}表示初始温度T_{ui}和初始压力p_i下的燃烧速度；$\varepsilon = m + n - m/\gamma_u$表示总体热动力学指数，$\gamma_u$表示未点燃混合物的绝热指数。若需要，在层流初始燃烧速度S_{ui}和指数m、n中，考虑氢气浓度对燃烧速度的影响。

10.4.11.2 湍流对燃烧速率的影响

当燃烧波传播过程中出现湍流时，火焰前锋会发生弯曲，导致燃烧速度提高。火焰厚度通常为零点几毫米（Aung et al.，1997），在模拟中解决所有尺度下的三维真实火焰厚度和流动湍流问题是不切实际的，也就是说，对于大多数氢安全问题，不可能在相对较大的尺度下完成直接数值模拟。

在与实际网格相当的尺度上，用大涡模拟方法解决了湍流对火焰面皱曲的部分影响。根据 Yakhot（1988）关于预混湍流燃烧速度的超越方程$S_t = S_u \cdot \exp(u'/S_t)^2$，其中$u'$表示亚网格尺度残余速度。这个方程是由第一原则推导出来的，不包括任何经验系数。对于$u'=0$的层流，由方程得出$S_t = S_u$。

但是，不可将 Yakhot 方程的原始形式用于大尺度爆燃的大涡模拟中。网格尺度比火焰前锋厚度大，因此在模拟中无法解决在火焰厚度对湍流燃烧速率的影响问题。为了解释在较大网格上提高湍流燃烧速度和未解决的各种机制，即选择性扩散和火焰面皱曲，以及火焰前锋本身产生的湍流和分形结构，用亚网格尺度皱曲速度代替模型中原 Yakhot 方程，以计算层流燃烧速度。

$$S_t = S_w^{SGS} \cdot \exp(u'/S_t)^2 \tag{10-105}$$

这就是应用 Yakhot 方程与其他研究的主要区别。由于亚网格尺度物理机制无法直接解析，下面将简要描述用于解释这些机制的方法。

10.4.11.3 火焰前锋本身产生的湍流效应

火焰面褶皱或湍流火焰前锋在近场产生额外的湍流（Karlovits et al.，1951）。由于火焰前锋本身产生的湍流，火焰前锋表面积增加，因此即便实际问题尺度仅为中等尺度，现有计算能力也无法解决。对于高雷诺数流体，自诱导湍流引起的火焰皱曲系数上限推导公式如下（Molkov et al.，1984）：

$$\chi_K^{max} = (E-1)/\sqrt{3} \tag{10-106}$$

式中，E表示燃烧产物的膨胀系数，即未点火混合物与燃烧气体的密度比。对于这种最初静止的混合物中传播的火焰，充分发展的湍流皱曲系数从起火点处的值为 1 逐渐增加到最大值χ_K^{max}。Gostintsev 等人（1988）报告称，氢气-空气近似化学计量混合物火焰传播开始进入自相似湍流区域（完全发展的湍流）的临界半径约为$R_0 = 1.0 \sim 1.2$m。为了考虑这些过渡效应，可应用以下方程对火焰湍流未解决的自诱导亚网格尺度建模：

$$\Xi_K = 1 + (\Psi\chi_K^{max} - 1)[1 - \exp(-R/R_0)] \tag{10-107}$$

式中，R表示火焰前锋距点火点的距离；模型常数$\Psi \leqslant 1$。基于当前的理论，对于氢气-空气近似化学计量偏浓混合气，模型常数应取$\psi = 0.5 \sim 0.6$；对于稀混合气，模型常数会增长至最大

值 $\psi=1$（Molkov et al.，2008b）。因此，考虑到火焰前锋本身产生的湍流，得到了亚网格尺度皱曲燃烧速度展开式为 $S_w^{SGS}=S_u\chi_K$。

10.4.11.4 优先扩散与火焰曲率耦合的影响（领先点）

刘易斯数小于 1 的氢气火焰受优先扩散效应的影响。如果混合气成分一定，存在与最大质量燃烧速率相对应的火焰曲率半径。根据 Zeldovich 的理论，这种曲率的火焰将导致湍流预混火焰的传播。Zimont 和 Lipatnikov（1995）根据 Kuznetsov 和 Sabelnikov（1990）的工作，计算了与该机制相关的领先点系数 χ_{lp}^{max}，以修正对混合物成分相关的层流燃烧速度在本模型中，假设扩散热不稳定性 χ_{lp} 临界半径 R_0 的一半处线性发展到最大值 χ_{lp}^{max}。

$$\chi_{lp}=\left\{1+\frac{(\chi_{lp}^{max}-1)2R}{R_0}\right\} \tag{10-108}$$

如果距点火源距离大于临界半径 $R>R_0$，则 $\chi_{lp}=\chi_{lp}^{max}$。考虑到领先点机制，将亚网格尺度皱曲燃烧速度方程修正为 $S_w^{SGS}=S_u\chi_K\chi_{lp}$。

10.4.11.5 湍流火焰前锋的分形表面影响

对于湍流火焰前锋皱曲，在模型中可以应用分形理论的结论，将湍流火焰分形表面积变化作为火焰（通常是火焰尺寸）外部临界值和火焰前锋厚度内部临界值的函数。在这一物理燃烧现象的模型中计算燃烧湍流速度，计算式为

$$\chi_f=(R\varepsilon_{R_0}/R_0\varepsilon)^{D-2} \tag{10-109}$$

式中，R_0 表示充分发展的湍流火焰的临界半径，从临界半径开始应用分形子模型；R 表示到点火源的距离（外部临界值）；ε_{R_0} 和 ε 分别表示 R_0 和 R 处的内部临界值；D 表示分形维数。

上述范围较大，从中选择分形维数并不明确。为了使大涡模拟模型更加普适，分形子模型必须尽可能排除可由用户参数调整的内容。通过如下方式定义分形维数：应用经验参数定义分形维数 D，将其作为波动速度 u' 与层流燃烧速度 S_u 之比的函数（North，Santavica，1990）。

$$D=\frac{2.05}{u'/S_u+1}+\frac{2.35}{S_u/u'+1} \tag{10-110}$$

亚网格尺度皱曲燃烧速度的方程必须改为 $S_w^{SGS}=S_u\chi_K\chi_{lp}\chi_f$，否则无法解释湍流火焰前锋分形结构模拟中未解决的问题。

10.4.11.6 湍流燃烧速度

最后，多现象燃烧模型包含了目前影响湍流燃烧速度的五种不同的物理机制：氢气瞬时浓度、温度和压力对层流燃烧速度的影响；未点燃混合气中的流动湍流；火焰前锋自身产生的湍流；领先点机制；湍流火焰前锋面积的分形增长。湍流燃烧速度模型为

$$S_t=S_u\chi_K\chi_{lp}\chi_f\exp\left(\frac{u'}{S_t}\right)^2 \tag{10-111}$$

大涡模拟湍流燃烧速度模型的优点是可以灵活引入影响燃烧速率的新机制。目前，氢安全工程中心仍在继续研究如何将 R-T 界面不稳定性纳入模型之中。

第11章 爆轰

11.1 直接爆轰

氢气-空气混合物直接爆轰的能力大于碳氢化合物。1.1g 高爆三硝基甲苯硝胺可直接引发氢气-空气混合物爆轰（BRHS，2009）。在大气中，34.7% 的氢气-空气混合物中，仅需 1.86g 高爆三硝基甲苯（TNT）即可引爆。然而，对于 20% 的氢气-空气混合物，引爆需要的临界 TNT 装药量显著增加到 190g。

作为比较，1g TNT 爆炸反应过程中的能量释放被计为 4.184kJ（1g TNT 在爆炸时释能 4.1～4.602kJ，见维基百科），1g 氢气燃烧热等于 241.7kJ/mol/2.016g/mol = 119.89kJ。因此，氢的 TNT 当量高达 28.65，即 28.65g TNT 相当于 1g 氢气的能量当量。

11.2 氢气-空气爆轰大涡模拟

本节介绍了不需要阿伦尼乌斯化学定律的大规模氢气-空气爆轰大涡模拟模型（Zbikowski et al.，2008）。本文首次将过程变量方程应用于模拟反应峰面跟随和耦合前导激波的传播过程。在过程变量方程中，采用基于预激波混合密度与爆轰速度的乘积的梯度法作为进展变量方程的源项。化学动力学仅通过对爆轰速度的影响引入燃烧模型，而省略了详细的化学模型。

用 Zeldovich-von Neumann-Döring（ZND）理论对 3m×3m×100m 拉长计算域、29.05% 氢气-空气爆轰的理论解进行了大涡模拟的验证。应用燃烧混合物比热容比 $\gamma=1.22$ 和标准燃烧热 $\Delta H_c=3.2\text{MJ/kg}$ 的热力学计算值，不需要应用对其他模型常用的任何调整，以获得更好的实验数据重现性。

数值模拟再现了 von Neumann 尖峰值、Chapman-Jouguet 压力、泰勒波和规定爆轰传播速度的理论值。模型中没有可调参数。该大涡模拟模型对平面爆轰波几乎没有网格敏感性。在 0.1～1.0m 的范围内，爆轰速度和爆轰压力几乎与计算胞格尺寸无关，冲量在某种程度上取决于胞格的大小。模拟并没有打算用这种面向大规模应用的大涡模拟模型来再现爆轰波的精细结构。

11.2.1 爆轰模型简介

爆轰是意外的氢气泄漏事故的最坏情况。与碳氢化合物-空气混合物相比，氢气-空气混合物更容易发生爆燃转爆轰，同时点火能量较低，爆炸极限更宽，要求采取特殊的技术和组织措施，以保证新兴氢动力技术与当今化石燃料经济的安全水平相同。在实际尺度上，需要现代工程工具来模拟开放大气中氢气爆炸的压力效应和复杂的几何结构。爆轰压力效应，即压力和冲量，以及爆轰区以外的爆炸参数的预测对于氢气安全工程，特别是氢气基础设施的实际安全距离评估和缓解技术的发展，对危险和风险评估具有重要意义。

Zeldovich-von Neumann-Döring（ZND）理论是由 Zeldovich（1940）、von Neumann（1942）和 Döring（1943）在 Chapman（1899）和 Jouguet（1905—1906）完成的一维激波分析之后发展起来的，它揭示了爆轰是一种前驱冲击波和燃烧波的复合物。这种冲击会压缩未反应的混合物，使其发生反应。反应区的末端由 Chapman-Jouguet（CJ）条件（声波平面）定义。

燃烧产物在反应区的膨胀产生了支撑前导激波的推力（Lee，2008a）。理想爆轰以接近恒定的超声速传播，von Neumann 速度为 1.5 ~ 3km/s，传播马赫数在 4.5 到 9 之间（Ficket，Davis，2000）。相对于激波，反应流是亚声速的，由于化学反应释放的热量，局部马赫数 M（$M<1$）随着前导激波的距离增大而增加（Clavin，2004）。

爆轰前沿厚度是指从前导激波到达到 CJ 条件的反应区末端的距离。每一种 ZND 类型的 von Neumann 波都有一个最小的持续爆轰速度，即 CJ 速度，在 CJ 点出现一个声波平面（相对于爆轰波速）。对于大多数化学计量的燃料-空气混合物，爆炸反应区通常小于 10mm，对于燃料-氧气混合物，该反应区小于 0.1mm（Bauwens，2006），这是因为爆轰时材料的消耗速度比普通预混合火焰快 10^3 ~ 10^8 倍，这使得爆轰“很容易与其他燃烧过程区分开来”（Ficket，Davis，2000）。

在反应前沿释放的燃烧能量通过声波提供给前导激波。爆轰波的速度和 CJ 点处的热力学状态由初始上游激波状态和反应产物的状态方程决定。由于化学反应速率与温度呈指数关系，爆轰中会发生快速燃烧，从而支持冲击（Lee，1984；Oran，1999）。反应速率定律的特殊形式和部分反应材料的状态方程只影响反应区的内部结构（Ficket，Davis，2000；Short，2005）。

声速平面的下游是一个膨胀波，即泰勒波区域，其将 CJ 平面的状态连接到后边界。泰勒波不必附加到最后一点，即 CJ 点（Ficket，Davis，2000；Short，2005）。膨胀风扇严格来说不是 CJ 或 ZND 模型的一部分。CJ 平面以外的产物继续加速膨胀，温度和压力继续下降。Taylor（1950）是第一个研究这一区域速度分布的人。CJ 平面上的气体速度约为 D 的 $\frac{1}{3}$（Nettleton，1987）。在特定压力下，膨胀波中的压力梯度只取决于锋面到爆轰源的距离。在平面爆轰的泰勒波末端，压力约为 $0.375P_{CJ}$（Nettleton，1987）。

欧拉方程和阿伦尼乌斯化学定律常被用于爆轰数值模拟。应用 Navier-Stokes（NS）方程是一种更有前途的方法（Sharpe，2001），能够对爆燃转爆轰进行建模和仿真。然而，正如 Fujiwara 和 Fukiba（2001）所提到的那样，多维爆轰的不稳定性使得 NS 方程的应用变得非常困难，因为不论是在管壁上，还是在弯曲和相交激波的下游，均存在大量的非定常剪切层。

实际爆轰波结构远比平面爆轰的 ZND 模型复杂得多，它涉及入射激波、马赫锋、横波和爆轰运动通过的边界层之间的相互作用（Lee，2008b）。在横波、马赫锋和入射激波的相互作用下，形成三相点并形成称为爆轰胞格的图案，其大小取决于混合物成分和化学反应机制（Oran，1999）。这些三维结构的分辨率仅为几个微米级的网格大小。在解决大规模工业问题时，这种解决办法自然不得不放弃。

当应用阿伦尼乌斯化学定律时，稳定平面爆轰的半反应长度需要超过100个点才能获得真正的收敛解（Sharpe，2000）。每半反应长度不到20个点的分辨率会给出非常差的或完全错误的解。Short和Quirk（1997）指出，对于具有实际链支化反应的冲量爆轰，可能需要每半反应长度几百个点才能获得定性正确的解。在多维胞格爆轰模拟中，获得收敛解所需的分辨率可能比简单的冲量爆轰所需的分辨率高。

在目前的计算能力范围内，不可能生成高精度的自适应网格来解决所有这些高度非稳定剪切层，因为对于只有 $10\mathrm{cm} \times 20\mathrm{cm}$ 的二维区域来说，一个 $1\mu\mathrm{m}$ 的网格需要 2×10^{10} 个网格点，这对于几十米和几百米的事故规模来说太小了。胞格尺寸的增加使得即使是一步不可逆的阿伦尼乌斯化学定律，在不对每个特定网格进行“重新校准”的情况下也无法复制实验的爆炸特性。

大规模阿伦尼乌斯反应速率爆轰模型的一个重要特点是数值网格不能求解爆轰前沿，其模拟厚度远大于物理模型，因此反应速率具有网格敏感性。因此，将阿伦尼乌斯反应速率方程应用于大规模爆轰模型时，需要校准网格相关的指数前因子和活化能，以及在某些情况下校准燃烧热值，以提供CJ爆轰传播速度。用计算流体动力学和阿伦尼乌斯反应速率化学模拟平面ZND爆轰，需要用微米级的网格尺寸来解析反应区，否则就有必要根据网格尺寸对阿伦尼乌斯方程中的常数进行“调整”。这使得在大网格上用阿伦尼乌斯化学模拟爆轰变得“松散”。因此，阿伦尼乌斯化学方法很难被建议作为氢安全工程中解决大规模问题的网格独立工具。应开发爆轰模拟的替代方法，通过公认的理论进行验证，并根据大规模实验进行认证。

在相关文献中可以找到一些关于模拟较大规模氢气-空气爆炸的内容（Breitung et al.，1996；Armand et al.，1997；Ng et al.，2007；Vaagsaether et al.，2007；Bedard-Tremblay et al.，2009；Heidari et al.，2009）。下面概述了这些研究的一些细节。

Breitung等人（1996）利用欧拉方程模拟了RUT装置中的氢气-空气爆轰实验。作者采用一步阿伦尼乌斯化学反应，六面体网格尺寸被统一为1cm。对25%氢气-空气混合物爆轰的模拟结果表明，模拟的压力峰值到达时间与观测到的压力峰值时间吻合得很好。实验与模拟的压力冲量相差不超过10%。然而，16%氢气-空气混合物爆轰的模拟需要在1cm尺寸的网格上引入两步反应化学。

Armand等人（1997）使用了五种反应的还原化学反应来模拟爆炸，包括在RUT设施中进行的氢气-空气爆轰实验。作者进行了三维模拟，但是在爆轰模拟之前进行了一维和二维校准研究，以找到合适的指数前因子和活化能，以重现实验所观察到的爆压和传播速度。

Heidari等的爆轰模拟（2009）基于欧拉方程组和单步化学，网格分辨率为5cm。必须对阿伦尼乌斯反应的常数（即指数前因子和活化能）进行调整以确保CJ压力和速度重现。作者特别注意了激波捕捉，并采用了Van Leer（TVD系列）方案。

Bedard-Tremblay等人（2009）使用二维公式模拟了尺寸为 $4.0\mathrm{m} \times 2.54\mathrm{m}$ 的电解槽设施和尺寸为 $2.9\mathrm{m} \times 2.1\mathrm{m}$ 的转化炉设施中氢气意外释放引起的不均匀氢气-空气混合物爆轰。作者采用一步阿伦尼乌斯反应速率方程和欧拉方程。为了更好地捕捉激波，在激波附近采用了磁通限制器方案，其余区域采用了二阶精度的空间和时间格式。二维公式允许使用最小为1.4mm的数值网格。

关于爆轰模型和数值模拟的全面综述可在其他文献中找到（Gamezo，Oran，2005）。爆轰模型可用于解决燃烧和爆炸问题，包括冲击-火焰相互作用和预测性爆燃转爆轰（Oran et al.，2008）。关于对阿伦尼乌斯化学的爆轰/爆燃转爆轰模拟的替代方法的回顾可在相关文献（Cant et al.，2004）中找到。

数值模拟有时不但采用不同的阿伦尼乌斯常数，而且还会使用与实际值不同的热力学参数，以获得与实验更好的一致性。这可能包括增加燃烧热或降低氢气-空气混合物燃烧产物的比热容比，例如 $\gamma = 1.16 \sim 1.17$，而不是化学计量氢气-空气混合物的 1.24。阿尔斯特开发的大涡模拟爆轰模型不需要进行这样的调整。

爆燃转爆轰现象既包括爆燃，即燃烧波的亚声速传播，也包括爆轰，即耦合激波和反应锋结构的超声速传播，以及它们与激波、激波反射、边界层等的相互作用（Oran et al.，2008）。与爆轰相反，黏性效应可以忽略不计，可以用无黏性欧拉方程来模拟，而爆燃转爆轰模型需要求解 Navier-Stokes 方程，因为黏性和湍流是爆燃转爆轰过程的重要组成部分。因此，爆燃转爆轰模拟（Gamezo et al.，2008）是基于 Navier-Stokes 方程组，一步阿伦尼乌斯反应机制的解；计算域仅为 2cm × 128cm。值得一提的是，该模拟所需的分辨率为 4.8μm。Vaagsaether 等人（2007）尝试在 0.107m × 4m 的较大规模管道上模拟爆燃转爆轰。在 2mm 网格上求解 NS 方程，采用两步阿伦尼乌斯反应速率机制。

在这一节中，我们在没有应用阿伦尼乌斯化学定量的情况下测试了大涡模拟模型，以重现氢气-空气爆轰的参数。目的是验证一种新的大涡模拟方法，用 ZND 理论模拟百米规模的平面氢气-空气爆轰。

根据 ZND 理论（Brown，Shepherd，2006），本节将应用大涡模拟模型来模拟初始条件为 0.099MPa 和 304K 的近化学计量比的 29.05% 氢气-空气混合物的爆炸，该混合物以 1954m/s 的速度传播，传播马赫数 $M = 4.8$，爆轰前沿厚度为 5.21mm。

11.2.2　爆轰大涡模拟模型及其 ZND 理论验证

爆燃和爆轰的大涡模拟模型具有相似性。该方法的基本思想是使用相同的模型和软件通过爆燃转爆轰对未来的爆燃瞬态进行模拟。

控制方程与前一章描述的大涡模拟爆燃模型相同，包括质量守恒的连续性方程、动量守恒的 Navier-Stokes 方程和能量守恒方程。爆轰传播的过程变量方程与气体爆燃过程变量方程形式相同，唯一的差别是用源项中的爆轰速度代替湍流燃烧速度。RNG 模型可被应用于亚网格尺度湍流模型。

（1）燃烧模型

爆轰波中的反应程度可以用过程变量来测量，它的零值 $c = 0$ 紧接在前导激波后面，在反应完成的 CJ 平面上 $c = 1$（Nettleton，1987）。化学动力学只通过对爆轰速度的影响引入燃烧模型，而忽略了详细的化学模拟。这为应用梯度法时数值方法的网格无关性的成立创造了条件。

应用于爆轰界面追踪的燃烧模型是基于与爆燃大涡模拟模型相同的过程变量方程，源项采用梯度法 $S_c = \rho_u D | \nabla \tilde{c} |$。如前所述，爆燃和爆轰数学模型的唯一区别是用爆轰速度代替湍流燃烧速度。通过数值反应前沿厚度积分源项，独立于实际的前沿数值厚度，再现了平面爆轰波单位面积的物理正确质量消耗率，即 $\rho_u D$ 混合物进入平面激波单位面积的质量流量等于激波后单位面积反应前沿所消耗的混合物质量。

每个混合物成分的爆轰速度 D 都是预先计算的，例如使用激波和爆轰工具箱（http://www.galcit.caltech.edu/EDL/public/cantera/html/SD_Toolbox/index.html）。能量守恒方程中的

源项为 $S_e = \Delta H_c \cdot S_c$，其中 ΔH_c 为标准燃烧热。通过数值反应区厚度积分源项，可以在单位时间内再现混合气通过反应前沿单位面积时释放的能量的正确值。使用 CANTERA 进行热力学计算，采用29.05%氢气-空气混合物 $\Delta H_c = 3.2\text{MJ/kg}$ 的低热燃烧。与燃烧热相似，对未燃和已燃混合物的比热容比采用热力学计算，不进行任何调整。在整个计算域内，未燃混合物和燃烧混合物的比热容近似为温度的分段多项式函数，多项式系数可根据组成组分的质量加权混合定律计算。新鲜混合物和燃烧混合物的比热容分别为 $\gamma_u = 1.4$ 和 $\gamma_b = 1.22$。CJ 平面等压条件决定了燃烧混合物的比热容。

梯度法并没有将反应前沿的精确位置定义在计算胞格内或胞格间界面，而是将其表示为通过若干控制体积的过程变量的单调变化，如 Oran 和 Boris（2001）所强调的那样。用梯度法模拟的火焰前锋厚度的数值要求为 4~5 个控制体积（Hawkes，Cant，2001）。考虑到爆轰波中真实的反应区厚度是几毫米，人们充分认识到，大规模问题的模拟反应区可能会占据几米，例如在 1m 网格的情况下，对爆轰波精细网格的模拟不得不被放弃。

4~5 个胞格的要求不仅对反应前沿有效，对冲击波的分辨率也有效。值得注意的是，与几个自由程距离的真实 von Neumann 激波相比，模拟激波实质上变厚了。在模型的数值实现过程中，应该正确地处理模拟前沿的数值要求，以使反应前沿保持在激波后，而不发生非物理重叠。这种数值特性可能导致“损失”一部分释放的燃烧能量，从而导致“无法解析”von Neumann 尖峰值和其他非物理模拟参数。

很明显，这种方法不能像其他方法那样在大范围内解决爆轰波的精细结构。然而，如后文所述，该方法很好地再现了爆炸安全工程所需的总体爆轰参数，即压力、冲量和传播速度。

（2）计算域、初始条件和边界条件

在一段 3m×3m×100m 封闭的狭长计算域内，对平面爆轰波传播的大涡模拟进行了数值实验。三个六面体网格由尺寸为0.5m×0.5m×1m（3600 个控制体积）、0.5m×0.5m×0.25m（14400 个控制体积）、0.5m×0.5m×0.5m（7200 个控制体积）和 0.5m×0.5m×0.1m（36000 个控制体积）的控制体积构成。在计算域的封闭端引起爆轰。在“壁面”和“地面”上定义了对称条件，模拟了三维平面爆轰波的传播。

初始条件与 Pförtner 和 Schneider（1984）的实验相同，温度为304K，压力为99.9kPa。混合物最初是静止的，$u = 0\text{m/s}$。氢气和空气质量分数分别等于 $Y_{H_2} = 0.02789$ 和 $Y_a = 0.9721$。除爆轰起爆区域外，整个过程变量 $c = 0$。通过在通道封闭端的一片控制容积中定义以下初始条件来模拟爆轰发生：压力为10MPa，温度为3000K，过程变量 $c = 1$。

（3）模拟参数

以 Fluent 6.3 求解器为平台，实现了爆轰的大涡模拟。求解器采用双精度并行形式，控制方程显式线性化。为了计算对流通量，使用了对流上游分裂法（AUSM+）（Liou，1996）并对扩散项使用中心差分格式。时间步进采用4 阶 Runge-Kutt 格式。

Courant-Friedrichs-Lewy（CFL）数值为0.05，当爆轰速度高于 CFL 定义中使用的声速时，该数值可为模拟提供解的稳定性和收敛性。测试了数值模拟对 CFL 的敏感性。对于 CFL 在 0.05~0.2 之间，数值解收敛稳定，爆轰超压无明显差异。当 CFL 较大时，数值不稳定性出现，理论压力峰值没有再现。实际上，可压缩流的初始 CFL 定义是计算胞格中流速和声速之和的倒数。然而，爆轰过程的特征速度大于声速。因此，需要更小的 CFL 数来提供显式求解器的时间步长，例如，von Neumann 峰在几个步长内通过一个胞格传播，而不是在一个时间步长内“跳跃”通过胞格传播。

（4）结果与讨论

将模拟结果与用 ZND 理论求解平面爆轰波的结果进行了比较。用建立在一维爆轰理论的基础上的 Brown 和 Shepherd（2005，2006）方法计算了平面爆轰的理论参数（http://www. galcit. caltech. edu/EDL/public/cantera/html/SD_Toolbox/index. html），并在表 11-1 中给出了对纵向胞格尺寸为 0. 1m、0. 25m、0. 5m 和 1. 0m 的四个网格的大涡模拟结果。大涡模拟模型对 29. 05% 氢气-空气混合物的理论预测稍显保守。

表 11-1　三种不同胞格的用 ZND 理论计算爆轰参数与大涡模拟模型模拟爆轰参数的比较

参　数	ZND	大涡模拟网格尺寸			
		0. 1m	0. 25m	0. 5m	1. 0m
P_{vN}/MPa	2. 69	2. 73	2. 69	2. 90	2. 77
P_{CJ}/MPa	1. 45	1. 52	1. 46	1. 71	1. 49
T_{CJ}/K	2960	3118	3090	3310	3200
V/(m/s)	1956	1960	1956	2015	1961

注：P_{vN}为 von Neumann 压力峰值；P_{CJ}为 CJ 平面内的压力；T_{CJ}为 CJ 平面内的温度；V为爆轰速度。

模拟压力和过程变量的典型曲线如图 11-1 所示。大涡模拟模型能很好地再现 von Neumann 压力峰值、CJ 压力和泰勒波的振幅。在前导激波之后有一个小的次级激波传播（图 11-1）。这种冲击是由驱动气体膨胀产生的（Edwards et al.，1975），并受起爆数值规程的影响。

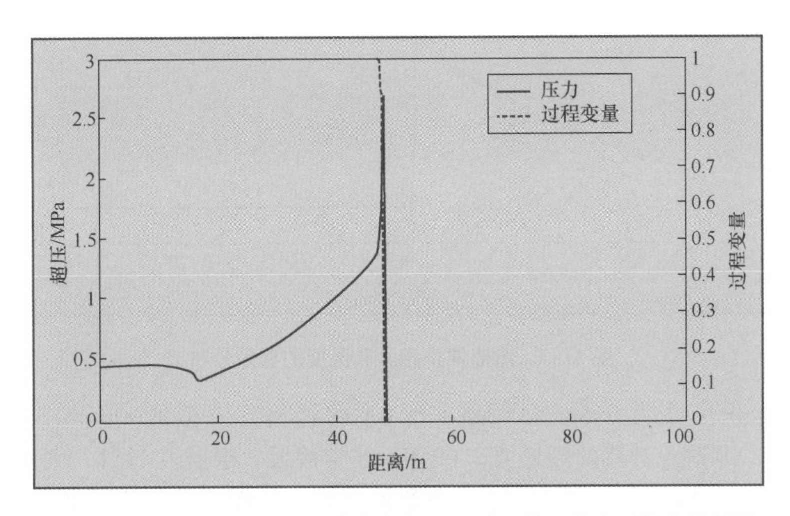

图 11-1　爆轰波在 24. 8ms（冲击波在 49m 处）**的压力和过程变量剖面，**
Δ =0. 1m（Zbikowski et al.，2008）

图 11-2 显示了不同起爆方式下的空间压力分布。在一个控制体积切片中，进程变量在 25ms 内从 0 “缓慢” 线性增加到 1，初始条件与区域其他部分相同。二次压力波以声速远离点火点，最终演化为弱激波。在实验研究中，每个位置的传感器在爆轰过程中均只记录了短时间的压力变化。因此，实验中没有关于爆轰波的进一步信息（Bielert，Sichel，1998）。

大涡模拟模型模拟的爆轰波（CJ 平面）内的最高温度为 3118K（胞格尺寸 Δ = 0. 1m）。它比 ZND 理论值 2960K 高出约 5%。典型的爆轰波压力和温度分布如图 11-3 所示。

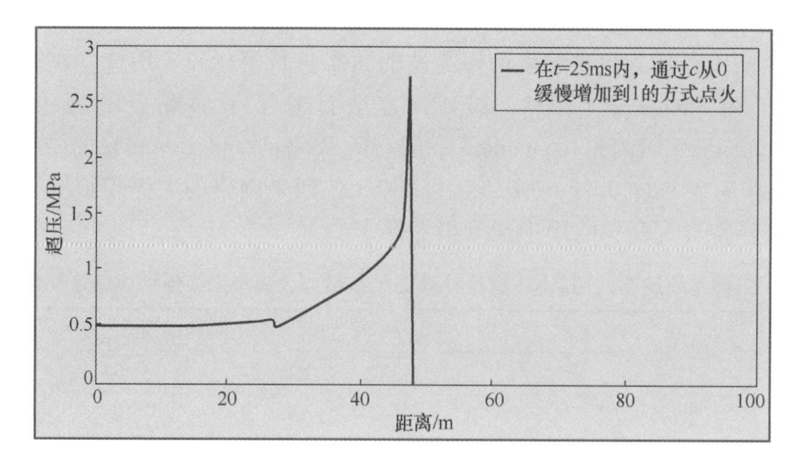

图 11-2　用大涡模拟模型模拟了 24.8ms（冲击 48m）时爆轰波的压力分布，c 从 0 缓慢增加到 1，在 $t=25$ms 内，在控制体积中点火，控制体积尺寸 $\Delta=0.1$m

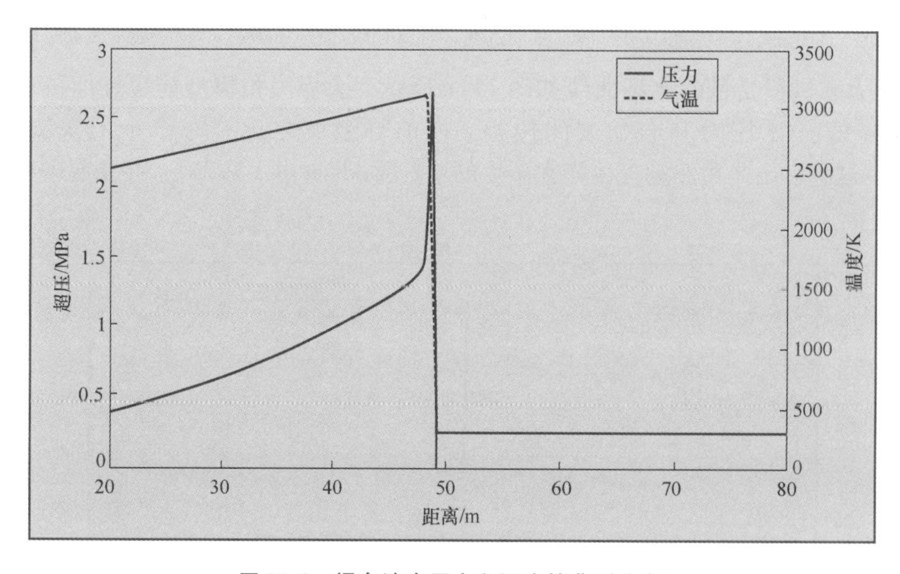

图 11-3　爆轰波中压力和温度的典型分布

对于控制体积尺寸为 0.5m × 0.5m × 0.1m 的网格，模拟的 von Neumann 尖峰值为 2.73MPa。这与 ZND 理论计算的理论值 2.69MPa 非常接近。根据表 11-1，大涡模拟结果实际上与网格尺寸无关（也可参见图 11-6）。在数值模拟中，爆轰波以 1960m/s（网格 0.5m × 0.5m × 0.1m）的速度传播，尽管根据 ZND 理论计算，它是一个预定常数（等于 1956m/s）。这是一个数值误差，尤其是通过数值反应前沿厚度积分源项（过程变量的梯度）在所应用的网格上不等于 1 引起的。然而，在这种特殊情况下，在相当粗的网格上对一个强激波和一个反作用前沿进行数值模拟时，精度 0.2% 可以被认为是令人满意的。

在对应于反应区末端的 CJ 平面上，当过程变量为 $c=1$ 时，爆轰波中的模拟压力等于其理论 ZND 值 1.45MPa。von Neumann 尖峰值的模拟温度为 1650K（ZND 预测为 1528K）。不同时刻压力的空间分布如图 11-4 所示。大涡模拟模型预测的泰勒波末端压力为 0.48 ~ 0.51MPa，相关文献（Taylor，1950；Nettleton，1987）中的理论估计值为 5.4MPa。

燃烧能在最大压力峰值到达之后释放出来（图 11-5）。在 ZND 理论中，只有当采用混合物

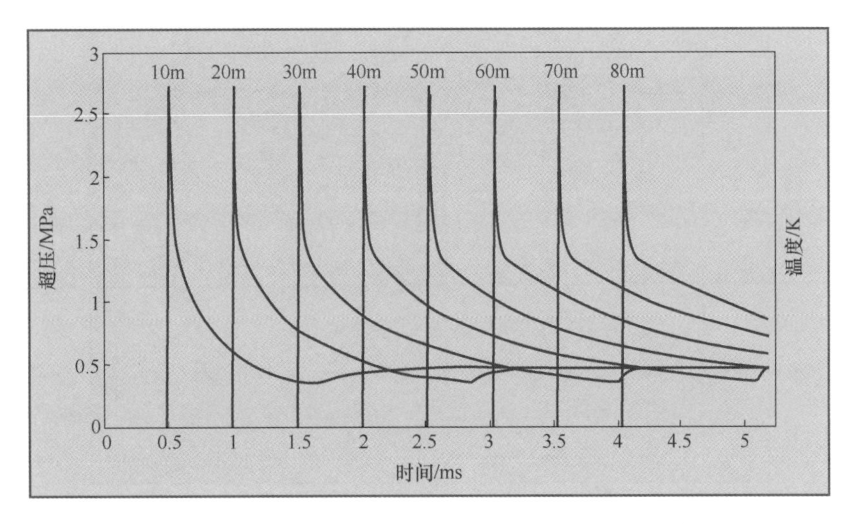

图 11-4　沿 100m 通道 29.05%平面氢气-空气爆轰的压力动态过程，Δ=0.1m

的实际热力学参数时，爆轰速度才取决于放热量。本研究所采用的正确燃烧热值为3.2MJ/kg，以保证数值爆轰速度为1960m/s。

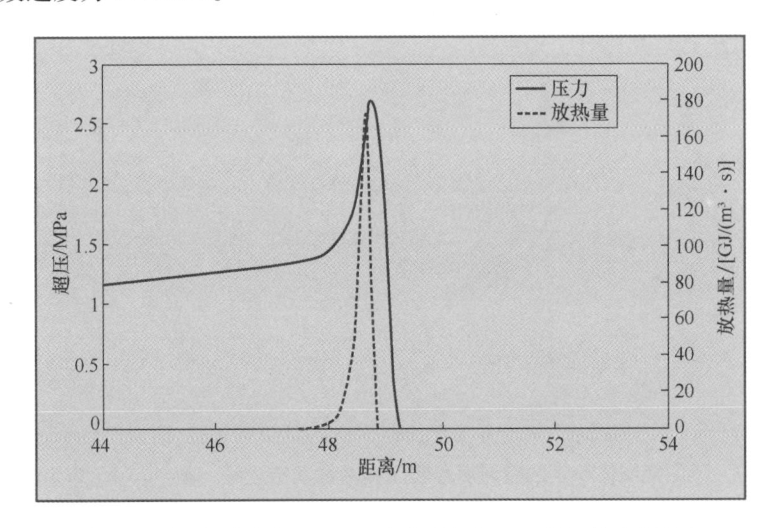

图 11-5　爆轰压力和热释放率在 24.8ms（冲击波在49m处）**的空间分布，Δ=0.1m**

值得注意的是，模拟结果是在Δ=0.1～1.0m范围内使用超大尺寸的数值网格获得的。尽管在应用网格上数值激波和反应区大幅增厚，但在数值模拟中，ZND理论的一般规律和爆轰传播的物理机制是守恒的。

图11-6给出了爆轰波中最大超压和爆轰传播速度的大涡模拟爆轰模型网格灵敏度的图示。爆轰参数随控制体积尺寸的变化呈非单调变化。单个网格尺寸增加10倍对爆轰参数的改变不会超过±5%。

冲量是爆炸安全工程中的另一个重要参数（Baker et al.，1983）。例如，在预测建筑物的破坏程度时，它是很重要的。图11-7显示了模拟超压动态过程和冲量随网格尺寸的变化。由于数值激波随网格尺寸的增大而变厚，模拟冲量对网格尺寸的敏感性比最大超压更大。实际上，我们方法中的von Neumann压力峰值大小与网格无关，而爆轰前沿的厚度与控制体积大小成正比（4～5CV）。

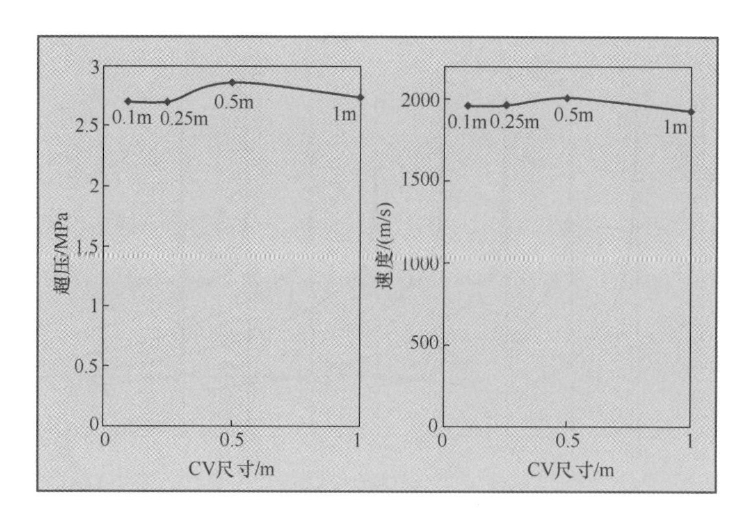

图 11-6 大涡模拟模型对 von Neumann 尖峰值（左）和爆轰速度（右）的网格灵敏度，胞格尺寸：Δ 分别为 0.1m、0.25m、0.5m、1m

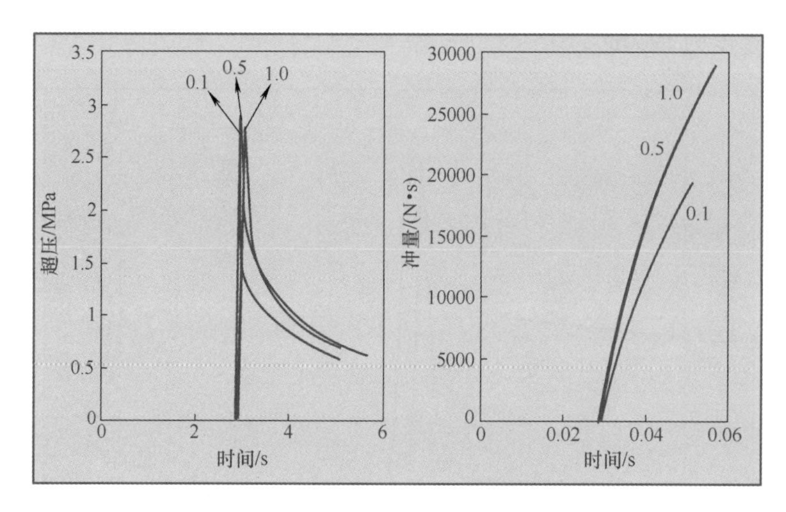

图 11-7 不同控制体积下的模拟爆轰超压和冲量动态过程：Δ＝0.1m，0.5m，1m

用于模拟爆轰波阵面的最常见的数值格式是采用通量修正传输法的二阶 Godunov 格式（Oran，Boris，2001），或采用 TVD 方法的 MUSCL 格式（Eto et al.，2005）。精确模拟爆炸需要复杂的数值方法。这些方法必须能够捕捉到强烈的冲击，并准确地计算爆炸产生的湍流剪切流。Genin 等人（2005）指出，激波捕捉方法具有显著的数值耗散，可防止在激波附近产生非物理振荡，但这种耗散往往会抹去流动中的细尺度湍流结构。另一方面，为模拟光滑流动而开发的高精度数值格式往往会在强梯度和/或间断区域产生非物理振荡。包含阿伦尼乌斯化学定律的爆轰数值研究指出，计算得到的物理现象高度依赖于网格分辨率和数值方案（Fryxell et al.，2005）。

数值模型、方案和程序需要彻底测试，为此通常使用黎曼问题，其给出了像欧拉方程这样的非线性方程的精确解。该解由波隔开的常数区域组成。对于欧拉方程、黎曼问题的精确解是众所周知的、自相似的，由以下三种类型的波组成：冲击波、稀疏波和接触间断。在我们的模拟中，使用了 AUSM＋数值格式，给出了强冲击波的正确解（Liou，1996）。在距离封闭端2m处，将10MPa的高压区设置为初始条件，右侧超压等于0。数值实验中的CFL为0.05。1m×1m×10m的三维计算域由0.1m×0.1m×0.1m的立方体控制体积组成，墙、地和天花板具有对称条件。

图11-8显示了在纵向控制体积尺寸为0.1m的网格上黎曼问题的解析解和数值模拟之间的比较。可以看出，平面爆轰的大涡模拟模型和所采用的数值格式能够再现激波和稀疏波中的压力级。然而，与物理现实和解析解相比，他们放弃了激波前沿的分辨率。对于数值激波前沿的厚度增加，任何模型都应该予以正确处理，以保持现象的物理正确性。

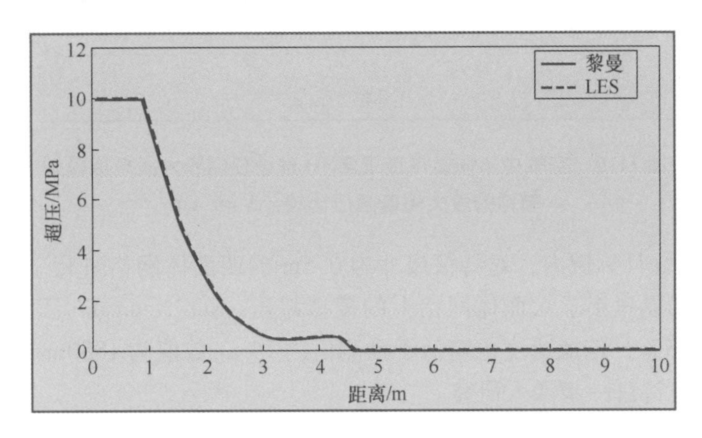

图11-8　10MPa不连续衰减黎曼问题解析解与数值模拟的比较，时间为2.58ms

在爆轰波的大涡模拟中也观察到了类似的结果。事实上，尽管爆轰前沿位于3~5个控制体积以上，但模拟的压力峰值与ZND理论中的von Neumann尖峰值相等。在ZND理论中，爆轰波随前驱激波，即以von Neumann尖峰值的速度传播。旨在再现von Neumann压力峰值的大涡模拟模型，提供了物理上正确的爆轰传播速度。该模型的实现方式是，当压力和反应前沿塌陷为一个非物理复合体（或部分重叠）时，所有燃烧能量都被释放到激波后面，以供给冲击峰值，而不是分散在激波数值前沿的各个部分。

近年来对爆轰波的数值研究主要集中在对爆轰波精细结构的解析和对精细化学模型的建立上，这需要几个微米级的精细网格（Tsuboi，2007）。对于氢气安全工程来说，这种网格是不现实的，必须放弃对爆轰波精细结构的解析。更重要的是，要合理准确地再现爆轰波的最大压力、冲量和传播速度等总体参数。

从物理的角度来看，在数值模拟中再现von Neumann峰值是非常重要的。实际上，它可以提供正确的爆轰传播速度和到达时间。从工程的角度来看，von Neumann压力峰值对结构响应的影响通常被忽略，因为峰值厚度与结构胞格的典型长度相比非常之小，以至于与由Taylor-Zeldovich爆燃前沿后的压力分布所产生的主要影响相比，对结构响应的影响很小（Shepherd，2006）。

在开放或半封闭几何形状中，应考虑爆轰压力效应及其随距离衰减的情况，同时考虑到压力超过70100Pa和冲量超过770Pa·s时，建筑物会发生完全破坏（Baker et al.，1983；Dorofeev，2005）。考虑到生命安全，冲击波或衰减冲击波中的最大压力起着重要作用。

图11-9显示了在稀氢气-空气混合物的氢气体积分数低于20%时，大涡模拟模型预测值与ZND理论超压之间的比较。误差5%在工程可接受范围内。

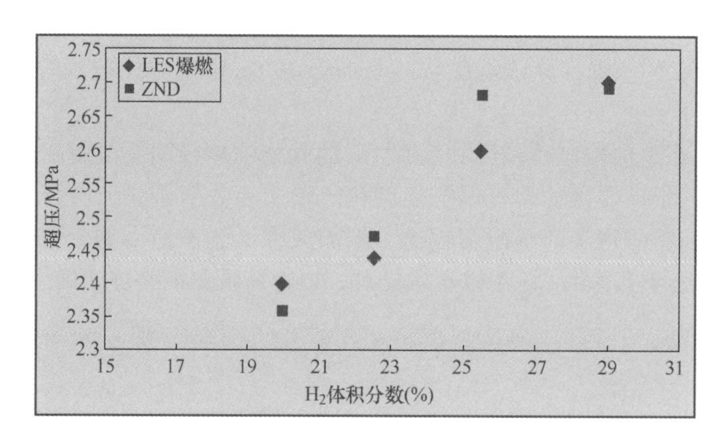

图 11-9　空气中不同氢浓度下 ZND 理论预测和大涡模拟模型模拟的最大爆轰超压比较，$\Delta=0.1$m

在 6m×6m×25m 计算域内，对特征尺寸为 0.5m 的四面体网格进行了筛选模拟。在较长的计算域内，模拟的超压小于六面体网格上的模拟超压。von Neumann 压力峰值为 25.5MPa，即低于 ZND 理论的 5%。传播速度也略低于预测值约 5%，数值为 1850m/s。四面体网格对整体爆轰参数的影响有待进一步深入研究。

（5）结语

本节提出了一种用于预测大规模事故压力效应的大规模平面爆轰大涡模拟模型。燃烧模型以过程变量方程为基础，采用梯度法进行源项模拟，不需要阿伦尼乌斯化学定律。根据 ZND 理论的解，对大涡模拟模型进行了验证。模拟的爆轰速度、von Neumann 尖峰值压力、CJ 压力和泰勒波参数与理论值吻合较好。随着网格大小的增加，对冲量有一定的高估。该模型在 0.1~1.0m 范围内与网格无关，不需要对燃烧热和比热容进行任何“校准”。这种原始的爆轰模拟方法在平面情况下是成功的。下一步将此方法应用于对球形大规模氢气-空气爆轰的大涡模拟。

11.2.3　球形爆轰大涡模拟

11.2.3.1　30%氢气-空气混合物在半径为 5.23m 的半球中的爆轰

大涡模拟模型用于模拟直径为 5.23m 的聚乙烯气球中 30% 氢气-空气混合物在无障碍环境中传播的半球形爆炸（Groethe et al.，2005），爆轰是在地面直接引爆的。图 11-10 给出了实验的快照，在距离为 15.6m 处记录了冲击波超压动态过程，并计算了相应的冲击波冲量。

爆轰的起爆方式与爆燃模拟相同，即在一个控制容积内，将进程变量从 0 增加到 1，与点火源的位置相对应。模拟起爆的持续时间对应于爆轰波通过点火控制体积的一半。对计算区域采用靠近点火区的四面体控制体和其他地方的六面体控制体进行网格划分。

根据 Brown 和 Shepherd（2004）确定的 30% 氢气-空气混合物的爆轰（Chapmen Jouguet）速度为 $D=1977$m/s。通过振荡平滑模拟燃烧波传播速度，如图 11-11 所示（Makarov et al.，2007b）。模拟速度与理论值吻合较好。爆轰波在起爆后和结束时的传播速度值立即变得更高（可能是由于过程结束时数值燃烧锋面的一些控制体积的减少）。

在球形爆轰的模拟中，没有获得平面爆轰的 von Neumann（2.85MPa）或 Chapmen-Jouguet（1.53MPa）压力。模拟的最大爆轰超压约为 0.9MPa。不幸的是，没有关于最大爆炸超压的实

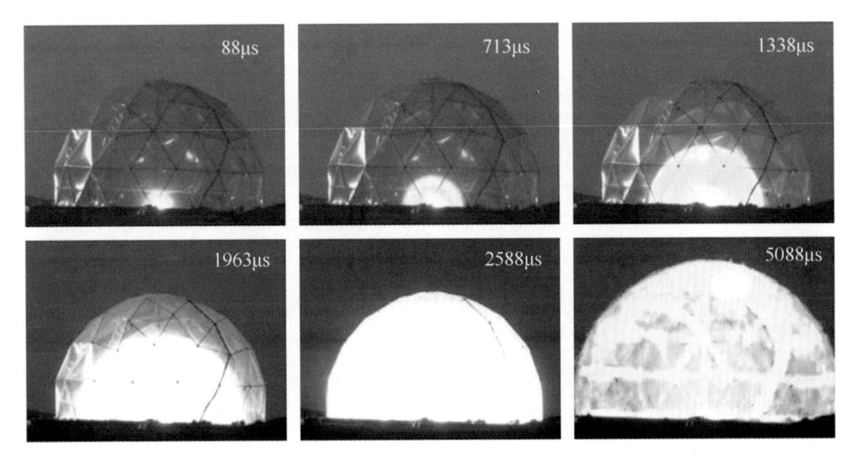

图 11-10　30%氢-空气混合物在半径为 5.23m 的聚乙烯气球中的半球形爆炸（Groethe，2005）

验数据。燃烧区内的压力分布与理论预期结果一致（Nettleton，1987）：裁剪膨胀波占据燃烧混合物半径的 50% 左右，膨胀波末端的压力约为 0.4MPa。

图 11-12 给出了距点火点 15.61m 处爆轰波的实验和模拟动态过程。通常这种一致性是可以接受的，在模拟中预测的爆炸压力偏差小于 25%。

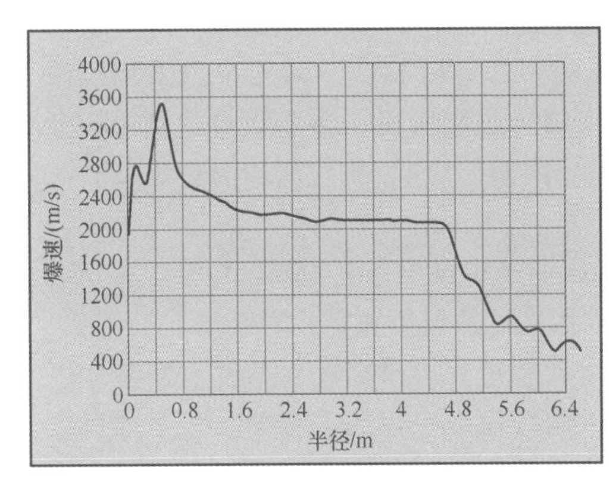

图 11-11　平滑模拟爆轰传播速度

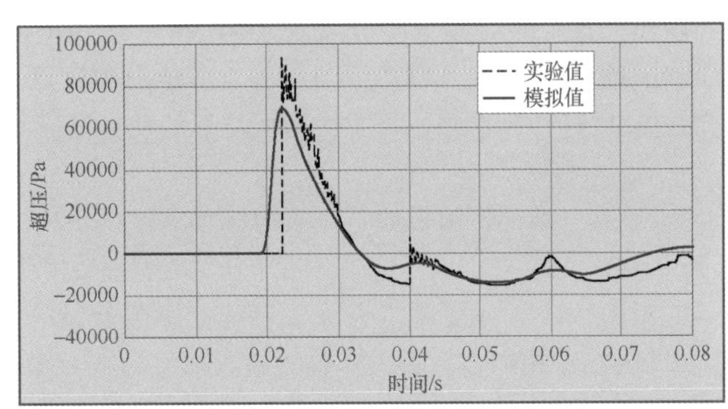

图 11-12　15.61m 距离处爆炸波超压动态过程实验与模拟

与动态冲击波压力相反，计算出的冲量与实验结果吻合得很好（图 11-13）。这是由于模型提供了正确的能量平衡。

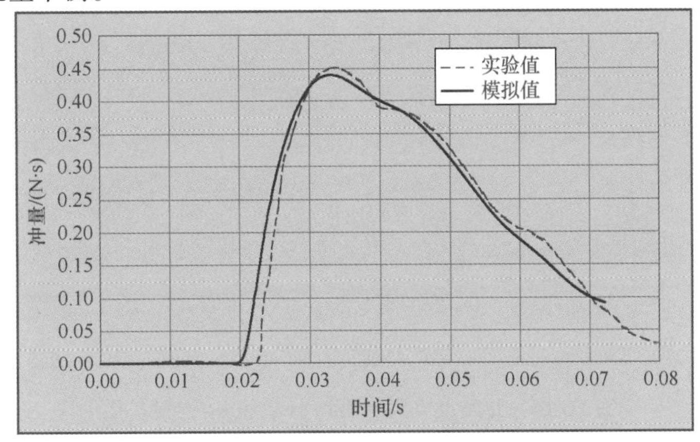

图 11-13　15.61m 距离处的实验和模拟冲击波冲量

11.2.3.2 29.05%氢气-空气混合物在半径为2.95m的气球中的爆轰

这里给出了半径为2.95m的气球中球形爆轰的模拟结果（Zbikowski，2010）。

（1）实验

在Pförtner和Schneider（1984）的实验中，用29.05%的氢气-空气混合物填充半径为2.95m的半球形气球。对气球内部的压力通过采用频率为450kHz的压电传感器和频率为70kHz的远场压阻式传感器进行测量（Kistler）。爆轰是由位于气球中间的50g高爆炸药引爆的。实验测得的爆轰速度为1956m/s，初始温度为304K。

（2）模拟参数

根据实验描述（Pförtner，Schneider，1984）创建计算域，并使用统一六面体网格，以尺寸为0.1m×0.1m×0.1m的均匀控制体积为目标在氢气-空气混合物中进行网格划分。在定义为远场（仅空气）的体积中，使用尺寸为1m的四面体控制体积。通过在一个控制体积中定义压力20MPa、温度6000K和过程变量$c=1$来启动数值爆轰。在所有壁面上施加动量方程的非滑移边界条件、能量方程的绝热边界条件和过程变量方程的零通量边界条件。点火时混合物静止，$u=0$m/s。氢气和空气质量分数分别为$Y_{H_2}=0.0278$和$Y_a=0.9721$。除起爆区域外，整个区域的过程变量均设为$c=0$。

利用Fluent 6.3软件作为大涡模拟模型模拟的引擎。在Fluent中通过自定义函数实现燃烧模型。求解器采用双精度并行形式，控制方程显式线性化。为了计算对流通量，采用Liou（1996）提出的对流上游分裂法（AUSM+）和扩散项的中心差分格式。时间步进采用四阶Runge-Kutta格式。CFL值等于0.1。在压力梯度区域采用自适应网格，分2级自适应。模型通过标度进行标准化，每5次迭代动态启动自适应。粗化阈值为0.4，细化阈值为0.8。

（3）结果

爆轰三维模拟结果如下。压力传感器P1、P2、P3分别于距点火点0.75m、1.5m、1.75m处（均在气球内）进行记录。三个压力传感器的数据被用来比较模拟和实验的结果。

图11-14显示了距点火源0.75m处爆轰前沿的压力动态过程。模拟爆轰速度与实验速度（1954m/s）相吻合。最大实验的超压峰值为2.85MPa，而在模拟中仅为1.45MPa（平面爆轰的理论von Neumann尖峰值为$P_{vN}=2.69$MPa，即爆轰被过度驱动）。模拟中超压较低的另一个原因是在起爆点附近数值反应前沿和激波前沿重叠。

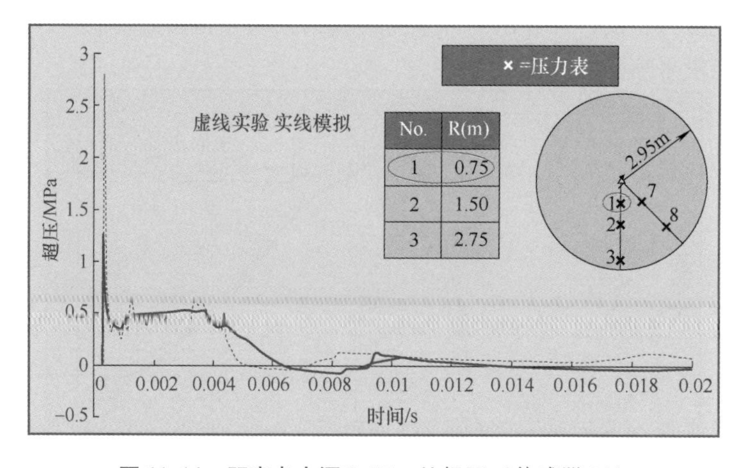

图11-14 距离点火源0.75m处超压（传感器P1）

爆轰超压由位于气球半径一半位置（即 1.5m）处的压力传感器记录（图 11-15）。在这个位置，爆轰稳定，并以 1954m/s 的 CJ 爆轰速度传播。实验和模拟的球形爆轰最大压力峰值几乎相同，即 1.9MPa。这低于平面爆轰的 P_{vN}，高于 $P_{CJ}=1.45MPa$。

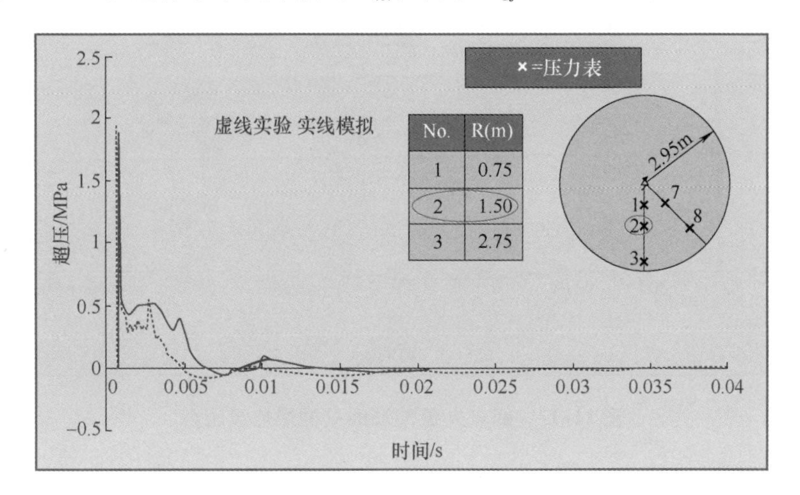

图 11-15　距离点火源 1.5m 处超压（传感器 P2）

压力传感器 P3 是球形气球中的最后一个超压记录点，位于距离点火点 2.75m 处的边界附近。图 11-16 显示数值爆轰最大超压和速度峰值低于实验观察值约 10%。在 2.75m 处的实验最大压力峰值为 1.93MPa，而在大涡模拟模型中该值仅为 1.85MPa。

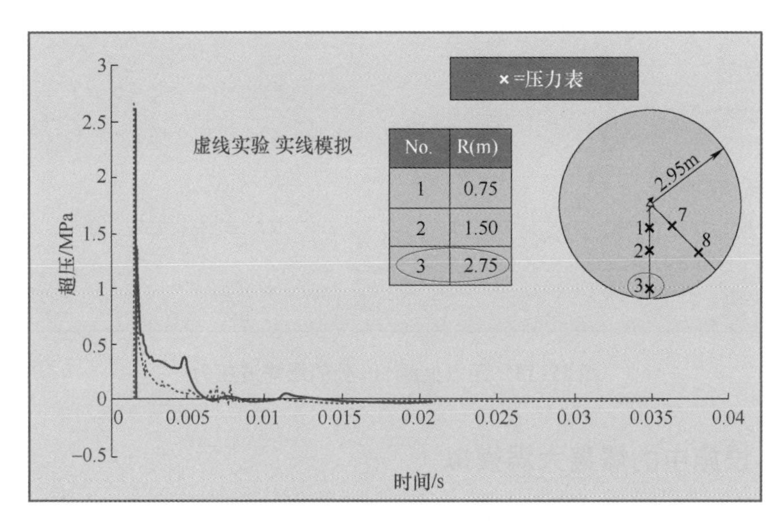

图 11-16　距离点火源 2.75m 处超压（传感器 P3）

模拟结果显示，不同位置的泰勒波压力衰减结果相似。然而，数值泰勒波存在压力滞后现象。在求解大规模问题时，这可以通过变厚的数值反应区和前导激波前沿来解释。

图 11-17 和图 11-18 分别显示了距点火源 3.25m 和 5m 处爆轰产生的衰减冲击波的动态过程。由于对能量释放进行了适当的模拟，爆炸波的速度得到了很好的解决。第一个位置（3.25m）的最大压力峰值预测被低估 30%（图 11-17），这很可能是由于网格过粗。在距点火源 5m 处模拟的爆炸波压力动态过程（图 11-18）与实验压力瞬态非常吻合。

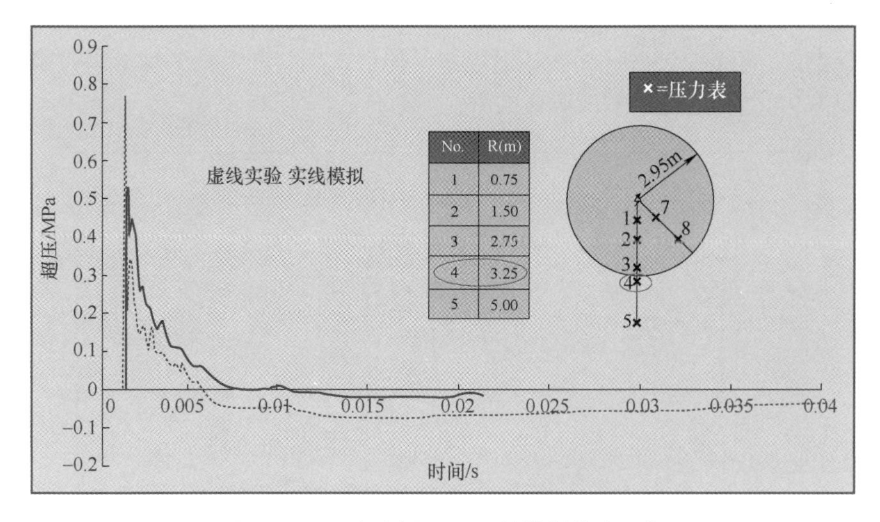

图 11-17 距点火源 3.25m 处的爆炸波压力

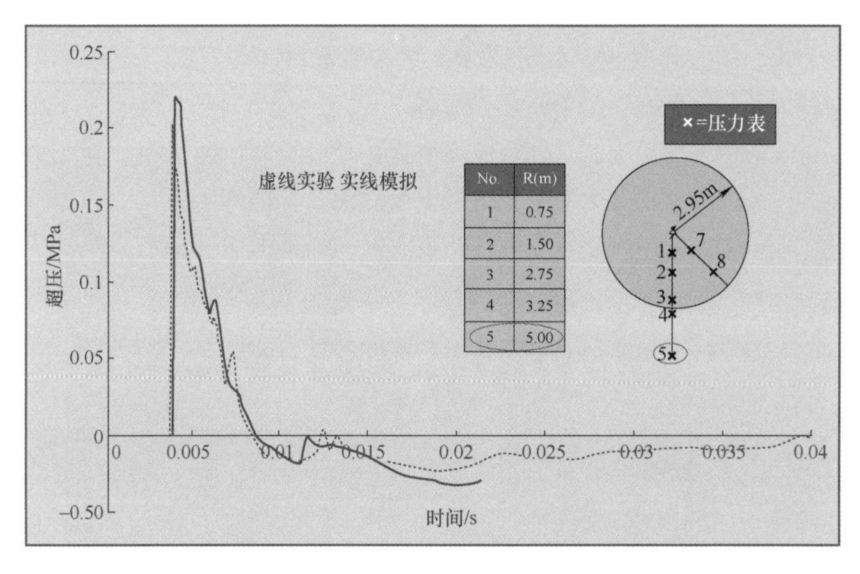

图 11-18 距点火源 5m 处的爆炸波压力

11.2.4 RUT 设施中的爆轰大涡模拟

通过 RUT 设施中的两个大型实验对大涡模拟模型进行了测试（Zbikowski et al.，2010），设施为 27.6m×6.3m×6.55m 的隔间，具有复杂的三维几何结构。模拟了 20% 和 25.5% 氢气-空气混合物和不同位置的直接起爆实验。测试了三维模拟对控制体积大小和类型的敏感性，发现与平面爆轰情况相比，这种测试更为严格。模拟的最大压力峰值低于平面爆轰的理论 von Neumann 尖峰值，大于 CJ 压力，这表明对于弯曲前沿，将数值反应区保持在数值激波的前沿更具挑战性。模拟结果与实验数据吻合。

11.2.4.1 实验

大规模氢气-空气混合物爆轰实验是在 RUT 设施中进行的，在 Breitung 等人（1996）和后来的 Efimenko 和 Gavrikov（2007）等文献中进行了更详细的描述。如图 11-19 所示，RUT 设施是钢衬钢筋混凝土结构。

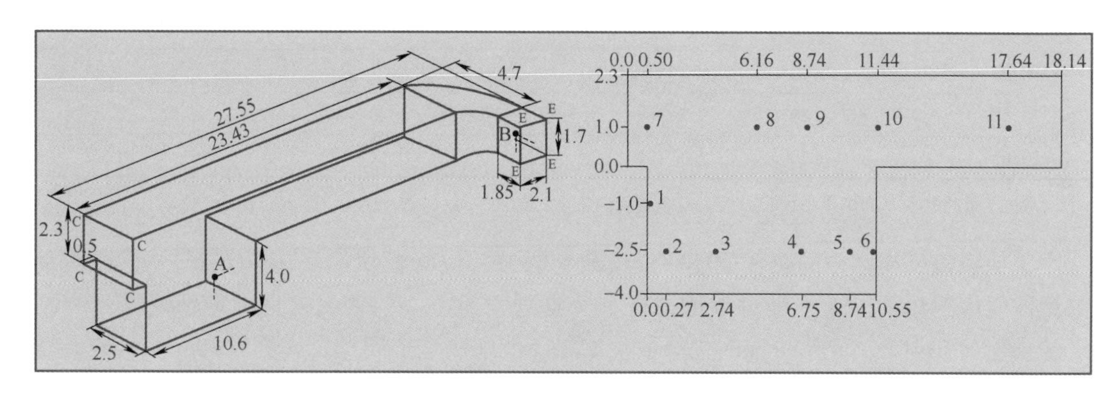

图 11-19 RUT 设施方案：左—等距视图和起爆器的位置（A 和 B）；右—压力传感器位置侧视图

RUT 实验设施最大尺寸：长 27.6m，深 6.3m，宽 6.55m，体积为 $263m^3$。在三维大尺度几何结构中，进行了两次实验研究起爆位置和氢浓度的影响。第一次实验是在 A 点起爆 20% 的氢气-空气混合物（图 11-19）。第二次实验是在 B 点起爆 25.5% 氢气-空气混合物。实验中，使用了 Kistler 公司 701 型和 7031 型压电压力传感器、Endevco 公司 8511A-5K 型和 8530B-1000 型张阻式压力传感器、信号放大器、电缆、DL-2800 数字瞬态记录仪和用于数据处理和存储的计算机等高频测量系统。信号用 DL-2800 寄存器记录，采样率为 5μs。

在实验设施内，布置了两排压力传感器。第一排压力传感器 1 号至 6 号放置在凹槽中（即设施的下部）；第二排压力传感器 7 号至 11 号放置通道中。2 号至 5 号压力传感器设置在凹槽的纵壁上，7 号至 11 号压力传感器设置在对面通道的墙上（如图 11-19 右图所示）。压力传感器 1 号、6 号、11 号放置在横壁中间。

200g 的高能炸药作为起爆剂，放置在距离地面 80cm，距墙 50cm 的地方。两次实验的混合料初始温度为 20℃，初始压力为 0.1MPa。风扇保证了氢气和空气的混合。从可燃气体的两个不同点取样，检测氢浓度和混合均匀性。按氢的体积计算，不均匀性小于 0.5%。

11.2.4.2 建模和模拟参数

平面爆轰波的 ZND 模型理论解析解预先验证了大涡模拟爆轰应用模型，该模型与 von Neumann 尖峰脉冲、爆轰传播速度等相吻合。大涡模拟爆轰模型显示了捕获强激波和再现主要爆轰参数的能力。在控制量值从 10cm 到 1m 的大范围内，该模型的平面爆轰不受网格影响。

这些模拟的目的是验证大涡模拟爆炸模型，验证其在复杂的几何体中，与上面描述的大涡模拟爆燃模型完全兼容。爆轰模型与大涡模拟多现象爆燃模型相匹配。进程变量方程中的源项采用梯度法计算。它并不解决真实的火焰反应前沿，而是通过若干控制体积将其表现为进程变量的单调变化（Laskey et al.，1988）。数值要求梯度法模拟的火焰前锋厚度为 4 ~ 5 个控制体积。很明显，在不调整模拟参数的情况下，用大的控制体积来解决工业规模问题，就得不到真实的爆轰波厚度。

化学动力学包含在爆轰速度值中，该值是使用基于 Cantera 软件的冲击波与爆轰（Shock and Detonation，SD）工具箱（http://www.galcit.caltech.edu/EDL/public/cantera/html/SD_Toolbox/index.html）预先计算的（Goodwin，2005）。表 11-2 列出了模拟中使用的热力学和热力学数据，以及接近化学计量比的 29.05% 氢气-空气混合物数据。

表 11-2　20%、25.5%和29.05%的氢气-空气混合物的热力学参数

氢气体积分数（%）	ΔH_c/(J/kg)	D/(m/s)	ρ_u/(kg/m^3)	γ_u	γ_b
20.00	2.04×10^6	1704	0.976	1.4	1.27
25.50	2.73×10^6	1874	0.915	1.4	1.25
29.05	3.15×10^6	1954	0.832	1.4	1.22

注：ΔH_c为燃烧热；D为爆轰速度；ρ_u为未燃混合物的密度；γ_u和γ_b分别为未燃和已燃混合物的比热容比。

为了使数值反应区中的热释放能够供给前导激波，应将模拟的反应（热释放）区保持在前导激波峰值的后面，而不是对数值进行“非物理”重叠。如果忽视这种物理现象，“非物理”重叠会“消除”von Neumann 尖峰值。如果不能解决这个问题，就会对 von Neumann 尖峰脉冲最大压力造成过低预测。为了在模拟中实现这一点，当所考虑的控制体积随时间改变的压力导数（在压力峰值之前）为正值时，进程变量的源项保持为零，并且仅当随时间的压力导数（接近或在压力峰值之后）变为负值时，才“打开”过程变量的源项。

计算域按实验描述设计，网格划分采用六面体，目的是得到均匀网格，网格大小为 0.1m×0.1m×0.1m，共 237005 个控制体积。在模拟中，通过在点火源位置的 0.2m×0.2m×0.2m（2×2×2 控制体积）范围内，定义压力 20MPa，温度 6000K，进程变量 $c=1$，启动爆轰。这样的启动允许产生强烈的激波，而后由反应前沿中的热释放支撑。模型本身不像基于阿伦尼乌斯化学定律那样对点火参数敏感。它需要压力和温度来产生强烈的激波，然后由反应热的释放来支撑激波。否则，能量方程中源项的值太小，不能支持粗糙网格上不断衰减的超前激波。这一现象可以用数值扩散来解释，即当激波弯曲时，不可避免地会发生数值扩散。

该模型的壁面设置了动量方程的无滑移边界条件、能量方程的绝热边界条件和过程变量方程的零通量边界条件。混合物初始状态为静止状态，$u=0$m/s。20%和 25.5%的氢气和空气质量分数分别是 $Y_{20\%H_2}=0.017$，$Y_a=0.983$，以及 $Y_{25.5\%H_2}=0.024$，$Y_a=0.976$。除爆轰起爆区域外，整个区域的过程变量设置为 $c=0$。通过定义峰值前过程变量方程中的源项等于零，并允许其在峰值后的网格中生长，这样就能使热释放保持在最大压力峰值之后。

将 FLUENT 6.3 软件作为计算流体动力学引擎，实现了大涡模拟模型。求解器采用双精度并行形式，控制方程显式线性化。为了计算流通量，采用了对流上游分裂法（Liou，1996）和扩散项中心差分格式。时间步进采用四阶 Runge-Kutta 格式。CFL 值为 0.05。当难题的典型速度为爆轰速度时，高于 CFL 值中默认使用的声速，选择这么低的数是为了保证稳定性和收敛解。

11.2.4.3　结果

Zbikowski 等人（2008）研究的重要结论是，对于 0.1～1.0m 网格范围内的平面爆轰模拟，大涡模拟爆轰模型实际上是独立于网格的；它不需要对燃烧热和比热容比进行任何“校准”（由于使用了预先计算的爆轰速度，也不需要依赖阿伦尼乌斯化学定律）。而为了更好地重现实验数据，这个结论经常应用于其他模型中。

图 11-20 显示了在离起爆面不同距离（计算域 100m，网格尺寸 0.1m），化学计量比为 29.05%的氢气-空气混合物平面爆轰波结构的数值分布。结果表明，在控制体积为 1000 的计算域不同位置，模拟的爆轰波结构基本相同。这表明，凭借梯度法和过程变量方程非常有用的固有特征，模拟中没有出现“数值扩散”。

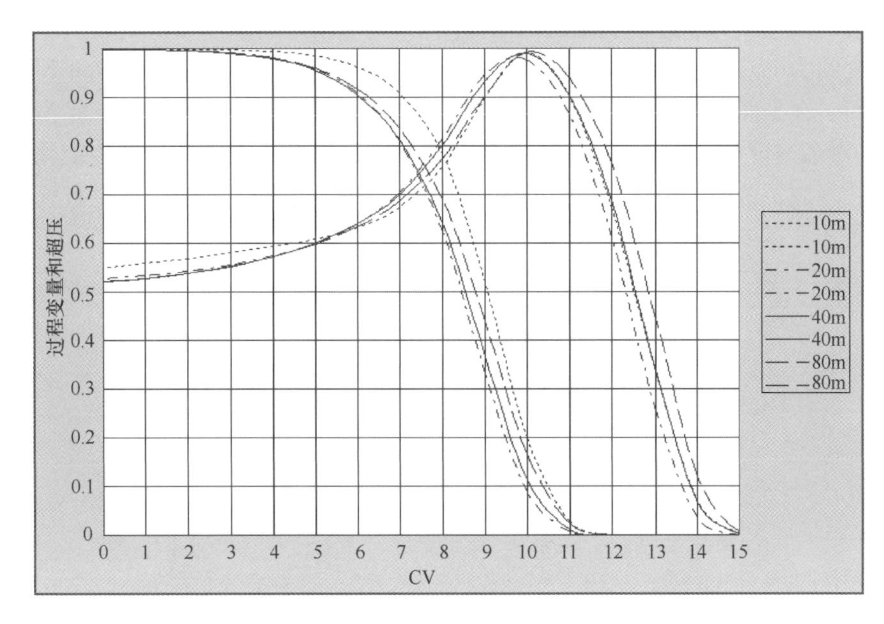

图 11-20　模拟 29.05%平面氢气-空气混合物在 100m 长的计算区域内不同位置的爆轰波分布（包括过程变量曲线、随最大压力变化的曲线），控制体积尺寸为 0.1m，是控制体积数（相对）的函数

图 11-20 中的过程变量图表明，燃烧前沿的控制体积数约为 10。在控制体积数为 10 处出现最大压力峰值，其中过程变量正好在 0.1～0.2 之间。当热释放位于过程变量 c=0.45～0.6 时，这一行为对爆轰波的传播没有任何影响。其背后的物理原理是将热释放保持在最大压力峰值（von Neumann 尖峰值）之后，以克服任何数值锋面（这里是激波锋面）至少通过 4～5 个胞格传播的数值要求，从而允许释放的热量供给领先的数值激波。

本研究将此前用于氢气-空气平面爆轰的验证规程应用到了 20% 和 25.5% 的氢气-空气平面爆轰中，然后在 RUT 装置上进行了模拟。对于 20% 和 25.5% 的氢气-空气混合物，在一端封闭、控制体积尺寸为 0.5m×0.5m×0.1m（36000 个控制体积）的六面体网格的 3m×3m×100m 计算区域内，对平面爆轰进行了数值模拟。模拟的爆轰速度、von Neumann 尖峰值压力、CJ 压力和泰勒波参数（P_{CJ}的 0.375）与理论值吻合较好，见表 11-3。

表 11-3　按照 ZND 理论计算并采用大涡模拟爆轰模型模拟的 20%、25.5%、29.05%氢气-空气混合物的平面爆轰参数对比

参　数	20% 氢		25.5% 氢		29.05 氢	
	ZND	LES	ZND	LES	ZND	LES
P_{vN}/MPa	2.36	2.51	2.67	2.7	2.69	2.73
P_{CJ}/MPa	1.28	1.35	1.45	1.51	1.45	1.52
T_{CJ}/K	2400	2570	2761.5	2900	2960	3118
V_{CJ}/(m/s)	1703.7	1800	1873.3	1905	1956	1960
P_{Taylor}	0.48	0.46	0.54	0.49	0.54	0.5

注：P_{vN}为 von Neumann 压力峰值；P_{CJ}为 CJ 平面内的压力；T_{CJ}为 CJ 平面内的温度；V_{CJ}为 CJ 爆轰速度；P_{Taylor}为泰勒波内的压力参数。

平面爆轰的模拟压力和过程变量的剖面如图11-21所示。采用0.1m的较大胞格后，模拟爆轰波的厚度约为1m，模型要求将反应区（变化的进程变量区域）保持在von Neumann尖峰值之后。然而，在平面爆轰情况下，该模型在CJ平面内的最大压力峰值（von Neumann尖峰值）、温度和爆轰速度与网格无关。在压力峰值之后，过程变量剖面开始发生变化，导致前导激波后面的热释放，这是模型实现的一个关键因素，因为只有在这样的模型布置下，反应前锋释放的热量才会提供给前导激波。

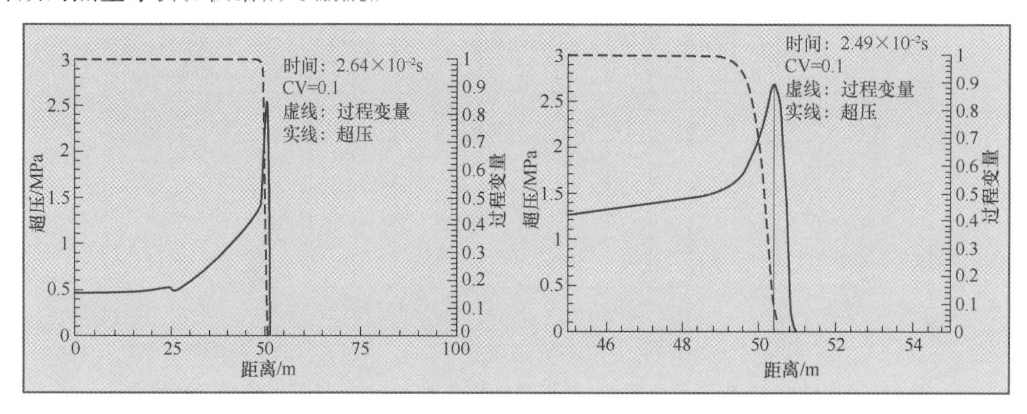

图11-21　模拟超压和过程变量剖面（控制体积尺寸为0.1m）：**左侧—20.0%氢气-空气混合物**（整个计算区域）；**右侧—25.5%氢气-空气混合物**（激波区附近放大）

图11-22显示了在RUT装置中，对20%氢气-空气混合物爆轰进行三维模拟所得到的实验压力瞬变和模拟压力动态。选择2、3、4和5号压力传感器，将模拟结果与实验数据进行对比。压力传感器沿凹槽区域侧壁安装（在图11-22中圈出）。本实验中（在A点点火，靠近图11-22中的6号压力传感器），7号至11号压力传感器的压力瞬变被多次反射扭曲，本对比中对此没有涉及。

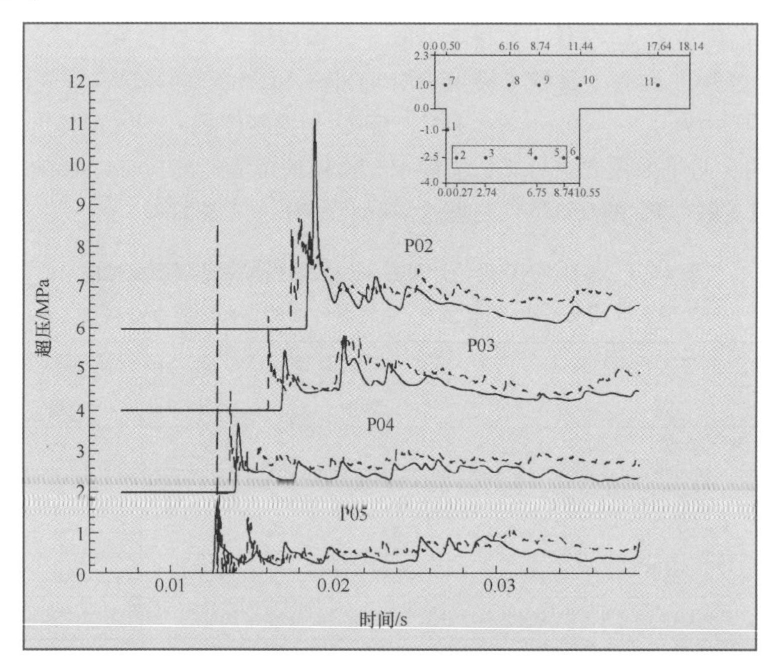

图11-22　从2号至5号压力传感器，20%氢气-空气混合物在凹槽区域沿侧壁的压力瞬变

（虚线表示实验，实线表示模拟）

如果考虑到强起爆压力峰值，每个压力传感器的模拟压力分布与实验结果吻合都较好。数值爆轰速度偏低（6%），这可能是由于三维模拟中数值反应区和数值激波在一定程度上重叠和/或在过程开始时数值激波和反应区半径相差很大（特别是当控制体积尺寸大到10cm时）所致。另一个原因可能是由于实验中爆轰波的行为。实验结果表明，5号压力传感器中的超趋爆轰受实验中起爆器产生的球形爆轰的影响。然后，爆轰波衰减到实验中的CJ爆轰速度理论值（1703m/s）。

观察压力动态过程的详细结构，我们可以看到，当爆轰波从壁面反射时（第二次压力峰值在2号压力传感器的压力动态过程上，如图11-22所示），模拟结果超出了实验反射压力波的最大峰值。这可能是由于当控制体积尺寸为0.1m时，数值激波变厚，以及2号压力传感器位置未燃烧混合物密度的相应增加所致。因此，激波反射模拟可能需要更精细的网格，以便更好地再现使用此模型的压力瞬变。

在第二次模拟实验中，25.5%的氢气-空气混合物在位置“B”起爆（图11-19）。图11-23显示了沿实验爆轰波传播主要途径位于通道壁上的7号至11号压力传感器的模拟压力动态过程与实验压力动态过程的比较。轰波从右向左传播。在本实验中，多次反射会影响2号至6号压力传感器中的压力读数，因此将其排除在分析范围之外。

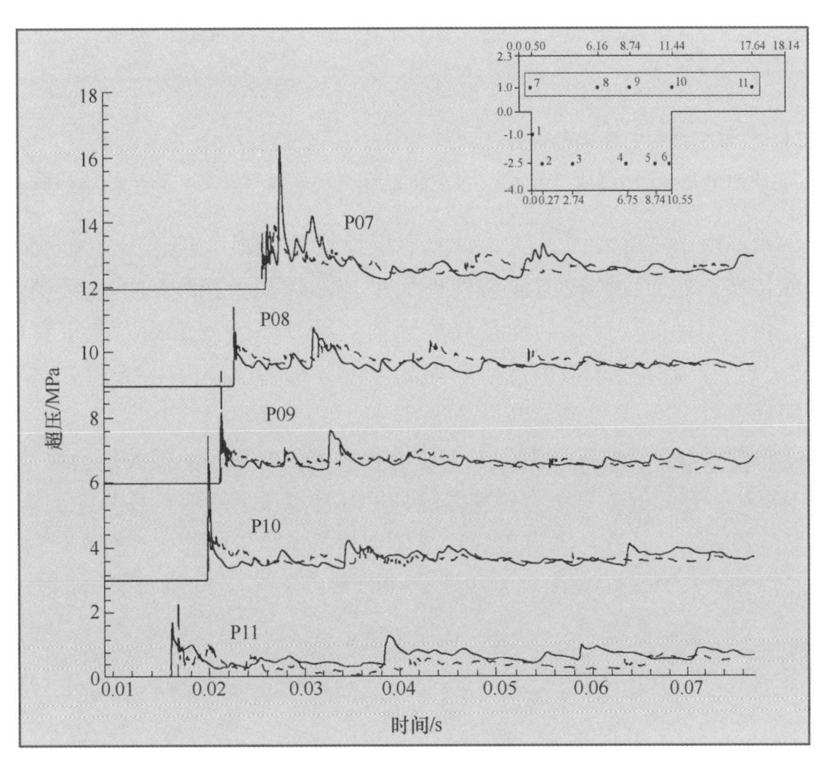

图11-23　7号至11号压力传感器侧壁通道内的压力瞬变，25.5%氢气-空气混合物（虚线表示实验，实线表示模拟）

图11-23显示了模拟爆轰波和稀疏波的压力信号接近实验瞬变，所有主要实验峰值都有其模拟对。作者认为，在11号压力传感器中观察到的爆轰速度过高是由于爆轰波在通道弯道中的行为所致。实验室规模的实验结果（Frolov et al.，2007）表明，在弯道中爆轰波阵面传播受到临时衰减，速度下降约15%，然后，在弯管下游直管段恢复传播速度。在考虑的实验

中存在这种情况：虽然沿通道直线部分的爆轰进一步传播的爆轰速度接近理论值，但弯道之后的爆轰到达 11 号压力传感器的时间出现“延迟”。7 号至 10 号压力传感器位置处的实验和模拟压力峰值到达时间吻合较好，说明模拟的传播速度与实验值吻合。前沿的最大气压峰值受到低估。这在 11 号、9 号和 7 号压力传感器中特别明显（前沿峰值压力分别为 1.7MPa、2.1MPa 和 2.1MPa），在 8 号压力传感器中不太明显（前沿峰值压力为 2.4MPa）。在 10 号压力传感器的位置，模拟的前沿峰值压力达到 3.6MPa，即高于理论的 von Neumann 压力 2.67MPa。我们认为这是由于增厚的数值爆轰波的反射效应所致。

图 11-24 显示了 10 号和 11 号压力传感器之间 25.5% 氢气-空气混合物爆轰的瞬时模拟压力、过程变量和温度分布。

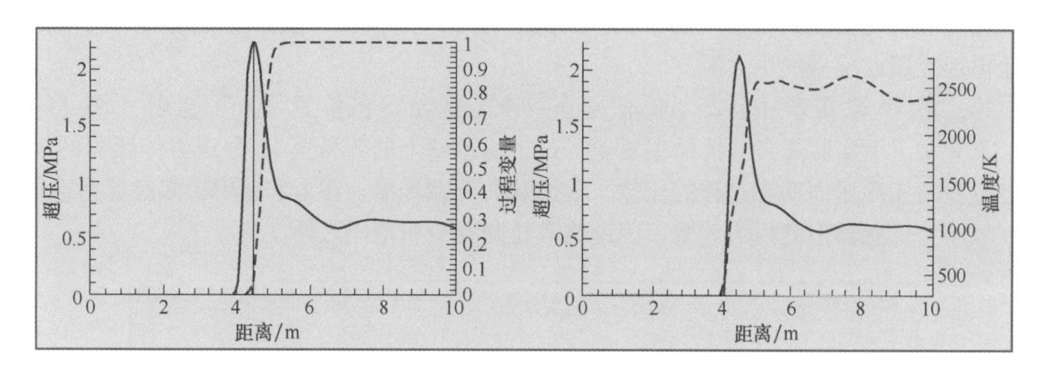

图 11-24　三维模拟中的爆轰参数分布（25.5% 氢气-空气混合物，控制体积尺寸为 0.1m，六面体网格）：**左—超压**（垂直线表示压力峰值）**和过程变量；右—超压和温度**

图 11-24 显示，由于三维效应，前导激波平稳地增加到最大值，开始影响爆轰波在本实验几何形状中的传播。然而，该模型能够处理大型控制体积上出现的不连续情况。之所以得出这一结果，是由于用梯度法计算的能量释放适当，以及爆轰波结构内能量释放的位置适当（即在前导激波之后）。上述要求数值反应阵面的厚度分辨率至少为 4 ~5 控制体积，该要求对前导激波阵面同样有效。

在两个测试和模拟中，沿壁面放置的每个压力传感器具有不同的最大压力峰值（图 11-25）。模拟压力与实验走势一致，但 7 号压力传感器除外，其计算压力峰值略高。在 5 号压力传感器的位置有一个明显的预测不足，这一点可以通过该压力传感器附近的起爆炸药来解释。

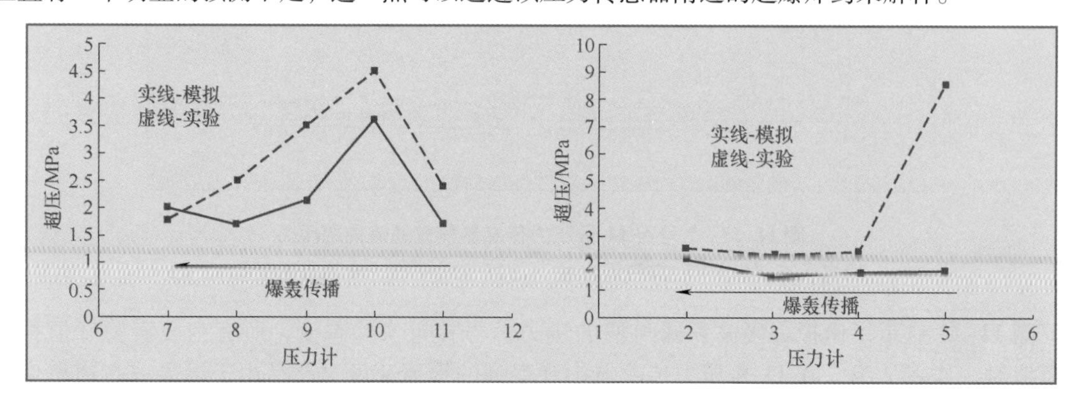

图 11-25　压力传感器的最大压力峰值：左—7 号至 11 号压力传感器（25.5% 氢气-空气混合物）；**右—2 号至 5 号压力传感器**（20% 氢气-空气混合物）

在25.5%氢气-空气混合物爆轰条件下，测试了大涡模型在三维模拟中对控制体积尺寸和网格类型的敏感性。控制体积尺寸在0.05～0.5m之间变化，模拟中使用了六面体和四面体网格。当控制体积尺寸大于0.1m时，模拟呈现不稳定性。控制体积尺寸在0.1～0.5m范围内的四面体网格同样如此。网格敏感性分析表明，当应用该模型时，并且当控制体积尺寸大于0.1m时，数值扩散开始在三维复杂几何中起主导作用。激波绕射过程清晰地呈现了这一行为。对于六面体和四面体网格而言，控制体积尺寸均小于0.1m的模拟计算具有相当高的成本。

利用一级自适应测试验证了模型对压力梯度网格加密的敏感性（精细网格的控制体积尺寸为0.05m）。用精细网格得到的压力和温度分布如图11-26所示。10号压力传感器测得了数值压力和温度。压力剖面的总体形状与未经网格细化得到的形状相似（图11-24）。模拟的von Neumann压力峰值与其理论值相等。

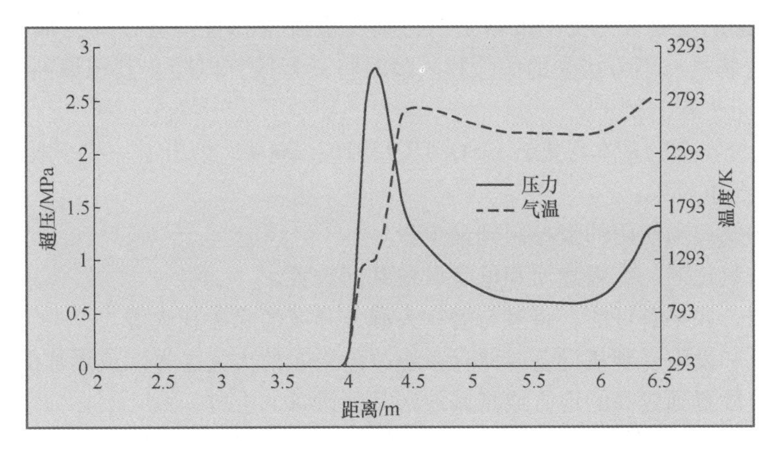

图11-26　用一级网格加密的六面体网格（控制体积尺寸为0.05m）**的压力和温度分布**（25.5%氢气-空气混合物）

11.2.4.4　结语

根据ZND平面爆轰理论建立并验证了大涡模拟爆轰模型，在不同起爆位置、空气中氢气体积分数分别为20%和25.5%的均匀氢气-空气混合物条件下，在RUT装置上进行了两次大型爆轰实验。大涡模拟爆轰模型基于过程变量方程和梯度法，并在爆轰速度计算中加入了化学动态过程。对于混合物和点火位置，模拟结果与实验装置内不同位置的压力瞬变实验结果吻合较好。

模拟中的爆轰速度不是恒定的，这是由于壁面对过程变量方程求解的影响。与平面爆轰模拟不同的是，大涡模拟模型对复杂几何结构中的三维爆轰传播表现出一定程度的网格依赖性：使用六面体控制体积时，模拟稳定性所需的控制体积的最大尺寸为0.1m。网格自适应在不增加计算量的情况下改善了大规模爆轰模拟的结果。提出的大涡模拟爆轰模型被认为是未来爆燃转爆轰模型发展的平台，也是当代适用于氢安全工程的工具。

第12章 安全策略和缓解技术

处理氢气泄漏的主要常见安全策略是，将其质量流量和管道直径降至最小，然后在可燃的氢气-空气混合物具有不可接受的危险和风险时将其释放，以防止其积聚到危险水平。本章给出了一些氢安全工程的例子。

标准《氢系统安全的基本考虑》（ISO/TR 15916：2004）给出了一些一般性建议，以尽量减少潜在事故的严重后果：

- 将操作中储存和使用的氢控制到最少量。
- 勿将氢与氧化剂、有害物质和危险设备共同放置。
- 识别火源，如果有可能，将氢与潜在火源分开或消除潜在火源。
- 避免人员和设施受到氢设备或储存系统故障引起的火灾、爆燃或爆炸的潜在影响。
- 将氢系统放置到较高的地方或将其放在其他设备的上方。
- 防止氢-氧化剂混合物在密闭空间（屋檐下、设备间或设备柜内、设备罩或金属罩内）积聚。
- 通过限制人员数量、人员暴露时间来最大程度地减少人员暴露。
- 使用个体防护装备。
- 使用警报和警告装置（包括氢气和火灾探测器），并对氢气系统周围区域进行控制。
- 实行良好的卫生管理，例如保持通道和疏散路线的清洁，除掉氢系统周围的杂草和其他杂物。
- 遵守安全操作要求，如在危险情况下结伴工作。

储存或使用氢气的建筑物和房间的设计应解决以下安全问题，以最大限度地减少氢气的危害：使用通风技术解决压力释放系统的问题，缓解爆燃现象（ISO/TR 15916：2004）；上述所有位置均应使用防爆设备，除非有证明无此必要，或符合当地的法律规定（ISO/TR 15916：2004）。

12.1 燃料电池系统本质安全设计

本质安全设计专注于减少或消除与产品或使用过程相关的危险。考虑一下，如何在不干扰燃料电池（Fuel Cell，简称FC）技术本身的前提下，减少危险，改进其安全系统。不幸的是，目前的燃料电池系统通常使用直径为5～15mm、压力为0.5～1.5MPa的管道来设计，且没有考虑危险因素。利用欠膨胀射流理论，可以计算出储存压力为0.5MPa时，通过5mm孔口的质量流量约为6g/s。对于直径为15mm，压力为1.5MPa的管道，其质量流量为170g/s。

现在让我们估算一下，为酒店、医院、办公楼和多户住宅等大型设施提供能源的50 kW燃料电池系统的质量流量。假设燃料电池的电效率是45%，氢与空气的反应（燃烧）热上限为[(286.1kJ/mol)/(2.016g/mol)]=141.92kJ/g，则可以计算出燃料电池在最大功率下工作的质量流量为（50kW)/141.92kJ/g=0.78g/s。例如，在压力0.5MPa下通过孔径仅约1.8mm的存储或管道系统中的节流器时，或在压力0.2MPa下通过直径约2.9mm的孔口时，即会出现这个质量流量。

按照估计，未点燃释放物的间隔距离与管口直径和储存压力的二次方根成正比。因此，管径由15mm减小到2.9mm，压力由1.5MPa减小到0.2MPa，间隔距离可以减小92%以上！

进一步比较分析以下这两个选项的间隔距离：选项1是压力0.5MPa和管道直径1.8mm；选项2是压力0.2MPa和管道直径2.9mm。在假设全孔径破裂的情况下，选项1和选项2中未点燃释放的间隔距离之比可以估算为0.98，即它们实际上安全性是相同的。这些例子清楚地展示了氢和燃料电池系统的科学安全设计的优势，该设计可以在不影响燃料电池性能参数的情况下，从根本上减小间隔距离。

12.2 氢释放不良后果的缓解

对于膨胀和欠膨胀圆射流的氢安全工程来说，用相似定律式（5-21）代替实际管口出口的氢密度，既简单又得到过充分验证。例如，让我们计算叉车车载储罐泄压装置的直径，以遵守以下安全策略：如果在35MPa的压力下，车载储罐发生向上的氢气释放，我们希望避免在泄压装置上空10m的天花板处形成易燃层。

要实现这一安全策略，距离射流轴10m处的氢气应等于或低于4%的体积分数（相应的氢质量分数为$C_{ax}=0.00288$)。在存储压力为35MPa时，利用欠膨胀射流理论计算出的管口出口氢气密度$\rho_N=14.6\text{kg/m}^3$。因此，根据相似定律式（5-21）可以直接计算出泄压装置的直径等于或小于1.5mm。

$$D=\frac{C_{ax}}{5.4}\sqrt{\frac{\rho_S}{\rho_N}}x=\frac{0.00288}{5.4}\sqrt{\frac{1.204}{14.6}}10=0.0015\text{m}$$

要最终确定仓库中使用氢动力叉车的安全策略，就必须制定车载储罐的耐火等级要求，并进行测试。实际上，耐火性等级应该大于储罐的排空时间（清空储罐的时间），以排除外部火灾时储罐的灾难性故障。很明显，使用直径较大的泄压装置会产生可燃气云或射流火焰，危险性较高。例如，出现“延迟点火”或可燃气云爆燃的情况会产生超压，带来相应的风险。

12.3 降低高支管的间隔距离

自1969年以来，空气化工产品公司一直在美国得克萨斯州休斯敦运营长度为232km、直径为11.4~22cm的氢气管道，压力为5.8MPa。对于这些参数，根据欠膨胀射流理论（针对内径22cm、压力为5.8MPa的管道全通径破裂的情况）得出管口最大理论出口直径为120cm，质量流量133.2kg/s。

如果假定水平射流处于动量控制区域，则可以直接根据图5-6中的诺模图，或通过下面的简单公式（假设空气的密度$\rho_S=1.204\text{kg/m}^3$)，直接以图形方式计算到水平射流中氢占4%

体积分数时的距离：

$$x_{4\%}=1574\sqrt{\rho_{N}}D$$

式中，D 为最大实际释放直径（0.22m）。当存储压力为 5.8MPa 时，管口中的密度可由欠膨胀射流理论计算出来（如图 5-6 中的下半图所示），即其值 $\rho_{N}=2.87\text{kg/m}^3$。因此，在动量主导射流的假设下，到由上述公式计算得到的氢的 4% 体积分数处的距离为 587m！

幸运的是，流射在浓度值范围内不受动量控制。实际上，根据管口出口处的流动参数，计算出的弗劳德数是 $Fr=5.1$。对 $Fr=5.1$ 根据图 5-8 分析可知，在 $\text{Log}(x/D)=2$（图 5-8 采用了理论上的管口）时，即在距离 $x=100$ 处，射流变为由浮力控制（$Fr=5.1$ 的垂线与“向下”曲线的交点）。此时距离 $D=120\text{m}$，与不考虑氢浮力影响的安全距离相比，这个距离缩短了 80%。

12.4 屏障的缓解作用

桑迪亚国家实验室进行了一系列实验和数值研究，以评估屏障在减少氢意外释放危险方面的有效性。这些实验和研究包括其在 HYPER 项目国际合作范围内开展的部分。在 13.79MPa 源压力和 3.175mm 直径的圆形泄漏条件下，所研究的屏障结构可以通过使射流火焰偏转，减小水平射流火焰的冲击危险，减小水平射流火焰的辐射危险距离，并减小水平未引燃的射流可燃性危险距离。

对于单壁垂直隔板和三壁隔板结构，模拟的点火峰值超压在隔板的释放侧约为 40kPa，而在隔板的下游背面约为 3～5kPa。

12.5 减缓爆燃转爆轰过程

将火焰加速或爆炸的可能性降至最低的策略包括（ISO/TR 15916：2004）：

1）避免形成封闭环境或发生阻塞，以防止形成易燃氢气-空气混合物。

2）使用灭火器、小孔或通道来防止爆燃和爆轰在系统内传播。

3）在可能的情况下使用蒸汽或二氧化碳等稀释剂，或氧气消耗技术，以及喷水或薄雾系统来阻止火焰的发展。不过，应对该标准（ISO/TR 15916：2004）的此条建议应谨慎对待，因为氢气-空气混合物的火焰很难熄灭，而且它们可以在大量喷水的液滴周围燃烧甚至加速燃烧（Shebeko et al.，1990）。

4）在可能的情况下减小系统的尺寸，以缩小爆轰极限。

要实现低碳经济就需要越来越多地使用氢气作为燃料。由于氢气燃烧容易产生爆燃转爆轰现象，在大规模的情况下更是如此，因此人们对如何使技术变得更安全表示了严重关切。作者认为，对于此类应用，安全策略可以控制含氢混合物的燃烧过程，使混合物处于可燃下限和爆轰下限之间。

12.6 防止燃料电池内发生爆燃转爆轰现象

在 Pro-Science（Friedrich et al.，2009）做的模拟燃料电池实验中，注入质量为 15g 和 25g 的氢气，记录到明显的火焰加速导致高超压，足以完全摧毁实验装置。燃料电池的模拟实验和数值研究都表明，对于所研究的结构而言，总注入氢气的质量应小于6g，以便将超压控制在10～20kPa以下。6g的氢仍可能产生“导弹效应”。所以，在这个燃料电池模拟实验中，1g的氢意外泄漏量似乎是一个很好的安全目标。该研究的结果可被用于制定燃料电池停机安全系统的要求。

应通过设计，使管道和节流孔的进气管道压力和直径将氢的质量流量限制在燃料电池运行所需的技术水平上。由于检测泄漏和操作阀门需要时间，应该尽可能减少释放时间，以避免释放超过1g的氢气。据估计，对于耗氢量略低于1g/s的50kW燃料电池，检漏时间和停供时间加起来应小于1s，缩短这一时间将对安全产生积极影响。

对于现有的传感器来说，这一要求很难实现。必须开发和应用创新检漏系统，如使用基于供应压力波动分析的系统，以提供可接受的安全水平。在Pro-Science的实验中，在模拟真实燃料电池内部阻塞度高的网格障碍时，产生了火焰急剧加速（Friedrich et al.，2009）。应通过精心设计，尽可能避免燃料电池容器内部空间的拥挤。

12.7 氢检测和传感器

在氢气中添加含气味的物质，能使小泄漏的检测变得更容易。然而，这在大多数情况下是不可行的，例如，这会毒害燃料电池中昂贵的催化剂。此外，对于液态氢来说，这是不可行的，因为在液态氢温度为20K时，任何添加的物质都会处于固态。氢火灾可以通过使用火焰红外辐射仪进行检测。

2009年，法国国家工业环境与风险研究院在HYPER（2008）项目中，基于国际标准部件IEC 61779-1和4（1998）的测试项目，进行了一项旨在评估商用氢检测器性能的测试计划。这些装置有电化学型和催化型两种，即工业上最常用的两种类型。对突然暴露的氢的反应速度，催化传感器是电化学传感器的5倍。催化传感器的响应时间约为10s，电化学传感器为50s。在许多实际情况下，这么长的时间是难以接受的。

在HYPER（2008）项目中，所研究的催化检测器在长时间接触氢气后，也容易失去灵敏度，且出现零点漂移现象。这就强调了定期校准这些设备的必要性。在氢含量不变的情况下，湿度越高，催化检测器的读数越大。催化检测器对一氧化碳的存在非常敏感，但干扰只是暂时的，即当停止接触一氧化碳时，检测器就会恢复正常。

欧盟委员会能源研究所联合研究中心在HYPER（2008）项目中进行的研究表明，当气体流速降低时，电化学传感器的响应时间会变长，即仅将流速从100mL/min降低到30mL/min，其响应时间可能会延长一倍。这一发现对于使用传感器来控制燃料电池柜内爆炸气体环境的形成尤为重要。

还有一个与催化传感器相关的问题，尚未在现有文献中得到充分解决。这个问题就是，存在通过传感器点燃具有高浓度的氢气-空气混合物的可能性。传感器点燃具有高浓度的氢气-空气混合物的可能性已经得到了证实（Blanchat，Malliakos，1998）。

市面上可用于检测氢的存在的方法和传感器类型多种多样（ISO/TR 15916：2004）。其中许多检测器适用于自动警告和操作系统。有关固定系统的详细信息，请参阅ISO 26142：2010。

后　记

我们由于过于熟悉汽油、天然气等当前使用的燃料，往往会相当“随意”地对待它们，而氢属于“未知”领域，因此我们会对其感到不安，并经常错误地将氢与过去的“灾难性”事件（如兴登堡号飞艇）联系在一起。本书介绍了氢经济的必然性以及氢安全，特别是氢安全工程对于氢经济的重要支撑作用。氢安全工程的定义是应用科学和工程原理保护生命、财产和环境免受氢气突发事件/事故的不利影响。我们必须制定相关原则，开发氢安全工程所需的工具，并根据实验数据进行验证。

从安全的角度来看，氢气与其他能源载体并无不同。但氢气有自身的特性，从氢能与燃料电池系统的设计、认证、许可和调试，到向公众传播相关技术的新安全文化，所有阶段都需要专业的安全知识和技能。

氢能与燃料电池系统和基础设施的安全对其商业竞争力和公众接受度至关重要。欧洲卓越网络 HySafe（2004—2009）和国际氢能安全协会开展的活动，以及由欧洲燃料电池和氢联合企业与美国能源部等资助的国家和国际项目，为填补大量知识缺口、制定创新安全战略和突破性工程解决方案提供了有力的保障。目前虽然已在氢安全方面取得了一定的进展，但并不代表已经彻底解决了安全问题。制氢、储存、运输和在氢能与燃料电池系统的应用过程中将会出现新的工艺，需要对其进行基础研究和应用研究。

对于危险和相关风险必须进行充分了解和分析。在缺乏可靠统计数据证明可能获得潜在商业利益的情况下，不应高估风险评估方法的作用，也决不能以牺牲公共安全为代价。在氢动力汽车研究领域“单打独斗”、希望增强自身竞争力的汽车制造商应该更加开放和拥抱合作，以解决共同的安全问题。氢能与燃料电池技术“不存在安全问题”的观点并不专业且会对公众造成误导。

我们应该尽可能广泛地传播创新安全战略和本质上更加安全的工程系统示例，应将氢燃料汽车的安全性能测试结果公之于众，并不断开展相关活动，向公众通报安全特性取得的进展，以防止产生谣言与非专业解读。

最终得出的结论是，应对目前氢动力汽车的车载储氢和泄压装置进行重新设计，以减少潜在事故，特别是在车库、停车场、维修店、隧道等密闭空间内的事故。至少需要降低泄压装置释放期间的质量流量，并将车载储氢瓶的耐火等级从当前的 1～6min 提高一个数量级。与其他技术一样，低估氢能与燃料电池产品的安全性能以及往后可能发生的事故，都将带来灾难性的后果，并会因此推迟商业化进程。这是氢能与燃料电池技术领域的任何人都不希望看到的结果。

开发人员必须将设计本质上更加安全的氢能与燃料电池系统作为首要目标。例如，管道系统的压力和内径等参数要尽可能小，以满足质量流量的技术要求，但也不可过于小。有证据表明，如果对系统开发人员进行氢安全工程方面的教育，间隔距离可以减小几个数量级以上。另一种让系统更加安全的设计是，对于以氢气和其他气体混合物为原料的燃烧器和涡轮机，可以采取以下安全策略：将燃烧装置所用的混合物浓度规定在可燃下限和爆破性下限之间，这样就可以在维持燃烧的同时防止出现爆炸。

此外，有必要明确制定一种基于性能的总体标准，以便在有科学依据的前提下实施与氢燃料电池应用和基础设施相关的氢安全工程。事实上，目前该领域的法规、规范和标准十分琐碎，不够完整，同时数量还在不断增加。此外，相关的法规、规范和标准主要由行业制定且由行业使用，理解起来十分困难，有时还与三年之前的定义相互矛盾。应当为氢安全标准的相关条文确定组织框架和技术框架，以指导我们如何进行氢安全工程，同时将之统一为技术子系统之一，例如通过类似于英国消防安全工程标准 BS 7974（BSI，2001）的“公开文件”。该标准的概念和技术子系统的结构允许人们根据研究成果不断对其更新，便于新人迅速进入氢安全工程这一新兴行业。

由拥有高等教育学位的专业人员领导行业、监管机构、研究组织和学术界的氢安全活动，是确保将氢燃料电池技术安全推向市场的另一个重要因素。

根据本书介绍的研究成果，在填补氢安全科学与工程知识缺口方面，主要获得了如下进展。

对于非反应氢释放：

1）发展了可用于预测实际喷嘴和理论喷嘴出口的流动参数的欠膨胀射流理论。该理论用 Abel-Noble 方程解释了氢在高压下的非理想性能。例如，使用理想气体定律估计 70MPa 储罐释放的氢气质量会比实际高出 45% 左右。

2）提出并验证了膨胀和欠膨胀动量控制射流中氢浓度衰减的相似定律。

3）开发出一种能够确定射流何时从动量控制区向浮力控制区转变的方法。这对于从根本上减小间隔距离非常重要，例如针对管道的大直径射流。

对于点火和氢火焰：

1）建立了氢射流火焰长度的量纲关联式。保守估计的火焰长度要比最佳拟合曲线长 50%。

2）针对射流火焰长度建立新的无量纲关联式时，考虑了 Fr、Re、M 数值的影响，并涵盖了氢释放的全部波谱，包括层流和湍流，由浮力和动量控制的泄漏，以及膨胀和欠膨胀射流。新的无量纲关联式可分解为三个不同阶段：传统浮力控制阶段、传统动量控制的“平稳阶段”（膨胀射流）和新加的上升阶段，以代表欠膨胀动量控制阶段的射流火焰。关联式第三阶段的无量纲火焰长度取决于雷诺数，而非弗洛德数。根据之前对膨胀射流的研究，当 $L_F/D=230$ 时无量纲火焰长度并未饱和，而实验报告表明该值高达 3000，即 $L_F/D=3000$。

3）澄清了相关文献中关于非预混湍流火焰前锋位置的矛盾说法。根据估计，对于动量控制射流（包括膨胀射流和欠膨胀射流），火焰前锋所在位置（即与泄漏源的距离）处，未点燃射流中氢气的轴向浓度为 11%（体积分数在 8%~16% 之间）。该数值远远低于如前所述的化学计量浓度 29.5%（体积分数）。

4）在开发氢检测仪之初就必须考虑传感器会在氢浓度过高的情况下点燃混合物的可能性。必须开发出相关的测试方法，并将其纳入法规、规范和标准。

5）用大涡模拟氢气突然释放并点火燃烧的过程（包括T形通道等复杂几何形状），并与实验观测结果进行了比较。

对于氢气爆燃和爆轰：

1）延迟点燃释放氢气会产生剧烈的湍流爆燃。英国健康和安全实验室（HSL）的实验表明，在点火延迟0.8s的情况下，20.5MPa储罐通过9.5mm小孔释放出的自由射流会产生16.5kPa的超压，如果安装90°障壁，超压为42kPa；安装60°障壁，超压为57kPa。这与对结构造成中等程度破坏（17kPa）、严重破坏（35kPa以上）和整体破坏（83kPa以上）的超压相当。在同系列实验中，当喷嘴直径为1.5mm时未观察到超压现象。

2）桑迪亚国家实验室进行的障壁缓解研究（通过直径为3.175mm的圆形小孔释放，超压为13.79MPa）表明，对于不同的障壁构造，释放侧的峰值超压约为40kPa，而障壁下游背面的峰值超压仅为3~5kPa。

3）实验与数值模拟研究表明，在高压氢气突然释放至大气中的过程中，混合气体产生的湍流对爆燃超压的影响要大于气体释放总量或可燃混合气体体积对爆燃超压的影响。

4）目前对爆燃转爆轰现象的研究还不够深入，无法同步提供预测模型和工具，以解决大规模工程问题。爆轰是最糟糕的氢事故，应该采取一切措施防止其发生。事实上，1g氢的能量当量相当高，相当于28.65g TNT的能量当量。

5）在FP6 HYPER项目期间，Pro-Science的实验结果表明，燃料电池内部氢气意外释放不超过1g是氢安全工程师的目标之一，这样能够有效预防爆燃转爆轰。

6）爆燃和爆轰的大涡模拟模型正处于开发和验证阶段。它们可以被用作氢安全工程的现代工具。

鸣　谢

作者对阿尔斯特大学氢安全中心的同事以及来自全球各地的合作伙伴在氢安全研究、教育和推广方面的合作和投入表示感谢，同时非常感谢欧盟委员会以及燃料电池和氢联合企业向氢安全中心开展的氢安全研究提供的资金支持。

术语表

事故是指造成损失或伤害的意外事件或情况。

自燃温度是指在没有外部火源的情况下引发燃料-氧化剂混合物产生燃烧反应所需的最低温度。

沸点是指对液体燃料进行储存和使用所必须达到的最高温度。液体的正常沸点（Normal Boiling Point，NBP）是指液体在蒸气压等于海平面的规定大气压（1atm 或 101325Pa）时的温度。标准沸点（Standard Boiling Point，SBP）的定义为液体在 1bar（0.1MPa）的压力下发生沸腾的温度。

爆燃和**爆轰**是指燃烧区分别以小于和大于未反应混合物中声速的速度传播。

当量比是燃料与氧化剂之比与化学计量燃料与氧化剂之比的比值。

耐火等级是被动消防系统能够承受标准耐火测试的时间的量度。

可燃范围是介于可燃下限和可燃上限之间的浓度范围。可燃下限（Lower Flammability Limit，LFL）是指可燃性物质在能够传播火焰的气态氧化剂中所能具有的最低浓度。可燃上限（Upper Flammability Limit，UFL）是可燃性物质在能够传播火焰的气态氧化剂中所能具有的最高浓度。

闪点是指燃料能产生足够的蒸气以在其表面与空气形成可燃混合物的最低温度。

危险是指可能对人员、财产和环境造成损害的化学或物理条件。

氢安全工程（Hydrogen Safety Engineering，HSE）是指旨在保护生命、财产和环境免受氢能突发事件/事故不利影响的科学和工程原理应用。

事件是指与其他事物相关的偶然事件。

层流燃烧速度是指在特定条件（未燃气体的组成、温度和压力）下相对于来流未燃气体速度的火焰传播速率。

极限氧指数是指能够支持火焰在燃料、空气和氮气混合物中传播的最低氧浓度。

马赫盘是指垂直于欠膨胀射流方向的强激波。

可燃气体和蒸气的**最大实验安全间隙**（Maximum Experimental Safe Gap，MESG）是根据 IEC 60079-1-1（2002）通过改变混合物成分测得的最小安全间隙值。安全间隙是在给定混合物组成的条件下，不会发生逆燃的间隙宽度（由 25mm 的间隙长度确定）。

可燃气体和蒸气的**最小点火能量**（Minimum Ignition Energy，MIE）是在导线损耗尽可能小的前提下，能够（通过火花隙放电）点燃静态混合物中最易燃成分的存储在放电回路中的最小电能。对于给定的混合物组成，必须改变放电电路的以下参数以获得最佳条件：电容、电感、充电电压、电极的形状和尺寸以及电极之间的距离。

常温常压（Normal Temperature and Pressure，NTP）的条件为：温度 293.15K 和压力 101.325kPa。

猝熄距离是可以熄灭两平行板之间火焰传播的该两板间最大距离。

猝熄间隙是能够在两个平行板电极处抑制可燃燃料-空气混合物着火的该二电极之间的火花间隙。猝熄间隙是对通道间隙的尺寸要求，以防止明火通过通道内可燃燃料-空气混合物传播。

渗透是指原子、分子或离子进入或通过多孔或可渗透物质的运动。

分离距离是指危险源与物体（人、设备或环境）之间的最小间隔，这一最小间隔要足以削弱可能发生的可预见事件的影响，并防止小事件升级为大事件。

升华是指固态物质不经液态直接变为蒸气。

雷诺数是用于度量惯性力与黏性力之比的无量纲数。

风险是事件发生的可能性与后果的结合。

欠膨胀射流是指在喷嘴出口处压力高于大气压的射流。

参考文献

Abdel-Gayed, RG, Al-Khishali, KJ and Bradley, D (1984) Turbulent burning velocities and flame straining in explosions. *Proc. Roy. Soc. Lond.* A:391, pp. 393–414.

Ackroyd, GP and Newton, SG (2003) An investigation of the electrostatic ignition risks associated with a plastic coated metal. *J Electrostatics*, vol. 59, pp. 143–51.

Adams, P, Bengaouer, A, Cariteau, B, Molkov, V and Venetsanos, AG (2011) Allowable hydrogen permeation rate from road vehicles. *International Journal of Hydrogen Energy*, vol. 36, pp. 2742–2749.

AECL (2008) Private communication, Atomic Energy of Canada Limited.

Ahrens, M (2009) Structure Fires Originating in vehicle storage areas, garages or carports of one- or two-family homes excluding fires in properties coded as detached garages. National Fire Protection Association, Quincy, MA, September 2009.

Ahrens, M (2006) Structure and vehicle fires in general vehicle parking garages. National Fire Protection Association, Quincy, MA, January 2006.

AIAA (1998) Guide for the Verification and Validation of Computational Fluid Dynamics Simulations, American Institute of Aeronautics and Astronautics. AIAA G-077-1998, ISBN 1563472856.

Alcock, JL, Shirvill, LC and Cracknell, RF (2001) Compilation of existing safety data on hydrogen and comparative fuels. *Deliverable Report of European FP5 project EIHP2, May 2001.* Available from: http://www.eihp.org/public/documents/CompilationExistingSafetyData_on_H2_and_ComparativeFuels_S..pdf. [Accessed 25.12.11].

Armand, P, Vendel, J and Galon, P (1997) Physical analysis of combustion tests in the RUT facility and simulation of the detonation. *Transactions of the 14th Int. Conf. on Structural Mech. in Reactor Tech. (SMiRT 14)*, Lyon, France, August 17–22, 1997.

Astbury, GR and Hawksworth, SJ (2007) Spontaneous ignition of hydrogen leaks: A review of postulated mechanisms. *International Journal of Hydrogen Energy*, vol. 32, pp. 2178–2185.

其他参考文献可扫二维码进行下载。